高职高专计算机系列教材

ASP.NET 程序设计项目式教程

（C#版）

孟宗洁　蔡　杰　主　编
吴　强　裴有柱　郭　政　冯　勤　孙学成　等编著

電子工業出版社
Publishing House of Electronics Industry
北京・BEIJING

内容简介

本书以.NET Framework 4.0 为基础，以 Visual Studio 2010 为开发环境，全面介绍使用 C#语言开发 Windows 应用程序和 Web 应用程序的方法。全书共分 4 篇，第一篇介绍 C#语言设计基础和.NET 框架类库。第二篇介绍使用 ADO.NET 开发数据库应用程序技术。第三篇介绍开发基于三层架构的数据库应用程序。第四篇介绍开发 ASP.NET 应用程序的相关技术。

本书采用基于工作过程、项目驱动的方式组织内容，本着实用的原则，重点讲解企业进行软件开发过程中经常使用的核心技术和方法，对不常用的技术进行弱化；同时将作者多年从事软件项目开发的经验融入各个章节的讲解中，在介绍相关知识的同时，突出程序实现的思路、过程和技巧，强调实践性和动手能力，读者可以按照书中介绍的步骤，完整地实现项目程序。第二、三、四篇的结尾还提供了相应的实训项目。

本书可以作为高职高专层次的软件技术、计算机应用、信息管理、电子商务等相关专业教材，还可作为中等职业学校计算机专业的教材和广大计算机爱好者自学的教材。

图书在版编目（CIP）数据

ASP.NET 程序设计项目式教程：C#版/孟宗洁，蔡杰主编. —北京：电子工业出版社，2012.9

高职高专计算机系列规划教材

ISBN 978-7-121-17507-7

Ⅰ. ①A… Ⅱ. ①孟… ②蔡… Ⅲ. ①网页制作工具－程序设计－高等职业教育－教材 ②C 语言－程序设计－高等职业教育－教材 Ⅳ. ①TP393.092 ②TP312

中国版本图书馆 CIP 数据核字（2012）第 147462 号

策划编辑：吕 迈

责任编辑：张 京

印 刷：北京虎彩文化传播有限公司

装 订：北京虎彩文化传播有限公司

出版发行：电子工业出版社

北京市海淀区万寿路 173 信箱 邮编 100036

开 本：787×1092 1/16 印张：23.75 字数：608 千字

版 次：2012 年 9 月第 1 版

印 次：2021 年 6 月第 6 次印刷

定 价：39.90 元

凡所购买电子工业出版社图书有缺损问题，请向购买书店调换。若书店售缺，请与本社发行部联系，联系及邮购电话：（010）88254888，88258888。

质量投诉请发邮件至 zlts@phei.com.cn，盗版侵权举报请发邮件至 dbqq@phei.com.cn。

本书咨询联系方式：（010）88254569，xuehq@phei.com.cn，QQ1140210769。

前 言

ASP.NET 是目前开发动态网站最优秀的技术之一，也是 Microsoft.NET 战略的核心技术之一。本书以.NET Framework 4.0 为基础，通过多个项目的实现过程展开讲解，涵盖 ASP.NET 开发使用最广泛的技术。

全书共分 4 篇，25 章。第一篇 C#程序设计基础，通过电子时钟、猜数游戏等 3 个独立且与实际应用贴合的小项目展开讲解，以 Windows 应用程序的形式介绍了 C#语言的基础知识、面向对象编程思想和常用的.NET 框架类库。

第二篇开发 C#数据库应用程序，主要通过介绍宿舍管理系统项目的实现过程讲解使用 ADO.NET 开发数据库应用程序的相关技术。

第三篇开发三层架构数据库应用程序，采用三层结构模式对第二篇介绍的宿舍管理系统进行重构，讲解目前实际开发中常用的三层架构开发方法和在三层架构开发中常用的技巧。

第四篇 ASP.NET 应用程序开发，全篇围绕着通过三层架构搭建网上书城网站的实现过程而展开讲解。介绍了 ASP.NET 系统对象、Web 服务器控件、常用的第三方控件、用户控件、网站部署等知识，重点讲解了实际开发过程中使用最多的母版页、导航和数据展示等技术。

本书采用基于工作过程、项目驱动的方式组织内容，本着实用的原则，重点讲解在企业进行开发过程中经常使用的核心技术和方法，对不常用的技术进行弱化；同时将作者多年从事软件项目开发的经验融入各个章节的讲解中，在介绍相关知识的同时，突出程序实现的思路、过程和技巧，强调实践性。读者通过学习，可以快速掌握 ASP.NET 开发技术，达到企业对开发人员的要求。

本书内容翔实、案例丰富。每章都附有小结和习题，第二、三、四篇的结尾还提供了相应的实训项目。建议分两个学期进行教学，本书最后提供了可供参考的教学进程表。全书还免费提供全部项目和实训的程序代码，读者可以从 http://www.tjbhzy.net.cn/bumen/xinxi/ASPNET.html 免费下载。

本书由孟宗洁、蔡杰主编，吴强、裴有柱、郭政、冯勤、孙学成等人参与编写。全书由孟宗洁统稿，并编写第 16～22 章，蔡杰编写第 5～12 章，吴强编写第 1～4 章，裴有柱编写第13～14章，郭政编写23～25章，冯勤编写第15章，孙学成编写实训项目和习题。参加本书编写工作的人员还有杨国宾、张金泽、魏勇德、郑茜、朱春艳。刘甫迎、陈战胜对本书进行了审核。

本书可以作为高职高专层次的软件技术、网络技术、计算机应用技术、信息管理、电子商务等相关专业教材，还可作为广大计算机爱好者自学的教材。

由于时间仓促，编者水平有限，错误之处在所难免，敬请广大读者批评指正。

我们的邮箱：zj_meng@163.com

编　者

2012年6月

目 录
CONTENTS

第一篇　C#程序设计基础

第二篇　开发 C#数据库应用程序

第三篇 开发三层架构数据库应用程序

第四篇　ASP.NET 应用程序开发

第一篇

C#程序设计基础

第 1 章

Microsoft.NET 与 C#

任务 1.1 了解 NET 框架和 C#

1.1.1 Microsoft.NET 和.NET 4.0 框架

Microsoft.NET 是一种新的计算平台，Microsoft.NET 的战略目标是在任何时候（When）、任何地方（Where），使用任何工具（What）都能通过.NET 服务获得网络上的任何信息，享受网络带给人们的快乐与便捷。

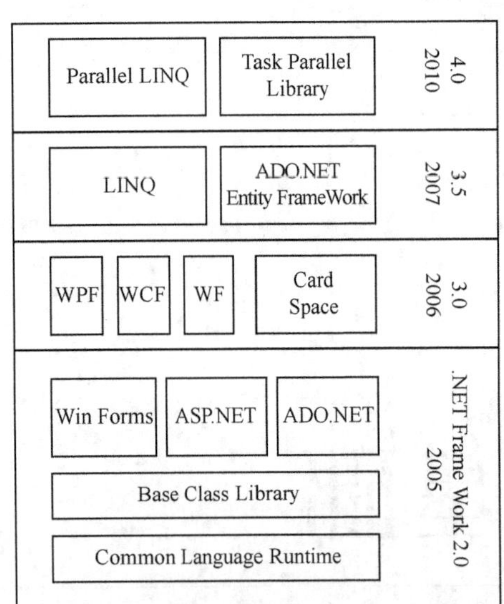

图 1.1 .NET 框架版本关系图

作为.NET 战略的基础，Microsoft.NET 框架（Framework）已经发行了多个版本。微软公司每隔几年就会对其开发工具与平台进行升级，使得开发人员能更高效、更快速地开发高可用性的应用程序。.NET Framework 4.0 是最新的一个版本。该版本与.NET Framework 的早期版本是可以同时存在的。现在的 4.0 版本（到 2012 年本书出版之时微软已推出.NET Framework 4.5 beta 版）已经成为一个功能强大的应用程序开发平台，从 2.0 版之后各个.NET Framework 版本之间的关系如图 1.1 所示。

1.1.2 .NET 框架构成

.NET 框架是整个 Microsoft.NET 平台的核心，.NET 框架提供了一整套应用程序开发平台，它实际上由一系列技术组合而成，这些技术彼此协作，能为开发人员提供无限的选择。归根结底，.NET 框架由如下几大部分组成。

（1）.NET 语言：包括 Visual Basic.NET、C#、F#和 C++等。

（2）公共语言运行库（CLR）：提供所有.NET 程序的执行引擎，并为这些应用程序提供自动化服务，如安全性检查、内存的管理和应用程序的优化等。

（3）.NET 框架类库：包含大量内置的功能函数，使应用程序的开发人员可以更轻松地使用它提供的功能来实现应用程序的开发。这些类库被组织为几个技术集，如ASP.NET、Windows 窗体、WPF、WCF、WF、Silverlight、网络编程等。

（4）Visual Studio.NET：功能强大，使用简便的集成化开发环境，具有一整套高效的功能集合和调试特性。.NET 框架的基本组成如图 1.2 所示。

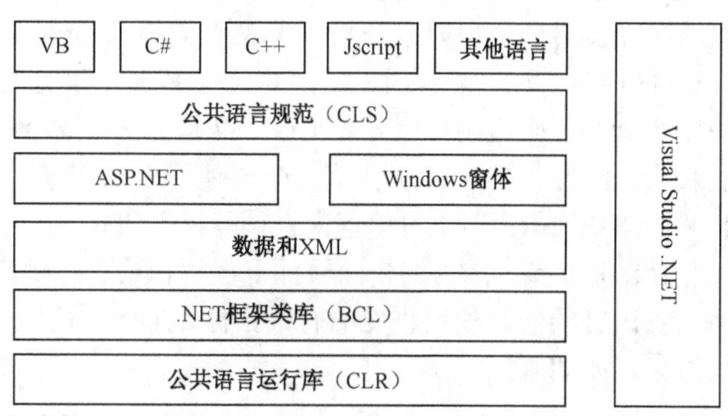

图 1.2　.NET 框架的基本组成

1．公共语言运行库（CLR）

公共语言运行库是.NET 框架的基础，也是.NET 框架核心。它是所有.NET 应用程序运行的环境，是所有.NET 应用程序都要使用的编程基础，它如同一个支持.NET 应用程序运行和开发的虚拟机。以保证应用和底层操作系统之间的分离。简而言之，.NET 框架能保证用户可以使用多种语言进行.NET 应用程序的开发和交互，因为 CLR 实现了通用语言基础架构（Common Language Infrastructure，CLI）。

1）通用语言基础架构 CLI

通用语言基础架构定义了构成.NET Framework 基础结构的可执行代码，以及代码运行时的环境规范。它定义了一个与语言无关的跨体系结构的运行环境，这使得开发者可以用规范内定义的各种高级语言来开发软件，并且无须修正即可将软件运行在不同的计算机体系结构上。

注意：CLI 与 CLR 不要混用，CLI 是一种规范，而 CLR 是这种规范的一种实现。

2）.NET 编译技术

为了实现跨语言开发和跨平台的战略目标，所有使用.NET 编写的应用程序都不编译为本地代码，而是编译成微软中间代码（MSIL）。它将由 JIT（Just In Time）编译器转换成机器代码。.NET 平台下各种语言代码通过各自的编译器编译成 MSIL，MSIL 代码遵循通用的语法，与平台无关，再由 JIT 编译器编译成相应平台的专用代码，从而实现了代码托管，同时还能够提高程序的运行效率。

2．.NET 框架类库（BCL）

.NET 框架类库提供了大量的类，是开发时的重要资源，它是一个综合性的面向对象的可重用类型集合。可以使用它开发包含传统的命令行程序、图形用户界面（GUI）应用程序或基于 ASP.NET 所提供的最新创新的应用程序（如 Web 窗体和 XML Web Services）在内的应用程序。.NET 框架类库含有上千个类和接口。

1.1.3 C#语言

C#（读做 C Sharp）是微软公司为了配合.NET 平台的发布，在 2000 年推出的全新的语言。在设计它的时候，微软公司博采众长，吸取了 C++、Java 等优秀语言中的精华，它具有 Java 语言的简洁、C++语言的灵活，并且有 Pascal 语言的严谨，是非常优秀的开发语言。.NET 框架是一个应用程序开发平台，C#是为支持这个框架而开发的，它们具有非常密切的联系。作为一个.NET 开发者，学会使用 C#语言是非常有必要的。截止到 2012 年 2 月，“TIOBE 2012 年 2 月编程语言排行榜”（TIOBE 开发语言排行榜每月更新一次，依据的指数由世界范围内的资深软件工程师和第三方供应商提供，其结果作为当前业内程序开发语言的流行使用程度的有效指标）显示，C#力压 C++已经成为世界上第三大编程语言，如图 1.3 所示。

Position Feb 2012	Position Feb 2011	Delta in Position	Programming Language	Ratings Feb 2012	Delta Feb 2011	Status
1	1	=	Java	17.050%	-1.43%	A
2	2	=	C	16.523%	+1.54%	A
3	6	↑↑↑	C#	8.653%	+1.84%	A
4	3	↓	C++	7.853%	-0.33%	A
5	8	↑↑↑	Objective-C	7.062%	+4.49%	A
6	5	↓	PHP	5.641%	-1.33%	A
7	7	=	(Visual)Basic	4.315%	-0.61%	A
8	4	↓↓↓↓	Python	3.148%	-3.89%	A
9	10	↑	Perl	2.931%	+1.02%	A
10	9	↓	JavaScript	2.465%	-0.09%	A

图 1.3　TIOBE 2012 年 2 月编程语言排行榜

C#语言是一种完全的面向对象程序设计语言，在 C#类型系统中，每种类型都可以看成一个对象，即便是简单的数字类型的数据也是对象，各种各样的窗体、按钮、滚动条等都是对象。通过 C#语言，可以用面向对象的思想进行应用程序的开发。

利用数量庞大、功能齐全的类库，C#可以轻松开发 Windows 应用程序、Windows Phone 应用程序、Web 应用程序、Web Service 等各种类型的应用程序。

C#语言目前已经有了 1.0、2.0、3.0 和 4.0 四个版本。C#1.0 版本对应.NET 框架的 1.0 版本和 1.1 版本；C#2.0 版本对应.NET 框架的 2.0 版本；C#3.0 对应.NET 框架的 3.0 版本；C#4.0 版本对应.NET 框架的 4.0 版本。

安德斯·海尔斯（Anders Hejlsberg）是 Delphi 和 C#的缔造者，丹麦人，Borland（宝蓝公司，曾经是世界第三大软件开发公司）的创始人之一，现在 Microsoft 的核心人物之一，安德斯曾在丹麦科技大学学习工程学，他编写了 Pascal 编译器的核心，并于 1981 年将 Pascal 编译器卖给了 Borland，并加入 Borland 公司，那时的 Borland 公司还是一个名不见经传的小公司。

比尔·盖茨慧眼识才，三顾茅庐，把安德斯请到了微软。最开始微软许以重金，但安德斯不为所动，当清楚安德斯的想法后，比尔·盖茨答应给他一个宽松的环境，即领导 Visual J++小组，并提供薪水和红利奖金 300 万美元。好景不长，SUN 公司认为微软破坏了 Java 的跨平台性，认为很快微软就会利用它的 VJ++将 Java 开发人员拉拢到其周围，而它的 Visual J++及 WFC 的很多特性明显是为 Windows 平台设计的。SUN 中止了对微软的 Java 授权。此后微软便选择安德斯担任 C#的首席设计师。

任务 1.2　使用 Visual Studio 2010 集成开发环境

Visual Studio（简称 VS）是微软公司推出的开发环境。是目前最流行的 Windows 平台应用程序开发环境。它集成了.NET Framework，是一套完整的开发工具集，用于生成 Windows 应用程序、Windows Phone 应用程序、Web 应用程序、Web Service 和移动应用程序。

Visual Studio 2010 版本于 2010 年 4 月 12 日上市，其集成开发环境（IDE）的界面被重新设计和组织，变得更加简单明了。Visual Studio 2010 同时带来了.NET Framework 4.0 并且支持开发面向 Windows 7 的应用程序。除了 Microsoft SQL Server，它还支持 IBM DB2 和 Oracle 数据库。

事实上，不使用 Visual Studio 2010 开发环境也可用 C#语言编写应用程序，.NET Framework 已具备了运行 C# 代码的能力。所以只需使用像记事本这类文本编辑器就可以编写所有的 Visual C# 2010 代码。但到目前为止，编写 C#代码最简单有效的方法仍然是使用 Visual Studio 2010 集成开发环境（IDE）。一个最简单的 Visual Studio 2010 窗口结构如图 1.4 所示。

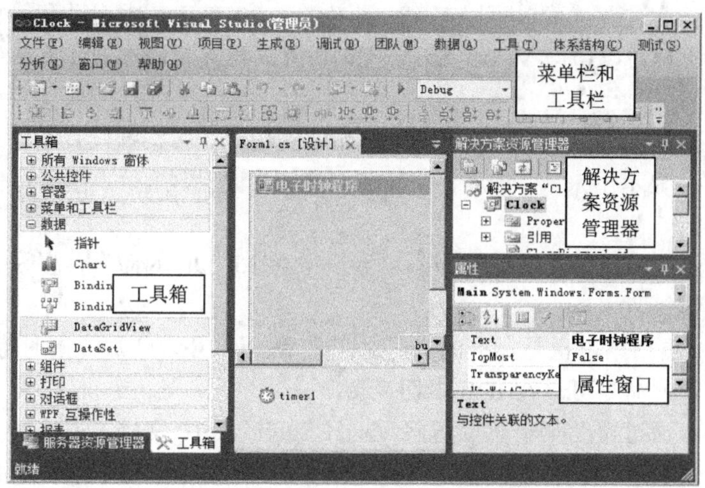

图 1.4　Visual Studio 2010 窗口结构

图 1.5 “起始页”界面

1. 启动 Visual Studio 2010

启动 Visual Studio 2010，如果是以默认方式安装 Visual Studio 2010 的，就应从“开始”菜单中选择“所有程序”（以 Windows 7 为例）中的“Microsoft Visual Studio 2010”程序组下的“Microsoft Visual Studio 2010”。在显示一个闪屏后，Visual Studio 2010 集成开发环境被打开，显示“起始页”界面，如图 1.5 所示。

2. 菜单

Visual Studio 2010 的菜单是动态的，可以根据需要添加项或删除项。在浏览空的 IDE 时，菜单栏中只有文件、编辑、视图、项目、工具、窗口、社区和帮助菜单。但是，当开始一个新项目时，Visual Studio 2010 将显示完整菜单，如图 1.6 所示。

文件(F) 编辑(E) 视图(V) 调试(D) 团队(M) 数据(A) 工具(T)
体系结构(C) 测试(S) 分析(N) 窗口(W) 帮助(H)

图 1.6 菜单栏

其实没有必要详细介绍每个菜单，在学习本书的过程中，读者会逐渐熟悉它们。下面对每个菜单进行简单的介绍。

（1）文件：每个 Windows 程序都有文件菜单。它已经成为一个标准，通常可从中选择退出应用程序的命令。这个菜单里还有打开和关闭单个文件和整个项目的命令。

（2）编辑：编辑菜单提供的命令有撤销、重复、剪切、复制、粘贴和删除。

（3）视图：通过视图菜单可以快速访问构成 IDE 的各种窗口，如解决方案资源管理器、属性窗口、输出窗口和工具箱等。

（4）调试：通过调试菜单可以在 Visual Studio 2010 IDE 中启动和停止运行应用程序。通过该菜单也可以访问 Visual Studio 2010 调试器。而调试器允许单步执行代码，观察它的执行情况。

（5）数据：通过数据菜单可以使用数据库中的信息。该菜单只有在处理应用程序的可视化部分时才显示出来（[设计] 标签在主窗口中是活动的），在编写代码时是不显示的。

（6）工具：工具菜单中有配置 Visual Studio 2010 IDE 的命令，以及到其他已安装的外部工具的链接。

（7）窗口：窗口菜单也是标准的。它允许像 Word 和 Excel 那样同时打开多个窗口。通过这个菜单中的命令可以在 IDE 中切换窗口。

（8）帮助：通过帮助菜单可以访问 Visual Studio 2010 文档，有多种方式访问该文档，如通过帮助目录、索引或搜索。帮助菜单中也包含了连接到 Microsoft Web 站点来获得更新内容或报告问题的命令。

3. 工具栏

IDE中有许多工具栏，包括标准、布局和调试，可通过“视图”菜单下的“工具栏”命令在IDE中添加或删除这些工具栏。每个工具栏都提供了对常用命令的快速访问，而不必选择相应的菜单。例如，单击图1.6最左边的图标（新建项目）就相当于选择了“文件”→“新建项目”命令。IDE顶部的标准工具栏如图1.7所示。

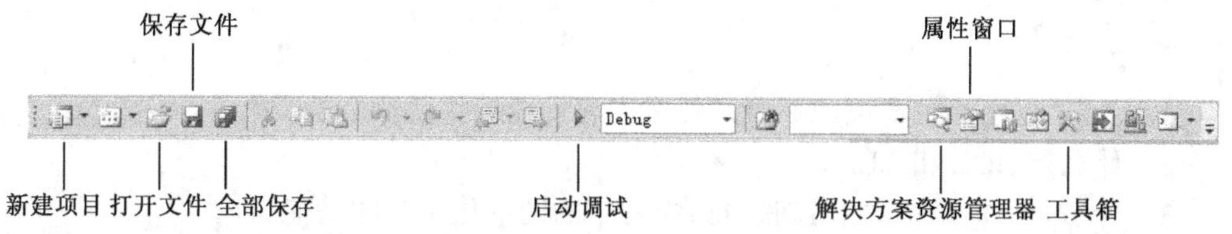

图1.7　IDE顶部的标准工具栏

4. 解决方案资源管理器

解决方案资源管理器窗口可分级显示解决方案。一个解决方案可以包括多个项目，而一个项目又可以包含用来解决某个特定问题的一些窗体、类、资源文件和各种组件。

5. 属性窗口

属性窗口显示了所选对象的可用属性。

6. 工具箱

工具箱包括可添加到应用程序的可复用控件和组件。其中包括公共控件、容器、菜单和工具栏控件、数据控件及各种组件，也包含用户自行添加的控件。

7. 错误列表

错误列表窗口可以显示编写、编译程序时的各种错误信息。利用它，可以快速找到并改正程序中存在的语法错误。

在Visual Studio 2010集成开发环境中可拥有许多其他窗口，将在后续的章节中介绍它们。

本章总结

本章介绍了Microsoft.NET的基础知识，说明了.NET框架结构的重要方面及它与C#语言的关系。建立在CLR和FCL基础上的.NET框架是平台的核心内容，这为软件的可移植性和可扩展性奠定了坚实的基础，并为C#语言的应用创造了良好的环境。

.NET框架主要包括CLR、框架类库、ADO.NET、XML、ASP.NET、WinForms、Web Service等。CLR是所有.NET应用程序运行的环境，是所有.NET应用程序都要使用的编程基础。它有两个主要组件：CTS通用类型系统和CLS公共语言规范。

C#是微软公司为.NET 平台量身打造的全新的完全面向对象的语言，是.NET 平台的主流开发语言，使用它可以开发多种应用程序。

Visual Studio 2010 集成开发环境是 Microsoft 公司开发的最强大的编程环境，它为用户提供了大量了工具，利用这些工具，可以使编程变得轻松。

习题

1．.NET 框架的主要组成部分是什么？它们能够实现什么功能？

2．什么是 BCL 和 CLR？

3．什么是 IDE？列举出 IDE 窗口中常用的图形化工具的功能。

第 2 章

C#初步——电子时钟程序

第 1 章介绍了.NET 框架、C#和 Visual Studio 2010 集成开发环境。现在以一个简单的电子时钟程序为例，介绍在 Visual Studio 2010 中创建一个 C# 2010 项目（以 Windows 应用程序为例）的步骤、项目结构及运行的全部过程。同时介绍一些编程的基础知识：包括类和对象的概念、窗体类的使用方法、MessageBox 类的使用方法和注释的使用方法等。

任务 2.1 了解电子时钟程序的效果

电子时钟程序由一个 Windows 窗体构成，程序运行后会自动显示当前日期和时间，如图 2.1 所示。

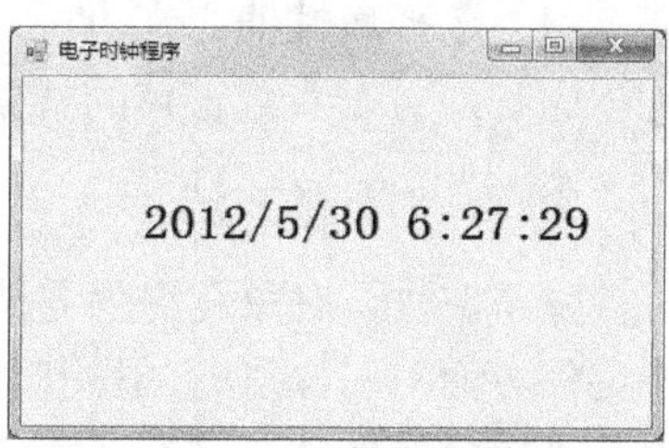

图 2.1 电子时钟运行效果

任务 2.2 学习类和对象

2.2.1 类和对象的概念

C#是一种完全面向对象的编程语言，那么什么是对象呢？可以把对象视为一个单元的代码和数据的组合，是类的一个实例。在.NET 中一切皆为对象，C#中的每个对象都由一个“类”来定义的。“类”是一些内容的抽象表示形式，描述对象的字段、属性、方法和事件；而“对象”是类所表示的内容的具体实例。可以使用类创建所需的任何数量的对象。

电子时钟程序中包含三个对象：窗体、显示时间的Label控件（用于提供说明性文字的控件）和一个 Timer 组件，其实整个应用程序也可以说是一个对象。C#支持并引用了面向对象的程序设计（OOP）概念。在面向对象程序设计中，对象是核心。编写C#应用程序的过程，就是不断地处理对象的过程。

2.2.2 属性、方法和事件

1. 对象的属性

属性是对象的特征，不同的对象有不同的特征。属性控制着对象的外观和行为。例如，电子时钟程序中窗体标题栏中的“电子时钟程序”文字就是通过设置它们的 Text 属性实现的，每一个控件都有多个属性，属性可以通过属性窗口直接设置，也可以通过编写代码来设置，代码格式为：

```
对象名.属性名称=属性值;
```

例如，设置窗体标题栏的文字信息可以使用代码：

```
this.Text="电子时钟程序";
```

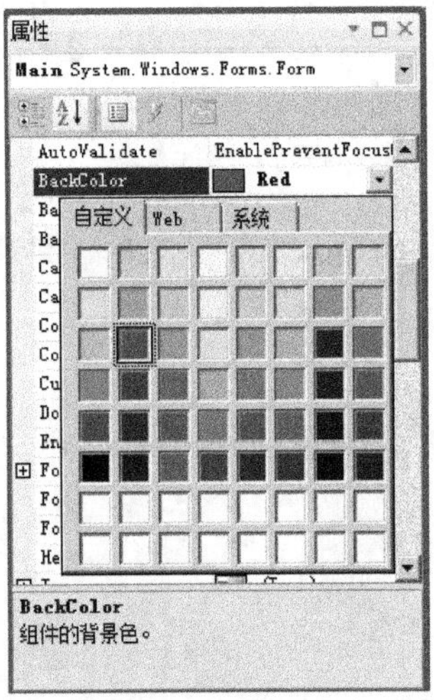

属性的设置也可以在“属性”窗口中快速完成。

例如，在“属性”窗口中将窗体的背景颜色设置为红色的步骤为：

（1）用鼠标单击选中窗体；

（2）打开“属性”窗口（可以按 F4 键），选择 BackColor 属性，如图 2.2 所示。

（3）选择属性值为红色。

这时，可以看到窗体的背景颜色被设置为红色了。

图 2.2 设置窗体属性

2. 对象的方法

除了属性，对象还提供方法。所谓方法，就是通过完成特定任务而对对象进行的操作。例如，隐藏某个控件可以使用控件的 Hide()方法，刷新某个控件可以使用控件的Refresh()方法，使用对象方法的语句格式为：

```
对象名.方法();
```

例如，将窗体隐藏的语句如下：

```
this.Hide();
```

又如，将按钮隐藏的语句如下：

```
Button1.Hide();
```

注：为了区分属性和方法，C#要求方法名的后面必须加一对括号。

3. 对象的事件

C#采用事件驱动机制，所谓事件，就是对象发送的消息，表示特定操作的发生。操作可能是由用户交互（如单击鼠标或按键）引起的，也可能是由某些其他的程序逻辑触发的（如启动窗体）。例如，单击“开始”按钮，开始菜单就会打开；双击“我的电脑”图标，“我的电脑”窗口就会打开。这种通过随时响应用户触发的事件，做出相应的响应处理就称为事件驱动机制。

在.NET Framework 中，已经为窗体和控件定义了大量的事件，只要编写相应的事件处理程序，告诉程序，当某个事件发生时，应该如何处理就可以了。

在 C#中，编写事件处理程序的步骤如下：

（1）单击选择要编写事件处理程序的窗体、控件、组件等对象；

（2）在“属性”窗口中单击“事件”按钮；

（3）单击要编写处理程序的事件；

（4）输入名称，并按回车键（或双击左侧的事件名称）；

（5）在 Visual Studio 自动打开的代码编辑器中编写处理代码。

例如，为窗体编写 Load 事件，使窗体在运行时背景色自动变为绿色。操作步骤如下：

（1）在窗体设计器中单击，选中窗体；

（2）打开“属性”窗口，单击“事件”按钮；

（3）在事件列表中找到 Load 事件，单击选中该事件；

（4）输入程序名称 ChangeGreen，并按回车键，如图 2.3 所示；

（5）在 Visual Studio 自动生成的 Load 事件处理方法中编写处理代码，如图 2.4 所示。

编写完成，按 F5 键运行程序，可以看到窗体在启动时背景色变为绿色。

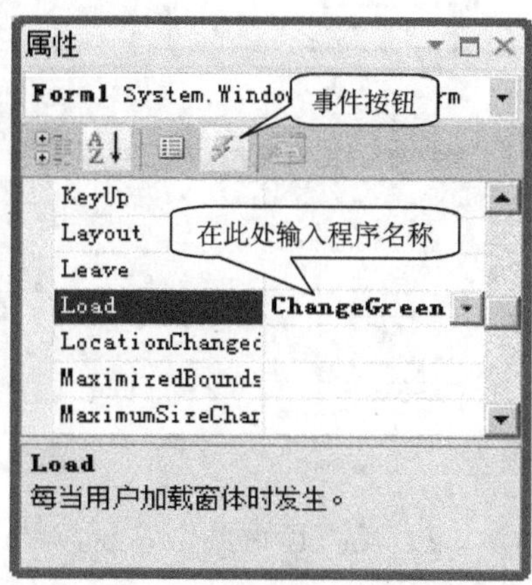

图 2.3 “属性”对话框

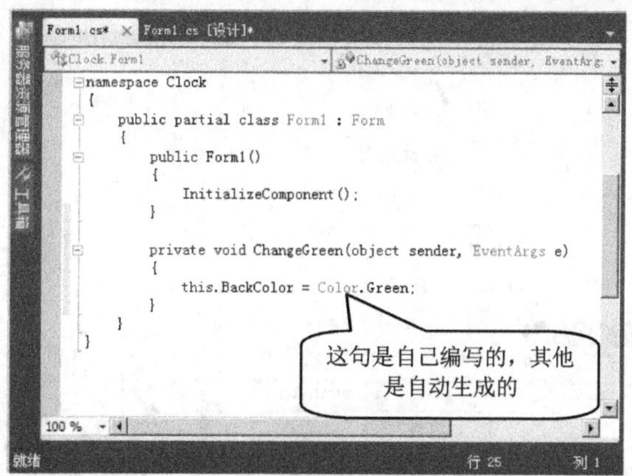

图 2.4 编写好的 Load 事件

任务 2.3 编写电子时钟程序

在介绍了类和对象的知识后，开始编写电子时钟程序。利用 Visual Studio 2010 可以创建多种类型的程序。电子时钟程序属于 Windows 应用程序。这种程序使用 Windows 窗体来创建一个图形用户界面。

2.3.1 创建新的 Windows 应用程序

可以通过下面的 4 个步骤创建新的 Windows 应用程序。

（1）启动 Visual Studio 2010 IDE（集成开发环境），在开始菜单“Microsoft Visual Studio 2010”中，单击 Microsoft Visual Studio 2010 图标，如图 2.5 所示。

图 2.5　启动 Visual Studio 2010

（2）在“起始页”界面，单击“新建项目”链接，弹出“新建项目”对话框，如图 2.6 所示。

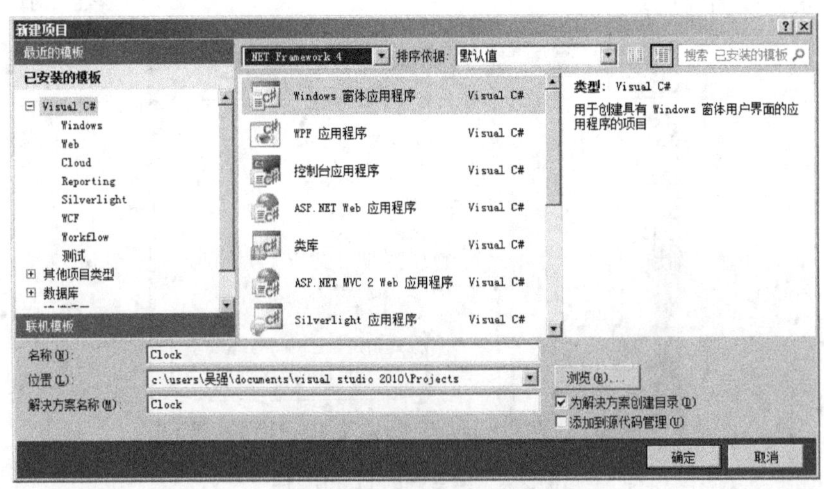

图 2.6　“新建项目”对话框

选择“文件”→“新建”→“项目”命令，也可弹出“新建项目”对话框。

（3）在“新建项目”对话框中，选中“项目类型”列表中的“Visual C#—Windows”，然后在“模板”列表中选中“Windows 窗体应用程序”。

（4）在“名称”文本框中，输入项目的名称“Clock”，然后在“位置”文本框中指定程序的位置。

（5）单击“确定”按钮，Visual Studio 2010 会按提供的信息自动创建一个新的项目，并显示如图 2.7 所示的界面。

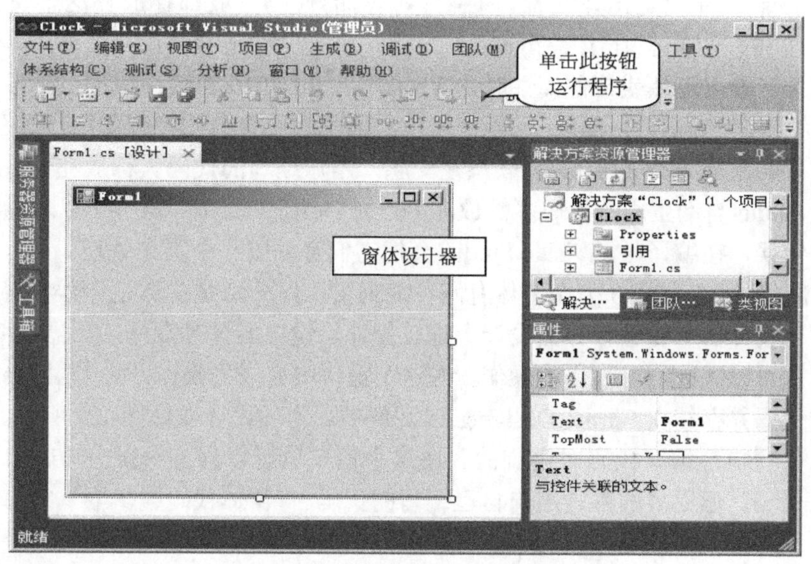

图 2.7 Windows 应用程序的开发界面

IDE 中间的部分被称为窗体设计器，可以将工具箱中的控件直接拖曳到窗体设计器中完成界面设计。至此，一个新的 Windows 应用程序建立完成，可以直接按 F5 键或单击工具栏中的启动按钮运行程序。

2.3.2 Windows 应用程序结构

可以看到，在 Visual Studio 2010 中创建一个 Windows 应用程序是非常方便的，可以一句代码也不用写，那么 Visual Studio 2010 在创建时都做了些什么呢？在解决方案资源管理器中可以看到答案。“解决方案资源管理器”窗口如图 2.8 所示。

图 2.8 “解决方案资源管理器”窗口

1. 解决方案文件

Visual Studio 2010 会首先创建一个解决方案，存储文件的扩展名是.sln，在一个解决方案中可以包含多个项目问题，本例中 Visual Studio 2010 就生成了名为 Clock.sln 的解决方案。

2. 项目文件

Visual Studio 2010 在创建项目时，自动生成了一些文件，这些文件存放在项目指定的文件夹下。在“解决方案资源管理器”窗口中，可以看到这些文件。解决方案下方的Clock文件称为项目文件，包含了项目一些基本信息，它的扩展名是.csproj。

3. 窗体文件

Form1.cs文件就是窗体文件，对窗体编写的代码一般都存放在这个文件里。在Form1.cs下还有一个Form1.Designer.cs文件，这个文件是窗体设计文件，其中的代码是拖放控件、设置窗体或控件属性时由Visual Studio 2010自动生成的，一般不需要修改。Form1.cs和Form1.Designer.cs两个文件共同描述了窗体的特征和用户编写的代码。这两个文件利用分布类（partial）联系在一起，用户编写的代码大都放在Form1.cs中，而Visual Studio自动生成的代码多数放在Form1.Designer.cs中，这样可以尽量避免误操作带来的错误，在编译时，Visual Studio会把它们合并成一个类来处理。

在Visual Studio 2010中，窗体有两种编辑窗口，分别是窗体设计器和窗体代码编辑器。窗体设计器可以进行界面设计、拖放控件、设置属性等操作，不需要编写代码，是用鼠标就可以完成的可视化的操作。在这个窗口中完成的操作，大多由Visual Studio自动生成代码并存储在Form1.Designer.cs文件中。窗体设计器如图2.9所示。“窗体代码编辑器”窗口是编写代码时用到的。在这个窗口里可以看到一部分Visual Studio自动生成的代码，但更多的都是用户自己编写的代码。“窗体代码编辑器”窗口如图2.10所示。

图2.9　窗体设计器

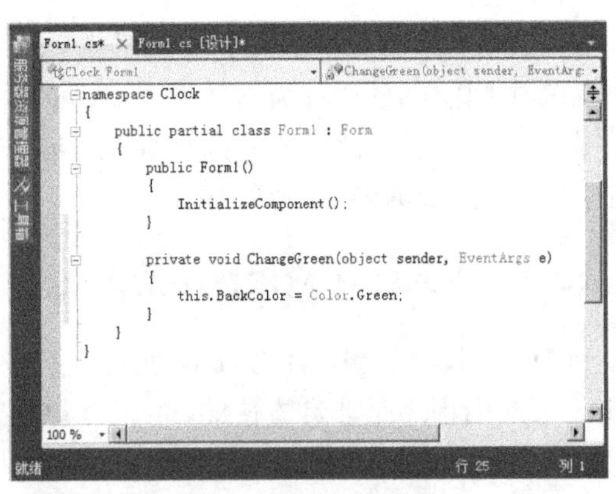

图2.10　窗体代码编辑器

可以使用“解决方案资源管理器”窗口中的“查看代码”和“查看设计器”这两个工具实现在“窗体设计器窗口”和“窗体代码编辑器”窗口间切换，如图2.11所示。

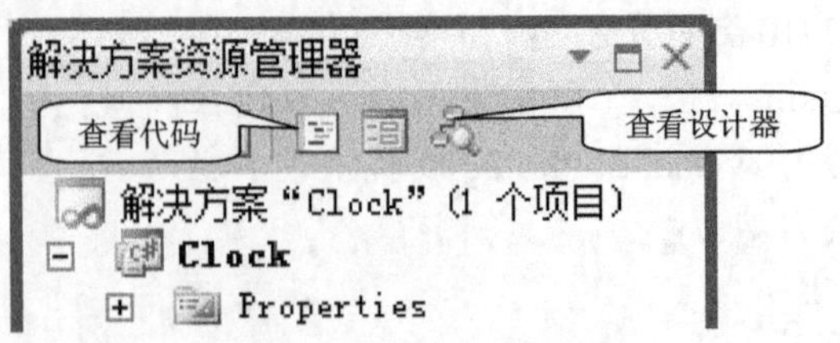

图2.11　“解决方案资源管理器”窗口

4. 主程序文件

Program.cs 文件称为主程序文件，其中包含程序的入口 Main()方法。C#程序是从Main()方法（函数）开始执行的。双击打开 Program.cs 文件，可以看到 Visual Studio 自动生成的 Main()方法，如图 2.12 所示。其中有一句 Application.Run(New Form1());，它的意思是程序开始运行 Form1 窗体。如果将此处的 Form1 窗体修改为其他窗体名称，就可以运行其他窗体了。

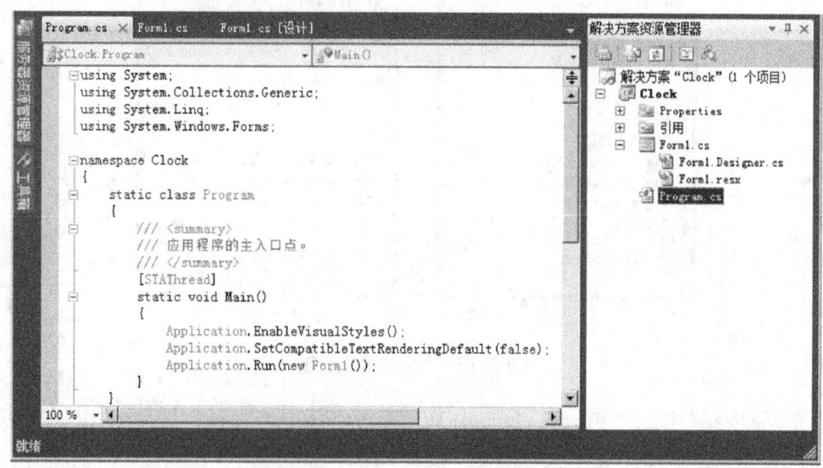

图 2.12　Program.cs 文件

2.3.3　编写电子时钟应用程序

电子时钟程序已经建立好了，下面完成这个程序。一个 Windows 应用程序的编写一般需要经过下面的几个步骤。

1. 创建用户界面

（1）将鼠标指针停在窗体的右下角，直到指针形状变成“双箭头”为止，然后拖动鼠标，调整窗体的大小。

（2）单击“工具箱”中的 Lable 控件。

（3）将鼠标指针移到窗体上。鼠标指针变成“十”字形状，然后拖动鼠标，在窗体中安放一个 Lable 控件，此时窗体中应出现一个显示名为 label1 的 Label 控件。

用鼠标拖曳对齐控件时，利用“格式”菜单中的命令可以很方便地进行多个控件大小和位置的控制。

2. 设置属性

设置控件的属性可以用两种办法来实现：使用“属性”窗口和用代码设置属性。首先使用“属性”窗口设置按钮上显示的文字，步骤如下。

（1）单击选中窗体上的 Label 控件。

（2）选择“视图”→“属性窗口”命令，或按 F4 键，打开“属性”窗口。

（3）调整“属性”窗口的大小，找到 Text 属性。这个属性代表 Label 控件上显示的文字。

（4）双击 Text 属性，删除原来的 label1 文字，如图 2.13（a）所示。

（5）打开“属性”窗口顶部的“对象”下拉列表框，在这个列表框中将显示出当前窗体中的所有控件，如图 2.13（b）所示。

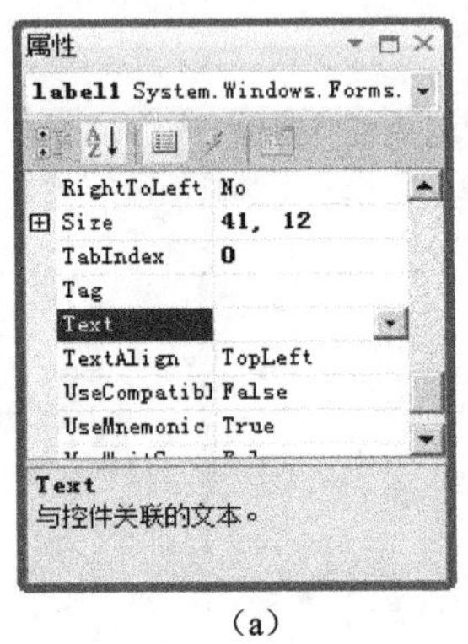

（a）

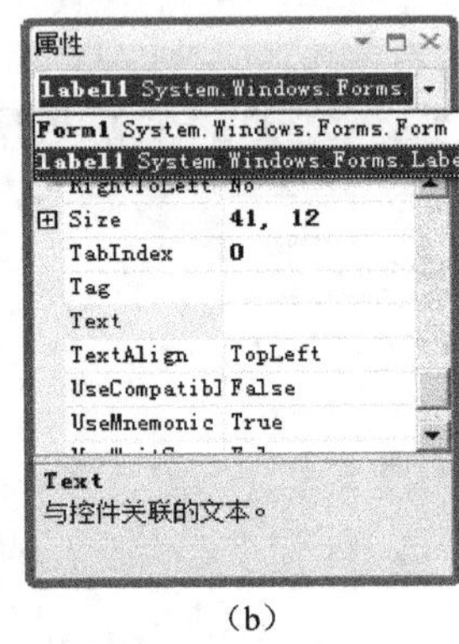

（b）

图 2.13 “属性”窗口

（6）选中列表框中的“Form1 System.Windows.Forms.Form”选项，它代表窗体自身。

（7）在 Text 属性栏中输入新的属性值：“电子时钟程序”。此时可以看到窗体左上角由原来显示的“Form1”，转变成显示“电子时钟程序”。

注：设置属性时，可以使用 1～4 步或 5～7 步的任意一种方法完成某一个对象属性的设置，这两种方法将得到相同的效果。

（8）最后，为了能不断地显示时间，还需加入一个计时器 Timer 组件，在工具栏中选择“组件”，双击 Timer 组件，“窗体设计器”窗口的下方多了一个名称为 timer1 的组件。

注：组件和控件的区别是，控件一般显示在用户界面中，而组件不在用户界面中显示。

（9）在 timer1 的“属性”窗口中将 Enable 属性设置为 True，将 Interval 属性设置为“1000”。

经过上面的属性设置，会看到窗体的内容已经和所需要的效果一样了，下面编写事件处理代码，来实现程序功能。

3. 编写事件处理代码

编写 timer1 计时器的 Tick 事件的方法如下。

在“窗体设计器”窗口中，单击 timer1 组件，在“属性”窗口的“事件”选项卡中双击 Tick 事件，在打开的代码编辑器窗口的 timer1_Tick 事件中输入如下代码。

```
lbl clock.Text = DateTime.Now.ToString();
```

Tick 事件是 Timer 计时器组件的一个主要事件，当 Timer 组件 Enable 属性被设置为 True 时，Timer 组件开始工作，每隔 Interval 属性设置的时间（单位是 ms），Timer

组件中的 Tick 事件就会执行一次，本例中就会将当前时间在 Label 控件中显示一次。

代码的编写要在代码编辑窗口中完成，打开代码编辑器窗口除了用前面介绍到方法外，还可以采用以下几种方法之一。

（1）右击控件，在弹出的快捷菜单中选择“查看代码”命令。

（2）双击控件，直接打开代码编辑器。

（3）选择“视图”→“代码”命令。

（4）按下快捷键“F7”。

代码编辑器窗口由三部分组成。左上角的下拉列表框称为类型框，它包含了当前窗体中所使用的类。右上角的下拉列表框称为成员框，它包含了左边选中的类的方法及事件过程。下面的一大片区域称为代码窗格，在这里将显示当前窗体中的所有代码。在代码的左边会出现一些加号“+”或减号“-”，通过这些加号和减号，可以将代码折叠起来。

至此，电子时钟程序已经编写完毕，写好代码的代码编辑器如图 2.14 所示。下面运行这个程序。

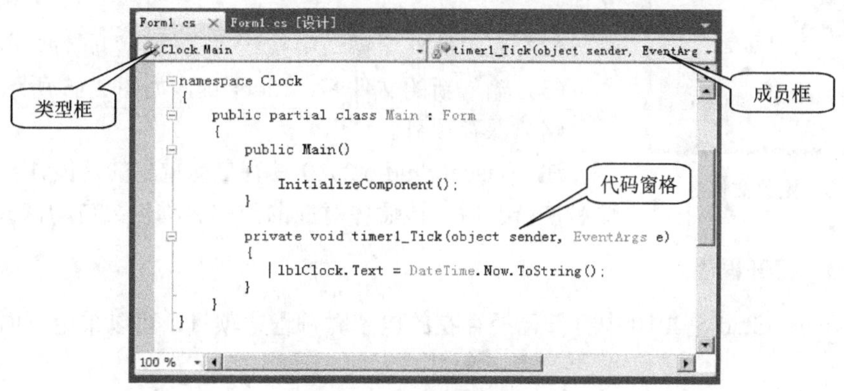

图 2.14 代码编辑器窗口

2.3.4 运行程序

代码编写完成后，要运行程序。

在 Visual Studio 2010 中运行程序可以通过下面的方法之一来完成。

（1）单击标准工具栏上的“启动调试”按钮。

（2）选择“调试”→“启动调试”命令。

（3）按下快捷键“F5”。

在程序运行之后，可以观察到运行结果（是不是发现显示的日期及字体和图 2.1 中的示例有些差别？试试修改一下 label1 控件的 Font 属性看看）。

运行完毕，单击窗体左上角的关闭按钮，结束程序，返回开发环境。

2.3.5 保存和打开“电子时钟”程序

1. 保存程序

电子时钟程序完成后，需要将其保存起来，以便以后继续使用。在 Visual Studio 2010

中保存程序可以用下面的三种方法之一实现。

（1）选择“文件”→“全部保存”命令。

（2）单击标准工具栏中的“全部保存”按钮。

注：标准工具栏中有两个保存按钮，其中“保存”按钮只能保存当前正在编辑的文件，不能保存项目中所有的文件，而“全部保存”按钮则可以将整个项目保存起来。

（3）运行程序。这是一个非常好的设计，为了避免程序由于运行而丢失，Visual Studio 2010会在每一次运行程序前，将项目自动保存一次。

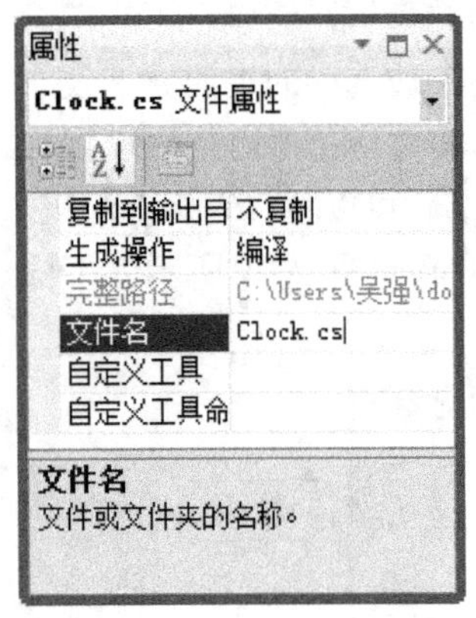

图2.15 更改文件名

2. 更改保存的文件名

保存程序时，各个文件的名字和项目名称一般都采用默认值。电子时钟程序的窗体文件默认文件名为“Form1.cs”。如果想改变这个名字，可以按照下面的步骤操作。

（1）单击“解决方案资源管理器”窗口中的Form1.cs文件。

（2）在“属性”窗口中找到“文件名”属性，并双击。

（3）输入新的文件名：Clock.cs，如图2.15所示。

（4）保存项目。

注：Visual Studio 2010具有自动重构的功能，当窗体文件名被修改后，该窗体对应的类的名称也会自动修改。

3. 打开程序

在Visual Studio 2010中打开已经存在的电子时钟程序项目，可以采用下面的方法之一。

（1）在“起始页”界面中，单击“打开项目”链接。在弹出的“打开项目”对话框中，浏览项目所在的文件夹，选择其中的解决方案文件（.sln）文件或项目文件（.csproj），并确定，如图2.16所示。

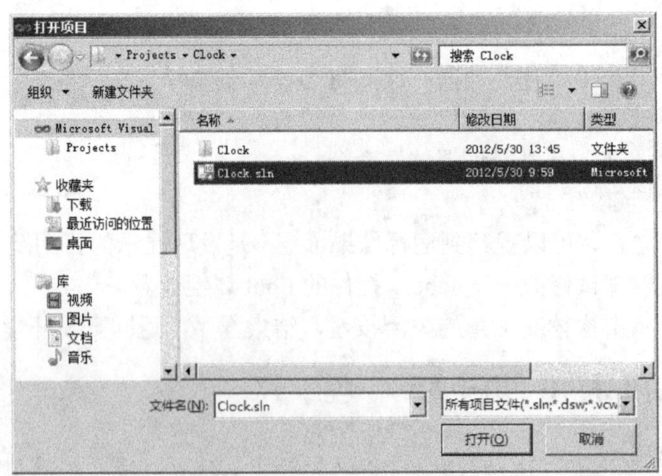

图2.16 “打开项目”对话框

（2）在 Visual Studio 2010 中，选择“文件”→“打开”→“项目”命令。在弹出的“打开项目”对话框中，选择相应的解决方案文件或项目文件，并确定。

（3）单击工具栏中的“打开”按钮。在弹出的“打开项目”对话框中，选择相应的解决方案文件或项目文件，并确定。

（4）在 Windows 资源管理器中直接双击项目文件。

注：在 Visual Studio 2010 中，若要打开一个已存在的程序，应该打开对应的解决方案文件（.sln）。对于只含有一个独立项目的解决方案，打开解决方案文件（.sln）和打开项目文件（.csproj）具有相同的效果。

任务 2.4　学习窗体对象

Windows 窗体（Form）是一个矩形窗口，它可以改变尺寸、在屏幕上移动或在任务栏上最小化。每个应用程序被执行时，一般都是从窗体开始的。在.NET Framework 中定义了一个名为 Form 的类，它实现了窗体最基本的属性方法和事件。下面来认识一些窗体常用的属性、方法和事件。

2.4.1　常用属性

1. Name 属性

Name 属性是每个窗体或控件都具有的属性，用来描述控件的名称。例如，将窗体的 Name 属性设置为 MyForm，那么在代码中就可以通过 MyForm 找到窗体。

2. Text 属性

Text 属性用来描述在窗体的标题栏上显示的文字。

例如，将窗体的标题栏文字设置为“我的 C#程序”的代码为：

```
this.Text = "我的C#程序";
```

3. Size 属性

Size 属性用来设置窗体的大小。Size 属性值是 Size 结构，它提供对象的 Width（宽）属性和 Height（高）属性。可以在“属性”窗口中单击 Size 属性前面的“+”号，展开 Size 属性，分别设置 Width 和 Height 的属性值。

4. BackColor 属性

BackColor 属性用来描述窗体的背景颜色。

5. AcceptButton 和 CancleButton 属性

这两个属性用于指定默认的“确认”按钮和“取消”按钮。“确认”按钮在按回车键时执行，不管此时鼠标指针在哪个控件上。同样，Cancel 按钮在按 Esc 键时自动启动。要在窗体上指定“确认”按钮和“取消”按钮，可以在 AcceptButton 和 CancelButton

属性窗口中的下拉菜单中选择相应的按钮控件。

注：只有窗体上存在命令按钮（Button）控件时，这两个属性才可用。一个窗体中同时只能设置一个默认按钮。

6. MinimizeBox 属性和 MaximizeBox 属性

MinimizeBox 属性用于设置窗体上是否会出现最小化按钮。该属性为 True 时，窗体中有最小化按钮；为 False 时，没有最小化按钮。

MaximizeBox 属性用于设置窗体上是否会出现最大化按钮。该属性为 True 时，窗体中有最大化按钮；为 False 时，没有最大化按钮。

7. MinimizeSize 属性和 MaximizeSize 属性

MinimizeSize 属性用于设置窗体可以实现的最小尺寸，即窗体大小的最小值。

MaximizeSize 属性用于设置窗体可以实现的最大尺寸，即窗体大小的最大值。

例如，设置窗体为固定大小的代码为：

```
this.MaximizeSize = this.Size
this.MinimizeSize = this.Size
```


8. TopMost 属性

TopMost 属性用来决定窗体是否是一个置顶窗体。所谓置顶窗体，是指该窗体永远出现其他窗口的前面，不会被其他窗口覆盖。该属性为 True 时窗体是置顶窗体，默认为 False。

9. StartPosition 属性

StartPosition 属性用来设置窗体显示时的起始位置。如果该属性设置为 CenterScreen，则窗体则出现在屏幕的中心。

2.4.2 常用方法

1. Focus()方法

Focus()方法可以使窗体获得焦点。

2. Show()方法

Show()方法用于显示窗体，使窗体可见。

3. ShowDialog()方法

ShowDialog()方法以模态对话框方式显示窗体。有关模态对话框的内容将在后面的章节中介绍。

2.4.3 常用事件

事件是可以通过代码响应或“处理”的操作。事件可由用户操作（如单击鼠标或按某个键)、程序代码或系统生成。

事件驱动的应用程序执行代码以响应事件。每个窗体和控件都公开一组预定义事件,用户可根据这些事件进行编程。如果发生其中一个事件并且在相关联的事件处理程序中有代码,则调用该代码。

试想制造了一个机器人,预先编写了:“如果机器人的左脚被踩到,他就会叫一声”(这就是事件响应代码)。当踩到机器人左脚时,被人踩到事件发生了,由于预先对这个事情编写了程序,机器人自然就会叫了起来。但是如果踩到了机器人的右脚呢?被人踩到事件再次发生了(也产生了事件),可以由于没有编写对应的处理程序,结果就是什么也没发生。这里的机器人就是对象,而“踩到脚”就是事件,编写的喊叫程序就是事件处理代码。

对象引发的事件类型会发生变化,但对于大多数控件,很多类型是通用的。例如,大多数对象都会处理 Click 事件。如果用户单击窗体,就会执行窗体的 Click 事件处理程序内的代码。窗体和控件的常用事件如表 2.1 所示。

表 2.1 窗体和控件的常用事件

事　　件	事件触发时间
Click	对象被鼠标单击时发生
Doubleclick	对象被鼠标双击时发生
GotFocus	对象得到焦点时发生
LostFocus	对象失去焦点时发生
MouseDown	用户在对象上按下鼠标时发生
MouseEnter	鼠标指针进入对象时发生
MouseHover	鼠标指针在对象上停留时发生
MouseLeave	鼠标指针离开对象时发生
MouseMove	鼠标指针在对象上移动时发生
MouseUp	用户在对象上释放鼠标按钮时发生

注:表 2.1 中的事件在后续章节中还要详细介绍,有些可能介绍不到,这里仅用来作为编程时的参考。

任务 2.5 学习注释

注释是为了方便阅读而为代码添加的简短的解释性说明。在编程时,应养成书写注释的良好习惯。注释不是语句,在编译程序时,编译器会忽略注释内容,不会对其进行编译,更不会执行注释。

注释可以和语句同行并跟随其后,也可以另占一整行。在 Visual Studio 2010 开发环境中,在默认情况下,注释内容会显示为绿色。C#的注释符号有两种:/*　*/(成对使用)和//。这两种符号的作用完全相同。编写程序时,可以在代码中手工输入注释符号以实现注释。程序中的注释效果如图 2.17 所示。

```
private void timer1_Tick(object sender, EventArgs e)
{
    //显示当前时间        注释
    lblClock.Text = DateTime.Now.ToString();
}
```

图 2.17　程序中的注释效果

通过选择一行或多行代码，然后在“编辑”工具栏上单击“注释”（ ）按钮和“取消注释”（ ）按钮，可以添加或移除某段代码的注释符。这种方法在为连续的多行代码加注释时更加方便。

在方法的开头加入一段说明过程功能特征（方法的作用）的简短注释是一个很好的编程做法。这对阅读和检查代码都有好处。应该把实现的详细信息（方法实现的方式）与描述功能特征的注释分开。在一段代码前加入的功能特征注释一般包含以下信息。

（1）用途：描述代码的用途（而不是其实现方式）。

（2）假设：列举代码中外部变量、控件、打开的文件或过程访问的其他元素。

（3）输入参数：指定参数的用途及类型。

（4）返回值：说明过程返回的值的含义及类型。

在 C#中，若在方法前连续输入三个“///”（斜杠），Visual Studio 2010 会自动加入一个摘要（Summary），可以在摘要中加入以上功能注释。摘要注释如图 2.18 所示。

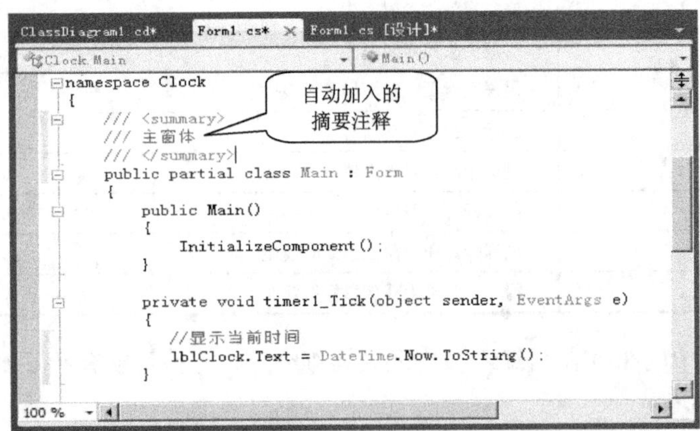

图 2.18　摘要注释

任务 2.6　学习 MessageBox 对象

在程序中经常会向用户提示一些信息，使用消息对话框可以很方便地实现信息的提示。在 .NET Framework 中，使用 MessageBox 对象来实现消息对话框。要创建消息对话框，需要调用 MessageBox 对象的共享方法 Show()方法。

Show()方法的语法为：

```
MessageBox.Show(消息,标题,按钮种类,图标种类);
```

参数说明如下。

（1）消息参数：要显示的提示信息。

（2）标题参数：消息对话框显示的标题信息。

（3）按钮种类参数：消息对话框中按钮的种类及个数。例如，对话框有“是”、“否”两个按钮，或有“确定”和“取消”按钮等。.NET 的 MessageBoxButtons 类中定义了许多按钮，可以直接使用这些按钮。

（4）图标种类参数：消息对话框中显示图标的类型。MessageBoxIcon 类中定义了许多图标，也可以直接使用。

例如，使用 MessageBox 类来显示消息对话框，代码如下：

```
    MessageBox.Show("消息对话框");
    MessageBox.Show("消息对话框", "标题");
    MessageBox.Show("消息对话框", "两个按钮",
                MessageBoxButtons.OKCancel);
    MessageBox.Show("消息对话框", "三个按钮",
                MessageBoxButtons.AbortRetryIgnore);
    MessageBox.Show("消息对话框", "有图标",
                MessageBoxButtons.OK,
                MessageBoxIcon.Error);
```

上面的代码将会依次显示 5 个消息对话框，分别如图 2.19 所示。

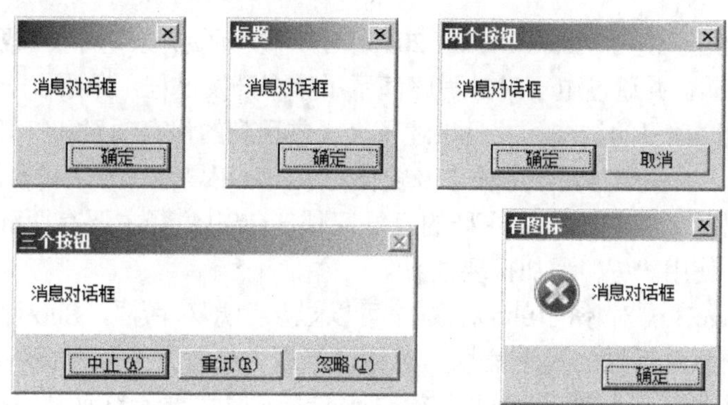

图 2.19　MessageBox 类显示的消息对话框

任务 2.7　学习 DateTime 类型

DateTime 结构用于表示某个时刻，通常表示为日期加上一天中的某个具体时间。通过使用 DateTime 的属性、方法可以获取时间中的任意部分和格式。

1. 实例化 DateTime 对象

下面的语句演示如何调用某一 DateTime 构造函数来创建具有特定年、月、日、小时、分钟和秒的日期。

```
DateTime date1 = new DateTime(2008, 5, 1, 8, 30, 52);
```

2. Now 属性

DateTime 的 Now 属性用于获取计算机上的当前日期和时间，表示为本地时间。

以下语句演示 date1 变量获取当前日期和时间。

```
DateTime date1 = DateTime.Now
```

3. DateTime 值及其字符串表示形式

DateTime 的值本身无法以文本的形式显示，如果要在 Label 控件中显示就必须转换成文本类型。DateTime 格式设置就是将值转换为其字符串表示形式的过程。最常见的方法就是使用 ToString()方法。由于日期和时间值的外观取决于区域性、国际标准、应用程序要求等因素，因此 DateTime 结构通过其 ToString 方法在日期和时间值的格式设置方面提供了较大的灵活性。默认的 DateTime.ToString()方法使用当前区域性的短日期和长时间模式返回日期和时间值的字符串表示形式。在电子时钟程序中就使用了 ToString 方法将当前时间转换为文本形式放到 Label 控件中显示，代码如下所示。

```
lblClock.Text = DateTime.Now.ToString();
```


本章总结

本章重点介绍了使用 Visual Studio 2010 集成开发环境开发基于 C#语言 Windows 应用程序的基本步骤，并通过电子时钟程序演示了整个开发过程；介绍了一个用 C#编写的 Windows 应用程序项目的结构；并且讲述了会经常用到的保存项目和打开项目的方法。

本章还介绍了有关类与对象的概念及窗体对象的常用属性、方法和事件的操作方法。

在编写代码时，应养成添加注释的良好习惯。C#中注释主要有两种：/*…*/和//，也可以在方法前使用“///”添加摘要注释。

使用 MessageBox 对象的 Show()方法可以显示消息对话框，Show()方法有多个参数，可以控制消息对话框的提示信息、对话框标题、按钮种类和图标种类。

DateTime 类型表示日期和时间，DateTime.Now 属性表示当前日期和时间。

习题

1. 电子时钟应用程序的主要结构是什么？
2. 对象的属性、事件和方法各有什么作用？
3. 如何将电子时钟应用程序的窗体名称更改为 Main.cs？
4. 在电子时钟应用程序中添加一个按钮控件，其 Text 属性值为“关于”，单击这个按钮时，使用 MessageBox 对象显示信息“这是我的第一个应用程序！”。

第3章 猜数游戏

本章中会完成一个非常有趣的猜数游戏程序。它会自动生成一个1～100的随机整数让你来猜，如果猜对了，它会祝贺你；如果猜错了，它会给你一些提示，并允许你继续猜数，直到猜对为止。还可以让程序自动记下猜数的次数。

通过猜数游戏，将学习C#的编程基础知识，包括数据类型及类型转换、变量、常量、运算符和表达式、结构控制语句和方法的定义等。还会学习.NET中Label、TextBox、Button等常用控件的使用方法及框架类库Random类的使用方法。

任务3.1 了解猜数游戏运行效果

猜数游戏运行后，屏幕上会出现一个Windows窗口，如图3.1所示（这时它已经生成了一个要你猜的整数）。可以在文本框中输入所猜测的数字，并单击“确定”按钮（或按键盘上的回车键）。程序会根据输入的数字进行判断：

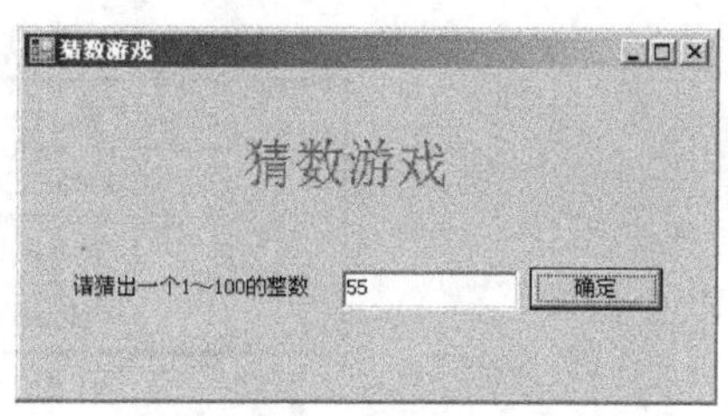

图3.1 猜数游戏

（1）如果输入的数字较大，则显示“你猜的数太大了，请小一点!”；

（2）如果输入的数字较小，则显示“你猜的数太小了，请大一点!”，如图3.2所示。

（3）如果输入的数字和生成的数字完全相同，则显示“恭喜!! 你猜对了！你猜了*N*次”并且生成一个新的数字，准备下次猜测，如图3.3所示。

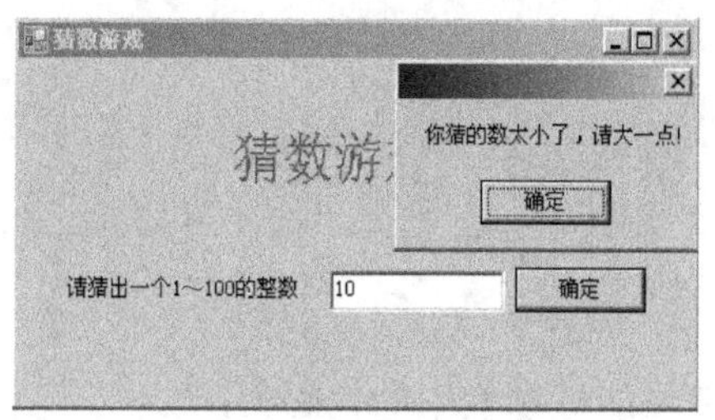

图3.2 数字较大对话框

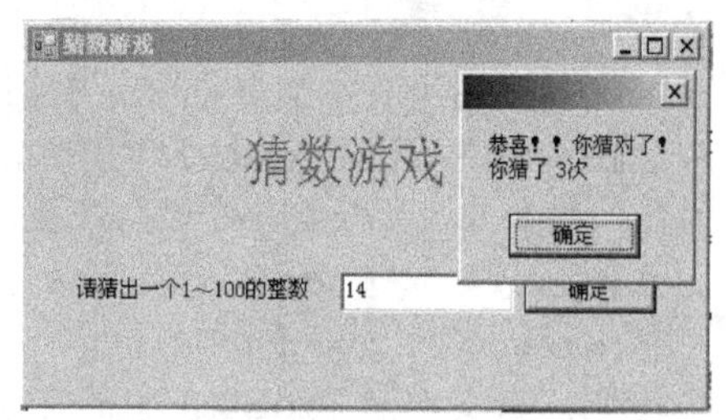

图3.3 猜对了对话框

任务 3.2 学习控件

3.2.1 Label 控件

Label 控件通常用于在程序中显示一些文字，如程序的标题、提示信息等。在“猜数游戏”程序中将用 Label 控件显示程序的标题和提示信息。

Label 控件的常用属性除了 Name 属性、Text 属性、Font 属性、BackColor 属性等常见属性外，还有一些其他的属性。

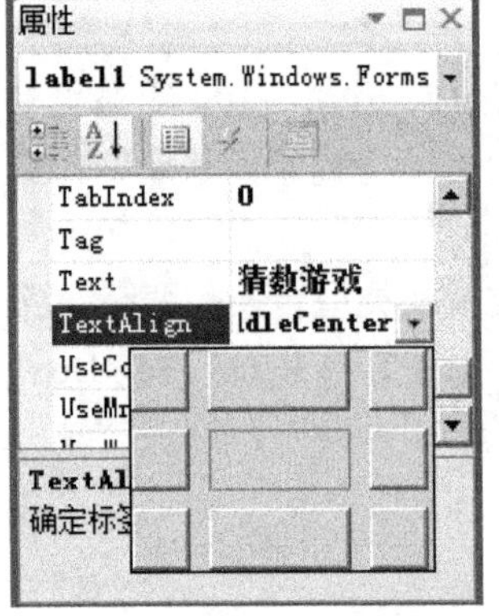

图 3.4 TextAlign 属性

1. TextAlign 属性

TextAlign 属性描述 Label 控件上文字的对齐方式。Label 控件的对齐方式共有九种，分别对应 Label 控件的 4 条边、4 个角和中心。

在“属性”窗口中，可以通过图形化的方式直接选择文本的对齐方式，如图 3.4 所示。

2. BorderStyle 属性

BorderStyle 属性用来设置 Label 控件的边框风格，其属性值如表 3.1 所示。

表 3.1 BorderStyle 属性值

成 员 名 称	说 明
Fixed3D	三维边框
FixedSingle	单行边框
None	无边框

3.2.2 TextBox 控件

TextBox 控件和 Label 控件相比，除了可以显示相应的文字外，还可以让用户输入新的信息，它具有显示和输入文字两种功能。TextBox 控件也具有 Text 属性，用来描述显示或输入的文字信息。

1. Text 属性

Text 属性用来表示文本框中显示的内容。

示例：将文本框 TextBox1 中的文字设置为“C#程序设计”的代码为：

```
textBox1.Text = "C#程序设计";
```

示例：将文本框 TextBox1 中的文字清空的代码为：

```
textBox1.Text = "";
```

示例：将文本框 TextBox1 中的文字显示在窗体的标题栏中的代码为：

```
this.Text = textBox1.Text;
```

2. MultiLine 属性

MultiLine 属性用来设置文本框控件是以单行还是以多行方式显示文本。设置为 True 可显示为多行文本，默认为 False。文本框中文字为单行和多行的效果如图 3.5 所示。

3. ScrollBars 属性

ScrollBars 属性用来指定在多行文本框中是否显示滚动条。其值为下列之一：None（无滚动条）、Horizontal（水平滚动条，但要将 WordWrap 设置为 False）、Vertical（垂直滚动条）、Both（水平和垂直滚动条同时出现，但要将 WordWrap 设置为 False）。

4. MaxLength 属性

MaxLength 属性用来设置文本框中能输入的最多字符数。例如，程序需要在文本框中输入某种产品的名称，而产品的名称必须在 20 个字符以内，那么，可以将文本框的 MaxLength 属性设置为 20。当输入的字符超过 20 时，文本框中将不再显示新输入的字符。

5. PasswordChar 属性

PasswordChar 属性用来设置当文本框作为密码框时文本框中显示的字符（不是输入的字符）。该属性只能设置一个字符。例如，将文本框的 PasswordChar 属性设置为字符“*”后，无论在文本框中输入什么字符，都将显示为“*”，效果如图 3.6 所示。

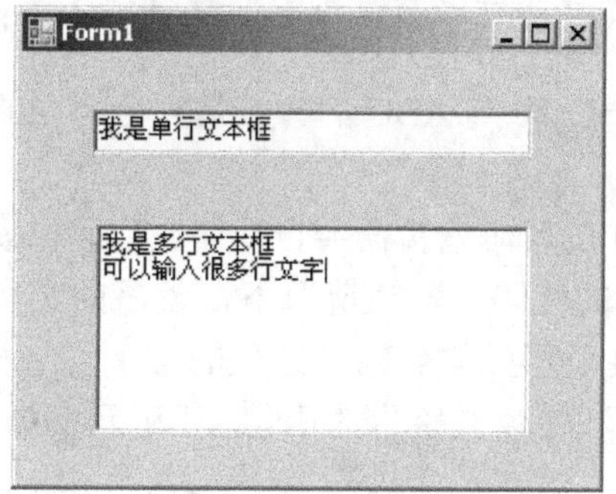

图 3.5　单行和多行文本框效果

图 3.6　密码框效果

3.2.3　Button 按钮

在编写 Windows 应用程序时，按钮几乎是必不可少的界面元素。按钮的使用非常简单，一般只会用到 Name 属性、Text 属性和 Click 事件。

1. Text 属性

TextBox、Label 控件都具有 Text 属性，Text 属性的作用是在控件上显示文字，按钮控件也不例外。

可以通过 Text 属性为按钮设置“热键”。例如，为按钮设置热键 Alt+O 的代码如下：

```
button1.Text = "确定(&O)";
```

字母的下画线效果来自&符号，热键显示效果如图 3.7 所示。

图 3.7　按钮上的热键

2. Click 事件

当按钮被单击时会发生 Click 事件。

任务 3.3　C#程序设计基础

C#是一个完全面向对象的高级程序设计语言，.NET Framework 提供给 C# 功能强大且实用灵活的类，但具体实现这些类的功能还需要用户自己编写程序代码。下面将先介绍 C#语法基础、数据类型、常量和变量、运算符和表达式等基础知识，然后实现猜数游戏程序。

3.3.1　语法基础

C#有自己的编写程序的语法规则，这些规则包括：

（1）语句书写自上而下，一条语句可以占一行，也可以将多条语句写在一行上，还可以将一条语句写在多行上，每条语句必须以“;”（分号）结束；

（2）语句中所使用的字母区分大小写，符号 abc 与 ABC 的含义是完全不同的；

（3）方法必须以()结束。

为提高程序的可读性，Visual Studio 2010 的代码编辑器会自动缩进代码以便于阅读，并且编辑器会以不同的颜色表示不同含义的代码。默认情况下，蓝色的文字为关键字，黑色的文字为用户标识符，青色的文字表示类的名称，红色的文字为字符串，绿色的文字为注释，带有下画线的文字为有语法错误或警告的语句。代码示例如图 3.8 所示。

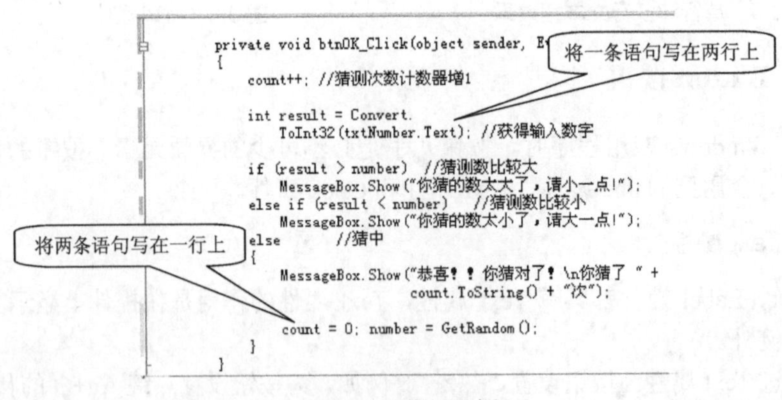

图 3.8　代码示例

3.3.2 数据类型

在 C#中可以使用 C#语言自身提供的数据类型，也可以使用.NET Framework 提供的数据类型，两者的差异不大，编程时可以根据习惯选用。Visual C#基本数据类型如表 3.2 所示。

表 3.2 Visual C#基本数据类型

Visual C# 数据类型	对应的.NET 数据类型	大小 （字节）	取 值 范 围	示　例
bool（布尔型）	System.Boolean	2	true 或 false	bool is OK=true;
byte（字节型）	System.Byte	1	0～255 的无符号整数	byte b=5;
sbyte（字节型）	System.SByte	1	有符号整数	sbyte myB=–30;
char（字符型）	System.Char	2	Unicode 编码为 0～65535 的任意单个字符	char sex='M';
string（字符串型）	System.String	取决于实现平台	0 到大约 20 亿个 Unicode 字符	string name="LiMing";
short（短整型）	System.Int16	2	–32768～32767	short age=25;
ushort（无符号短整型）	System.UInt16	2	0～65535 无符号	ushort age=30;
int（整型）	System.Int32	4	–2147483648～2147483647	int number=200;
Uint（无称号整型）	System.UInt32	4	—	uint x=540;
long（长整型）	System.Int64	8	-2^{63}～$2^{63}-1$	long people=3560000;
Ulong（无称号长整型）	System.Uint64	8	—	ulong w=90000;
float（单精度）	System.Single	4	负数为-3.4028235E+38～-1.401298E-45，正数为 1.401298E-45～3.4028235E+38	float score=88.5;
double（双精度）	System.Double	8	负数为–1.79E+308～–4.94E-324，正数约为 4.94E–324～1.79E+308	double width=6.44;
decimal（数值型）	System.Decimal	12	在–7.9228E28～7.9228E28 间的有效位为 29 位的定点数	decimal result=256.56

3.3.3 变量

变量是程序运行时随时可以改变的量。程序运行时，变量存放在某个内存空间中。每一个变量都有一个名字和相应的数据类型，这个名字将在代码中被引用，而数据类型决定了变量的储存方式。

1. 变量名的命名规则

标识符和关键字是程序设计语言中最简单的内容，但是却涉及程序设计中必须遵守的重要规则。在 C#中，采用标识符对变量、方法、函数、对象和类等进行命名。

标识符的命名规则如下：

（1）标识符是以字母、下画线（_）开始的一个字符序列，后面可以是数字、字母、下画线；

（2）名称区分大小写；

（3）标识符的最大长度为 16383 个字符；

（4）不能使用 C# 的关键字；

（5）在变量的作用域范围内，变量名是唯一的。

变量名举例如下。

合法的变量名：i-stuName-rip_tp-count5-_5。

不合法变量名：5mass（不能以数字开头）；

x!a（包含非法字符“！”）；

true（关键字）；

x$（包含非法字符$）。

为了使程序的阅读性更好，变量的命名一般要采用有意义的名称，不要使用中文变量名。例如，表示用户名的变量可命名为 name、userName 等，尽量不要采用 a、b 这样的变量名。当使用多个单词组成变量名时，应该使用骆驼（Camel）命名法，即第一个单词的首字母小写，其他单词的首字母大写，如 userName、teacherID 等。尽量不要使用中文。C#关键字见附录 A。

2．变量的定义

定义变量需要指定变量的名称和类型。变量的定义语句语法格式为：

```
数据类型  变量名;
```

例如：

```
int age;          //将 age 定义为 int 类型的变量
```

可以在一个语句中定义多个变量，而不需要重复声明数据类型。例如：

```
string name, sex, telPhone;  //定义了 3 个 string 类型的变量
```

在 C# 中还支持在定义变量时将其初始化：

```
int age = 20; //age 变量的初始值为 20
```

3.3.4 常量

常量是指在程序运行过程中其值不会发生改变的量。经常会遇到代码中包含反复出现的常数值。例如，某航空公司机票折扣固定为 7 折，计算机票价格的代码为：

```
double CA3777 = 1200 * 0.7;
double CA2308 = 3000 * 0.7;
double HK989 = 1400 * 0.7;
```

代码中多次出现 0.7 这个折扣量，为了提高代码的可读性，使代码更易维护，可以使用常量代替代码中的 0.7。常数是有意义的名称，可以代替固定不变的数字或字符串。使用常量后的代码如下：

```
const double RATE = 0.7;//定义常量 RATE
double CA3777 = 1200 * RATE;
double CA2308 = 3000 * RATE;
double HK989 = 1400 * RATE;
```

3.3.5 运算符

1. 算术运算符

算术运算符用于完成一些算术运算，如加、减、乘、除等。C# 常用的算术运算符如表 3.3 所示。

表 3.3 算术运算符

运 算 符	作 用	示 例
+	加	20+30 // 50
−	一个操作数时是取负，两个操作数时是减	100−60 // 40
*	乘	6*8 // 48
/	除	10/2 // 5
%	取余	9%4 // 1
++	自增 1	—
--	自减 1	—

使用%运算符执行取余运算。例如：

```
int i = 5;
int result = 0;
result = i % 3;     //变量 result 的内容为 2 （5 除以 3 的余数）
result = 10 % 2;    //变量 result 的内容为 0 （10 除以 2 的余数）
result = 3 % 8;     //变量 result 的内容为 3 （3 除以 8 的余数）
```

使用++、--运算符执行自增 1 或自减 1 运算。例如：

```
int count = 5;
count++;      //变量 count 的内容为 6（在自身基础上加 1）
int sum = 10;
sum--;        //变量 sum 的内容为 9（在自身基础上减 1）
```

++、--运算符还可以前置或后置。例如：

```
int sum = 10;
int count = sum++; //sum=11,count=10
int sm = 30;
int cnt = ++sm;    //sm=11,cnt=11
```

2. 比较运算符

比较运算符又称关系运算符，用来比较两个数据的大小，并返回比较的结果，结果为 bool 类型。C#中常用的比较运算符如表 3.4 所示。

字符类型的数据也可以进行比较运算，比较时 C#按照字符的 ASCII 码进行运算。例如：

```
bool result = 'a'>'y';//变量 result 的内容为 false（字符 a 的 ASCII 码小于字符 y 的 ASCII 码）
```

表 3.4　比较运算符

运　算　符	作　　用	示　　例
= =（相等）	测试两个表达式的值是否相等	23 = =33　　// false
!= （不等）	测试两个表达式的值是否不相等	23 !=33　　// true
<（小于）	测试第一个表达式的值是否小于第二个表达式的值	23<33　　// true
>（大于）	测试第一个表达式的值是否大于第二个表达式的值	23>33　　// false
<=（小于或等于）	测试第一个表达式的值是否小于或等于第二个表达式的值	23 <= 33　　// true
>=（大于或等于）	测试第一个表达式的值是否大于或等于第二个表达式的值	23 >= 33　　// false

3．逻辑运算符

逻辑运算符用于比较 bool 类型的数据，并返回 bool 类型的结果。C#中常用的逻辑运算符如表 3.5 所示。

表 3.5　常用逻辑运算符

运　算　符	作　　用	示　　例
!	逻辑非（一元运算符）	!(5>3)　　//false
&&	逻辑与	true && false　　//false
||	逻辑或	false || true　　//true

4．条件运算符

在 C#中条件运算符只有一个，即?:。条件运算符是一个三目运算符（即需要三个运算数据），可以完成条件选择运算。条件运算符使用格式为：

```
表达式 1?表达式 2：表达式 3
```

运算时，条件运算符先计算表达式 1 的结果，如果结果为 true，则整个表达式返回表达式 2 的值；如果结果为 false，则返回表达式 3 的值。

例如：

```
int result;
result = 5>4 ? 100 : 200;
```

经过条件运算后，变量 result 的值为 100。

5．赋值运算符

赋值运算符用于对变量或属性进行赋值。C# 中常用的赋值运算符如表 3.6 所示。

表 3.6　常用赋值运算符

运　算　符	作　　用	示　　例
=	赋值	int i=10;　　//10
+=	带加运算的赋值	int result=5; result+=7;　　//result=5+7
−=	带减运算的赋值	int result=5; result−=7;　　//result=5−7
*=	带乘运算的赋值	int result=5; result*=7;　　//result=5*7
/=	带除运算的赋值	int result=5; result/=7;　　//result=5/7 结果为 0
%=	带取余运算的赋值	int result=5; result%=7;　　//result=5%7 结果为 5

更多的C#运算符参见附录B。

3.3.6 类型转换

将值从一种数据类型更改为另一种类型的过程称为类型转换。在C#中，编译器在任何时候都要确切地知道数据的类型，如果在运算时数据的类型不匹配，编译就会出现错误。这时就必须用某种方法将数据的类型进行转换。C#数据之间的类型转换可以分为“隐式”类型转换和“显式”类型转换两种方式。

1．“隐式”类型转换

“隐式”类型转换在源代码中不需要任何特殊语法。转换规则很简单：对于数值类型，任何类型A，只要其取值范围完全包含在类型B中，就可以将类型A隐式转换为类型B，即取值范围小的类型自动转换为取值范围大的类型。例如，int类型可以转换为float、double类型，float类型可以转换为double，等等。例如：

```
int a = 10;
double b;
b = a; //int 隐式转换为 double
```

2．“显式”类型转换

当要把取值范围大的类型转换成取值范围小的类型时，就需要使用“显式”类型转换。C#提供了多种“显式”类型转换方法。

1）强制类型转换

在要转换的数据前加上“(要转换的类型)”，可以强制转换类型。例如：

```
double money = 123.45;
int pay;
pay = (int)money;//double 强制转换为 int
```

上面的代码将double类型强制转换成为int类型，但要注意，由于int类型只能存储整数，所以转换之后，数据丢失了精度，pay变量的值为123，而非123.45！

2）使用方法在数值类型和字符串类型之间转换

强制类型转换一般在数值之间进行，当在数值类型和字符串类型之前进行转换时，可以利用Parse()方法和ToString()方法完成。

（1）字符串转换成数值。

当要将字符串转换成数值类型时，可以使用数值类型的Parse()方法。每种数值类型都有自己的Parse()方法。例如：

```
string score = "569.5";
string age = "20";
int s1 = int.Parse(age);  //转换成 int 值为 20
double s2 = double.Parse(score); //转换成 double 值为 569.5
float s3 = float.Parse(score);  //转换成 float 值为 569.5
```

在进行转换时，要转换的字符串必须是有效的数值格式，不能将“Hello”这样的数据转换成数值类型，否则编译器会出现错误。

Parse()方法只能将字符串转换成其他数值类型，不能进行其他转换，否则会出现错误。例如：

```
int age = 23;
double myAge = double.Parse(age); //程序出错！不能用 Parse 方法将 int 转换成 double
```

（2）数值转换成字符串。

将数值转换成字符串时，可以使用类型提供的 ToString()方法。例如：

```
int age = 23;
string myAge = age.ToString(); //转换成字符串
```

3）使用 Convert 类进行类型转换

Convert 类是一个转换类，属于.NET 框架类库。它可将一种基本数据类型转换成另一种基本数据类型。例如，将字符串转换成数值、将 double 类型的数值转换成 float 类型等。Convert 类为每种类型转换都提供了一个方法，使用时不需要创建新的实例，可以直接使用其方法。Convert 类的常用方法如表 3.7 所示。

表 3.7　Convert 类的常用方法

方 法 名 称	作　　用
ToBoolean()	将指定的值转换成 boolean 类型
ToDecimal()	将指定的值转换成 decimal 类型
ToDouble()	将指定的值转换成 double 类型
ToInt32()	将指定的值转换成 int 类型
ToInt16()	将指定的值转换成 short 类型
ToString()	将指定的值转换成相应的 string 类型

例如：

```
string score = "94";
double money = 1500.65;
int s1 = Convert.ToInt32(score);//转换成 int 结果为 94
double s2 = Convert.ToDouble(score); //转换成 double 结果为 94.0
float s3 = Convert.ToSingle(money);//转换成 float 结果为 1500.65
```

3.3.7　分支结构

在日常生活中，人们做的事常常要在一定的条件下进行，例如，如果天黑了，就打开电灯；如果明天天气好，就步行去学校，否则就开车去；如果生病了，就不去上学了。在编程时，也经常要对一些条件进行判断。在 C#中分支控制结构可以完成条件的判断。

分支控制结构又称为选择结构，C#支持的选择语句包括 if 语句和 switch 语句。

1. if 结构

if 结构可以根据表达式的结果选择要执行的语句。if 语句的简单语法如下：

```
if ( 表达式 )
{
    语句代码段;
}
```

执行 if 语句时，C#首先计算表达式的结果，如果表达式结果为 true，则执行语句代码段；否则跳过语句代码段，向下执行。if 语句流程图如图 3.9 所示。

if 结构也可以加入 else，实现 if…else 结构。if…else 语法如下：

```
if ( 表达式 )
{
  语句代码段 1;
}
else
{
  语句代码段 2;
}
```


执行 if…else 时，C#首先计算表达式的结果，如果表达式结果为 true（非 0 值），则执行语句代码段 1；如果表达式结果为 false（0 值），则执行语句代码段 2。if…else 结构实现了在语句代码段 1 和语句代码段 2 中选择一个执行的效果。if…else 语句流程图如图 3.10 所示。

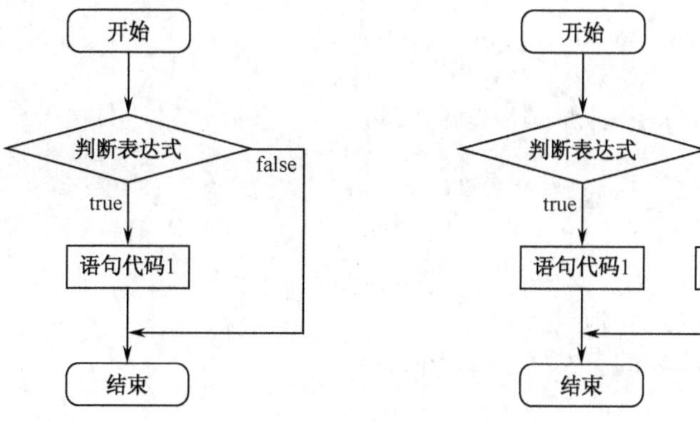

图 3.9　if 语句流程图　　图 3.10　if…else 语句流程图

示例：下面的程序运行时，在文本框中输入一个数字，单击“确定”按钮后，如果输入的数字是奇数，则显示“输入的是奇数”；如果输入的数字是偶数，则显示“输入的是偶数”。程序界面如图 3.11 所示。

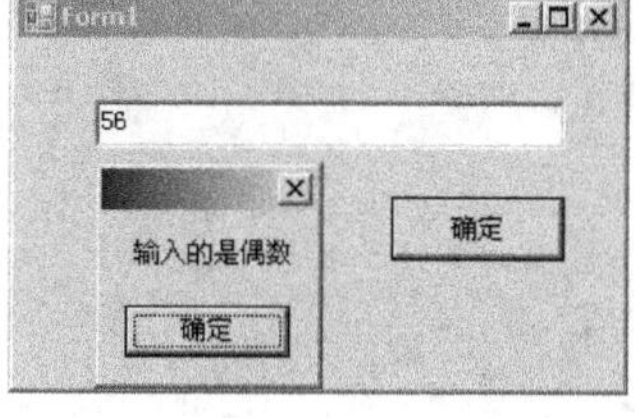

图 3.11　程序运行效果

if 语句可以进行“二选一”的操作，如果要判断的情况多于两个，可以使用多个 if 的嵌套来实现。

```
int num;
num = int.Parse(textBox1.Text); //将输入的值转换成数字类型
if (num % 2 == 0) //偶数
```

```
{
    MessageBox.Show("输入的是偶数");
}
else  //奇数
{
    MessageBox.Show("输入的是奇数");
}
```

示例：下面的程序运行时，在文本框中输入一个成绩，单击“确定”按钮后，对输入的成绩进行等级判断。成绩在90～100间的为优秀，成绩在80～90间的为良好，成绩在60～80间的为中等，成绩在60以下的为差。

```
int score;
//将输入的值转换成数字类型
score = int.Parse(textBox1.Text);
//进行判断
if (score >= 90 && score <= 100)
{
    MessageBox.Show("优秀");
}
else
{
    if (score >= 80 && score<90)
    {
        MessageBox.Show("良好");
    }
    else
    {
        if (score >= 60 && score<80)
        {
            MessageBox.Show("中等");
        }
        else
            MessageBox.Show("差");
    }
}
```

当多个if嵌套时，else总是与离它最近的那个缺少else的if相匹配。例如：

```
int n = int.Parse(textBox1.Text);
int sum = 5;
if (n<7)
    if (n>2)
        sum = 20;
    else
        sum = 90;
```

当文本框 textBox1 中输入 5 时，变量 sum 的值为 20；当输入 1 时，变量 sum 的值为 90；当输入 10 时，变量 sum 的值为 5。

2. switch 结构

switch 语句也可以实现程序的选择结构。switch 语句的语法格式为：

```
switch ( 表达式 )
{
    case 常量表达式 1:
          语句 1;
          break;
    case 常量表达式 2:
          语句 2;
          break;
    ……
    default:
          语句 n;
          break;
}
```


switch 语句中要判断的表达式的值必须是整型或字符型，也可以是字符串型。switch 语句执行时，首先计算表达式的值，然后用表达式的值逐一与各个常量表达式进行比较，找到第一个相等的常量表达式后，执行对应的语句，直至 break 语句为止。如果没有常量表达式与表达式的值相匹配，则执行 default 后的语句，直至 break 语句为止。书写 switch 语句时，default 语句可以省略。

在 C#中要求每个 case 和 default 语句中必须有 break 语句，除非两个 case 中间没有其他语句。

示例：下面程序运行时，在文本框中输入一个时间（整数），时间在 6:00～10:00 之间，显示“上午好！”；时间在 10:00～14:00 之间，显示“中午好！”；时间在 14:00～18:00 之间，显示“下午好！”；其他时间显示“休息了！”。程序运行结果如图 3.12 所示。

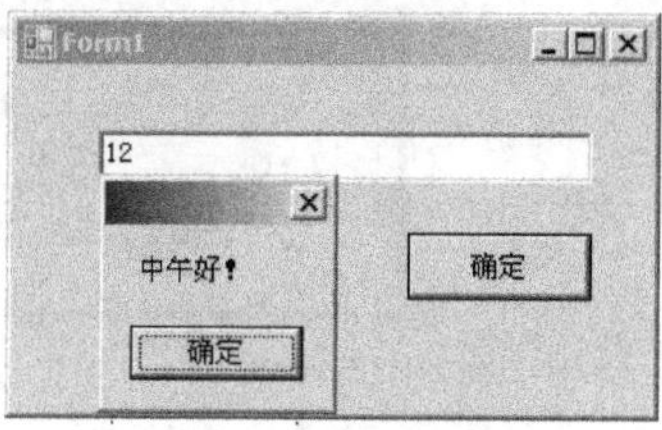

图 3.12 运行效果

```
int time;
//将输入的值转换成数字类型
time = int.Parse(textBox1.Text);
//进行判断
switch (time)
{
    case 6:
    case 7:
    case 8:
    case 9:
```

```
        case 10:
            MessageBox.Show("早上好！");
            break;
        case 11:
        case 12:
        case 13:
        case 14:
            MessageBox.Show("中午好！");
            break;
        case 15:
        case 16:
        case 17:
        case 18:
            MessageBox.Show("下午好！");
            break;
        default:
            MessageBox.Show("休息了！");
            break;
    }
```


请思考，上面的程序，如果输入时间为 34，会出现什么结果？如何解决？

在书写 switch 语句时，经常出现的错误是忘记了 break 语句。这时 Visual Studio 2010 会在错误列表窗口给出提示，如图 3.13 所示。在修改错误时，一般从最上面的一条错误信息开始，不要被一大堆错误吓倒，往往一个错误改正了，其他错误也自然消失了。

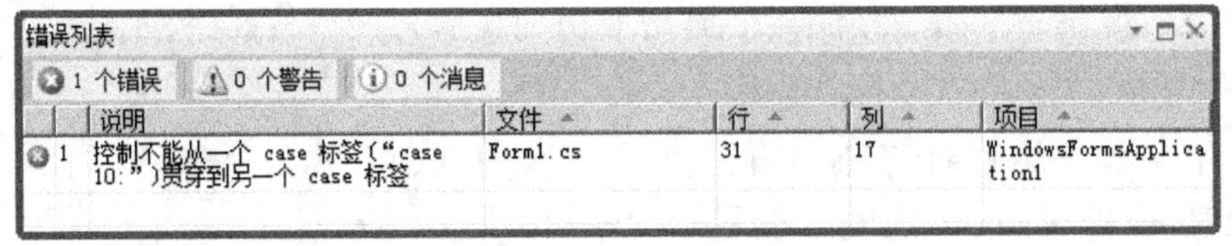

图 3.13　缺少 break 语句的错误信息

3.3.8　循环结构

在程序设计中，有时需要反复执行一段相同的代码，直到满足一定的条件为止，这可以使用循环结构完成。C#中支持的循环语句包括：while、do、for、foreach 语句。

1. while 语句

当不确定一个循环的执行次数时，使用 while 或 do 循环结构比较合适。while 语句的语法如下：

```
while （表达式）
循环体语句;
```

语法说明：

（1）表达式：循环执行的条件，布尔型表达式，当表达式结果为 true 时，执行循环体语句。

（2）循环体语句：当循环条件为 true 时要执行的语句。如果要执行的语句为多条时，要用{}将其包括起来，形成一个复合语句。

while 语句的执行顺序如下：如果循环条件为 true 时，执行循环体语句。随后返回到 while 语句并再次检查循环条件。如果循环条件仍为 true，则重复上面的过程；如果条件为 false，则结束循环。流程图如图 3.14 所示。在 while 语句中必须在循环内修改某个影响循环条件的量，以使循环条件为 false，退出循环，否则可能造成无限循环（死循环）的情况。唯一例外的是当使用 break 语句时可以跳出这种循环。

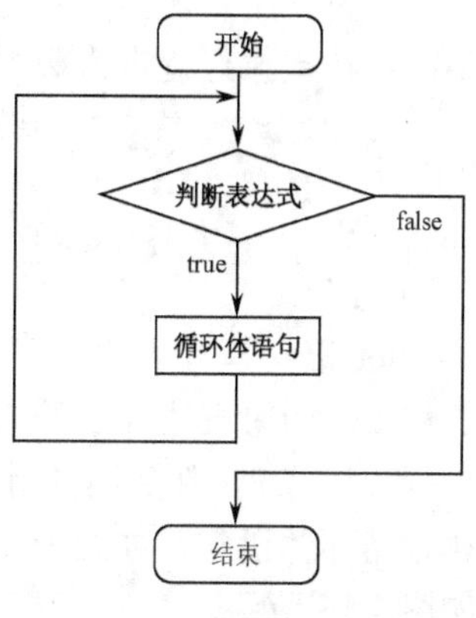

图 3.14　while 语句流程图

例如，如下代码是使用 while 循环求 1～100 整数之和：

```
int i = 1; //计数器
int sum = 0; //求和变量
while (i <= 100)
{
    sum += i;
    i++;
}
//显示结果
MessageBox.Show(sum.ToString());
```

程序执行后，在消息对话框显示的是 5050，在这个循环中 i 是循环变量，在循环体中 sum 不断地累加 i 的值（从 1～100），并通过 i ++的语句不断修改 i 的值，直到 i>100 退出循环。

注：一旦程序中出现无限循环，若要停止无限循环，可以在集成开发环境中按 Ctrl+Break 组合键。

2. do 语句

do 语句的语法的语法如下：

```
do
{
    循环体语句
}while (条件)
```

do 语句中的循环体语句和条件的作用与 while 循环的完全一样，执行顺序与 while 语句也很相似，不同之处在于 while 循环是先判断条件，再执行循环体，如果第 1 次判断条件时为 false，则不执行循环体；而 do 循环是先执行一次循环体，再判断条件，即使第 1 次判断条件时为 false，循环体也会执行 1 次。do 语句流程图如图 3.15 所示。

3. for 语句

在事先不知道需要执行多少次循环体时，do 或 while 语句可以很好地发挥作用。但是，当希望执行特定次数循环时，for 语句则是更好的选择。for 语句的语法如下：

```
for (表达式 1;表达式 2;表达式 3)
{
      循环体语句;
}
```

for 语句执行顺序如下：for 循环在执行时，首先执行表达式 1，然后计算表达式 2 的结果，如果表达式 2 结果为 true，则执行一次循环体语句，执行完循环体语句后，再执行表达式 3，然后再次计算表达式 2 的结果，如果表达式 2 的结果仍为 true，则再次执行循环体语句，如此反复；如果表达式 2 结果为 false，则结束循环。for 语句流程图如图 3.16 所示。

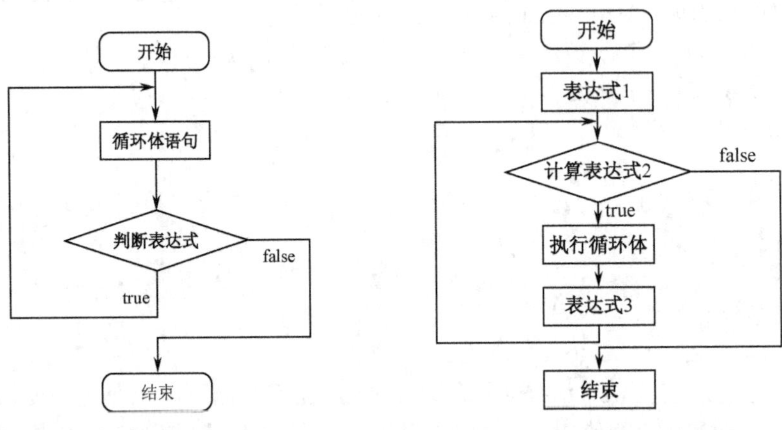

图 3.15 do 语句流程图　　图 3.16 for 语句流程图

例如：使用 for 循环，求自然数 1～100 之和。

```
int sum = 0;
for (int i = 1; i <= 100; i++)
{
    sum += i;
}
MessageBox.Show(sum.ToString());
```

4. foreach 语句

foreach 也是不定量循环。Foreach 特别适合实现对数组或集合中元素的遍历。foreach 语句的语法如下：

```
foreach(类型 局部变量  in  数组或集合)
{
    循环体语句;
}
```

foreach 语句执行顺序如下：foreach 语句在循环时，逐个取出数组或集合中的每一个元素，赋值给局部变量，然后执行一次循环体语句。数组或集合中的元素个数决定了循环执行的次数。foreach 语句流程图如图 3.17 所示。

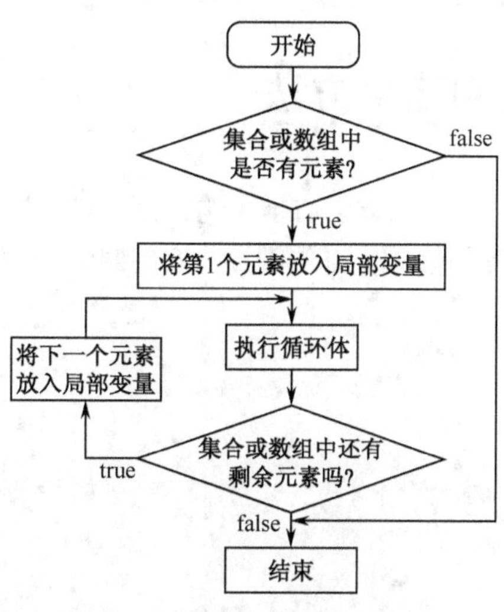

图 3.17　foreach 语句流程图

例如：将字符串中的每一个字符用消息对话框显示出来的代码为：

```
string info = "C#实例教程";
foreach (char c in info)
{
    MessageBox.Show(c.ToString());
}
```

5. 使用 continue 和 break 语句控制循环

在使用上面介绍的 4 种循环时，可以在循环体内使用 continue 和 break 语句对循环进行控制，使它们不按正常的情况执行。

1）continue 语句

continue 语句可以跳过循环体中未执行的语句，重新开始新的循环。

例如：

```
int sum=0;
for (int i = 1; i<10; i++)
{
    if (i % 2 == 0)
        continue;
    sum += i;
}
MessageBox.Show(sum.ToString());
```

上面的代码中，当变量 i 为偶数时（对 2 取余结果为 0），执行 continue 语句，循环体中未执行的 sum+=i 语句被跳过，开始下一次循环。所以 sum+=i 语句在循环过程中共执行了 5 次，最后程序显示的结果是 25。

2）break 语句

break 语句可以直接结束循环。

任务 3.4　学习自定义方法

通过前面几节中的程序，可以看到 C# 可以调用.NET 提供的类的方法。方法是类的一种行为，方法使代码容易修改、方便阅读、实现封装和重用。实际上，用户也可以自定义方法。

3.4.1　定义方法

定义方法的语法是：

```
访问修饰符  返回类型  方法名称（参数列表）
{
    方法体;
    return 返回值;
}
```


1．访问修饰符

访问修饰符表示的是方法可访问的级别，主要有 public（公共的）和 private（私有的）两种修饰（其他修饰方法暂不介绍）。什么是 public 和 private 呢？例如，去银行办理业务，任何人都可以进入银行营业所的大厅，可以存款也可以取款，但是银行柜台里面只有当天上班的银行员工可以进入，普通的用户是不能进入的。那么大厅就是 public 的，柜台里面就是 private 的。在程序中，如果方法是 public 的，就意味着其他的类也可以访问，如果是 private 的，那么就只有定义它的类可以访问，其他类不能访问。

2．返回类型

方法被调用后可以返回一个值，这个值的数据类型就是方法的返回类型，如 int、double 等，如果方法没有返回值，可以用 void 表示。

3．方法名称

每个方法都要有一个名称，方法的命名与变量相似。方法命名要有实际的含义，这样别人调用时就能清楚地知道这个方法能做什么。例如，某个方法可以完成显示学生信息的功能，那么可以将它命名为 Display 或 DisplayStudent 等有意义的名字，尽量不要命名为 a、mm 等没有意义的名称。C#中方法命名一般使用 Pascal 命名法，即组成方法名的单词直接连接，每个单词的首字母大写，如 DisplayStudent、DataBind。

4．参数列表

调用方法时，可以向方法中传递参数，这些参数就组成了参数列表，如果没有参数就不用参数列表（但必须有括号）。参数列表中的每个参数都是“类型 参数名”的形式，各个参数之间用逗号分开。

5. 方法体

方法体就是这个方法被调用时要执行的代码。

6. return

return 用于设置方法的返回值。方法返回类型不是 void 的方法体中必须有 return 语句。return 语句也可以结束方法运行。

示例：编写方法 IsOdd()，该方法可以判断数字 17 是奇数还是偶数。如果是奇数，方法返回 true，否则返回 false。

```
private bool IsOdd()
{
    if (17 % 2 == 1)
    {
        return true;
    }
    else
    {
        return false;
    }
}
```

3.4.2 方法的调用

用户自定义的方法是不会自动执行的，必须调用才可以执行。自定义方法的调用与.NET 类库中类的方法的调用方式是相同的，只要写出方法名称就可以完成调用（必须有括号）。例如，在按钮的单击事件中调用前面编写的 IsOdd()方法的语句为：

```
bool result = IsOdd();
```

3.4.3 向方法中传递参数

向方法中传递参数可以使方法更具通用性、功能更强。前面编写的 IsOdd 方法只能对 17 进行奇偶判断，能不能用它来判断其他数字呢？只要将要判断的数字作为参数传入方法进行处理可以了。代码如下：

```
private bool IsOdd(int num) //有参数 num
{
    if (num % 2 == 1) //奇数
    {
        return true;
    }
    else  //偶数
```

```
        {
            return false;
        }
    }
```

方法中的参数 num 被称为形参，是一个 int 型变量，它的值在编写程序时是不确定的。调用该方法时，调用语句必须写明 num 的值是什么，调用时所写的参数称为实参。实参和形参的类型及参数个数必须相同。调用 IsOdd 方法的语句为：

```
    bool result = IsOdd(22); //判断 22 是否是奇数
```

示例：现要编写一个工资计税的程序，税款计算方法为：工资在 2000 元以下的不计税，工资在 2000 元以上的，超出部分按一定的税率进行计税。编写 GetPay 方法，进行工资税款的计算，调用方法时，传入工资总额和税率值，计算后方法返回扣税后的工资额。

```
    private float GetPay(int pay, float taxRate)
    {
        float afterTax;  //税后工资
        if (pay<2000) //工资小于 2000，不计税
            return pay;
        else //工资 2000 以上，计税
        {
            afterTax = pay - (pay-2000) * taxRate;
        }
        return afterTax;  //返回税后工资
    }
```

GetPay 方法有两个参数：pay 和 taxRate，分别表示工资总额和税率。调用 GetPay 方法的语句为：

```
    float result = GetPay(3450, 0.1); //3450 元工资，10%税率
```

示例：编写方法 Swap，该方法有两个 int 型参数，无返回值。方法运行时，可以将给定的两个形参的值交换。

```
    private void Swap(int num1, int num2)
    {
        int temp;   //临时变量
        //交换数据
        temp = num1;
        num1 = num2;
        num2 = temp;
    }
```

调用该方法的语句为：

```
    int a = 100;
    int b = 200;
    Swap(a, b);
```

```
MessageBox.Show("a="+a.ToString());
MessageBox.Show("b="+b.ToString());
```

上面的代码正确吗？执行后会发现，变量 a 和 b 的值并没有被交换，还保持原来的值不变！为什么呢？这是因为编写方法时，所使用的是值传递方式。

1. 值传递

值传递是 C#中方法的参数值传递的默认形式。采用值传递时，只是把实参的值传递给了形参，如果形参的值发生了变化，实参仍然是原来的值。实参不会随着形参值的变化而变化。前面的几个例子使用的都是值传递。能不能让实参的值随形参而变化呢？这就需要使用引用传递。

2. 引用传递

引用传递可以让实参的值随着形参值的变化而变化。要使用引用传递，需要使用 ref 关键字来修饰参数。代码可以修改为：

```
private void Swap(ref int num1,ref int num2) //使用引用传递
{
    int temp;   //临时变量
    //交换数据
    temp = num1;
    num1 = num2;
    num2 = temp;
}
```

调用的代码为：

```
int a = 100;
int b = 200;
Swap(ref a, ref b); //加入了 ref 关键字，实现引用传递
MessageBox.Show("a="+a.ToString());
MessageBox.Show("b="+b.ToString());
```

3. out 传递

使用 out 关键字也可以实现引用传递，其与 ref 关键字的区别是：out 关键字修饰的参数在读取前必须要先赋值。例如：

```
private void OutTest(out int para1, ref int para2)
{
    int temp1,temp2;
    temp1 = para1; //程序出错，para1 未赋值
    temp2 = para2; //没问题
}
```

调用 OutTest 方法的语句为：

```
int a = 100;
int b = 200;
OutTest(out a, ref b);
```

执行上面的代码时，编译器会提示错误，要求对 out 修饰的参数先赋值。错误信息如图 3.18 所示。

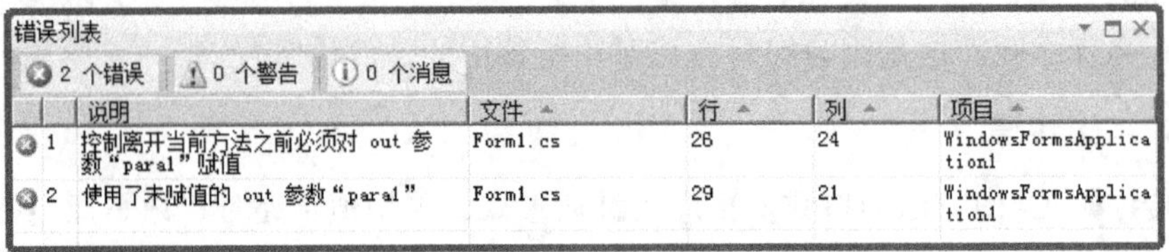

错误列表

2 个错误 | 0 个警告 | 0 个消息

	说明	文件	行	列	项目
1	控制离开当前方法之前必须对 out 参数“para1”赋值	Form1.cs	26	24	WindowsFormsApplication1
2	使用了未赋值的 out 参数“para1”	Form1.cs	29	21	WindowsFormsApplication1

图 3.18　out 错误信息

将 OutTest 方法修改为下面的形式，就不会出现错误了。

```
private void OutTest(out int para1, ref int para2)
{
    int temp1,temp2;
    para1 = 300;  //先对参数赋值
    temp1 = para1; //没有错误了
    temp2 = para2;//没问题
}
```


注意：在使用 ref 或 out 关键时，形参前要用它们进行修饰，实参前也必须用它们进行修饰。

任务 3.5　学习 Random 类

Random 类属于.NET 框架类库，它可以产生指定范围内满足随机要求的数字。例如在程序中产生 1～100 的随机整数、产生 0～1 之间的任意小数等。

1. 实例化 Random 类

Random 类使用时应首先被实例化成一个具体的对象。可以使用下面的代码创建一个 Random 类的实例：

```
Random rnd = new Random();
```

或

```
Random rnd;
rnd = new Random();
```

关键字 new 在 C#中的作用是实例化新对象。

2. 使用 Random 类的方法

在创建了 Random 类的实例后，使用它的 Next()方法可以生成任何随机整数，使用 NextDouble()方法可以生成[0,1)之间的随机小数。

1）Next()方法

Next()方法调用格式为：

```
对象名.Next(下限, 上限);
```

参数中的下限和上限是一个 int 类型的表达式，分别代表生成的随机数的下限和上限。Next()方法将返回一个大于或等于下限但小于上限的随机整数，如果下限等于上限则返回下限值。

2）NextDouble()方法

NextBouble()方法能生成随机小数，其调用格式为：

```
对象名.NextDouble();
```

示例：下面的程序将产生三个随机数，第一个为 1～100 之间的随机整数；第二个为 0～1 之间的随机小数；第三个为 98～100 之间的随机小数。

```
Random rnd = new Random();   //实例化 Random 类
int randomNumber1 = rnd.Next(1, 100);    //1～100 间整数
double randomNumber2 = rnd.NextDouble();   //0～1 间小数
double randomNumber3 = rnd.NextDouble() * 2 + 98;  //98～100 间小数
```

任务 3.6　编写猜数游戏程序

3.6.1　建立用户界面

现在，按照下面的步骤建立猜数游戏的用户界面。

（1）在 Visual Studio 2010 环境中，创建一个新的 Windows 应用程序项目，项目名称设置为“猜数游戏”。

（2）窗体上的“猜数游戏”和产生“请猜出一个 1～100 之间的整数”等文字的实现都使用标签（Label）控件，利用“工具箱”，在窗体上分别绘制两个 Label 控件。

（3）利用“工具箱”，在窗体上绘制一个文本框（TextBox）控件，用来输入猜测的数字。

（4）利用“工具箱”，在窗体上绘制一个按钮（Button）控件。

（5）分别用鼠标在窗体或控件上单击，当被选中的对象周围出现 8 个句柄时，在“属性”窗口中按照表 3.8 的要求对每个控件进行属性设置。

表 3.8　设置控件的属性

控　件	属　性	属 性 值
窗体	Text	猜数游戏
标签（Label）控件	Name Text TextAlign BackColor Font	lblTitle 猜数游戏 MiddeCenter Red Name：宋体、Size：24、Bold：True
标签（Label1）控件	Name Text	lblPrompt 请猜出一个 1～100 的整数
文本框（TextBox）控件	Name	txtNumber
命令按钮（Button）控件	Name Text	btnOK 确定

用鼠标拖动各个控件，改变它们的位置及大小，达到图 3.1 所示的效果。

3.6.2　编写程序代码

1. 生成 1～100 之间的随机整数

下面将生成 1～100 之间的随机数的代码加到程序中，步骤如下。

（1）打开代码编辑器，在窗体类中加入两个变量，存储要猜测的数字和用户猜测的次数，代码如下：

```
int number = 0; //生成的随机数
int count = 0;//猜数的次数
```

（2）在窗体类中添加一个名称为 GetRandom 的方法，该方法用于生成一个 1～100 之间的随机数。代码如下：

```
private int GetRandom()
{
    Random r = new Random(); //定义随机对象
    return r.Next(1, 100);  //返回生成的随机数
}
```


（3）在窗体的 Load 事件中加入调用 GetRandom 方法生成随机数的代码：

```
private void Form1_Load(object sender, EventArgs e)
{
    //调用方法，生成随机数
    number = GetRandom();
}
```

Load 事件将在窗体被加载时触发。这样，在程序开始运行的时候，随机数就已经生成了，存储在 number 变量中。生成随机数的代码如图 3.19 所示。

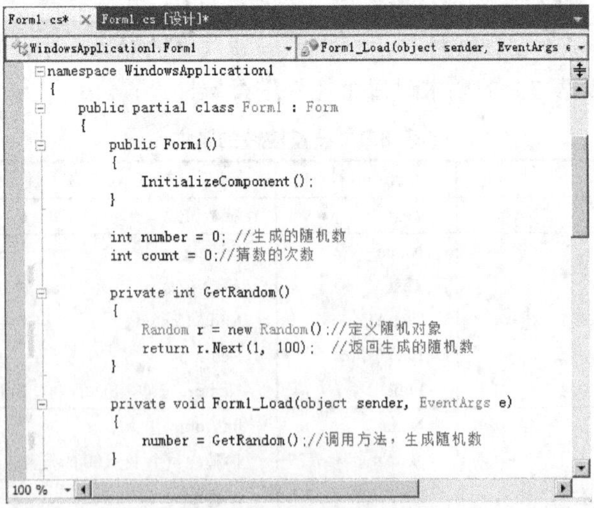

```
Form1.cs*  Form1.cs [设计]*
WindowsApplication1.Form1    Form1_Load(object sender, EventArgs e)
namespace WindowsApplication1
{
    public partial class Form1 : Form
    {
        public Form1()
        {
            InitializeComponent();
        }

        int number = 0; //生成的随机数
        int count = 0;//猜数的次数

        private int GetRandom()
        {
            Random r = new Random();//定义随机对象
            return r.Next(1, 100);  //返回生成的随机数
        }

        private void Form1_Load(object sender, EventArgs e)
        {
            number = GetRandom();//调用方法，生成随机数
        }
100 %
```

图 3.19　生成随机数的代码

2．判断输入的数字是否正确

前面的代码将产生一个所要猜的数，可以在 TextBox 控件中输入一个数字，然后按下按钮，这时程序开始对输入的数字进行判断，判断所猜的数字是否与程序产生的随机数字相同，这需要编写按钮的 Click 事件。代码如下：

```
private void btnOK_Click(object sender, EventArgs e)
{
    count++; //猜测次数计数器增 1
    int result = Convert.ToInt32(txtNumber.Text); //获得输入数字
    if (result>number)  //猜测数比较大
       MessageBox.Show("你猜的数太大了，请小一点！");
    else if (result<number)   //猜测数比较小
       MessageBox.Show("你猜的数太小了，请大一点！");
    else      //猜中
    {
       MessageBox.Show("恭喜!! 你猜对了！\n 你猜了 " +
                    count.ToString() + "次");
       count = 0;  //猜测次数计数器清 0
       number = GetRandom();  //重新生成随机数，以便下次猜测
    }
}
```

在上面的代码中，使用了 Convert 类的“ToInt32”方法，它把输入的文字，即 txtNumber.Text 属性值转换成 int 类型，然后判断输入的数字是否正确。判断完成后，使用 MessageBox 类的 Show 方法显示猜测的结果。当猜测正确时，将猜测次数计数器设置为 0，并调用 GetRandom 方法重新生成一个新的随机数，供下一次猜测使用。

3．显示生成的随机数

在猜测数字的过程中，程序还可以使用户看到要猜的数字，以方便猜测。当单击窗体时，程序将显示要猜测的数字。在窗体的 Click 事件中添加如下代码：

```
private void Form1_Click(object sender, EventArgs e)
{
   MessageBox.Show("要猜的数字是" + number.ToString());
}
```

在上面的代码中使用 MessageBox 类的 Show 方法直接显示 number 变量的内容。由于 number 变量是 int 类型，所以在显示时调用 ToString 方法将 number 变量的内容转换成字符串类型。

至此，猜数游戏的程序已全部完成，可以运行程序了。

本章总结

在这一章里，学习了 C#编程的一些基础知识。

（1）数据类型、变量和常量、运算符。

（2）不同的数据类型之间可以相互转换，C#中类型转换有两种方式：显式类型转换和隐式类型转换。

隐式类型转换主要有 3 种方法：强制类型转换、使用 Parse()方法和 ToString()方法转换、使用 Convert 类进行转换。

（3）if 和 switch 语句实现分支判断，它们的语法格式与 C 语言的相同。

C#中循环语句共有 4 种：do、while、for 和 foreach。foreach 循环用来遍历数组或集合中的元素。

break 和 continue 语句可以改变循环的方式：break 语句可以跳出循环，而 continue 语句可以结束本次循环，开始新的循环。

（4）C#程序中，可以使用自定义方法来简化程序。为了使方法功能更加强大，可以在调用方法时，向方法传递参数。向方法传递参数有 3 种形式：传值、引用（ref）和 out。

（5）Random 类是.NET 框架类库提供的用于生成随机数的类，使用类的方法可以生成各种形式的随机数。

习题

1．常量和变量有什么区别？如何定义一个整型变量？如何定义一个整型常量？

2．简述自定义方法的定义和调用的方法。

3．参数的传递有哪两种方式？它们有什么区别？分别如何实现？

4．下面的代码有错误吗？如果有错误，如何修改？

```
private void Test(out int p1, out int p2)
{
    int temp1, temp2;
    temp1=p1;
    temp2=p2;
}
```

5．如何生成一个 10～20 之间的小数？

6．本章所讲的 4 种循环结构各有什么特点？

7．C#中“显式”类型转换如何实现？

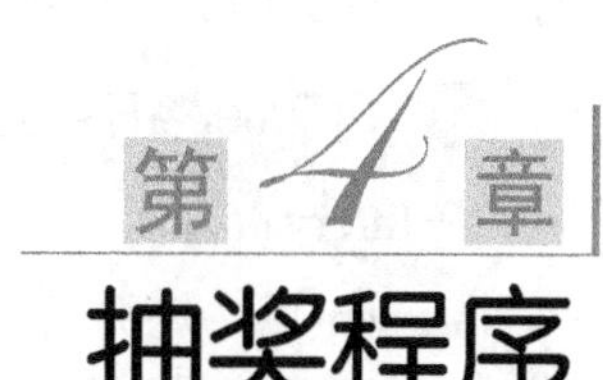

第4章 抽奖程序

本章将完成一个“幸运 52”抽奖程序。通过这个程序的介绍，将学习 Timer、PictureBox 等控件，并将继续讲解 C#编程基础知识，还将介绍 C#中非常重要的一项技术——泛型和泛型集合。

任务 4.1　了解抽奖程序运行效果

该抽奖程序的界面如图 4.1 所示，本程序运行后用户可以单击击开始按钮进行抽奖，抽奖开始后每个人的姓名不断在屏幕中变化，单击“停止”按钮后幸运者的名字将停在窗口中。

图 4.1　抽奖程序界面

任务 4.2　学习控件

4.2.1　Timer（计时器）组件

Timer 组件是一个简单的计时器组件，由于 Timer 运行时没有用户界面，因此被称为“组件”而不是“控件”。其主要作用是当 Timer 组件启动后，每隔一个固定时间段，触发相同的事件。Timer 组件在程序设计中是一个比较常用的组件，虽然属性、事件都很少，但在有些地方使用它会产生“神奇”的效果。第 2 章的电子时钟程序中就使用过它，在本章的抽奖程序中还会使用这个控件。

1. Timer 组件的常用属性

1）Interval 属性

Interval 属性是引发 Tick 事件所设置的时间间隔，单位是毫秒。如 Interval 属性设置为 1000，那么计时器将每隔 1000 毫秒（1 秒）引发一次 Tick 事件。

2）Enable 属性

Enable 属性是 bool 值，当为 True 时启动计时器，为 False 时停止计时器。例如：

```
timer1.Interval=1000;//间隔为 1000 毫秒
timer1.Enable=True;//启动计时器
```

2. Timer 组件的常用方法

1）Start 方法

Start 方法用于启动计时器。例如：

```
timer1.Start(); //启动计时器
```


2）Stop 方法

Stop 方法用于停止计时器。例如：

```
timer1.Stop(); //停止计时器工作
```

3. Timer 组件的常用事件——Tick 事件

当计时器间隔已过去而且计时器处于启用状态时发生 Tick 事件，因此如果编写了 Tick 事件处理代码，那么启动计时器后每隔 Interval 属性设置的时间，这段代码就会执行一次，数字时钟程序中不断变化的时间就是通过 Tick 事件实现的。

4.2.2 PictureBox（图片框）控件

图片框控件的主要功能是显示图片，.NET 中的图片框控件可以显示多种格式的图片，包括位图（.bmp）、元文件（.wmf 或.emf）、图标（.ico 或.cur）、JPEG(.jpg)、GIF(.gif) 和 PNG 等。

1. 图片框控件的常用属性——Image 属性

Image 属性用来表示在图片框中显示的图像。该属性可以在“属性”窗口中直接设置，也可以用语句来设置其属性值是一个 Image 对象（Image 对象用来表示图片）。

设置 Image 属性的语法格式为：

```
图片框对象名.Image= Image.FromFile（文件名）
```

其中，FromFile()是 Image 类的一个方法，该方法可以加载“文件名”参数指定的图片文件。

例如，在名为 pictureBox1 的图片框中显示“c:\img\test.jpg”图片文件的语句为：

```
pictureBox1.Image= Image.FromFile("c:\\img\\test.jpg");
```

如果要将图片框中的图像取消，语句应为：

```
pictureBox1.Image=null;
```

在 C#中将 null 赋值给对象变量时，该变量将不再引用任何对象实例。

注：在 C#中，字符串中的“\”被认为是转义符，其后面的字符将被当做有特定含义处理。在表示文件路径时，为了避免出现这种情况，可以连续写两个“\”，也可以在字符串前加@。例如：

```
pictureBox1.Image= Image.FromFile (@"c:\img\test.jpg");
```

2. 通过项目资源给 PictureBox 控件添加图片

Visual C#应用程序中经常包含非源代码的数据。此类数据称为“项目资源”，它可以包含应用程序所需的二进制数据、文本文件、音频或视频文件、字符串表、图标、图像、XML 文件或任何其他类型的数据。项目资源数据以 XML 格式存储在.resx 文件中（默认文件名为 Resources.resx），本节将演示如何通过项目资源方式给 PictureBox 控件添加图片。

1）向项目中添加图片资源

可以将资源添加到项目中，方法是：在解决方案资源管理器中，在该项目下右击“属性”节点，单击“打开”按钮，再单击“项目设计器”中“资源”选项卡中的“添加资源”按钮，添加现有文件，如图 4.2 所示。

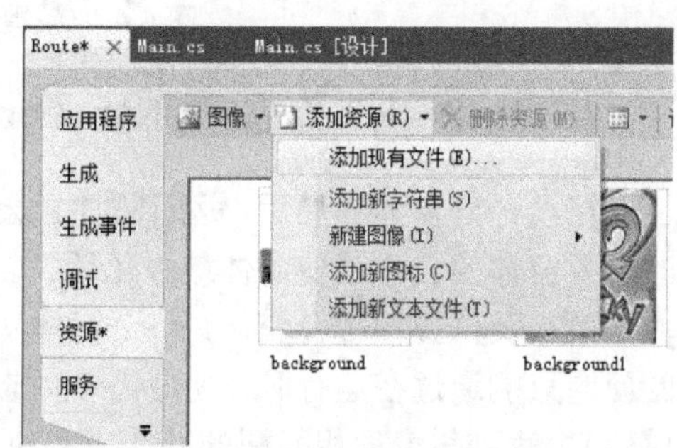

图 4.2　添加图片资源

选择要添加的具体图片文件，如图 4.3 所示。添加后可在项目资源管理器中看到添加后的图片。

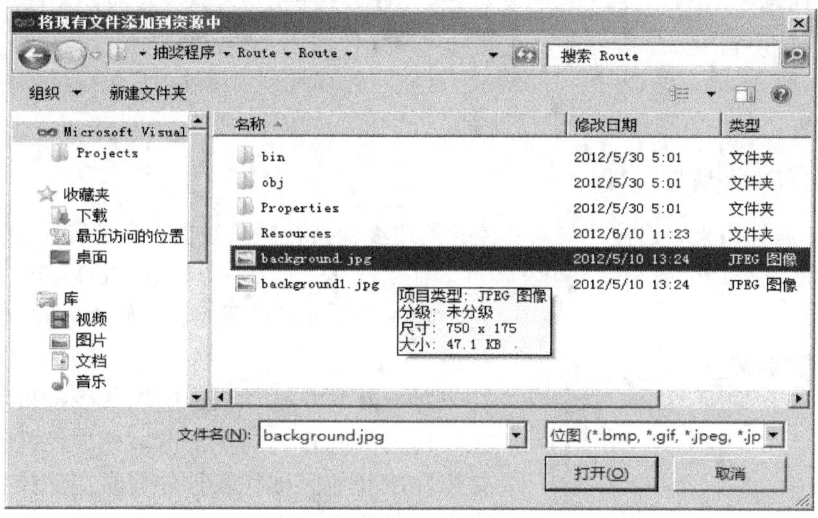

图 4.3　选择要添加的图片

2）在 PictureBox 控件中选择图片资源

在 PictureBox 控件的“属性”窗口中找到 Image 属性，单击属性值中的“打开窗口”按钮，弹出“选择资源”对话框，如图 4.4 所示。选择项目资源文件中相应的图片即可。

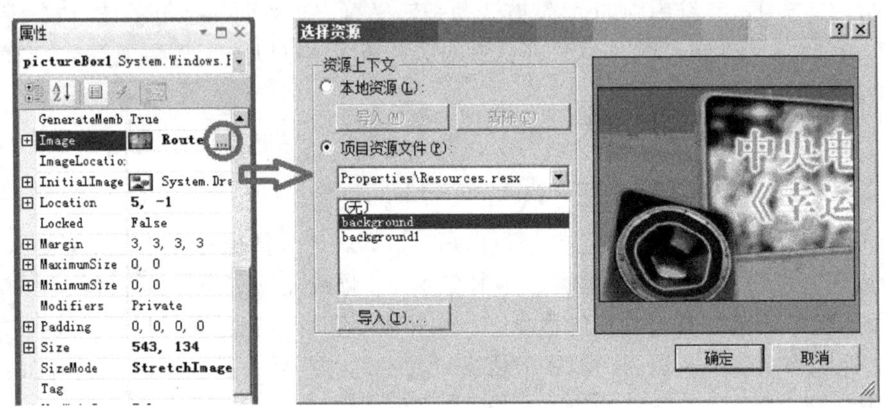

图 4.4　选择项目资源文件中图片

4.2.3　Dock（停靠）和 Anchor（锚定）

在设计好窗体布局后，运行程序，会看到各个控件整齐地排列在窗体上。但是，在改变了窗体的大小或使窗体最大化后，会发现虽然窗体的大小变化了，窗体中的各个控件的大小及位置却不会变化，整个窗体变得很不协调。在以前的程序设计语言中，这样的问题只能通过在运行时，使用语句动态调整控件的位置及大小（Location 属性和 Size 属性），达到与窗体相匹配的办法来解决。这样的处理很麻烦，除非有非常好的二维想象能力，否则只能一遍遍地运行程序，以确认控件的位置和大小。

这个问题在.NET 平台下已不复存在。.NET 提供了 Dock（停靠）属性和 Anchor（锚定）属性，利用它们可以非常方便地调整控件的大小和位置。

Dock 和 Anchor 是 C#中几乎每一个可视控件都具有的属性。它们既可以在“属性”窗口中设置，又可以通过语句进行设置。

1. Dock 属性

Dock 属性用来强迫控件与其父控件的边缘保持接触。设置该属性可以使控件停靠在父控件的某个边上或充满整个父控件。在“属性”窗口中，单击 Dock 属性的下拉列表，在列表中可以设置控件的停靠方式，如图 4.5 所示。

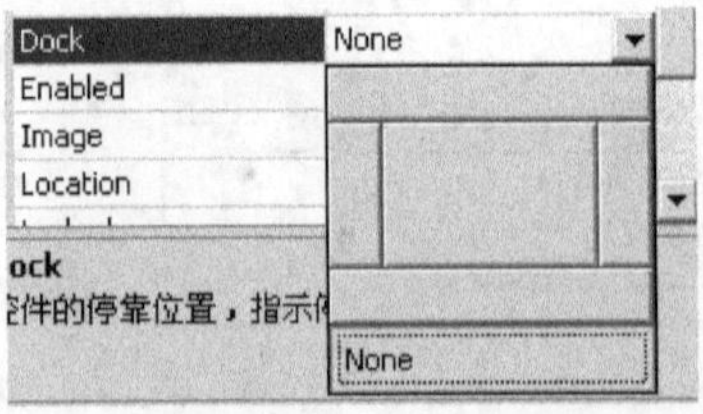

图 4.5　设置控件的 Dock（停靠）属性

列表最下方的 None 区域代表控件不设置停靠，列表中间较大的矩形区域代表控件充满整个父控件，其他区域代表控件停靠在父控件的某个边缘。在设置了控件的 Dock 属性后，控件大小也将发生变化，其边缘会粘连在父控件的左右或上下边缘。

例如，在窗体上添加一个命令按钮（Button）控件，如图 4.6（a）所示。在“属性”窗口中设置它的 Dock 属性为右停靠，按钮的位置和大小都将发生变化，如图 4.6（b）所示。

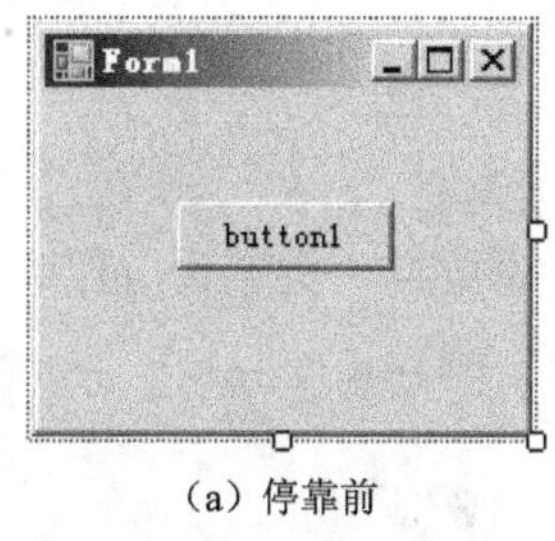

（a）停靠前

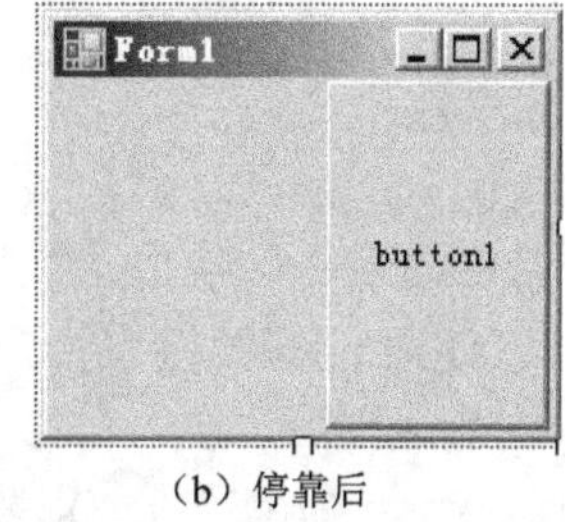

（b）停靠后

图 4.6　按钮控件的停靠效果

2. Anchor 属性

Anchor 属性用来强迫控件与其父控件的特定边缘保持固定距离，即父控件的大小变化时控件的大小及位置也发生变化，保证控件与父控件边缘的距离不变。

在“属性”窗口中通过 Anchor 属性的下拉列表可以设置控件的锚定方式，如图 4.7 所示。

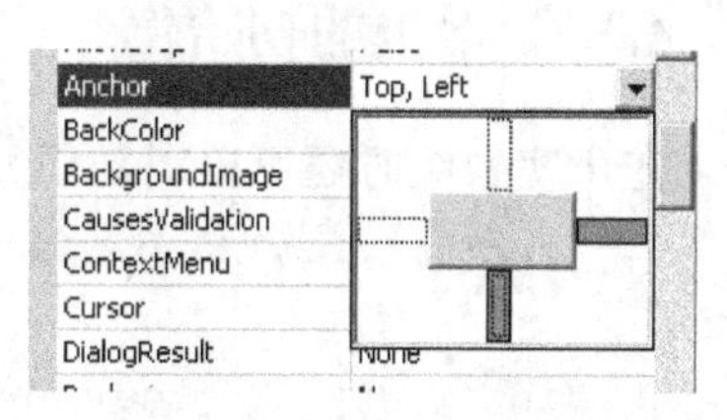

图 4.7　设置控件的 Anchor（锚定）属性

例如，在窗体上添加一个命令按钮（button）控件，如图 4.8（a）所示。在“属性”窗口中将 Anchor 属性设置为锚定到下边缘和右边缘。程序运行时，无论窗体的尺寸如何变化，该按钮始终处于窗体的右下角，其与窗体下边缘和右边缘的距离保持固定，如图 4.8（b）所示。

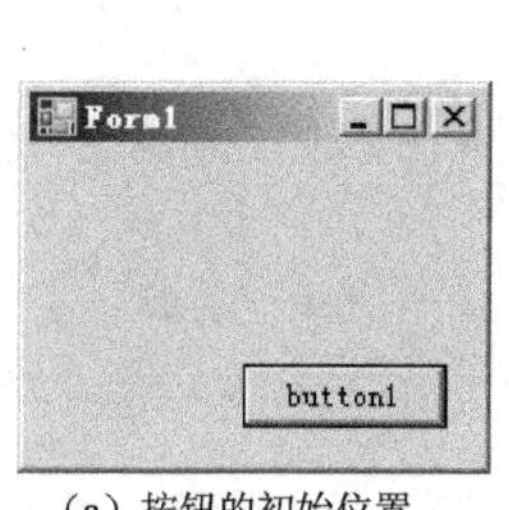

（a）按钮的初始位置

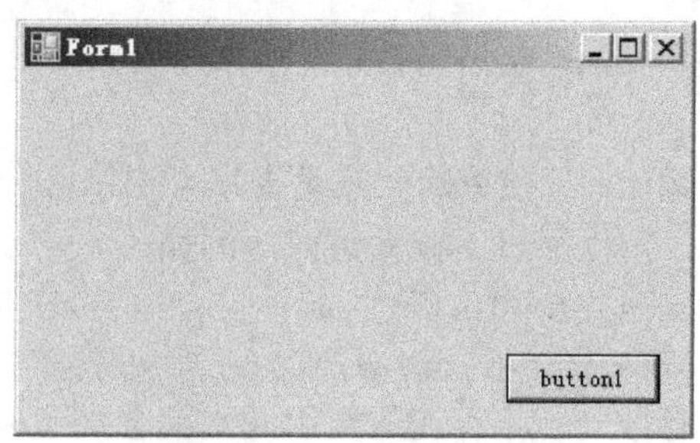

（b）窗体大小变化后按钮的位置不变

图 4.8　按钮控件的锚定效果

任务 4.3　学习数组

在程序中，为了方便数据的存取，可以使用数组来组织数据。数组是具有一定顺序关系的若干变量的集合体，组成数组的变量称为该数组的元素。数组元素用数组名后带方括号([ ])的下标表示，同一数组的各元素具有相同的数据类型。数组必须先声明，然后才能使用。

4.3.1 数组的声明

声明数组的语法格式为：

```
数据类型 [] 数组名;
```

例如：int [] teachers;声明了一个名为 teachers 的数组，类型为 int 型。

在 C#中可以使用 new 关键字指定数组的大小。例如：

```
int[] goods;
goods = new int[8];//定义 8 个元素的整型数组
```

在声明数组时，也可以指定数组大小。例如：

```
string[] students = new string[6]; //6 个元素
```

4.3.2 数组的初始化

在声明数组时还可以对数组元素的内容进行初始化。例如：


```
int[] array1 = new int[5] { 1, 2, 3, 4, 5 }; //5 个元素，初始化为 1、2、
                                             3、4、5
int[] array2 = new int[] { 1, 2, 3, 4 };  //4 个元素，初始化为 1、2、3、4
int[] array3 ={ 1, 2, 3 }; //省略 new 关键字，3 个元素，初始化为 1、2、3
```

上面三句代码中，第 1 句声明了一个 5 个元素的数组，并初始化其内容为 1、2、3、4、5；第 2 句声明了一个 4 个元素的数组，在 new 关键字后没有指定数组的大小，而是在初始化时由数据个数决定数组的大小；第 3 句声明了一个 3 个元素的数组，与第 2 句的作用相似，只是没有使用 new 关键字。

4.3.3 使用数组

使用数组时，数组的元素是根据索引来区分的，索引从 0 开始。对于一个已经声明过的数组，可以通过下标来访问，例如：

```
array[0]=10;
array[1]=array[0]*10;
```

如果存取一个不存在的数组元素就会产生错误。例如：

```
int[] array = new int[5];
array[8] = 100;//发生索引超出数组限制错误
```

执行时，编译器将会发生一个“索引超出了数组界限”的异常。

4.3.4 获取数组长度

所有的数组都是由 Array 类继承而来的，利用 Array 类的 Length 属性可以获取数组的长度。例如，访问数组最后一个元素的代码为：

```
MessageBox.Show(array[array.Length - 1].ToString());
```

4.3.5 数组常用方法

1. Clear 方法

Clear()方法可以将数组中指定元素清空。其语法为：

```
Array.Clear(数组名,起始索引,清空元素的长度);
```

例如：将数组中索引为 3～8 的 6 个元素的值清空的代码为：

```
int[] arr = new int[9];
Array.Clear(arr, 3, 6);
```

2. IndexOf 方法

IndexOf()方法用来查找指定的元素值的索引。其语法为：

```
Array.IndexOf(数组名,值)
```

该方法返回指定值在数组中的索引。如果数组中没有该值，则返回-1。例如：

```
int[] arr = new int[9];
arr[3] = 60;
arr[4] = 70;
arr[8] = 90;
int index1=Array.IndexOf(arr, 60); //返回 3
int index2 = Array.IndexOf(arr, 0); //返回 0
```

由于数组中的第一个元素没有做赋值处理，其默认值为 0，所以 index2 的值为 0。

任务 4.4 学习 ArrayList 集合

使用数组可以很方便地组织数据，利用数组中各个元素名称相同而索引不同的特点，可以使用循环方便地对数据进行处理。但是，在 C#中，在声明数组时，必须事先确定数组中元素的个数，并且数组的长度是固定的。而实际编程时，很多时候都需要动态地增加或减少数组元素的个数。例如，在程序中使用数组记录某个班级中学生的信息，当有学生转入或有学生转出时，必须动态增减数组元素个数。ArrayList 集合可以有效地解决这个问题。

ArrayList 类似于数组，它是可以直观地动态维护，其容量大小可以根据需要自动扩充，它的索引会根据扩展而重新进行分配和调整。ArrayList 可以根据类提供的方法，进行访问、新增、删除元素的操作，实现对集合的动态访问。

ArrayList 集合定义在 System.Collections 名字空间中，在程序中若要使用 ArrayList 对象，必须在先导入该名字空间：

```
using System.Collections;
```

ArrayList 集合只提供了一维的形式，没有二维的形式。ArrayList 集合是动态可维护的，因此定义时可以不指定容量，也可以指定容量。

例如：定义一个 ArrayList 集合的代码为：

```
ArrayList al = new ArrayList(); //没有指定容量
ArrayList aln = new ArrayList(5);  //指定集合容量为5
```

1．向 ArrayList 添加元素

ArrayList 提供的 Add 方法可以向 ArrayList 中添加元素，新添加的元素将被放在 ArrayList 的末尾处。Add 方法的语法为：

```
ArrayList.Add(元素值);
```

例如：定义一个 ArrayList，向其中添加三个元素，元素值分别是 1、2、3。代码为：

```
ArrayList al = new ArrayList();
//添加元素
al.Add(1);
al.Add(2);
al.Add(3);
```

在 ArrayList 中，所有元素的类型均为 Object 类型，在添加元素时，如果元素类型不是 Object 类型，将会被自动转换成 Object 类型。也就是说，在 ArrayList 中可以存储任何类型的数据。

例如：下面的代码是正确的，显示的结果为 3。

```
ArrayList al = new ArrayList(); //定义
//添加元素
al.Add(100); //添加数字类型元素
al.Add("China");//添加字符串元素
al.Add(true); //添加布尔类型元素
MessageBox.Show(al.Count.ToString());//显示元素个数
```

上面的代码是用到了 ArrayList 的 Count 属性，该属性用于获取集合元素的数目。

2．存取 ArrayList 中的单个元素

ArrayList 采用索引访问元素，第一个元素的索引是 0。

例如：显示 ArrayList 中第 2 个元素内容的代码为：

```
MessageBox.Show(al[1].ToString());
```

当访问的索引小于 0 或大于 ArrayList 中元素的最大索引时，将会引发异常。

例如：当前的 ArrayList 中有 3 个元素，下面的代码将会引发异常。

```
MessageBox.Show(al[8].ToString());  //索引值大于2，引发异常
```

3．删除 ArrayList 中的元素

ArrayList 中的元素可以通过以下三种方式删除。

（1）通过 RemoveAt（索引）方法删除指定索引的元素。

（2）通过 Remove（元素值）方法删除指定内容的元素。

（3）通过 Clear()方法删除所有元素。

例如：删除 ArrayList 中索引值为 1 的元素和删除内容为 true 的元素的代码为：

```
al.RemoveAt(1);  //删除第 2 个元素
al.Remove(true)  //删除内容为 true 的元素
```

4. 遍历 ArrayList 中的元素

ArrayList 中的元素可以采用 foreach 循环进行遍历。例如，遍历显示 ArrayList 集合中的元素的代码为：

```
ArrayList al = new ArrayList(); //定义
//添加元素
al.Add(100); //添加数字类型元素
al.Add("China");//添加字符串元素
al.Add(true); //添加布尔类型元素
//使用 for each 循环遍历
foreach(Object o in al)
{
   MessageBox.Show(o.ToString());
}
```

5. 元素的排序

ArrayList 中的元素可以排序，Sort()方法实现了这个功能。例如，将 ArrayList 集合中的元素按升序排序的代码为：

```
ArrayList al = new ArrayList(); //定义
//添加元素
al.Add(100);
al.Add(78);
al.Add(99);
al.Sort(); //排序
//使用 for 循环遍历
for (int i = 0; i < al.Count; i++)
{
   MessageBox.Show(al[i].ToString());
}
```

任务 4.5　学习泛型和泛型集合

泛型是从 C#2.0 开始提供的一个特性，通过泛型可以定义安全的数据类型，它的最显著应用就创建泛型集合，可以约束集合内的元素类型。

请看下面的代码：

```
ArrayList al = new ArrayList(); //定义 ArrayList
//添加元素
al.Add(100);    //数字类型数据
al.Add("China"); //字符串数据
al.Add(99);     //数字类型数据
al.Sort(); //排序
```

代码中定义了 ArrayList 集合，并向集合中添加了三个数据，其中两个数字类型数据，一个字符串类型数据。最后调用了 Sort()方法对元素进行排序。

程序执行时，将会出现错误，如图 4.9 所示。

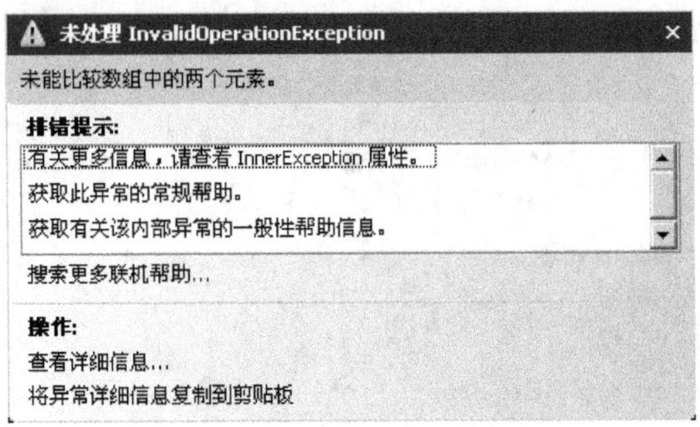

图 4.9　类型错误

出错误的原因很简单，ArrayList 集合中添加了数字类型的数据和字符串类型的数据。在调用 Sort()方法时，系统将对元素进行排序操作。而此时，集合中的元素类型并不一致，且无法进行转换，因此程序将会出现错误。

解决这种错误的方法是保证集合中数据的类型是一致的，不能出现无法转换的数据类型。ArrayList 集合中的元素都被认为是 Object 类型的，无法约束数据类型。如何解决这个问题呢？这需要使用泛型集合。

1．泛型集合的定义

泛型集合可以由编译器检查元素类型是否正确，从而避免出错运行时的类型错误。在 System.Collections.Generic 名字空间中定义了许多泛型集合，其中 List<T>泛型集合使用非常广泛。List<T>中的 T 代表集合中元素约束的类型，集合定义语法为：

```
List<类型> 集合名称= new List<类型>();
```

例如：定义一个只能存放 int 型数据的集合的代码为：

```
List<int> list = new List<int>();
```

再如：定义一个类型约束为字符串的集合的代码为：

```
List<string> lt = new List<string>();
```

2．List<T>的使用

List< T >泛型集合的操作方法与 ArrayList 的完全相同，只不过 List< T >集合中的元素的类型是相同的，必须是< T >所描述的类型。

例如：

```
List<int> list = new List<int>();
list.Add(100); //向集合中添加数据
list.Add(67);
list.Sort();  //对集合排序
int sum = 0;
```

```
        foreach (int i in list)  //遍历集合
        {
            sum += i;   //sum的值为各个元素之和， 无须进行类型转换操作
        }
        list.Remove(67); //删除元素
        MessageBox.Show(list[0].ToString());  //显示元素内容
```

当向 List<T>集合中添加不是约束类型的数据时，编译器将会出现错误，如图 4.10 所示。

```
        List<int> list = new List<int>();
        list.Add(100); //向集合中添加数据
        list.Add(67);
        //添加不允许的类型数据，编译器出错
        list.Add("hello");
        list.Add(88.987);
```

错误列表

4个错误 | 0个警告 | 0个消息

	说明	文件	行	列	项目
1	与"System.Collections.Generic.List<int>.Add(int)"最匹配的重载方法具有一些无效参数	Form1.cs	112	13	WindowsApplication1
2	参数"1": 无法从"string"转换为"int"	Form1.cs	112	22	WindowsApplication1
3	与"System.Collections.Generic.List<int>.Add(int)"最匹配的重载方法具有一些无效参数	Form1.cs	113	13	WindowsApplication1
4	参数"1": 无法从"double"转换为"int"	Form1.cs	113	22	WindowsApplication1

图 4.10　违反泛型约束错误

泛型对整个 C#有很重要的意义，微软公司对于泛型技术非常重视，在.NET 开发中，未来数年内，泛型都将是主流的技术之一。它的性能很高，在操作时，元素的类型是相同的，不需要进行从 Object 类型到其他类型的转换（这种转换被称为拆箱和装箱操作），提供了更好的类型安全性，并且 CLR 可以支持泛型，这样使得整个.NET 平台都能够使用泛型。在后面的章节中会大量使用泛型集合。

注：在.NET 框架中，所有集合的操作方法基本相同。本章介绍的 ArrayList 集合、List<T>泛型集合的操作方法基本相同，实际上，其他集合的操作也与 ArrarList 相似。.NET 中，一般以“s”结尾（表示复数形式）的属性或对象都是集合，都具有刚才介绍 ArrayList 或 List<T>集合时所讲到的属性、方法。例如，DataTable 对象的 Rows 属性（以 s 结尾）就是一个集合，可以使用 Add()、Remove()、Sort()等方法。

任务 4.6　学习文件操作

4.6.1　File 类

File 类用来表示文件，可以实现对文件的复制、删除等操作。

1. Exists 方法

Exists 方法用于检查指定文件是否存在。该方法返回布尔类型的结果，true 表示文件存在，false 表示文件不存在。

2. Copy 方法

Copy 方法用于复制文件。该方法语法为：

```
File.Copy(源文件名，目标文件名) ；
```

例如：将 c:\ NTDETECT.COM 文件复制到 c:\windows 目录的代码为：

```
File.Copy("c:\\NTDETECT.COM","c:\\windows\\NTDETECT.COM");
```

3. Delete 方法

Delete 方法用于删除指定文件。该方法语法为：

```
File.Delete(文件名) ；
```

例如：删除 c:\ logs.txt 文件的代码为：

```
if (File.Exists(@"c:\logs.txt"))  //判断文件是否存在
{
   File.Delete(@"c:\logs.txt");  //删除文件
}
```


4.6.2 文件读写操作

在本章的抽奖程序中，所有参与抽奖的人的名单存放在一个名称为 Names.txt 的文本文件中，如图 4.11 所示。要将名单中的每个人的姓名读取到系统当中，就需要使用 FileStream 类和 StreamReader 类。

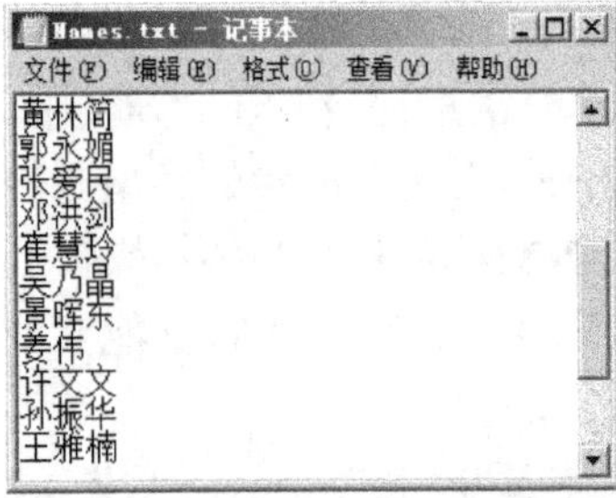

图 4.11 参与抽签的人的名单

1. FileStream 类

FileStream 类的功能主要包括对文件系统中的文件进行读取、写入、打开和关闭操作，通过实例化操作可以快速建立一个 FileStream 对象并打开一个文件，准备进行读写操作。打开文件的语法为：

```
FileStream 对象名 = new FileStream(文件名,文件模式);
```

例如：打开当前文件夹下的 Names.txt 文件的代码为：

```
FileStream fs = new FileStream("Names.txt", FileMode.Open);
```

2. StreamReader 类

StreamReader 类主要实现对文本文件的读取功能，对已经打开的文件 fs 对象进行文本读取操作，首先要创建一个 StreamReader 对象，其创建代码为：

```
StreamReader sr = new StreamReader(fs, Encoding.Default);
```

1）ReadLine 方法

ReadLine 方法用于一次从文本文件中读取一行字符串。在抽签程序中通过此方法每次从文件中读取一个人的姓名。

2）EndOfStream 属性

EndOfStream 属性用于判断文件是否到达尾部，如果到达文件尾则返回 True，否则返回 False。如判断上面打开的 sr 对象是否到达尾部、没有到达就进行读文件操作的代码是：

```
string c="";
while (!sr.EndOfStream)
{
    c = sr.ReadLine();
}
```

循环结束后，变量 c 中存储的是文件中最后一行的数据。

任务 4.7　学习 Math 类

.NET 框架提供了大量的通用数学函数，这些函数被封装在 Math 类中，以 Math 类的方法形式存在。使用这些方法可以完成许多用运算符难以完成的数学运算。

Math 类常用方法如表 4.1 所示。

表 4.1　Math 类常用方法

方　法	功　能	示　例
Abs	返回指定数字的绝对值	Math.Abs(−100)　//结果为 100
Max	返回两个指定数字中较大的一个	Math.Max(3,5)　//结果为 5
Min	返回两个指定数字中较小的一个	Math.Min(6,10)　//结果为 6
Sqrt	返回指定数字的平方根	Math.Sqrt(25)　//结果为 5
Pow	返回指定数字的指定次幂	Math.Pow(5,2)　//结果为 25，即 5^2
Ceiling	返回大于或等于指定数字的最小整数	Math.Ceiling(5.3) //结果为 6
Floor	返回小于或等于指定数字的最大整数	Math.Floor(6.8)　//结果为 6
Log	返回指定数字的自然对数（以 e 为底）	Math.Log(1)　//结果为 0
Log10	返回指定数字以 10 为底的对数	Math.Log10(100)　//结果为 2
Exp	返回 e 的指定次幂	Math.Exp(1)　//结果为 2.71828
Round	将指定的小数舍入到指定精度	Math.Round(8.456,2)　//结果为 8.46，即小数保留 2 位
Sign	返回表示数字符号的值	Math.Sign(100)　//结果为 1 Math.Sign(−59)　//结果为−1 Math.Sign(0)　//结果为 0
Sin	返回指定角度的正弦值	Math.Sin(Math.PI*90/180)　//结果为 1，即 Sin(90)

注：在 Math 类中三角函数中的角度参数必须用弧度表示。如果想使用角度必须将角度转换成弧度。π 可以用 Math 类的 PI 属性表示。例如，90° 的弧度表示形式为 90*Math.PI/180。

任务 4.8　学习 String 类

字符串是字符的序列，是组织字符的基本序列。在.NET 框架中使用 String 类来表示和处理字符串。C#使用 string 类型表示字符串，它与.NET 框架中的 String 是完全一样的。String 类非常强大，提供了大量的属性和方法来完成字符串的操作。

4.8.1　String 类的常用属性——Length 属性

Length 属性用于表示字符串中的字符数。例如，显示字符串长度的代码为：

```
String cc="C#实例教程";
MessageBox.Show(cc.Length.ToString());  //结果为 6
```

4.8.2　String 类的常用方法

1．Insert 方法

Insert 方法用于在字符串的指定位置插入一个或多个字符，方法返回插入字符后的新字符串。例如：

```
string cc="C#实例教程";
string dd ;
dd = cc.Insert(2, "2005");//在第 3 个字符处插入
MessageBox.Show(dd);  //结果为 C#2005 实例教程
```

2．IndexOf 方法

IndexOf 方法用于查找字符串中的子串，其返回值是子串在母串中的位置，如果母串中不包含子串，则返回-1。例如：

```
string cc="C#实例教程";
string dd="#" ;
int result1 = cc.IndexOf(dd); //cc 中是否包含#,结果为 1,第 2 个字符
int result2 = cc.IndexOf("VB"); //cc 中是否包含 VB,结果为-1
```

3．Remove 方法

Remove 方法用于在字符串的指定位置开始删除指定数目的字符，方法返回删除字符后的新字符串。例如：

```
string cc="C#实例教程";
string dd ;
dd = cc.Remove(1, 3);//删除第 2 个字符后的 3 个字符
MessageBox.Show(dd);  //结果为 C 教程
```

4．Replace 方法

Replace 方法用于将字符串中指定的字符串替换成其他的字符串，方法返回替换后

的新字符串。例如：

```
string cc="C#实例教程";
string dd ;
dd = cc.Replace("实例", "实用"); //将实例替换成实用
MessageBox.Show(dd);  //结果为 C#实用教程
```

5. Join 方法

Join 方法用于将字符串数组中各个元素的内容用指定的分隔符连接起来，方法返回连接后的新字符串。例如：

```
string[] array=new string[]{"C#","VB","C++"};
string cc = String.Join("|", array);//将数组元素用|连接
MessageBox.Show(cc); //结果为 C#|VB|C++
```

6. Split 方法

Split 方法可以将字符串用指定的分隔符进行分解，分解后的结果存放到字符串数组中。例如：

```
string cc = "Hello,C#,.NET";
string[] array;
char[] sep = new char[] { ',' }; //分隔符
array = cc.Split(sep); //以,分隔符进行分解
foreach (string o in array)
{
   MessageBox.Show(o); //数组中的内容为 Hello C# .NET
}
```

7. SubString 方法

SubString 方法用来对字符串进行截取操作。该方法可以从字符串指定的位置截取指定长度的字符串。

示例：从给定的电子邮箱地址中获取用户名。

电子邮箱的地址格式为：用户名@域名，如 DotNet@Hotmail.com。用户名和域名之间用@分隔。获取用户名时，可以先获取@的位置，该位置之前的字符都是用户名。确定@位置后，对地址进行截取即可获得用户名。

```
string mail = "DotNet@Hotmail.com"; //邮箱地址
string userName=string.Empty; //用户名,默认为空
int pos= mail.IndexOf("@"); //@的位置
if (pos >= 0) //地址中含有 @
   userName = mail.Substring(0, pos);//从开头截取用户名
MessageBox.Show(userName); //结果为 DotNet
```

注：userName 变量必须要有一个初始值，否则编译器会给出错误。String 类的 Empty 属性表示空字符串。

8．ToLower、ToUpper 方法

ToLower 方法用于将字符串中的大写字符转换为小写字符；ToUpper 方法用于将字符串中的小写字符转换为大写字符。两种方法都返回转换后的字符串。

图 4.12　运行效果

9．Trim 方法

Trim 方法用于去掉字符串两端的空格，该方法返回去掉空格后的字符串。

示例：在两个文本框中输入一些字符，单击“比较”按钮后，对输入的字符进行比较：如果两个文本框中的内容相同，则显示“相等”，程序效果如图 4.12 所示，否则显示“不相同”。对字符串比较时不区分大小写。

比较前，先用 Trim 方法将输入的字符两端的空格去掉，然后再用 ToUpper 方法（或 ToLower 方法）将两组字符都转换成大写的（或小写的），以屏蔽大小写差异。代码如下：


```
private void button1_Click(object sender, EventArgs e)
{
    //去掉空格
    string str1 = textBox1.Text.Trim();
    string str2 = textBox2.Text.Trim();
    //转换成大写
    str1 = str1.ToUpper();
    str2 = str2.ToUpper();
    //比较
    if (str1==str2))
    {
        MessageBox.Show("相等");
    }
    else
    {
        MessageBox.Show("不相等");
    }
}
```

10．Format 方法

Format 方法用于将字符串中的格式项替换成相应的对象的值。它经常用于组合复杂的字符串，如 SQL 语句等。例如：

```
string result = string.Format("我的姓名是{0},我的性别是{1}", "周瑜", "男");
MessageBox.Show(result); //显示的结果是我的姓名是周瑜,我的性别是男
```

{数字}被称为格式项，格式项中的数字从 0 开始。

任务 4.9 编写抽奖程序

4.9.1 设计用户界面

抽奖程序的用户界面按以下步骤进行。

（1）在 Windows 窗体设计器中打开要使用的窗体。

（2）利用“工具箱”，分别在窗体中添加 Timer 组件、PictureBox、Label 和 Button 控件，按图 4.1 所示位置、大小和数量进行布局。

（3）根据表 4.2，通过“属性”窗口设置各个控件的属性。

表 4.2 对象属性设置

控　件	属　性	属 性 值
Label1	Name Text Anchor	lblName 请单击“开始”按钮进行抽奖 Bottom, Left, Right
Button1	Name Text	btnOK 开始
Timer	Name	Timer1
PictureBox	Name Image	pictureBox1 Route.Properties.Resources.background
Form	Name Text AcceptButton	Form1 抽奖程序 btnOK

4.9.2 编写程序代码

1. 在窗体类中添加两个字段

打开代码编辑器，在类中添加两个字段，分别表示用于存储参加抽奖人集合和限制抽奖次数计数器。

```
List<string> names = new List<string>(); //记录参加抽奖人的集合
int count = 3; //抽奖次数
```

2. 窗体的 Load 事件代码

在“属性”窗口中双击 Form 对象的 Load 事件，编写如下事件处理代码。本段代码用于打开名单文件，并读取每个人的姓名储存在 names 集合中。

```
private void Main_Load(object sender, EventArgs e)
 {
     //加载名单文件
     //加载姓名
     if (File.Exists("Names.txt")) //判断文件存在
```

```
        {
            FileStream fs = new FileStream("Names.txt", FileMode.Open);
            StreamReader sr = new StreamReader(fs, Encoding.Default);
            while (!sr.EndOfStream)
            {
                string name = sr.ReadLine(); //读取一行
                names.Add(name); //加入到 ArrayList
            }
        }
        else
        {
            MessageBox.Show("文件不存在！");
            this.Close();
        }
    }
```

3. 添加开始按钮代码

在 Windows 窗体设计器中双击“开始”按钮，在打开的代码编辑器中加入如下代码：

```
private void btnOK_Click(object sender, EventArgs e)
{
    if (count > 0)
    {
        if (btnOK.Text == "开始")
        {
            Timer1.Enabled = true;
            btnOK.Text = "停止";
        }
        else
        {
            Timer1.Enabled = false;
            names.Remove(lblName.Text);//再次抽奖时，去除已获奖人姓名
            count--;
            btnOK.Text = "开始";
        }
    }
    else
        MessageBox.Show("对不起，只能进行 3 次抽奖！");
}
```

本段代码的主要功能是启动或停止计时器，在多次抽奖时将已经获奖人名从 names 名单中删除，并限制只能抽奖三次。

4. 编写计时器处理代码

在 Windows 窗体设计器下方，双击 Timer 组件图标，在打开的代码编辑器中加入

Tick 事件处理代码：

```
private void Timer1_Tick(object sender, EventArgs e)
{
    Random r = new Random();
    int no = r.Next(0, names.Count-1);

    lblName.Text = names[no].ToString();
}
```

本段代码的主要功能是每隔 100 毫秒，从 names 集合中随机读取一个名字到 Label 控件显示出来。

5. 创建抽奖人名单文件

使用记事本软件创建文件名为 Names.txt 的文本文件。在调试方式运行时将本文件存放在源代码所在文件夹的 bin\Debug 文件下。至此所有工作已经完成，可以运行程序看看效果了。

注：在调试模式下编译好的可执行程序会存储在代码所在文件夹中的 bin\Debug 文件中，并可以脱离 Visual Studio 2010 集成开发环境单独运行。

本章总结

在这一章中，学习了控件、数组、集合、泛型和文件的基本读取操作等知识。

数组是一批相同类型的数据的集合，每个数据被称为元素，它们具有相同的名称，但索引值不同。

ArrayList 集合与数据相似，但可以方便地动态增加或减少元素的个数。

ArrayList 集合中的元素都是 Object 类型的。操作时没有类型约束，安全性差，性能低。泛型集合可以很好地解决这个问题，它对元素类型进行严格约束，操作方法与 ArrayList 集合相同。泛型是 C#中非常重要的一项技术，在.NET 开发中，未来数年内，泛型都将是主流的技术之一。

本章中通过一个抽奖程序，使用了 ArrayList 集合、文件操作和 Windows 窗体开发中一些常用控件。熟练掌握抽奖程序中用到的基本技能，对以后的编程大有益处。

习题

1．Dock 和 Anchor 各有什么作用？

2．数组和 ArrayList 有什么区别？如果各自对第一个元素赋值，应使用什么语句？

3．泛型有什么优点？泛型集合怎么定义？如何使用？

4．在 C 盘 TEST 目录下有一个文件：test.txt，使用 File 类中对应的方法把此文件复制到“C:\CODE”目录下，并把原来的文件删除。

第二篇

开发C#数据库应用程序

项目准备

任务 5.1 了解宿舍管理系统项目

5.1.1 了解项目背景

随着学院规模的不断扩大，学校的宿舍楼越来越多，在校住宿的学生也越来越多。传统的手工管理已经不能适应这种情况，宿舍的状态、住宿人员的情况等信息难以管理，统计、查询、管理都遇到了很大的困难。现在迫切需要开发一套宿舍管理系统，来实现宿舍信息管理的自动化。

5.1.2 了解项目功能结构

宿舍管理系统能够实现对宿舍房间信息、住宿学生信息的管理，实现信息查询、统计等功能。系统功能结构图如图 5.1 所示。

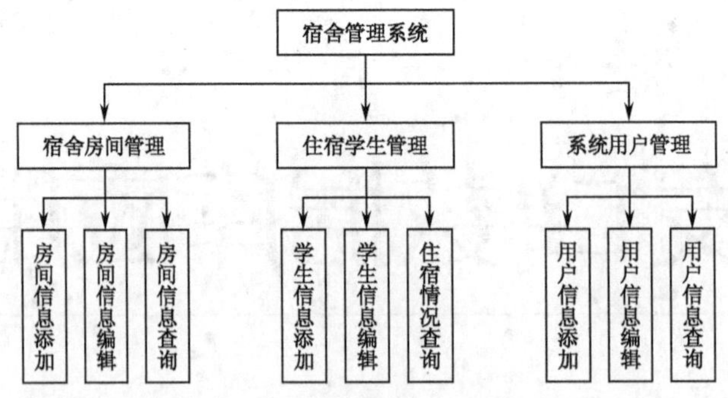

图 5.1 系统功能结构图

宿舍房间管理模块主要完成房间信息的管理，包括房间信息的添加、修改、删除及查询等功能。房间信息包含：房间号、房间状态等信息。

住宿学生管理模块主要完成学生信息的管理，包括学生信息的添加、修改、删除，以及住宿情况的查询功能，包括按姓名查询、按宿舍查询等功能。

系统用户管理模块主要完成系统使用中用户的管理。包括用户的添加、修改、删除、查询等功能。

任务 5.2　了解项目使用的数据库

5.2.1　数据库结构

在宿舍管理系统中，使用 SQL Server 2005 数据库——Dormitory。这个数据库中记录着系统中的数据，共有 3 个数据表：

（1）UserInfo 表，用来记录系统中的用户信息。UserInfo 表的表结构如表 5.1 所示。

表 5.1　UserInfo 表的表结构

序　号	字 段 名	类　型	约　束	说　明
1	UserName	nchar(10)	主键	用户名
2	Password	nchar(15)	允许为空	用户密码
3	UserState	nchar(10)	允许为空	用户状态

（2）RoomInfo 表，用来记录系统中宿舍房间信息。RoomInfo 表的表结构如表 5.2 所示。

表 5.2　RoomInfo 表的表结构

序　号	字 段 名	类　型	约　束	说　明
1	RoomID	int	自动标识，非空，主键	房间编号
2	RoomNo	nchar(10)	非空	房间号
3	RoomState	nchar(10)	允许为空	房间状态

（3）StudentInfo 表，用来记录系统中住宿的学生信息。StudentInfo 表的表结构如表 5.3 所示。

表 5.3　StudentInfo 表的表结构

序　号	字 段 名	类　型	约　束	说　明
1	SID	int	自动标识，非空，主键	学生编号
2	Name	nchar(10)	非空	学生姓名
3	Sex	nchar(10)	允许为空	学生性别
4	Age	int	默认为 18	学生年龄
5	ClassName	nchar(10)	允许为空	所在班级
6	RoomID	int	RoomInfo 表外键	所住的房间编号
7	SNO	nchar(10)	允许为空	学号
8	Phone	nchar(15)	允许为空	电话号码
9	Address	nchar(50)	允许为空	联系地址

5.2.2 数据内容

为了在调试程序时更加方便，在 Dormitory 数据库的各个数据表中添加一些数据。添加的数据如表 5.4～表 5.6 所示。

表 5.4 UserInfo 表中的数据

序　号	UserName	Password	UserState	序　号	UserName	Password	UserState
1	Admin	123456	正常	3	User	123456	正常
2	Manager	123456	正常	4	Hello	999999	暂停

表 5.5 RoomInfo 表中的数据

序　号	RoomID	RoomNo	RoomState	序　号	RoomID	RoomNo	RoomState
1	1	A101	正常	6	6	F301	正常
2	2	A102	正常	7	7	F302	正常
3	3	A103	维修	8	8	F303	正常
4	4	B101	正常	9	9	F304	维修
5	5	B102	正常	10	10	F305	正常

表 5.6 StudentInfo 表中的数据

序　号	SID	Name	Sex	Age	ClassName	RoomID	SNO	Phone	Address
1	1	张晟	男	20	软件 081	4	08358201	13920812345	天津
2	2	朱燕	女	20	应用 081	2	06358101	13920854321	天津
3	3	张晨曦	女	19	软件 082	6	0655555	13022267890	河北省

本章总结

本章介绍了宿舍管理系统项目的一些基本情况，包括：项目的背景和基本需求，以及项目数据库结构和基本数据。

第 6 章 构建项目主窗体

本章将建立宿舍管理系统项目，完成项目主界面的构建，掌握一些 Windows 控件的使用，并编写退出系统的处理程序。

任务 6.1　建立 Windows 应用程序

建立 Windows 应用程序的步骤如下。

（1）启动 Visual Studio 2010 集成开发环境。

（2）在“起始页”界面上，单击创建栏中的“项目”链接，弹出“新建项目”对话框，如图 6.1 所示。

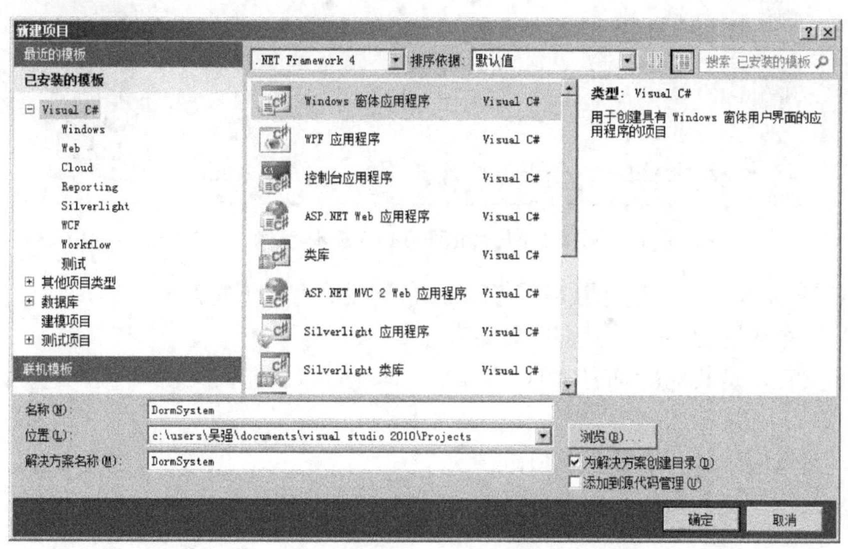

图 6.1　“新建项目”对话框

（3）在“新建项目”对话框中，选中“项目类型”列表中的“Visual C#”，然后在“模板”列表中选中“Windows 窗体应用程序”图标。

（4）在“名称”文本框中输入项目的名称“DormSystem”，然后单击“确定”按钮。项目建立完毕。

任务 6.2　建立 MDI 窗体

6.2.1　什么是 MDI 窗体

MDI 窗体又称多文档窗体，它由一个父窗口和若干个子窗口组成。Microsoft Office 应用程序就是典型的 MDI 窗体界面，Excel 应用程序窗体如图 6.2 所示。在这个界面中，可以同时打开多个 Excel 文档。MID 窗体的父窗口是最外面的窗口，它可以包括菜单、工具栏等，父窗口还可以包含多个子窗口，这些子窗口只能在父窗口内移动。

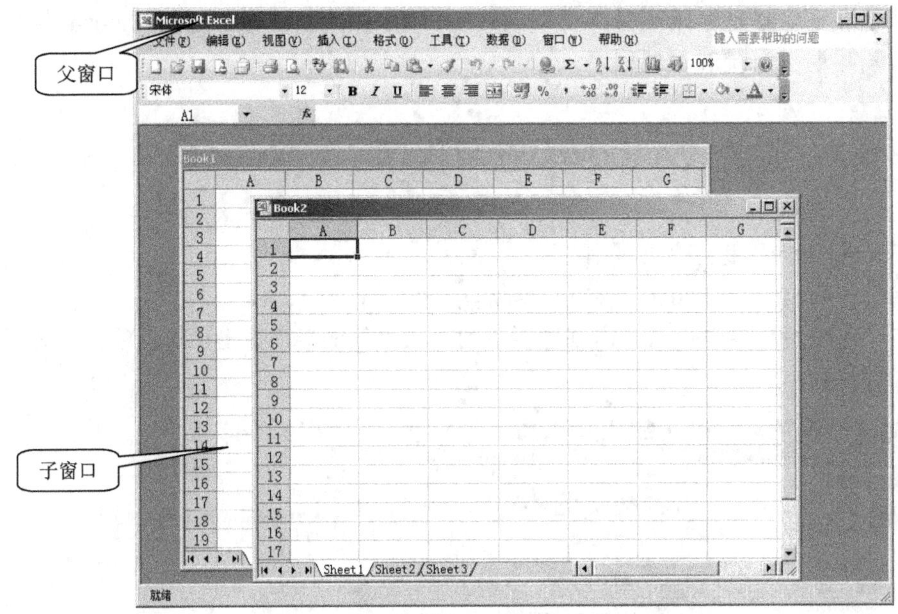

图 6.2　Excel 程序 MDI 窗体示例

许多 Windows 程序都使用 MDI 窗口，它一般具有以下特点。

（1）每个应用程序中，父窗口只能有一个。

（2）父窗口是其他所有窗口的“容器”，其他窗口只能在父窗口中操作，不能移出父窗口。

（3）可以同时打开许多子窗口。

（4）父窗口被关闭，则所有打开的子窗口也随之关闭。

6.2.2　创建 MDI 窗体

1. 建立父窗体

宿舍管理系统也将使用 MID 窗体。建立 MDI 窗体的方法很简单，窗体对象的 IsMdiContainer 属性可以将窗体设置为 MDI 父窗体，IsMdiContainer 属性设置为 True

时，窗体为 MDI 父窗体（其背景色默认为深灰色）。

将 DormSystem 项目中默认打开的 Form1 窗体的属性按表 6.1 所示的内容进行设置，使其成为一个 MDI 父窗口。

表 6.1　项目父窗体属性值

对　象	属 性 名	属 性 值	说　明
窗体	Name	Main	窗体的名称
	IsMdiContainer	True	设置为父窗体
	StratPoition	CenterScreen	窗体启动位置为屏幕中心
	Text	宿舍管理系统	窗体的标题

2. 建立子窗体

任何窗体都可以成为 MDI 子窗体，只要在调用窗体的 Show()方法打开窗体前设置该窗体的 MdiParent 属性就可以了。

例如，项目中有两个窗体 MainForm 和 ChildForm，MainForm 窗体是 MDI 父窗体，同时也是启动窗体，现在要在 MainForm 中调用子窗体 ChildForm，如图 6.3 所示。代码如下：

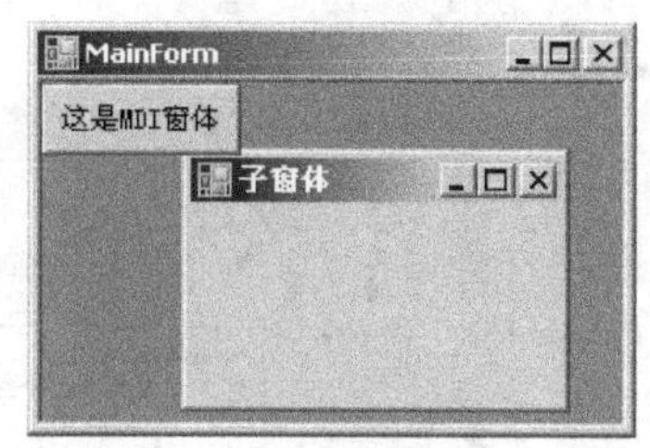

图 6.3　MDI 窗体

```
ChildForm f = new ChildForm();    //实例化子窗体
f.MdiParent = this;  //将 f 设置为当前窗体的子窗体
f.Show();   //显示子窗体
```

任务 6.3　使用窗体控件

宿舍管理系统的主窗体建立完成后，要在这个主窗体中实现很多功能，包括用户管理、住宿学生管理、房间管理等。每一个功能都是通过相应的子窗体实现的。在主窗体中要调用这些子窗体。在 MDI 风格的窗体中，普遍利用菜单条、工具条等 Windows 控件来实现这种调用。

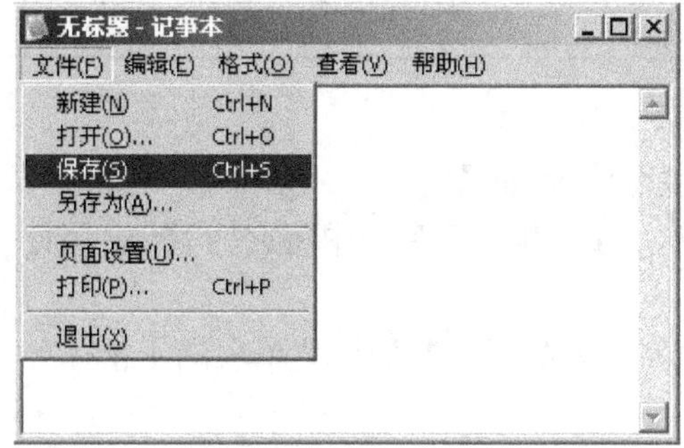

图 6.4　典型的 Windows 应用程序菜单

6.3.1　建立菜单条

在 Windows 系统中，很多应用程序都有菜单。通过菜单把应用程序的功能进行分组，能够方便用户的查找和使用。典型的 Windows 应用程序菜单如图 6.4 所示。

从图 6.4 中可以看到，窗体最上面的水平条是菜单条，菜单条中包含的每一项是顶层菜单项（如文件、编辑等），顶层菜单项下的垂直选项被称为子菜单或菜单项。

在 Visual Studio 2010 中，菜单条是通过 MenuStrip 控件来实现的，通过 ToolStripMenuItem 对象构成了菜单中的每个项目。可以双击“菜单和工具栏”工具箱中的 MenuStrip 图标把 MenuStrip 控件添加到窗体中，如图 6.5 所示。

用户可以直接在控件的“请在此处输入”提示处输入文本来建立 XP 风格的菜单项，其菜单设计器的直观性很高，菜单设计器如图 6.6 所示。

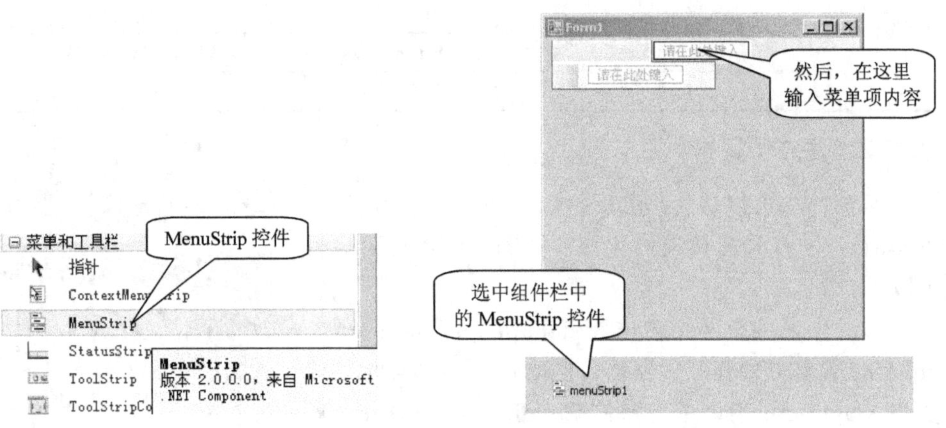

图 6.5　工具箱中的 MenuStrip 控件　　图 6.6　菜单设计器

菜单上的所有菜单项都是 ToolStripMenuItem 对象。顶层菜单是 ToolStripMenuItem 对象，子菜单仍然是 ToolStripMenuItem 对象。ToolStripMenuItem 对象的常用属性如表 6.2 所示。

表 6.2　ToolStripMenuItem 对象的常用属性

属　性	说　明
Name	菜单对象的名称
Items	菜单中显示的项的集合
Text	菜单中显示的文字
Checked	菜单选择的状态。True 表示菜单为“开”状态，菜单项前有“√”；False 表示菜单为“关”状态，菜单项前无“√”
Enabled	菜单是否有效。True 表示菜单有效，False 表示菜单无效
ShortCutKeys	菜单项的快捷键

为宿舍管理系统的主窗体建立菜单条的步骤如下。

（1）将工具箱中的 MenuStrip 控件拖曳到主窗体 Main 中。

（2）选中组件栏中新出现的 MenuStrip 控件，在“属性”窗口中将它的 Name 属性修改为 msMain。

（3）通过菜单设计器的提示，为窗体添加各个菜单项。添加好菜单项的主窗体如图 6.7 所示，各个菜单项属性值如表 6.3 所示。

图 6.7　主窗体

表 6.3　主窗体各个菜单项的属性值

对　象	属 性 名	属 性 值	说　明
用户管理菜单	Name	tsmiUser	菜单对象名称
	Text	用户管理	—
	Name	tsmiAddUser	用户管理菜单的子菜单项
	Text	添加系统用户	—
	Name	tsmiUserList	用户管理菜单的子菜单项
	Text	用户信息列表	—
房间管理菜单	Name	tsmiRoom	—
	Text	房间管理	—
	Name	tsmiAddRoom	房间管理菜单的子菜单项
	Text	添加新房间	—
	Name	tsmiRoomList	房间管理菜单的子菜单项
	Text	房间信息列表	—
住宿学生管理菜单	Name	tsmiStudent	—
	Text	住宿学生管理	—
	Name	tsmiAddStudent	住宿学生菜单的子菜单项
	Text	添加住宿学生	—
	Name	tsmiStudentList	住宿学生菜单的子菜单项
	Text	住宿学生列表	—
窗口菜单	Name	tsmiWindow	—
	Text	窗口	—
系统菜单	Name	tsmiSystem	—
	Text	系统	—
	Name	tsmiExit	系统菜单的子菜单项
	Text	退出系统	—
	Name	tsmiAbout	系统菜单的子菜单项
	Text	关于	—

注：为菜单设置 Name 属性时，加前缀 ms，如 msMain。为菜单项设置 Name 属性时，加前缀 tsmi，如 tsmiUserList。

6.3.2　使用工具栏控件

在 Windows 中，窗口除了有菜单外，大多还有工具栏。通过工具栏可以更快速地

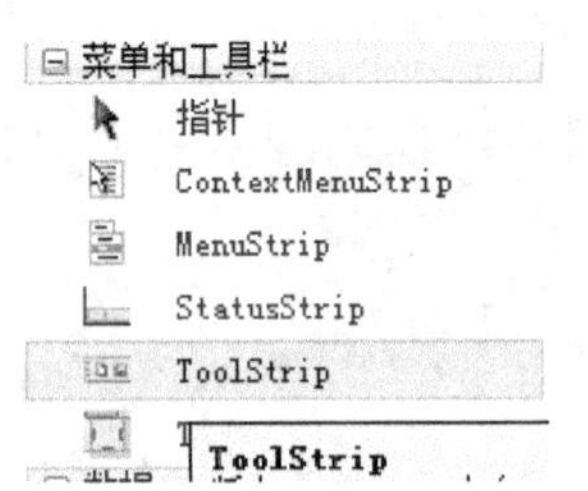

图 6.8　工具箱中的 ToolStrip 控件

完成某些功能。在.NET 中提供了 ToolStrip 控件来实现工具栏效果。TooStrip 控件在工具箱中的效果如图 6.8 所示。

ToolStrip 控件可以创建功能非常强大的工具栏，在工具栏中可以包含按钮（Button）、标签（Label）、下拉按钮（DropDownButton）、文本框（TextBox）、组合框（ComboBox）、进度条（ProgressBar）、分隔条（Separator）等元素控件，通过这些元素可以显示文字、图片或文字及图片的组合。ToolStrip 控件的常用属性如表 6.4 所示。

表 6.4　ToolStrip 控件的常用属性

属　性	说　明
Name	工具栏对象的名称
Items	工具栏中显示的项的集合
Text	工具栏中按钮或标签中显示的文字
Image	工具栏中按钮或标签中显示的图片
DisplayStyle	图片和文字的显示方式。Image 表示只显示图片，Text 表示只显示文字，ImageAndText 表示显示图片和文字，None 表示什么都不显示
TextImageRelation	图片和文字相对位置
ToolTipText	工具栏中 ToolTip 文字

ToolStrip 控件的 Items 属性用来表示工具栏中的各种元素控件，编辑 Items 属性可以向工具栏添加各种元素控件，Items 属性编辑器如图 6.9 所示。

图 6.9　ToolStrip 控件的 Items 属性编辑器

与 MenuStrip 控件相似，ToolStrip 控件也提供了一个图形化的编辑条，使用它可以快速地向工具栏中添加各种元素控件。图形化编辑条如图 6.10 所示。

为宿舍管理系统的主窗体添加工具栏的步骤如下。

（1）将工具箱中的 ToolStrip 控件拖曳到主窗体 Main 中。

（2）选中组件栏中新出现的 MenuStrip 控件，在工具栏编辑条中选择“Button”选项，为工具栏添加一个 Button 按钮。

（3）选中添加的 Button 按钮，在“属性”窗口中，将 Name 属性设置为“tsbtnAddUser”并分别设置 Text 属性和 Image 属性，然后将 DisplayStyle 属性设置为“ImageAndText”，最后将 TextImageRelation 属性设置为“ImageBeforeText”（图片在文字前面）。TextImageRelation 属性设置效果如图 6.11 所示。

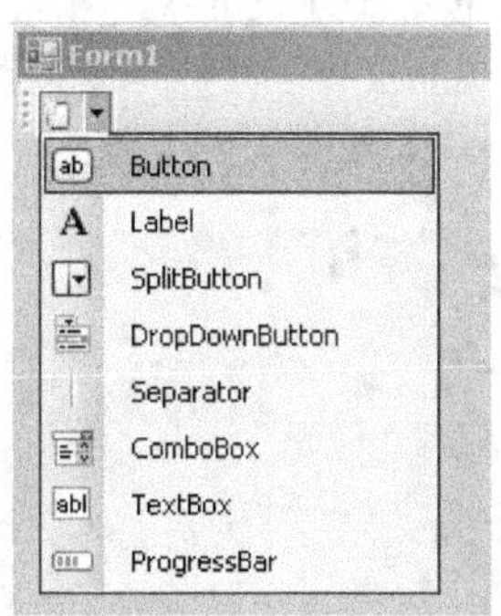

图 6.10　ToolStrip 控件的编辑条

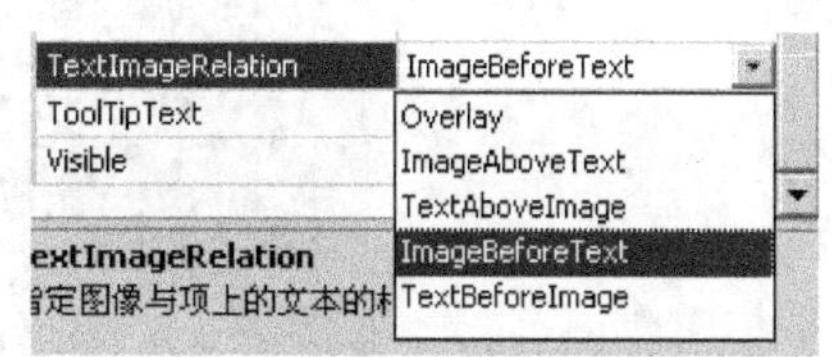

图 6.11　TextImageRelation 属性设置效果

按照上面的方法为工具栏添加其他工具按钮。主窗体工具栏效果如图 6.12 所示。

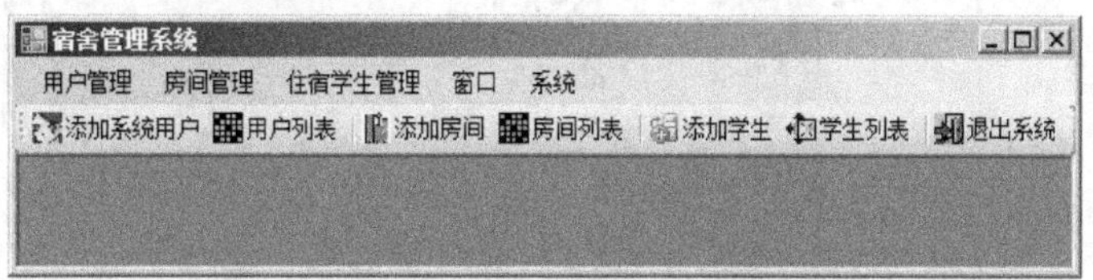

图 6.12　主窗体工具栏效果

如果要将添加好的工具栏项转换成其他形式时，可以右击该项，在快捷菜单中选择“转换为”命令，就可以转换成其他的形式，如图 6.13 所示。

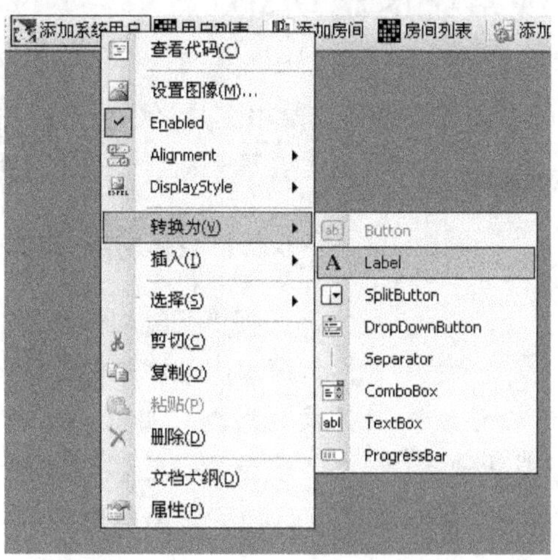

图 6.13　将工具栏项转换成其他形式

任务 6.4　为父窗体添加子窗体列表

在 MDI 父窗口中往往会有一个“窗口”菜单，使用这个菜单可以随意切换打开的子窗口。窗口菜单如图 6.14 所示。

在.NET 中要实现这样的效果非常简单，只要设置 MenuStrip 控件的 MdiWindowListItem 属性就可以了。MdiWindowListItem 表示显示子窗体列表的菜单项，将主窗体的 msMain 控件的 MdiWindowListItem 属性设置为 tsmiWindow。当打开子窗体后，“窗口”菜单下将显示打开的子窗体，如图 6.15 所示。

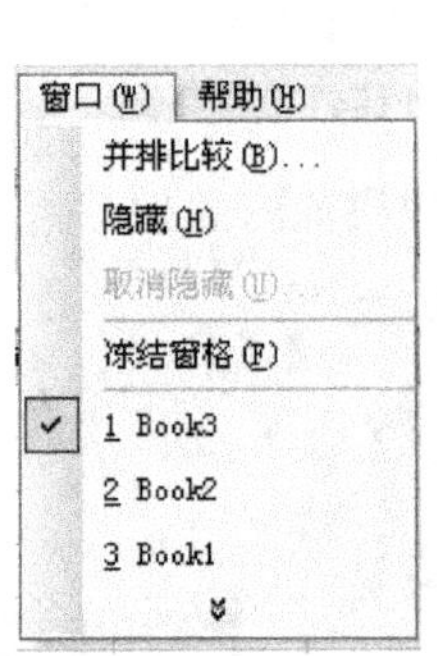

图 6.14　窗口菜单

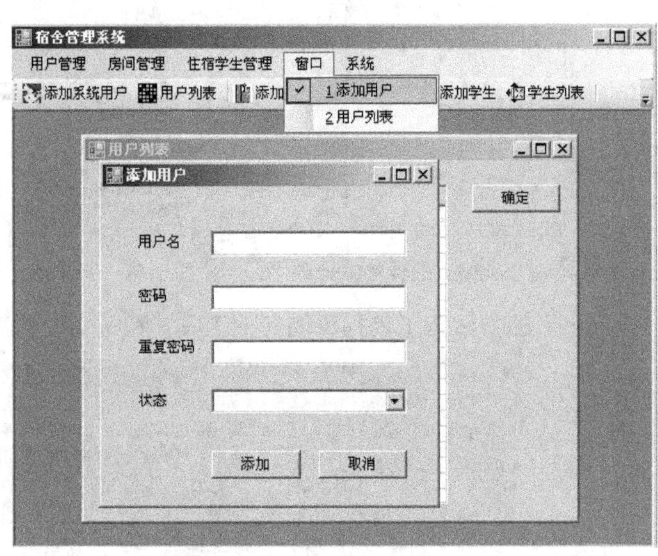

图 6.15　子窗口列表菜单图

任务 6.5　实现系统退出功能

选择“系统”→“退出系统”命令或单击工具栏中的“退出系统”按钮后，将退出宿舍管理系统。下面来实现这个功能。

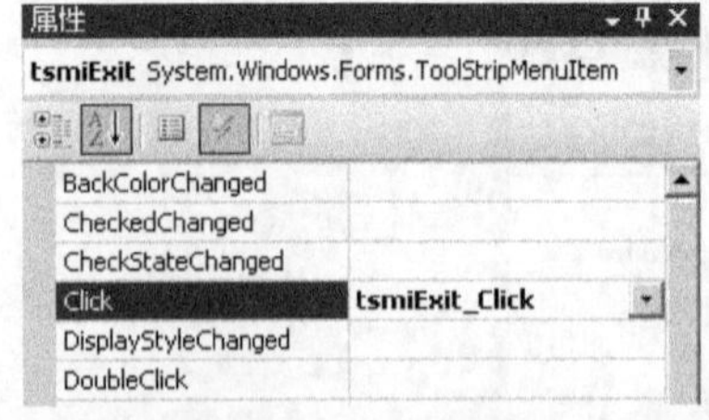

图 6.16　设置退出系统菜单的 Click 事件

6.5.1　编写菜单和工具栏的事件

选择“系统”→“退出系统”命令，单击“属性”窗口中的“事件”按钮，为菜单项的 Click 事件编写代码，如图 6.16 所示。

退出系统的代码只有一条语句：

```
private void tsmiExit_Click(object sender, EventArgs e)
{
```

```
        //使用菜单退出系统
        this.Close();          关闭主窗体即关闭系统
    }
```

在工具栏的“退出系统”按钮的Click事件中也编写相同的代码。

6.5.2 编写窗体的FormClosing事件

编写好菜单和工具栏的代码后，运行程序，单击“退出系统”按钮后，主窗体将被关闭，整个程序也随之结束。不过很多程序在退出时都会弹出一个提示对话框，只有在对话框中确定关闭系统后，程序才会结束，如图6.17所示。

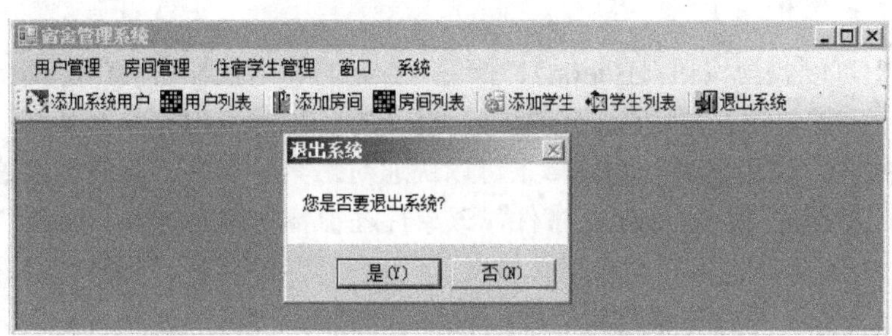

图6.17 退出系统时的确认对话框

可以通过在菜单和工具栏按钮的Click事件中加入显示消息对话框的代码来实现这个效果。在使用菜单或工具栏按钮关闭系统时，这种办法非常有效。但是，如果直接单击窗体右上角的“关闭”按钮关闭系统，这种办法就不会起作用了。如何解决这个问题呢？

窗体对象提供了FormClosing事件，在窗体关闭时，将触发FormClosing事件。FormClosing事件方法（函数）提供了一个参数e，它表示窗体关闭时的状态。参数e对象的Cancel属性可以阻止窗体被关闭。

下面编写主窗体的FormClosing事件来实现退出确认对话框：

```
    private void Main_FormClosing(object sender, FormClosingEventArgs e)
    {
        //退出系统时，显示询问对话框
        if (MessageBox.Show("您是否要退出系统?","退出系统",
           MessageBoxButtons.YesNo) == DialogResult.No) //不退出
        {
           e.Cancel = true;          单击对话框中的“否”
                                     按钮后，阻止窗体关闭
        }
    }
```

本章总结

在这一章中，建立了宿舍管理系统项目，并建立MDI风格的主窗体，学习了一些新的知识，具体如下。

一个管理信息系统（MIS）常常使用 MDI 风格的界面，它使程序的操作界面更加简捷、方便。在.NET 的 Windows 应用程序中，只要将窗体的 IsMdiContainer 属性设置为 True，就可以使该窗体成为一个 MDI 父窗体。在调用某个窗体的 Show()方法显示窗体前，只要设置窗体的 MdiParent 属性就可以使窗体成为父窗体的一个子窗体。

当父窗体中有菜单时，还可以设置菜单控件（MenuStrip）的 MdiWindowListItem 属性来建立子窗体列表。

菜单条中的每一个菜单项都是一个 ToolStripMenuItem 对象，设置 ToolStripMenuItem 对象的属性可以修改菜单外观，编写 ToolStripMenuItem 对象的 Click 事件可以实现相应的功能。

工具栏上可以包含按钮（Button）、标签（Label）、下拉按钮（DropDownButton）、文本框（TextBox）、组合框（ComboBox）、进度条（ProgressBar）、分隔条（Separator）等多种元素控件，使用图形化的编辑条可以快速对工具栏中的工具进行设置。

窗体对象提供了 FormClosing 事件，该事件在窗体关闭时触发。FormClosing 事件的参数 e 的 Cancel 属性可以阻止窗体被关闭。在关闭程序时，如果要询问确认关闭，可以在 FormClosing 事件中编写代码来实现。

习题

1．什么是 MIDI 窗体？它有什么特点？
2．在主窗体中设置菜单一般需要哪些步骤？
3．在主窗体中如何设置工具栏？
4．窗体中 FormClosing 事件有什么作用？如何在其中设置退出提醒对话框？

第7章 实现系统登录

许多系统为了保证安全，在显示系统主窗口前都要求用户先登录。只有用户名和密码输入正确时，主窗口才会打开，否则无法使用系统。在这一章中，为宿舍管理系统实现登录功能。

从这一章开始，将开始学习.NET Framework 中的一项功能强大的技术——ADO.NET。借助 ADO.NET 技术，能够方便地在应用程序中操作数据库。

任务 7.1 建立登录窗口

系统登录功能通过一个独立的登录窗口来实现。下面开始为宿舍管理系统建立登录窗口。

（1）向宿舍管理系统项目中添加新的 Windows 窗体，窗体名称为“Login.cs”。

（2）通过工具箱，在新添加的 Login 窗体中绘制相应的 Lable 控件、TextBox 控件、Button 控件，调整窗体布局，达到如图 7.1 所示的效果。

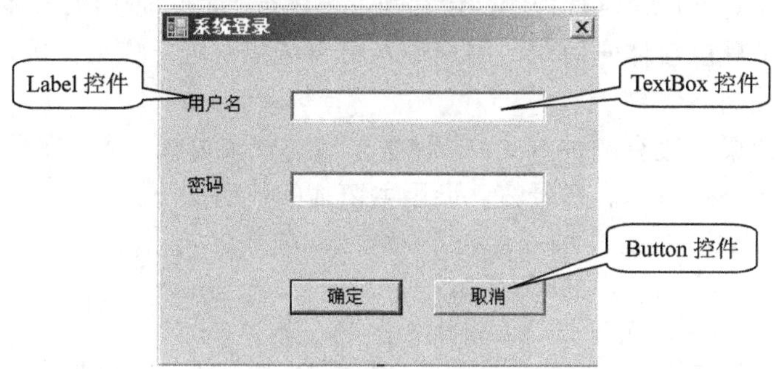

图 7.1 登录窗口界面布局

按照表 7.1 所示的属性值对 Login 窗体及其中的控件的属性进行设置。

表 7.1 登录窗体各个控件的属性值

对 象	属 性 名	属 性 值	说 明
窗体	Name	Login	窗体名称
	Text	系统登录	窗体标题

（续表）

对　象	属 性 名	属 性 值	说　明
窗体	MinimizeBox	False	关闭窗体的最小化按钮
	MaximizeBox	False	关闭窗体的最大化按钮
	StartPosition	CenterScreen	窗体启动位置为屏幕中心
	FormBorderStyle	FixSingle	窗体边框样式为单线框
	AcceptButton	btnOK	窗体为默认按钮为 btnOK
Lable	Name	lblUser	—
	Text	用户名	—
Lable	Name	lblPassword	—
	Text	密码	—
TextBox	Name	txtUserName	表示用户名的文本框
	Text	—	—
TextBox	Name	txtPassword	表示密码的文本框
	Text	—	—
	PasswordChar	*	密码输入显示的字符
Button	Name	btnOK	表示确定的按钮
	Text	确定	—
Button	Name	btnCancel	表示取消的按钮
	Text	取消	—

任务 7.2　启动登录窗口

登录窗体建立好后，运行程序，会看到主窗体被启动，而登录窗体是看不到的。系统实际的要求是登录窗体先启动，用户输入用户名和密码，如果正确，则启动主窗体，同时登录窗体关闭。

实现这种效果一般有两种方式：一种是先启动登录窗体，然后在登录窗体中调用主窗体，最后关闭登录窗体。登录窗体调用主窗体的代码如下：

```
Main main = new Main();//实例化主窗体
main.Show();  //显示主窗体
this.Close();  //关闭登录窗体
```

不过，在实际使用中，这种方法是不可行的。由于登录窗体是启动窗体，当它被关闭后，整个应用程序就结束了，所以上面的代码执行的结果是登录窗体被关闭，程序结束，主窗体也会随之关闭。

另一种方式是修改 Program.cs 文件，在启动主窗体前先用模态对话框的形式显示登录窗体，然后根据登录对话框的操作结果决定是否启动主窗体。这是一种非常灵活的方法。

7.2.1 修改 Program.cs 文件

1. 启动思路

在解决方案资源管理器中双击“Program.cs”文件，打开它，会看到下面的代码：

```
/// <summary>
/// 应用程序的主入口点。
/// </summary>
[STAThread]
static void Main()
{
    Application.EnableVisualStyles();
    Application.SetCompatibleTextRenderingDefault(false);
    Application.Run(new Main());
}
```

文件中的 Main()方法是程序的入口，程序运行时，首先执行这个方法。方法中的最后一行代码 Application.Run(new Main());起到了启动主窗体的作用。在这行代码前加入以模态对话框形式启动登录窗体的代码，再判断对话框的返回值，以决定是否启动主窗体。代码结构如下：

```
static void Main()
{
    Application.EnableVisualStyles();
    Application.SetCompatibleTextRenderingDefault(false);
    //以模态对话框的形式打开登录窗体
   if( 登录窗体返回 OK ) //判断登录窗体是否返回 OK
   {
      Application.Run(new Main());  //启动主窗体
   }
}
```

2. 以模态对话框的形式打开登录窗体

前面都是使用 Show()方法打开一个窗体的，这种窗体被称为非模态窗体。显示非模态窗体时，允许操作其他的窗体，窗体关闭时没有返回值。还可以使用 ShowDialog()方法打开一个窗体，使用 ShowDialog()方法打开的窗体被称为模态窗体。这种窗体被显示时，禁止访问其他窗体，并且窗体关闭时可以设置返回值。如果正在显示的窗体在处理前必须由用户确认，这种窗体是非常有用的。

以模态对话框的形式打开登录窗体的代码如下：

```
static void Main()
{
    Application.EnableVisualStyles();
    Application.SetCompatibleTextRenderingDefault(false);
```

```
        //先显示登录窗口，登录成功后再显示主窗体
        Login frmLogin=new Login();         //实例化登录窗口
        if (frmLogin.ShowDialog() == DialogResult.OK) //登录成功
        {
           Application.Run(new Main()); //显示主窗体
        }
    }
```

以模态对话框形式打开登录窗体

窗体的返回值是 DialogResult 枚举成员之一。DialogResult 枚举成员如表 7.2 所示。

表 7.2　DialogResult 枚举成员

成　员	说　明
About	返回值为 About，通常表示“中止”
Cancel	返回值为 Cancel，通常表示“取消”
Ignore	返回值为 Ignore，通常表示“忽略”
No	返回值为 No，通常表示“否”
None	返回了 Nothing，表示对话框继续运行
OK	返回值为 OK，通常表示“确定”
Retry	返回值为 Retry，通常表示“重试”
Yes	返回值为 Yes，通常表示“是”

7.2.2　设置登录窗体的返回值

用户在登录窗体中输入用户名及密码信息，单击“确定”按钮进行验证，如果验证通过，则登录窗体关闭并返回 OK 值。如何设置窗体的返回值呢？窗体对象提供了 DialogResult 属性，将该属性值设置为 DialogResult 枚举成员之一就可以表示窗体的返回值。设置 DialogResult 属性还起到关闭窗体的作用，这样就不需要使用 this.Close(); 来关闭窗体了。

在登录窗体的“确定”按钮的 Click 事件中输入下面的代码：

```
private void btnOK_Click(object sender, EventArgs e)
{
   string userName = txtUserName.Text; //用户名
   string password = txtPassword.Text; //密码
   //判断
   if (userName=="test" && password=="123") //验证用户名和密码
   {
      this.DialogResult = DialogResult.OK; //设置返回值为 OK
   }
   else  //登录错误
   {
      MessageBox.Show("用户名或密码输入错误！");
   }
}
```

在登录窗体的“取消”按钮的 Click 事件中输入下面的代码：

```
private void btnCancel_Click(object sender, EventArgs e)
{
    //取消登录，退出系统
    this.DialogResult = DialogResult.Cancel;
}
```

任务 7.3　连接数据库，验证登录信息

验证用户名和密码的代码中，验证的是输入的用户名是否为“test”、密码是否为“123”，用户名和密码都是固定的。实际中用户名和密码信息往往都是存储在数据库中的。需要操作数据库，读取数据库中的数据进行验证。这需要使用 ADO.NET 技术来实现。

7.3.1　ADO.NET 概述

大部分应用程序都需要保存数据。通常，这些数据都是存储在数据库中的。例如，去超市买东西，在结账的时候，只要刷一下条形码，超市的结算系统就能够根据条形码从数据库中读取商品的价格，计算出商品的总价。要是没有数据库，这么多商品的价格都靠收银员输入到结算系统中，太麻烦了。

常用的数据库有很多种，如 SQL Server、Access、Oracle 等，为了使应用程序能够访问服务器上的数据，需要用到数据库访问的方法和技术，ADO.NET 就是这种技术之一。

ADO.NET 是.NET Framework 中不可缺少的一部分，它是一组类，通过这些类，应用程序可以访问数据库。ADO.NET 的功能非常强大，它提供了对关系数据库、XML 及其他数据存储的访问，应用程序可以通过 ADO.NET 连接到这些数据源，对数据进行增、删、改、查操作。

ADO.NET 支持面向连接和断开连接的数据访问技术。所谓面向连接，就是在获取数据时应用程序和数据源要一直保持连接；而断开连接则指应用程序和数据源断开连接时也可以使用数据。断开连接是 ADO.NET 的一个非常大的优点，它使得应用程序的可伸缩性大大提高。

7.3.2　ADO.NET 的主要组件

ADO.NET 提供了两个组件：.NET 数据提供程序和数据集（DataSet），它们让用户能够访问和处理数据。

1. .NET 数据提供程序

.NET 数据提供程序是专门为数据处理和以只读、向前的方式访问数据而设计的组件，它的效率非常高。使用它可以连接到数据库、执行命令和查询数据，可以直接对数据库进行操作。

.NET 数据提供程序包含了访问各种数据源数据的对象，它是和数据库相关的。目前.NET Framework 提供了 4 种类型的数据提供程序。

（1）SQL Server .NET 数据提供程序。这是专门用于访问 Microsoft SQL Server 7.0 及更高版本的数据提供程序。访问 SQL Server 2005 时主要使用这种数据提供程序。

（2）OLE DB .NET 数据提供程序。这种数据提供程序适合访问 OLE DB 公开的数据源，如 Access 等。

（3）ODBC .NET 数据提供程序。这种数据提供程序适合访问 ODBC 公开的数据源。

（4）Oracle .NET 数据提供程序。这是专门用于访问 Oracle 数据库的数据提供程序，可以支持 Oracle 客户端软件 7.1.7 版本及更高版本。

2. 数据集（DataSet）

DataSet 是专门为独立于任何数据源的数据访问而设计的。它是一个存储数据的仓库，而数据可以来自任何数据源。通过使用它，不必直接与数据库打交道。它可以使应用程序获得非常高的可伸缩性。在后面的学习中，将重点介绍 DataSet。

3. 名字空间

ADO.NET 中的类非常多，不同的数据提供程序使用不同的名字空间。ADO.NET 使用的名字空间如表 7.3 所示。

表 7.3 ADO.NET 使用的名字空间

组　件	名 字 空 间
SQL Server .NET 数据提供程序	using System.Data.SqlClient;
OLE DB .NET 数据提供程序	using System.Data.OleDb;
ODBC .NET 数据提供程序	using System.Data.Odbc;
Oracle .NET 数据提供程序	using System.Data.OracleClient;
DataSet	using System.Data;

为了方便，使用不同的组件时，应在程序前引入相应的名字空间。

4. ADO.NET 对象模型

.NET 数据提供程序包含如下 4 个核心对象。

（1）Connection 对象（连接对象）。Connection 对象用于与特定的数据源建立连接。

（2）Command 对象（命令对象）。Command 对象可以描述对数据源要执行的命令（如一条 SQL 语句），并且可以对数据源执行命令。

（3）DataReader 对象（数据读取器对象）。DataReader 对象可以从数据源中获取一个只读的、向前的数据流，在读取数据时，DataReader 要求必须与数据源连接，它是一个面向连接的数据读取器。使用它从数据源中读取数据时效率是最高的。

（4）DataAdapter 对象（数据适配器对象）。DataAdapter 对象用于将数据源中的数据填充到 DataSet 对象，或将 DataSet 对象中的数据更新到数据源。

ADO.NET 提供了多种.NET 数据提供程序，每种数据提供程序都包含这 4 个核心对象，它们的操作方式相似，每种数据提供程序中的类都放在相应的名字空间中，以不同的文字开头。.NET 数据提供程序的核心对象名称如表 7.4 所示。

表 7.4　.NET 数据提供程序的核心对象名称

数据提供程序	核心对象名称
SQL Server .NET 数据提供程序	SqlConnection、SqlCommand、SqlDataReader、SqlDataAdapter
OLE DB .NET 数据提供程序	OleDbConnection、OleDbCommand、OleDbDataReader、OleDbDataAdapter
ODBC .NET 数据提供程序	OdbcConnection、OdbcCommand、OdbcDataReader、OdbcDataAdapter
Oracle .NET 数据提供程序	OracleConnection、OracleCommand、OracleDataReader、OracleDataAdapter

ADO.NET 各个对象关系模型如图 7.2 所示。

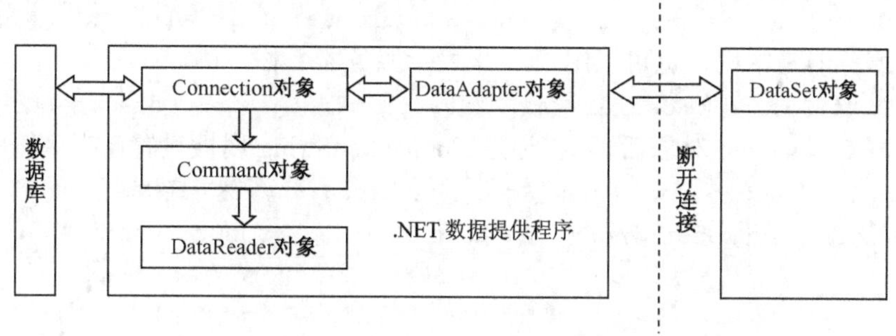

图 7.2　ADO.NET 各个对象关系模型

7.3.3　使用 Connection 对象

当应用程序要使用数据库的时候，第一步就是要找到数据库。Connection 对象可以找到并连接数据库。在连接数据库前，要根据数据库的类型确定使用哪种数据提供程序。在本书中所有的操作均是针对 SQL Server 2005 进行的，所以使用 SQL Server .NET 数据提供程序。

为了连接数据库，Connection 对象提供了一些属性和方法，如表 7.5 所示。

表 7.5　Connection 对象的主要属性和方法

属　性	ConnectionString	用于描述连接数据库的连接字符串
方法	Open	打开与数据库的连接
	Close	关闭与数据库的连接

使用 Connection 对象连接数据库时，一般需要如下 3 个步骤。

1. 创建 Connection 对象

定义 Connection 对象的语法格式为：

```
SqlConnection 对象名 = new  SqlConnection();
```

例如：

```
SqlConnection cn = new SqlConnection(); //建立连接对象
```

2. 设置连接字符串

使用 Connection 对象连接数据库，必须指定数据库的连接字符串。Connection 对象的 ConnectionString 属性表示连接字符串。连接字符串一般由 4 部分组成，各部分之间用“;”号间隔。连接字符串的组成如表 7.6 所示。

表 7.6　连接字符串的组成

关　键　字	说　　明	关　键　字	说　　明
DataSource	表示数据库服务器的名称或 IP 地址	Password	访问数据库的密码
User ID	访问数据库的用户名	Initial Catalog	数据库的名称

例如：连接 XII 服务器中的 Dormitory 数据库的连接字符串为：

```
Data Source=XII;User ID=sa;Password=sa; Initial Catalog=Dormitory
```

如果服务器是本机，也可以用“.”来表示服务器名称，例如：

```
Data Source=.;User ID=sa;Password=sa; Initial Catalog=Dormitory
```

建立好 Connection 对象后，可以通过 ConnectionString 属性设置连接字符串。例如：

```
SqlConnection cn = new SqlConnection(); //建立连接对象
cn.ConnectionString = "Data Source=XII\\SQLExpress;" +
                      " User ID=sa;Password=sa;" +
                      "Initial Catalog=Dormitory"; //连接字符串
```


也可以在建立 Connection 对象时，直接设置连接字符串。例如：

```
SqlConnection cn=new SqlConnection("Data Source=XII\\SqlExpress;"+
                    "User ID=sa;Password=sa;Initial Catalog=Dormitory");
```

3. 打开连接

设置连接字符串后，调用 Connection 对象的 Open()方法打开数据库连接。例如：

```
SqlConnection cn = new SqlConnection(); //建立连接对象
cn.ConnectionString = "Data Source=XII\\SQLExpress;" +
                      " User ID=sa;Password=sa;" +
                      "Initial Catalog=Dormitory"; //连接字符串
cn.Open(); //打开连接
```

如果不再需要连接数据库，可以使用 Connection 对象的 Close()方法关闭连接。

示例：建立一个 Windows 应用程序，连接 Dormitory 数据库。程序运行效果如图 7.3 所示。

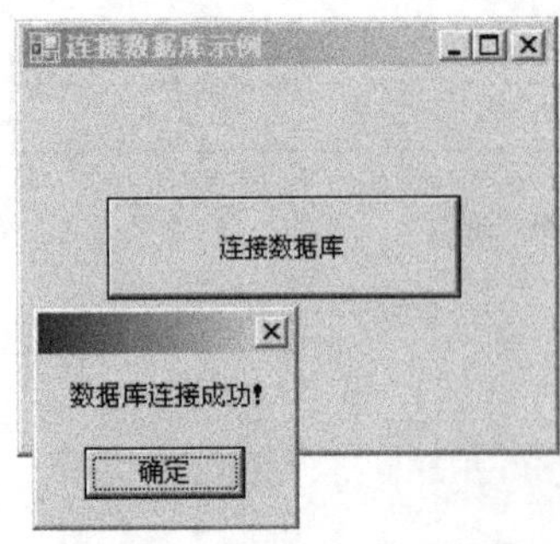

图 7.3　连接数据库示例效果

实现步骤如下。

（1）建立一个 Windows 应用程序。在窗体中绘制一个按钮（Button）控件，设置按钮控件的 Name 属性值为“btnTest”，Text 属性值为“连接数据库”。

（2）打开代码编辑器，在代码开始部分导入 System.Data.SqlClient 名字空间。

```
using System.Data.SqlClient; //导入名字空间
```

（3）在 btnTest 按钮的 Click 事件中编写连接数据库的代码。程序代码如下：

```
private void btnTest_Click(object sender, EventArgs e)
{
    SqlConnection cn = new SqlConnection(); //建立连接对象
    cn.ConnectionString = "Data Source=XII\\SQLExpress;" +
                          " User ID=sa;Password=sa;" +
                          "Initial Catalog=Dormitory"; //连接字符串
    cn.Open(); //打开连接
    MessageBox.Show("数据库连接成功！");
    cn.Close(); //关闭连接
    MessageBox.Show("数据库连接已关闭");
}
```

7.3.4 使用 Command 对象

应用程序与数据库建立连接后，如何操作数据库中的数据呢？这需要 Command（命令）对象。对数据库中的数据的操作大多通过 SQL 语句来实现，如 Insert 语句可以向数据库插入数据、SELECT 语句可以从数据表中查询数据。Command 对象可以描述并执行这些 SQL 语句。Command 对象常用的属性和方法如表 7.7 所示。

表 7.7 Command 对象常用的属性和方法

名　称	说　明
Connection 属性	Command 对象使用的数据库连接对象
CommandText 属性	要执行的 SQL 语句
ExecuteNonQuery 方法	执行没有返回值的 SQL 语句，如 Update、Insert、Delete 等
ExecuteScalar 方法	执行返回单个值的 SQL 语句，如 COUNT(*)
ExecuteReader 方法	执行查询语句，返回 DataReader 对象

使用 Command 对象执行 SQL 语句，一般有 3 个步骤。

1. 创建 Command 对象

建立 Command 对象的语法格式为：

```
SqlCommand  对象名 = new SqlCommand();
```

例如：

```
SqlCommand cmd = new SqlCommand();  //建立 Command 对象
```

2. 定义要执行的 SQL 语句

编写要执行的 SQL 语句。为了方便，一般将 SQL 语句存储在一个字符串变量中。例如：

```
string sql = "SELECT COUNT(*) FROM UserInfo"; //定义 SQL 语句
```

定义好 SQL 语句后，要设置 Command 对象的 CommandText 属性指定 SQL 语句，还要设置 Connection 属性表示要使用的连接对象。例如：

```
SqlCommand cmd = new SqlCommand();  //建立 Command 对象
string sql = "SELECT COUNT(*) FROM UserInfo"; //定义 SQL 语句
cmd.CommandText = sql;  //设置 SQL 语句
cmd.Connection = cn;  //指定连接
```

设置 CommandText 属性和 Connection 属性也可以在建立 Command 对象时完成。语法格式为：

```
SqlCommand  对象名 = new SqlCommand(SQL 语句 , 连接对象);
```

例如：

```
string sql = "SELECT COUNT(*) FROM UserInfo"; //定义 SQL 语句
SqlCommand cmd = new SqlCommand(sql,cn);  //建立 Command 对象
```

3. 执行 SQL 语句

调用 Command 对象的方法，执行 SQL 语句。

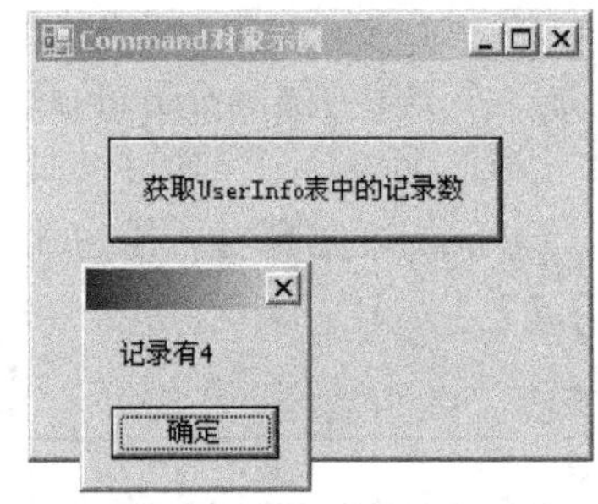

图 7.4　命令对象示例效果

示例：建立一个 Windows 应用程序，连接 Dormitory 数据库，获取 UserInfo 表中记录的个数，程序运行效果如图 7.4 所示。

实现步骤如下。

（1）建立一个 Windows 应用程序。在窗体中绘制一个按钮（Button）控件，设置按钮控件的 Name 属性值为“btnTest”，Text 属性值为“获取 UserInfo 表中的记录数”。

（2）在 btnTest 按钮的 Click 事件中编写代码，建立与数据库的连接；建立 Command 对象；定义 SQL 语句并执行。代码如下：

```
private void btnTest_Click(object sender, EventArgs e)
{
    SqlConnection cn = new SqlConnection(); //建立连接对象
    cn.ConnectionString = "Data Source=XII\\SQLExpress;" +
                          " User ID=sa;Password=sa;" +
                          "Initial Catalog=Dormitory"; //连接字符串
    cn.Open(); //打开连接
    SqlCommand cmd = new SqlCommand(); //建立命令对象
    string sql = "SELECT COUNT(*) FROM UserInfo";//定义 SQL 语句
    cmd.CommandText = sql; //设置 SQL 语句
    cmd.Connection = cn; //设置连接对象
    int result =(int) cmd.ExecuteScalar();  //执行 SQL 语句
    MessageBox.Show("记录有" + result.ToString()); //显示结果
    cn.Close(); //关闭连接
}
```

建立 Command 对象，并定义 SQL 语句

执行 SQL 语句

在上面的示例中，要执行的是一条含有聚合函数 COUNT()的 SQL 语句，SQL 语句

会返回单个结果，所以使用 Command 对象的 ExecuteScalar()方法执行 SQL 语句。ExecuteScalar()方法返回 SQL 语句执行的单个结果，其返回类型为 Object 类型，所以需要对返回值进行类型转换。

7.3.5 实现登录验证

在前面的登录验证代码中，验证的是用户名是否为“Test”，密码是否为“123”。这些值都是常量，实际的用户名和密码都存储在 Dormitory 数据库的 UserInfo 表中。下面开始连接数据库，从 UserInfo 表中验证用户名和密码。

1. 实现思路

用户在登录窗体中输入用户名和密码后，程序要到 UserInfo 表中去查询输入的用户名和密码是否正确。查询方法为：查询 UserName 列为输入的用户名并且 Password 列为输入的密码的数据有多少条，如果数据个数大于 0，则说明用户名和密码正确，否则错误。查询 SQL 语句为：

```
SELECT COUNT(*) FROM UserInfo WHERE UserName='输入的用户名' AND
Password='输入的密码'
```


2. 编写 SQL 语句

查询数据的 SQL 语句中的用户名和密码信息都来自用户的输入，可以拼接字符串构建 SQL 语句。代码如下：

```
string userName = txtUserName.Text; //用户名
string password = txtPassword.Text; //密码
string sql = "SELECT COUNT(*) FROM UserInfo WHERE " +
       "UserName='" + userName + "' AND Password='" + password + "'";
```

不过，这种拼接字符串的方法太烦琐，也很容易出错。用 String 类的 Format 方法来拼接字符串会更方便、可靠些。代码如下：

```
string userName = txtUserName.Text; //用户名
string password = txtPassword.Text; //密码
string sql=string.Format(
                "SELECT COUNT(*) FROM UserInfo " +
                " WHERE UserName='{0}' AND Password='{1}'",
                userName, password);
```

Format 方法可以将字符串中出现的{0}、{1}等内容直接替换成相应的变量，这样拼接 SQL 语句时就不容易出错了。

使用 String 类的 Format()方法处理 SQL 语句非常简单，但数据中的字符串必须用“'”（单引号）括起来，这样 SQL Server 在执行 SQL 语句时才能正确处理它们，否则执行时会出现错误。

使用单引号将字符串类型的数据括起来也是比较烦琐的事情，必须记住数据表中字段到底是什么类型的才可以。能不能既不使用单引号又不用记数据类型呢？SqlCommand

对象的 Parameters 属性可以解决这个问题。

在 SQL 语句中，可以将变化的数据以参数的形式描述，参数必须以“@”开头。参数不区分类型，所以不需要“'”。然后在 Parameters 属性中使用 AddWithValue()方法或 Add()方法添加参数的值就可以了，ADO.NET 会自动处理数据类型。代码如下：

```
SqlCommand cmd = new SqlCommand(); //命令对象
cmd.CommandText = string.Format(
        "SELECT COUNT(*) FROM UserInfo " +
        " WHERE UserName=@userName AND Password=@password",
      userName, password);
cmd.Parameters.AddWithValue("@userName", userName);
cmd.Parameters.AddWithValue("@password", password);
```

定义@userName 参数和
@password 参数，不需要单引号
添加参数

Add()方法也可以添加参数的值，其使用格式与 AddWithValue()方法相同（Add()方法的这种使用格式在.NET Framework 4.0 中已经过时，建议使用 AddWithValue()方法）。

3. 进行登录验证

根据上面提出的思路对 btnOK 按钮的 Click 事件进行修改，完成对登录信息进行验证。代码如下：

项目代码 1

```
private void btnOK_Click(object sender, EventArgs e)
{
    string userName = txtUserName.Text; //用户名
    string password = txtPassword.Text; //密码
    //连接 Dormitory 数据库,
    //从 UserInfo 表中
    //验证用户名和密码信息是否正确
    SqlConnection cn = new SqlConnection(); //建立连接对象
    cn.ConnectionString = "Data Source=XII\\SQLExpress;" +
                          " User ID=sa;Password=sa;" +
                          "Initial Catalog=Dormitory"; //连接字符串
    cn.Open(); //打开连接
    SqlCommand cmd = new SqlCommand(); //命令对象
    string sql=string.Format("SELECT COUNT(*) FROM UserInfo " +
            " WHERE UserName='{0}' AND Password='{1}'",userName,
              password);
    cmd.CommandText = sql;
    cmd.Connection = cn;
    int count = (int)cmd.ExecuteScalar(); //执行 SQL 语句
    cn.Close();  //关闭连接
    //判断
    if (count >= 1) //如果结果>=1，则认为用户名和密码正确
    {
```

```
        this.DialogResult = DialogResult.OK;
    }
    else  //登录错误
    {
        MessageBox.Show("用户名或密码输入错误！");
    }
}
```

7.3.6 连接异常处理

1. 连接异常

如果数据库服务器没有启动就运行 7.3.5 节完成的登录窗体，使用 SqlConnection 对象连接数据库，就会出现如图 7.5 所示的错误。

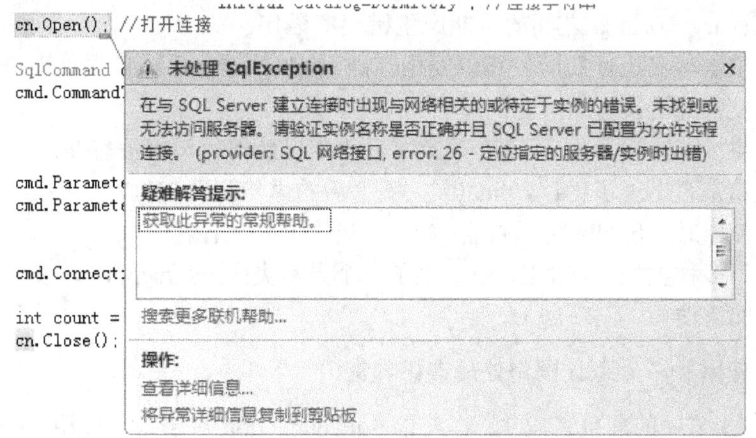

图 7.5 连接 SQL Server 异常

错误指示“cn.Open()”这条语句有问题。实际上这条语句没有问题，出现错误的原因是所要连接的数据库服务器没有启动。

这种错误是在程序运行期间出现的，被称为异常，它通常是由一些不可预知的原因造成的。

如何才能让程序在出现这种异常后，能够进行妥善的处理，使程序能够继续正常地运行下去呢？C#提供了异常处理机制来解决这个问题。

2. try…catch 语句

C#中的 try…catch 语句用来捕获和处理异常。其语法格式为：

```
try
{
    可能产生错误的语句;
}
catch(处理的异常类型)
```

```
    {
        错误处理语句;
    }
    finally
    {
        无论是否出现异常，都要执行的语句;
    }
```

try 与 catch 关键字之间的语句被称为“受保护代码”，因为这些语句在运行时引发的异常将被捕获并处理，不会导致程序崩溃。finally 块中的代码是在执行时无论是否出现异常都要执行的代码。finally 块中通常放一些后期处理的代码，如数据库连接的关闭等。

Try…Catch 语句的执行顺序如下。

（1）执行 try 语句，开始错误捕获。

（2）执行 try 与 catch 之间的可能产生错误的语句。

（3）如果语句在执行期间有错误发生，则 catch 关键字后的错误处理语句被执行，它们能处理发生的错误。

（4）如果没有错误发生，catch 关键字后的错误处理语句将被忽略。

（5）无论是否出现了错误，finally 关键字后的语句都要被执行。

在实际使用时，finally 可以省略。

异常有很多种类型，在.NET 中提供了一个异常类——Exception，表示应用程序在运行时出现的错误。

3. 使用 try…catch 语句处理连接异常

修改 7.3.5 节中的项目代码 1，在连接 SqlConnection 对象时，使用 try…catch 语句对可能出现的异常进行处理，代码如下：

```
    private void btnOK_Click(object sender, EventArgs e)
    {
        此处代码省略……
        SqlConnection cn = new SqlConnection(); //建立连接对象
        cn.ConnectionString = "Data Source=XII\\SQLExpress;" +
                              " User ID=sa;Password=sa;" +
                              "Initial Catalog=Dormitory"; //连接字符串
        try
        {                                        可能出现异常的语句
            cn.Open(); //打开连接，这句可能出现异常
        }
        catch (Exception ex)
        {                                                   出现异常后的处理
            MessageBox.Show("与服务器连接错误！请启动服务器。");
            return;  //当出现异常时，结束方法。下面的语句不再执行。
```

```
        }
        此处代码省略……
    }
```

运行程序，如果连接出现异常，catch 段的语句将执行，提示错误，并结束方法。运行效果如图 7.6 所示。

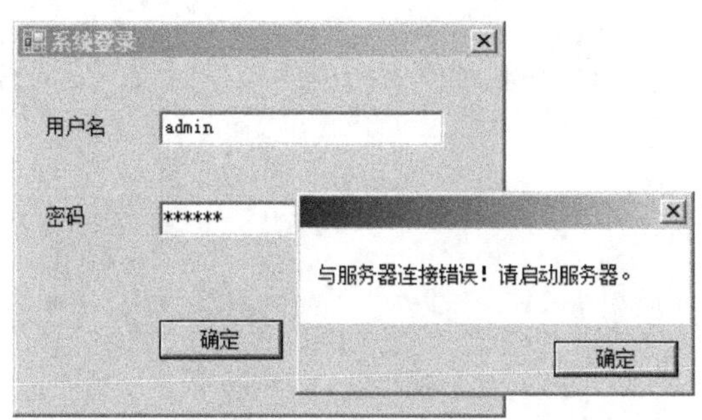

图 7.6　异常处理效果

本章总结

在这一章中，通过访问数据库，实现了宿舍管理系统的登录功能，并对 ADO.NET 有了一个大致的了解。

可以通过 ShowDialog()方法以模态对话框的形式打开窗体，可以通过窗体对象的 DialogResult 属性设置窗体的返回值并关闭窗体。

ADO.NET 是.NET 框架中一组允许应用程序与数据库交互的类，它主要包括.NET 数据提供程序和 DataSet 两个组件。

.NET 数据提供程序包括 4 种类型的数据提供程序：SQL Server .NET 数据提供程序、OLE DB .NET 数据提供程序、ODBC .NET 数据提供程序和 Oracle .NET 数据提供程序。

.NET 数据提供程序包括 4 个核心对象：Connection 对象、Command 对象、DataReader 对象和 DataAdapter 对象。

Connection 对象用于建立应用程序与数据库之间的连接，使用时需要定义连接字符串。可以使用 Open()打开连接，使用 Close()方法关闭连接。

打开 Connection 对象时要使用 try…catch 语句处理可能出现的异常。

Command 对象用于执行 SQL 命令。它可以向数据库传递请求，查询和操作数据库中的数据。

利用 String 类的 Format 方法可更加方便地拼接 SQL 字符串。

Command 对象的 ExecuteScalar()方法可以检索数据并返回单一值，它适合执行带有聚合函数的 SQL 语句。

习题

1．主程序中 Main()方法的作用是什么？如何实现应用程序的登录处理？

2．简述 ADO.NET 的功能和主要部件。

3．编写程序：使用 ADO.NET 对象模型中的核心对象，查看 StudentInfo 表中 Name 为“朱燕”的学生是否存在。

查看用户信息

用户登录系统后，会查看系统中已存在的所有用户信息。本章将实现这个功能。通过实现对用户信息的查看功能，进一步学习使用 ADO.NET 查询数据的知识。

任务 8.1　建立用户列表窗口

在主窗体中选择“用户管理”→“用户信息列表”命令，打开新的窗体，在窗体中显示用户信息。建立用户列表窗口的操作步骤如下。

（1）向项目中添加一个新的窗体。新窗体的名称为 UserList.cs。

（2）在工具箱中拖曳一个 Button 控件和一个 ListView 控件至 UserList 窗体中。调整控件的大小和布局，使窗体达到图 8.1 所示的效果。

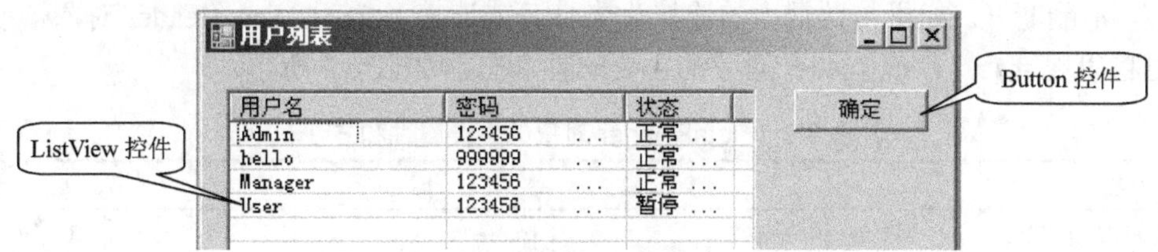

图 8.1　用户列表窗体

（3）按照表 8.1 对 UserList 窗体及控件进行属性设置。

表 8.1　用户列表窗体各个控件的属性值

对　象	属 性 名	属 性 值	说　明
窗体	Name	UserList	窗体名称
	Text	用户列表	窗体标题
Button	Name	btnOK	—
	Text	确定	—

UserList 窗体可以通过“用户管理”菜单或工具栏中的“用户列表”按钮打开，它是一个 MDI 子窗体。下面在“用户信息列表”菜单和“用户列表”工具按钮的 Click 事件中编写代码，打开 UserList 窗体。代码如下：

```
private void tsbtnUserList_Click(object sender, EventArgs e)
{
    //打开用户列表窗体
    UserList userList = new UserList();
    userList.MdiParent = this; //将窗体设置为子窗体
    userList.Show();  //显示
}
```

任务 8.2　查询用户数据

在 UserList 窗体中要显示 UserInfo 表中的所有用户信息。前面介绍了 Connection 对象可以连接数据库，Command 对象可以对数据库执行命令。那么如何从数据库中读取多个数据呢？可以使用 Command 对象的 ExecuteReader()方法，这个方法将得到 DataReader 对象，利用 DataReader 对象就可以从数据库读取一批数据了。

8.2.1　了解 DataReader 对象

DataReader 对象是.NET 数据提供程序的核心对象之一，它可以从数据库中以只读的、向前的方式读取数据，即每次可以从查询结果中读取一行数据至内存，只能顺序向前读取，不能反复读取数据，也不能对数据库中的数据进行修改。

DataReader 对象采用面向连接的方式读取数据，在读数据时，要始终和数据库保持连接，不能断开。如果与数据库的连接尚未打开或连接已关闭，DataReader 对象读取数据时将出现异常。DataReader 对象的主要属性和方法如表 8.2 所示。

表 8.2　DataReader 对象的主要属性和方法

名　称	说　明
FieldCount 属性	读取的行中的列数
HasRows 属性	表示是否得到了数据，如果没有查询出数据返回 False，否则返回 True
Read 方法	读取一行数据，并前进到下一行数据。如果读取成功，返回 True，否则返回 False
Close 方法	关闭 DataReader 对象
GetName 方法	获得指定列的名称
GetString 方法	按照字符串格式获得指定列的数据
IsDBNull	判断指定列是否为空，如果列中数据为空返回 True，否则返回 False

8.2.2　使用 DataReader 对象

由于 DataReader 对象是面向连接的，所以在使用 DataReader 对象前必须打开与数据库的连接。Command 对象的 ExecuteReader()方法的返回值就是一个 DataReader 对象，在得到一个 DataReader 对象后，可以调用它的 Read()方法读取查询的数据中的一行记录。

使用 DataReader 对象的一般步骤如下。

（1）创建 Conncection 对象，打开与数据库的连接。

（2）创建 Command 对象，调用 Command 对象的 ExecuteReader()方法创建 DataReader 对象。

（3）调用 DataReader 对象的 Read()方法读取一行数据。

（4）读取当前行中的某一列信息。

（5）调用 DataReader 对象的 Close()方法，关闭 DataReader 对象。

示例：创建窗体，读取 UserInfo 表中 Admin 用户的密码信息。窗体运行效果如图 8.2 所示。

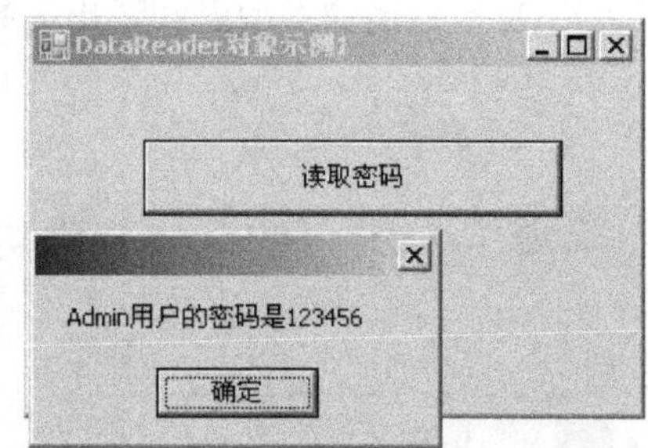

图 8.2　DataReader 对象示例的窗体运行效果一

（1）建立一个 Windows 应用程序。在窗体中绘制一个按钮（Button）控件，设置按钮控件的 Name 属性值为"btnRead"，Text 属性值为"读取密码"。

（2）在项目中导入 System.Data.SqlClient 名字空间，并在 btnRead 按钮的 Click 事件中编写代码，建立与数据库的连接；建立 Command 对象；定义查询用户名为"Admin"的信息的 SQL 语句并执行得到 DataReader 对象，然后调用 Read()方法读取数据。Click 事件代码如下：

```
private void btnRead_Click(object sender, EventArgs e)
{
    SqlConnection cn = new SqlConnection(); //建立连接对象
    cn.ConnectionString = "Data Source=XII\\SQLExpress;" +
                          " User ID=sa;Password=sa;" +
                          "Initial Catalog=Dormitory"; //连接字符串
    cn.Open(); //打开连接
    SqlCommand cmd = new SqlCommand(
                    "SELECT * FROM UserInfo WHERE UserName='Admin'",
                    cn);  //在实例化时指定 SQL 语句和连接对象
    SqlDataReader dr;  //数据读取器对象
    dr = cmd.ExecuteReader(); //执行 SQL 语句，将结果放到数据读取器中
    if (dr.Read())  //如果能够读取数据
    {
       //显示 Admin 用户的密码，注意进行类型转换
       MessageBox.Show("Admin 用户的密码是" + dr["Password"].ToString());
    }
    dr.Close();  //关闭 DataReader 对象
    cn.Close();  //关闭连接
}
```

DataReader 对象的 Read()方法可以读取一行数据，如果读取成功，方法返回 True。如果未调用 Read()方法读取数据将会出现异常。在上面的代码中对 Read()方法的返回值进行了判断，行读取成功时，才对这一行中的列信息进行读取。

读取某一列的信息时，可以使用 dr[“列名称”]（也可以使用 dr［列索引，索引从 0 开始］）的形式进行读取，该方法返回读出的信息，类型为 Object，必须进行类型转换。读取列信息时还可以调用 DataReader 对象的 GetXXXX()方法，GetXXXX()方法将按照 XXXX 所描述的类型返回读出的数据。例如：

```
MessageBox.Show("Admin 用户的密码是" + dr.GetString(1)); //按字符串格
式读取第 2 列
```

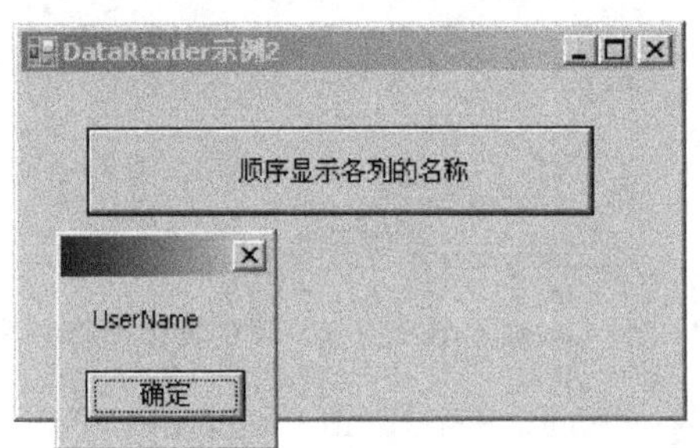

图 8.3　DataReader 对象示例的窗体运行效果二

示例：创建窗体，读取 UserInfo 表中列的个数，并显示各列的名称。窗体运行效果如图 8.3 所示。

实现步骤如下。

（1）建立一个 Windows 应用程序。在窗体中绘制一个按钮（Button）控件，设置按钮控件的 Name 属性值为“btnRead”，Text 属性值为“顺序显示各个列的名称”。

（2）在项目中导入 System.Data.SqlClient 名字空间，并在 btnRead 按钮的 Click 事件中编写代码，使用 DataReader 对象的 FieldCount 属性统计出数据有多少列，并遍历所有的列，通过 GetName()方法读取每列的名字。Click 事件代码如下：

```
private void btnRead_Click(object sender, EventArgs e)
{
    SqlConnection cn = new SqlConnection(); //建立连接对象
    cn.ConnectionString = "Data Source=XII\\SQLExpress;" +
                         " User ID=sa;Password=sa;" +
                         "Initial Catalog=Dormitory"; //连接字符串
    cn.Open(); //打开连接
    SqlCommand cmd = new SqlCommand(
                   "SELECT * FROM UserInfo WHERE UserName='Admin'",
                   cn);  //在实例化时指定 SQL 语句和连接对象
    SqlDataReader dr;  //数据读取器对象
    dr = cmd.ExecuteReader(); //执行 SQL 语句，将结果放到数据读取器中
    //使用 FieldCount 属性读取列的个数
    for (int i = 0; i < dr.FieldCount; i++)  //遍历数据中的每个列
    {
       MessageBox.Show(dr.GetName(i)); //显示每列的名称
    }
    dr.Close();  //关闭 DataReader 对象
    cn.Close();  //关闭连接
}
```

获取列信息时不需要调用 Read()方法。

使用完 DataReader 对象后，必须将其关闭，在未关闭 DataReader 对象前，再次使用新的 DataReader 对象时，将会出异常。例如：

```
SqlDataReader dr;  //数据读取器对象
dr = cmd.ExecuteReader(); //执行 SQL 语句，将结果放到数据读取器中
if (dr.Read())  //读取数据
{
   MessageBox.Show(dr["UserName"].ToString());
}
cmd.CommandText = "SELECT * FROM UserInfo"; //设置新的 SQL 语句
dr = cmd.ExecuteReader(); //重新获取 DataReader，由于 dr 对象尚未关闭，
代码异常!!
```

在重新获取 DataReader 对象前，必须调用 Close()方法将其关闭。

8.2.3 获取用户信息

获取所有用户的信息的操作非常简单，只要在窗体的 Load 事件中使用 DataReader 对象将 UserInfo 表中所有行逐个读取出来就可以了。读取时一般采用迭代的形式，使用 Read()方法读取一行信息，显示一行，再读取并显示，直至 Read()方法不能再读取数据而返回 False 为止。窗体 Load 事件代码如下：

```
private void UserList_Load(object sender, EventArgs e)
{
   //连接数据库
   //获取 UserInfo 表中所有的数据
   SqlConnection cn = new SqlConnection(); //建立连接对象
   cn.ConnectionString = "Data Source=XII\\SQLExpress;" +
                    " User ID=sa;Password=sa;" +
                    "Initial Catalog=Dormitory"; //连接字符串
   cn.Open(); //打开连接
   SqlCommand cmd = new SqlCommand(
                "SELECT * FROM UserInfo ",
                cn);  //在实例化时指定 SQL 语句和连接对象
   SqlDataReader dr;  //数据读取器对象
   dr = cmd.ExecuteReader(); //执行 SQL 语句，将结果放到数据读取器中
   //遍历 dr 对象，
   while (dr.Read())
   {
      string userName = dr["UserName"].ToString(); //读用户名
      string pwd = dr["Password"].ToString();//读密码
      string state = dr["UserState"].ToString(); //读用户状态
```

```
        MessageBox.Show(string.Format("用户名是{0},密码是{1},状态是{2}",
userName, pwd, state));
      }
      dr.Close(); //关闭数据读取器对象
      cn.Close(); //关闭连接对象
   }
```

暂时使用 MessageBox 显示用户信息

任务 8.3　在 ListView 控件中显示用户信息

8.2.3 节中的代码读取了 UserInfo 表中所有的信息，但它们是通过 MessageBox 类以消息对话框的形式显示出来的，而所需要的是以列表的形式显示全部信息。如何以列表的形式显示呢？ListView 控件可以完成这项工作。

8.3.1　ListView 控件

ListView 控件是一个经常使用的控件，它可以显示由一些带图标的项组成的列表，它有 5 种视图模式：大图标、小图标、列表、详细信息和平铺模式。很多 Windows 应用程序中都使用它，如 Windows 的资源管理器中使用了 ListView 控件。Windows 资源管理器窗口如图 8.4 所示。

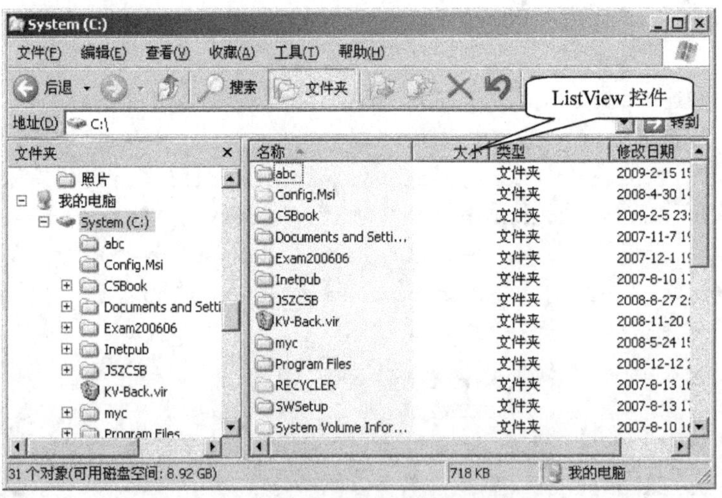

图 8.4　Windows 的资源管理器窗口

1．ListView 控件的常用属性

1）Items 属性

Items 属性用来表示 ListView 控件中项的集合。该属性是一个 ListViewItem 对象集合，其中的每一个 ListViewItem 对象表示一个项。Items 属性具有前面章节中介绍的集合的所有属性和方法。例如，向 ListView 控件中添加项使用 Items 属性的 Add()方法，

删除项使用 Remove()方法，等等。

2）SelectedItems 属性

SelectedItems 属性用来表示 ListView 控件中当前选中的项的集合。ListView 控件可以对其中的项进行多选，只要将 MultiSelect 属性设置为 true 即可。当进行多选时，所有选中的项都可以用 SelectedItems 属性表示。

例如：显示 ListView 控件中选中的项的个数的代码为：

```
MessageBox.Show(listView1.SelectedItems.Count.ToString());
```

SelectedItems 属性是一个集合，与前面介绍的集合的操作方法相似。再如，显示 ListView 控件中第 1 个选中的项的内容的代码为：

```
MessageBox.Show(listView1.SelectedItems[0].Text);
```

3）View 属性

View 属性用来表示 ListView 控件的视图模式。该属性值是 Views 枚举成员，Views 枚举成员如表 8.3 所示。

表 8.3　Views 枚举成员

成　员	说　明
Details	每个项显示在不同的行上，并带有关于列中所排列的各项的进一步信息。列显示一个标头，它可以显示列的标题。用户可以在运行时调整各列的大小
LargeIcon	每个项都显示为一个最大化图标，在它的下面有一个标签
List	每个项都显示为一个小图标，在它的右边带一个标签。各项排列在列中，没有列标头
SmallIcon	每个项都显示为一个小图标，在它的右边带一个标签
Tile	每个项都显示为一个完整大小的图标，在它的右边带项标签和子项信息。显示的子项信息由应用程序指定。此视图只能在 Windows XP 或 Windows 2003 下使用

4）Columns 属性

Columns 属性用来表示 ListView 控件在“详细信息”视图时表现出来的列。ListView 控件的详细信息视图如图 8.5 所示。

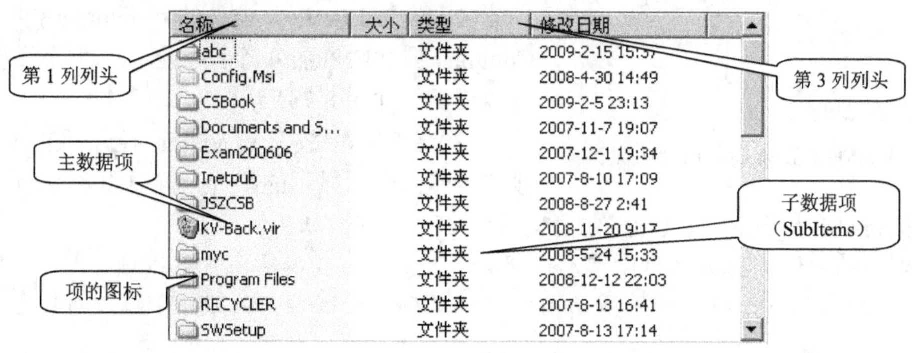

图 8.5　详细信息视图

详细信息视图中可以包含多个列，每个列中含有列头文字。以一行一个项的方式显示多个数据项，其中数据项的第 1 列称为主数据项，其他列称为子数据项。在每项的最前面可以显示一个图标。

在“属性”窗口中设置Columns属性，可以为ListView控件添加多个列。Columns属性编辑器如图8.6所示。Columns属性的Text属性可以表示列头文字。

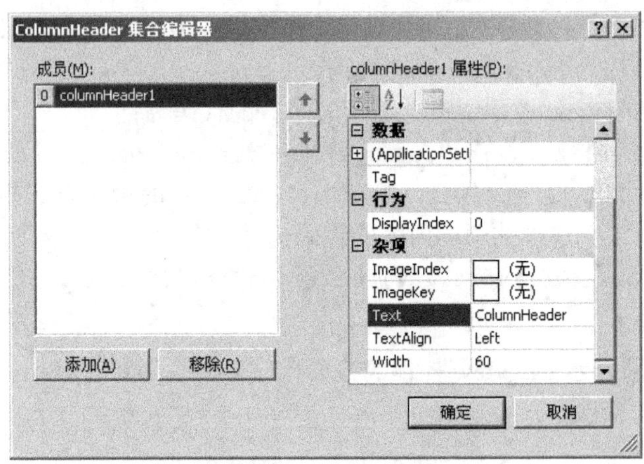

图8.6　Columns属性编辑器

5）SmallImageList属性

SmallImageList属性用来表示存储在“小图标”、“详细信息”等视图下ListView控件显示图标的ImageList控件。ImageList控件稍后介绍。

6）LargeImageList属性

LargeImageList属性用来表示存储在“大图标”视图下，ListView控件显示图标的ImageList控件。

示例：制作与图8.7所示相似的ListView控件。

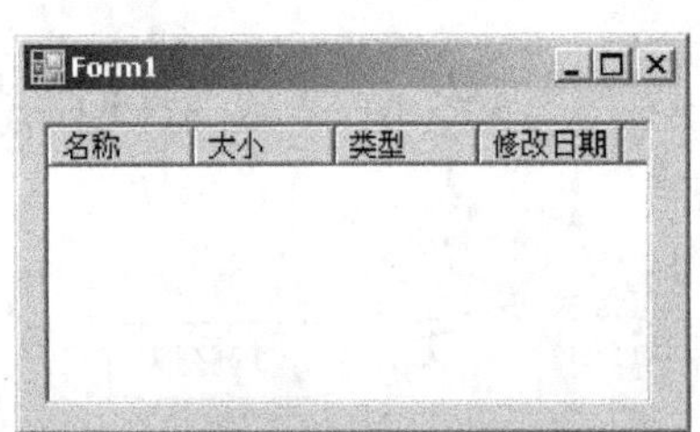

图8.7　ListView添加Columns后的效果

操作步骤如下。

（1）在窗体中放入ListView控件，并设置View属性值为Details（详细信息）。

（2）设置ListView控件的Columns属性，在Columns属性中添加4个列：名称、大小类型和修改日期，如图8.7所示。

（3）在窗体中放入ImageList控件，在控件中设置要作为图标显示的图片。同时设置ListView控件的SmallImageList属性值为加入的ImageList控件。

（4）在窗体的Load事件中编写代码，向ListView控件中添加数据项。

```
ListViewItem lvi = new ListViewItem("abc"); //定义数据项，并描述主数
                                              据项内容
lvi.SubItems.Add(" "); //大小
lvi.SubItems.Add("文件夹"); //类型
lvi.SubItems.Add("2009-2-20"); //修改日期
lvi.ImageIndex = 0;  //设置图标
```

```
    listView1.Items.Add(lvi); //将数据项添加到控件中
    // 用上面的代码向 ListView 中添加其他内容
```

在上面的代码中，定义了 ListViewItem 对象——lvi，并向其表示子项的 SubItems 属性中添加了三个子项内容。ListViewItem 对象的 ImageIndex 属性用来表示项目图标的内容，该属性是与 ListView 控件相关的 ImageList 控件中图片的索引。

2. ListView 控件的常用方法

Clear()方法用于清除 ListView 控件中所有的数据项。例如，清空 ListView 控件的代码为：

```
    listView1.Items.Clear();
```

8.3.2 ImageList 控件

ImageList 控件可以管理程序中其他控件（如 ListView、TreeView、ToolBar 等）用到的各种图片文件，它以索引（句柄）的方式将图片提供给程序。ImageList 控件放入窗体后，会显示在“组件栏”中，如图 8.8 所示。程序中的控件若要使用 ImageList 控件提供的图片，必须要和 ImageList 建立关联。

ImageList 控件有以下常用属性。

1）Images 属性

Images 属性用来表示 ImageList 控件可以管理的图片集合。“图像集合编辑器”窗口如图 8.9 所示。

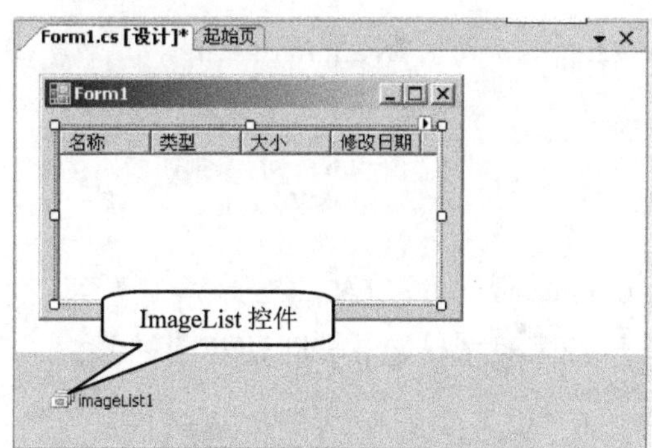

图 8.8 组件栏中的 ImageList 控件

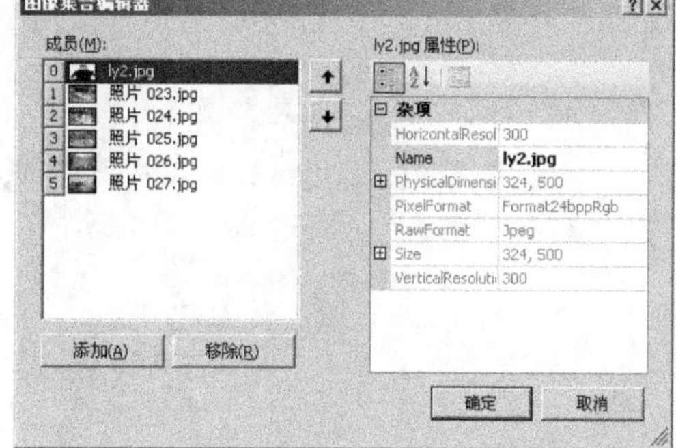

图 8.9 “图像集合编辑器”窗口

在编辑器中可以通过“添加”和“移除”按钮向控件中添加和删除图片。

2）ImageSize 属性

ImageSize 属性用来表示图像列表中的图像大小。使用该属性可以设置图片的高度和宽度，默认为 16×16 像素。ImageSize 属性应在设置 Images 属性前设置。

8.3.3 显示用户信息

将 UserInfo 表中的信息显示在 ListView 控件中非常容易，在遍历 DataReader 对象时，可以将用户名信息（UserName）当做主数据项，将密码（Password）和状态（state）信息当做子项内容添加到ListView控件中。

通过“属性”窗口设置ListView控件的Columns属性，为控件添加3个列，分别表示用户名、密码和状态，如图8.10所示。

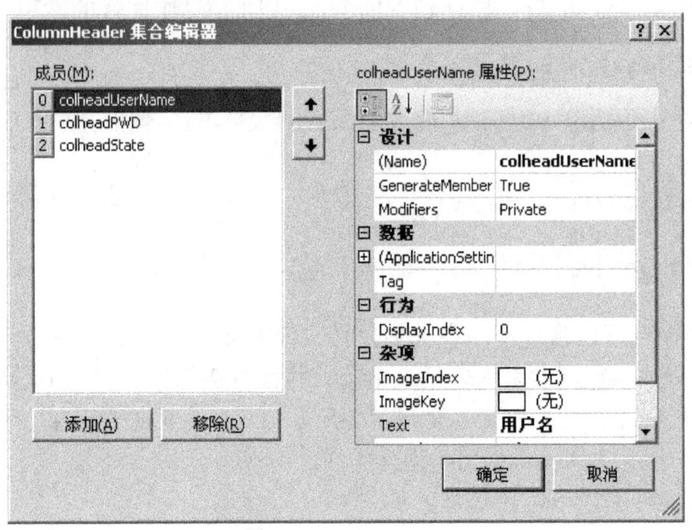

图8.10 设置ListView控件的Columns属性

重新编写窗体的Load事件，代码如下。

项目代码2

```
private void UserList_Load(object sender, EventArgs e)
{
    //连接数据库
    //获取 UserInfo 表中所有的数据
    //并显示在 ListView 控件中
    SqlConnection cn = new SqlConnection(); //建立连接对象
    cn.ConnectionString = "Data Source=XII\\SQLExpress;" +
                      " User ID=sa;Password=sa;" +
                      "Initial Catalog=Dormitory"; //连接字符串
    cn.Open(); //打开连接
    SqlCommand cmd = new SqlCommand(
                  "SELECT * FROM UserInfo ",
                  cn);  //在实例化时指定 SQL 语句和连接对象
    SqlDataReader dr;  //数据读取器对象
    dr = cmd.ExecuteReader(); //执行 SQL 语句，将结果放到数据读取器中
    //遍历 dr 对象，将所有的数据添加到 ListView 控件中
    while (dr.Read())
    {
        string userName = dr["UserName"].ToString(); //读用户名
```

```
            string pwd = dr["Password"].ToString();//读密码
            string state = dr["UserState"].ToString(); //读用户状态
            //添加到 ListView 中
            ListViewItem lvi = new ListViewItem(userName);
            lvi.SubItems.Add(pwd);
            lvi.SubItems.Add(state);
            lvUserList.Items.Add(lvi);
        }
        dr.Close(); //关闭数据读取器对象
        cn.Close(); //关闭连接对象
    }
```

将用户信息添加到 ListView 控件中

本章总结

在这一章中，以列表的形式显示了用户信息。

使用 DataReader 对象可以查询数据记录，通过 Command 对象的 ExecuteReader()方法可以获得一个 DataReader 对象。

DataReader 对象以只读的、向前的方式读取数据，每调用一次 Read()方法可以读取一行数据，通过迭代遍历的方式可以读取所有行的数据。

使用完 DataReader 对象后，必须调用它的 Close()方法关闭。

ListView 控件可以显示由一些带图标的项组成的列表，它有 5 种视图模式：大图标、小图标、列表、详细信息和平铺模式。本章主要使用了详细信息视图（Details）。

ImageList 控件可以管理一批图片，它可以为 ListView 控件提供数据项的图片。

习题

1. 编写程序，使用 SqlCommand 对象的 GetScalar()方法读取 StudentInfo 表中 Name 为“朱燕”的学生的性别。

2. 参照 8.3.3 节项目代码 2 的内容，使用 ListView 控件，显示 StudentInfo 表中的内容。

3. ListView 控件的 View 的作用是什么？各个取值成员的含义是什么？

第9章 编辑用户信息

在这一章中，将实现添加用户的功能。通过学习添加用户功能，将进一步学习使用ADO.NET完成插入数据的操作。

任务9.1 建立添加用户窗口

在主窗体中选择“用户管理”→“添加系统用户”命令，将打开新的窗体，在窗体中可以添加新的用户信息。下面建立添加用户窗口。

向项目中添加一个新的窗体，新窗体的名称为AddUser.cs。

在工具箱中拖曳4个Label控件、3个TextBox控件、1个ComboBox控件和两个Button控件至AddUser窗体中。调整控件大小和布局，使窗体达到图9.1所示的效果。

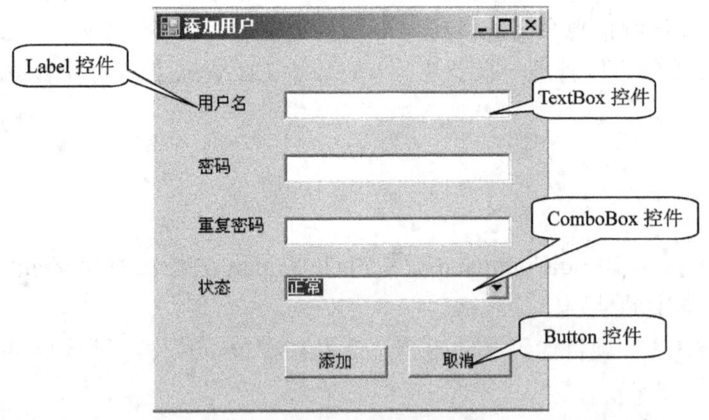

图9.1 添加用户窗体

按照表9.1对AddUser窗体及控件进行属性设置。

表9.1 添加用户窗体各个控件的属性值

对　象	属 性 名	属 性 值	说　明
窗体	Name	AddUser	窗体名称
	Text	添加用户	窗体标题
Button	Name	btnOK	—

（续表）

对　　象	属 性 名	属 性 值	说　　明
Button	Text	添加	—
Button	Name	btnCancel	—
	Text	取消	—
TextBox	Name	txtUserName	—
	Text	—	文字为空
TextBox	Name	txtPassword	—
	Text	—	文字为空
TextBox	Name	txtPassword2	—
	Text	—	文字为空
ComboBox	Name	cboState	—
	Items	添加两个数据项——正常和暂停	—
Label	Name	lblUserName	—
	Text	用户名	—
Label	Name	lblPwd1	—
	Text	密码	—
Label	Name	lblPwd2	—
	Text	重复密码	—
Label	Name	lblState	—
	Text	状态	—

在主窗体的“添加系统用户”菜单和“添加系统用户”工具按钮的Click事件中编写代码，打开AddUser窗体。代码如下：

```
private void tsbtnAddUser_Click(object sender, EventArgs e)
{
    //打开添加用户窗体
    AddUser addUser = new AddUser();
    addUser.MdiParent = this;
    addUser.Show();
}
```

任务9.2　校验输入信息

用户在AddUser窗体中输入要添加的用户的信息，然后单击“添加”按钮将信息添加到UserInfo表中。在添加前往往要对输入的数据做一些必要的校验，以保证数据能正常添加。例如，用户名不能为空校验，两次输入的密码必须相同的校验，要添加的用户是否存在的校验，等等。一个MIS类系统中的数据校验往往很多、很复杂，为了操作更加方便，一般都是建立一个方法来完成输入数据的校验。

在代码中建立一个名为 VaildData()的方法，该方法完成输入信息的校验功能。如果数据校验正确，方法返回 True，否则返回 False。

用户名是否为空及两次密码是否相同的校验非常简单，只要判断文本框中的数据是否符合要求就可以了。代码如下：

项目代码 3

```
/// 检验输入的数据是否正确
private Boolean VaildData()
{
    if (txtUserName.Text == '') //用户名为空
    {
        MessageBox.Show("请输入用户名！");
        return false;
    }
    if (txtPassword.Text != txtPassword2.Text) //密码不相同
    {
        MessageBox.Show("两次密码必须相同！");
        return false;
    }
    return true;  //全部正确，校验通过，返回 True
}
```

用户名为空校验

密码是否相同校验

要添加的用户是否存在的校验要略复杂些，需要到 UserInfo 表中去查询输入的用户名信息是否存在，如果不存在则校验通过。这需要连接数据库，可以使用 Command 对象的 ExecuteScalar()方法完成，也可以使用 DataReader 对象完成。

在 VaildData()方法中添加要添加的用户名是否存在的校验，代码如下：

项目代码 4

```
private Boolean VaildData()
{
    //校验用户名是否为空
    //校验密码是否相同
    //……

    //要添加的用户名是否存在
    SqlConnection cn = new SqlConnection(); //建立连接对象
    cn.ConnectionString = "Data Source=XII\\SQLExpress;" +
                     " User ID=sa;Password=sa;" +
                     "Initial Catalog=Dormitory"; //连接字符串
    cn.Open(); //打开连接
    //定义查询用户是否存在的 SQL 语句
    string sql = string.Format("SELECT COUNT(*) FROM UserInfo "+
            " WHERE UserName='{0}'",txtUserName.Text);
        SqlCommand cmd = new SqlCommand(sql, cn); //命令对象
```

连接数据库，校验用户名是否存在

```
            int result = (int)cmd.ExecuteScalar(); //执行 SQL
            cn.Close(); //关闭连接
            if (result >= 1) //结果>=1,表明用户已存在
            {
                MessageBox.Show("要添加的用户已存在");
                return false;
            }
            return true;
        }
```

任务 9.3　向数据库中插入用户信息

输入信息校验通过后，就开始向数据库中添加新的记录了。如何对数据库中的数据进行添加呢？这就需要使用 Command 对象的 ExecuteNonQuery()方法。

ExecuteNonQuery()方法可以执行指定的无查询结果的 SQL 语句，如 INSERT、DELETE、UPDATE。方法返回受执行的 SQL 语句影响的行数。

使用 Command 对象的 ExecuteNonQuery()方法一般需要以下步骤：

（1）建立 Connection 对象，与数据库建立连接；

（2）创建 Command 对象，定义要执行的 SQL 语句；

（3）调用 Command 对象的 ExecuteNonQuery()方法执行 SQL 语句；

（4）根据 ExecuteNonQuery()方法的返回值进行后续处理。

示例：建立一个 Windows 窗体，单击窗体中的按钮后，向 UserInfo 表中添加一条新数据。新添加的数据内容为：Test，999，正常。程序运行效果如图 9.2 所示，操作步骤如下。

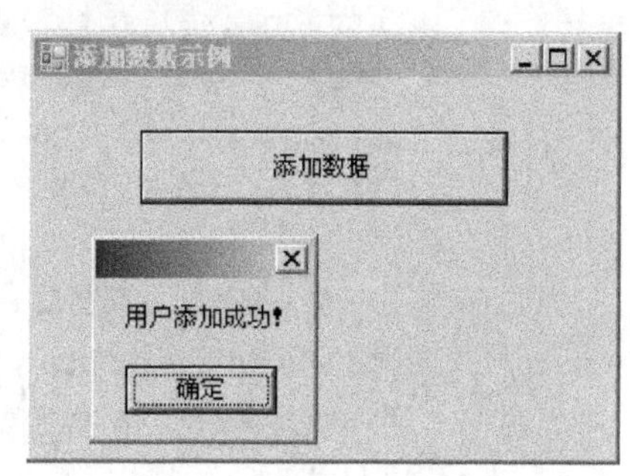

图 9.2　添加数据示例效果

（1）建立一个 Windows 应用程序。在窗体中绘制一个按钮（Button）控件，设置按钮控件的 Name 属性值为“btnAdd”，Text 属性值为“添加数据”。

（2）在项目中导入 System.Data.SqlClient 名字空间。并在 btnAdd 按钮的 Click 事件中编写代码，使用 Command 对象的 ExecuteNonQuery()方法向 UserInfo 表中添加一条数据。Click 事件代码如下：

```
private void btnAdd_Click(object sender, EventArgs e)
{
    SqlConnection cn = new SqlConnection(); //建立连接对象
    cn.ConnectionString = "Data Source=XII\\SQLExpress;" +
                          " User ID=sa;Password=sa;" +
                          "Initial Catalog=Dormitory"; //连接字符串
    cn.Open(); //打开连接
```

```
        //插入数据的 SQL 语句
        string sql = "INSERT INTO UserInfo (UserName,Password,UserState) " +
                  " VALUES ('Test','999','正常')";
        //在实例化时指定 SQL 语句和连接对象
        SqlCommand cmd = new SqlCommand(sql, cn);
        int result = cmd.ExecuteNonQuery();//执行插入
        cn.Close();  //关闭连接
        if (result == 1) //判断执行 SQL 语句的结果
        {
            MessageBox.Show("用户添加成功！");
        }
    }
```

在上面的代码中，执行的 SQL 语句只会影响一条数据（插入一条记录），所以在执行 ExecuteNonQuery()方法后判断返回值 result 是否等于 1，就可以知道插入是否成功。

下面在宿舍管理系统项目中向 UserInfo 表中插入新输入的用户信息。代码与上面的示例相似，不同的是现在要插入的数据都是在文本框中输入的，需要重新构建 SQL 语句。

编写“添加用户”窗体中的“添加”按钮的 Click 事件，代码如下：

项目代码 5

```
    private void btnOK_Click(object sender, EventArgs e)
    {
        string userName = txtUserName.Text;
        string pwd1 = txtPassword.Text;
        string pwd2 = txtPassword2.Text;
        string state = cboState.Text;
        if (VaildData()) //验证输入通过,开始添加用户
        {
            //编写插入数据的 SQL 语句
       string sql = string.Format("INSERT INTO UserInfo (UserName,
       Password,UserState) " +
    " VALUES ('{0}','{1}','{2}')" ,userName,pwd1,state);
            SqlConnection cn = new SqlConnection(); //建立连接对象
            cn.ConnectionString = "Data Source=XII\\SQLExpress;" +
                       " User ID=sa;Password=sa;" +
                       "Initial Catalog=Dormitory"; //连接字符串
            cn.Open(); //打开连接
    //在实例化时指定 SQL 语句和连接对象
            SqlCommand cmd = new SqlCommand(sql,cn);
            int result = cmd.ExecuteNonQuery();//执行插入
            cn.Close();  //关闭连接
```

```
            if (result > 0)
            {
                MessageBox.Show("用户添加成功！");
                //将输入的信息清空
                txtUserName.Text = "";
                txtPassword.Text = "";
                txtPassword2.Text = "";
            }
        }
    }
```

任务 9.4　为用户列表窗口添加编辑功能

第 8 章中建立的用户列表窗口只能显示所有用户的信息，但不能对它们进行修改，也不能删除无用的用户。下面为这个窗体添加编辑用户的功能。

9.4.1　ContextMenuStrip 控件

在用户列表窗体中以什么样的形式对用户信息进行编辑呢？快捷菜单是一个选择。可以在 ListView 控件中选择要编辑的用户，然后右击鼠标，弹出一个快捷菜单，如图 9.3 所示，在快捷菜单中选择要做的操作就可以了。

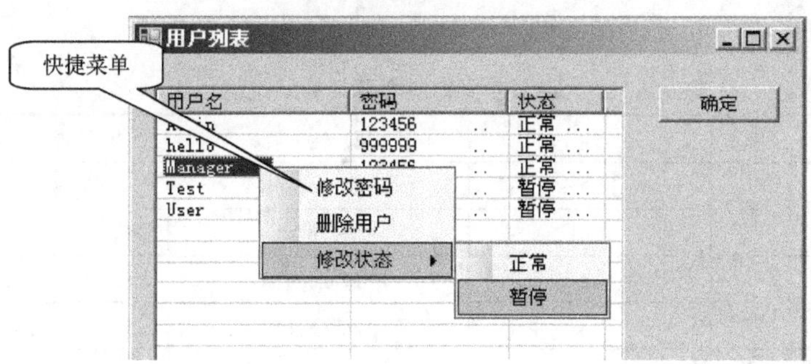

图 9.3　快捷菜单

如何实现快捷菜单呢？ContextMenuStrip 控件可以解决这个问题。ContextMenuStrip 控件可以实现上下文菜单，也叫快捷菜单或右键菜单。它的操作方法与 MenuStrip 控件大致相似。将 ContextMenuStrip 控件从工具箱中拖曳到窗体上后，它会出现在组件栏中，选中它，按照提示输入菜单的内容就可以了，如图 9.4 所示。

如何将 ContextMenuStrip 控件与其他控件关联起来呢？大多数可视控件都提供了一个 ContextMenuStrip 属性，它表示右击这个控件后将要出现快捷菜单的名称。只要设置控件的 ContextMenuStrip 属性就可以完成控件与快捷菜单的关联。

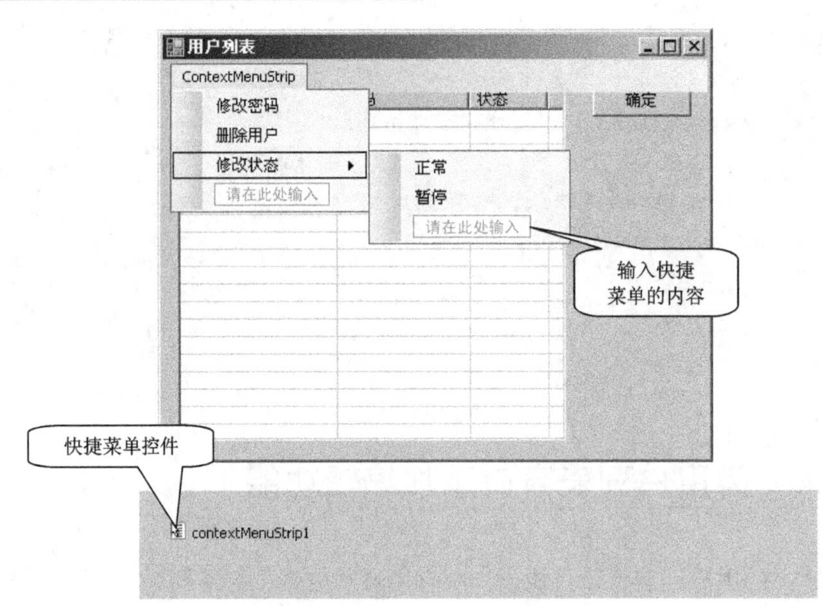

图 9.4　组件栏中的 ContextMenuStrip 控件

9.4.2　为 ListView 控件添加快捷菜单

下面为用户列表窗体中的 ListView 控件添加快捷菜单。

（1）从工具箱中拖曳一个 ContextMenuStrip 控件至 UserList 窗体。

（2）在 ContextMenuStrip 控件中按图 9.3 所示效果建立菜单项。

（3）按照表 9.2 对菜单进行属性设置。

表 9.2　ListView 控件的快捷菜单的属性值

对　象	属 性 名	属 性 值	说　明
ContextMenuStrip	Name	tsmiChangePwd	修改密码菜单
	Text	修改密码	—
ContextMenuStrip	Name	tsmiDeleteUser	删除用户菜单
	Text	删除用户	—
ContextMenuStrip	Name	Tsmi	修改状态菜单
	Text	修改状态	—
ContextMenuStrip	Name	tsmiStart	状态正常菜单
	Text	正常	—
ContextMenuStrip	Name	tsmiStop	状态暂停菜单
	Text	暂停	—

（4）在 ListView 控件的“属性”窗口中设置 ContextMenuStrip 属性，建立菜单与控件的关联，如图 9.5 所示。

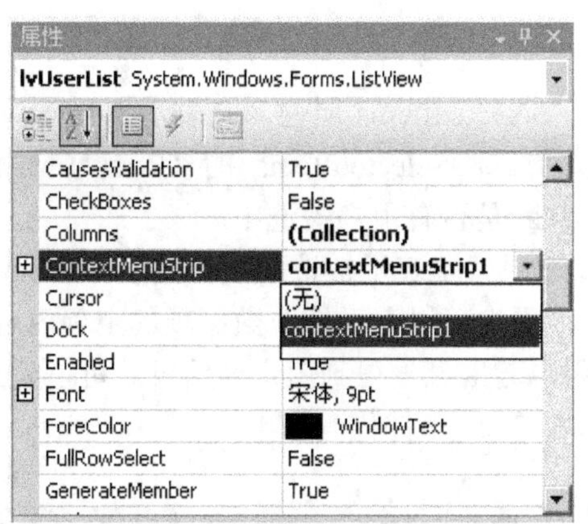

图 9.5　设置 lvUserList 的快捷菜单

任务 9.5　实现删除用户功能

当在快捷菜单中选择“删除用户”命令后，被选中的用户将被删除，如图 9.6 所示。

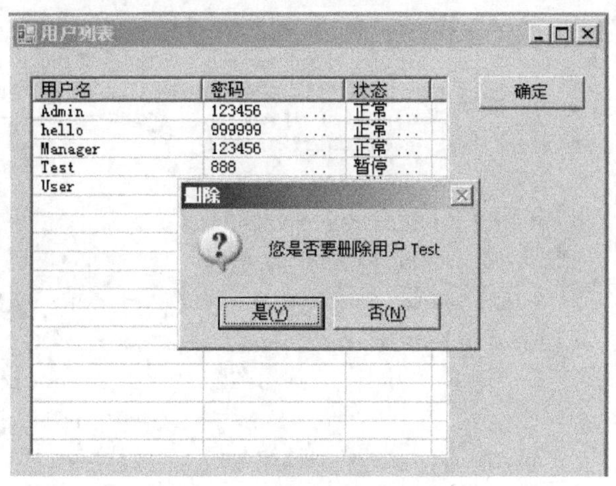

图 9.6　删除用户效果

1. 实现思路

在删除用户时，可以按照下面的步骤进行：

（1）获得要删除用户的用户名信息；

（2）弹出消息对话框，查询是否要删除用户；

（3）如果确认删除，就连接数据库、建立 Command 对象，编写删除用户的 SQL 语句，由于要执行 DELETE 这样的 SQL 语句，所以调用 Command 对象的 ExecuteNonQuery()方法执行删除 SQL 语句，删除用户；

（4）刷新 ListView 控件中的内容，显示删除后剩余的用户信息。

2. 实现删除

ListView 控件提供了 SelectedItems 属性，它表示 ListView 控件中选中的数据项。如果当前有数据项被选中，则 SelectedItems 的 Count 属性值就大于 0。可以根据 SelectedItems.Count 属性判断是否有用户被选中。

SelectedItems 属性集合以索引表示被选中的数据项，SelectedItems[0]表示被选中的第一个数据项，它的 Text 属性可以表示这个数据项的主项内容。用户列表中的主数据项内容正好是所需要的用户名信息，得到用户名信息就可以建立删除 SQL 语句并执行它了。“删除用户”菜单的 Click 事件代码如下：

项目代码 6

```
private void tsmiDeleteUser_Click(object sender, EventArgs e)
{
    if (lvUserList.SelectedItems.Count>0) //有用户被选中
    {
       string userName = lvUserList.SelectedItems[0].Text; //获取用户名
       if (MessageBox.Show("您是否要删除用户 " + userName,
                       "删除",MessageBoxButtons.YesNo,
         MessageBoxIcon.Question) == DialogResult.Yes)
        {
           //确认删除用户
           string sql = string.Format(
                 "DELETE FROM UserInfo " +
                 " WHERE UserName='{0}'",
                 userName);
             SqlConnection cn = new SqlConnection(); //建立连接对象
             cn.ConnectionString = "Data Source=XII\\SQLExpress;" +
                              " User ID=sa;Password=sa;" +
                         "Initial Catalog=Dormitory"; //连接字符串
             cn.Open(); //打开连接
             SqlCommand cmd = new SqlCommand(sql, cn); //命令对象
             cmd.ExecuteNonQuery();  //执行删除
             cn.Close();//关闭连接
             //刷新显示
             DisplayUser();
        }
    }
}
```

获取用户名信息

建立删除 SQL 语句

3. 刷新显示

删除了一个用户后，需要刷新 ListView 控件中的显示。刷新显示只要再次调用窗体的 Load 事件，从数据库中重新读取 UserInfo 表中的数据就可以完成。为了简化代码，

在代码中建立一个名为 DisplayUser()的方法，它实现读取 UserInfo 表中的数据并在 ListView 控件中显示的功能。在窗体的 Load 事件中调用该方法显示，删除用户后也调用该方法刷新。DisplayUser()方法中的代码如下：

项目代码 7

```
private void DisplayUser()
{
    //连接数据库
    //获取 UserInfo 表中所有的数据
    //并显示在 ListView 控件中
    SqlConnection cn = new SqlConnection(); //建立连接对象
    cn.ConnectionString = "Data Source=XII\\SQLExpress;" +
                          " User ID=sa;Password=sa;" +
                          "Initial Catalog=Dormitory"; //连接字符串
    cn.Open(); //打开连接
//在实例化时指定 SQL 语句和连接对象
SqlCommand cmd = new SqlCommand("SELECT * FROM UserInfo ",cn);
    SqlDataReader dr;  //数据读取器对象
    dr = cmd.ExecuteReader(); //执行 SQL 语句，将结果放到数据读取器中
    lvUserList.Items.Clear();  //清空 ListView 中的数据
    //遍历 dr 对象，将所有的数据添加到 ListView 控件中
    while (dr.Read())
    {
        string userName = dr["UserName"].ToString(); //读用户名
        string pwd = dr["Password"].ToString();//读密码
        string state = dr["UserState"].ToString(); //读用户状态
        //添加到 ListView 中
        ListViewItem lvi = new ListViewItem(userName);
        lvi.SubItems.Add(pwd);
        lvi.SubItems.Add(state);
        lvUserList.Items.Add(lvi);
    }
    dr.Close(); //关闭数据读取器对象
}
```

将窗体的 Load 事件中的代码修改为调用 DisplayUser()方法。

```
private void UserList_Load(object sender, EventArgs e)
{
    DisplayUser(); //显示用户信息
}
```

任务 9.6　实现修改用户状态功能

用户的状态只有“正常”和“暂停”两种，通过选择修改状态菜单中的“正常”命令或“暂停”命令可以完成用户状态的修改。

修改用户状态的实现思路与删除用户的相似，不同的是编写的 SQL 语句应为 UPDATE，而不是 DELETE。

建立一个名为 ChangeState()的方法，该方法可以将用户的状态修改为指定的内容，代码如下：

项目代码 8

```
/// <summary>
/// 修改用户状态
/// </summary>
/// <param name="state"></param>
private void ChangeState(string state) //state 参数表示状态
{
    if (lvUserList.SelectedItems.Count>0) //有用户被选中
    {
        string userName = lvUserList.SelectedItems[0].Text;
        //确认修改用户状态
        string sql = string.Format(
                "UPDATE UserInfo SET UserState='{0}'" +
                " WHERE UserName='{1}'",
                state,userName);
        SqlConnection cn = new SqlConnection(); //建立连接对象
        cn.ConnectionString = "Data Source=XII\\SQLExpress;" +
                        " User ID=sa;Password=sa;" +
                        "Initial Catalog=Dormitory"; //连接字符串
        cn.Open(); //打开连接
        SqlCommand cmd = new SqlCommand(sql, cn); //命令对象
        cmd.ExecuteNonQuery();  //执行修改
        cn.Close();//关闭连接
        //刷新显示
        DisplayUser();
    }
}
```


在“正常”菜单的 Click 事件中调用 ChangeState()方法，传入“正常”参数，将用户状态修改为“正常”。

项目代码 9

```
private void tsmiStart_Click(object sender, EventArgs e)
```

```
        {
            //修改用户状态为正常
            ChangeState("正常");
        }
```

在“暂停”菜单的 Click 事件中调用 ChangeState()方法，传入“暂停”参数，将用户状态修改为“暂停”。

项目代码 10

```
        private void tsmiStop_Click(object sender, EventArgs e)
        {
            ChangeState("暂停");
        }
```

任务 9.7　实现修改用户密码功能

9.7.1　建立修改密码窗体

当选择快捷菜单中的“修改密码”命令后，被选中的用户的密码信息将被修改。输入新的密码信息是通过一个新窗体来实现的，下面建立这个窗体。

向项目中添加一个新的窗体，新窗体的名称为 ChangePassword.cs。

在工具箱中拖曳 4 个 Label 控件、两个 TextBox 控件和两个 Button 控件至 ChangePassword 窗体中。调整控件的大小和布局，使窗体达到图 9.7 所示的效果。

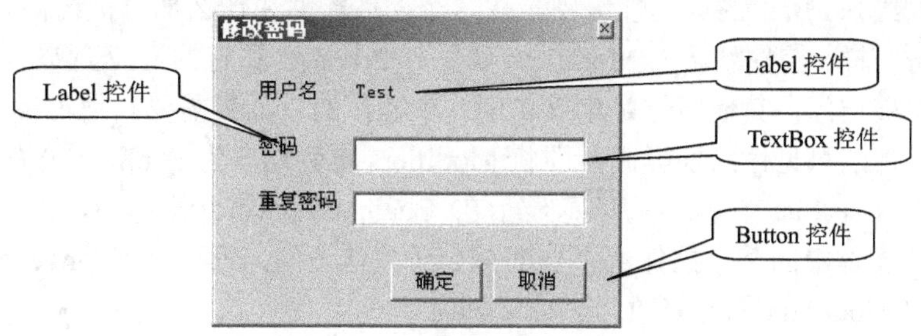

图 9.7　修改密码窗体

按照表 9.3 对 ChangePassword 窗体及控件进行属性设置。

表 9.3　修改密码窗体各个控件的属性值

对　象	属 性 名	属 性 值	说　明
窗体	Name	ChangePassword	窗体名称
	Text	修改密码	窗体标题
	FormBorderStyle	FixedToolWindow	窗体边框样式
	StartPosition	CenterScreen	窗体启动位置
Button	Name	btnOK	—
	Text	确定	—

（续表）

对　象	属 性 名	属 性 值	说　明
Button	Name	btnCancel	—
	Text	取消	—
TextBox	Name	txtPWD1	—
	Text	—	文字为空
TextBox	Name	txtPWD2	—
	Text	—	文字为空
Label	Name	Label1	—
	Text	用户名	—
Label	Name	Label2	—
	Text	密码	—
Label	Name	Label3	—
	Text	重复密码	—
Label	Name	lblUserName	显示用户名的 Label 控件
	Text	—	文字为空

9.7.2 向窗体中传入数据

ChangePassword 窗体中的 lblUserName 控件用来显示当前要修改密码的用户名信息，这个信息是在 UserList 窗体中获得的，如何把它传入 ChangePassword 窗体呢？

.NET 中许多控件都具有 Modifiers 属性，这个属性是控件的访问修饰符，表示控件的可见性级别。所谓的可见性级别是指这个控件能够在什么地方被访问，就像类中成员的修饰符一样。控件默认的 Modifiers 属性为 Private（私有的），表示这个控件只能够在本窗体内被访问，其他窗体是不能访问这个控件的。如果需要其他窗体访问这个控件，可以将控件的可见性级别提高，即将 Modifiers 属性修改为 Public（公有的）。

要将 UserList 窗体中的信息显示在 ChangePassword 窗体中，就意味着 ChangePassword 窗体中的某个控件可以被 UserList 窗体访问。只要将 ChangePassword 窗体中的控件的 Modifiers 属性修改为 Public 即可。

在 ChangePassword 窗体中将 lblUserName 控件的 Modifiers 属性修改为 Public，然后在 UserList 窗体的修改密码菜单的 Click 事件中将获取的用户名信息写入 ChangePassword 窗体的 lblUserName 控件。Click 事件代码如下：

项目代码 11

```
private void tsmiChangePwd_Click(object sender, EventArgs e)
{
    //修改密码
     if (lvUserList.SelectedItems.Count>0) //有用户被选中
     {
        //取得当前选择的用户名
        string userName=lvUserList.SelectedItems[0].Text;
```

```
            //显示修改密码窗体
            ChangePassword changePassword = new ChangePassword();
            changePassword.lblUserName.Text = userName; //将用户名传入窗体
            //修改成功，刷新显示
            if (changePassword.ShowDialog() == DialogResult.OK)
                DisplayUser();
        }
    }
```

9.7.3 改密码

用户密码的修改是在 ChangePassword 窗体中实现的。这项工作很简单，只要调用 Command 对象的 ExecuteNonQuery()方法对 UserInfo 表执行 UPDATE 操作就可以了。

在 ChangePassword 窗体的 btnOK 按钮的 Click 事件中，建立与数据库的连接并执行相应的修改密码的 SQL 语句。Click 事件代码如下：

项目代码 12

```
private void btnOK_Click(object sender, EventArgs e)
{
    if (txtPwd1.Text == txtPwd2.Text) //判断两次输入的密码是否相同
    {
        string sql = string.Format(
                "UPDATE UserInfo SET Password='{0}' " +
                " WHERE UserName='{1}'",
                txtPwd1.Text, lblUserName.Text);
        SqlConnection cn = new SqlConnection(); //建立连接对象
        cn.ConnectionString = "Data Source=XII\\SQLExpress;" +
                        " User ID=sa;Password=sa;" +
                        "Initial Catalog=Dormitory"; //连接字符串
        cn.Open(); //打开连接
        SqlCommand cmd = new SqlCommand(sql, cn); //命令对象
        int result =cmd.ExecuteNonQuery();  //执行更新密码
        cn.Close();//关闭连接
        if (result > 0) //判断返回结果
        {
            MessageBox.Show("密码修改成功！");
        }
        this.DialogResult = DialogResult.OK; //关闭窗体，返回 OK
    }
    else
    {
        MessageBox.Show("请输入相同的密码！");
    }
}
```

修改密码的 SQL 语句

只有执行完修改密码的 SQL 语句后，ChangePassword 窗体被关闭，UserList 窗体中的 ListView 控件才会刷新并显示新的信息。如果取消了密码修改，ListView 不应该被刷新。为了让 ListView 控件能够有选择地刷新，这里使用模态对话框的形式显示 ChangePassword 窗体，并判断窗体的返回值是否为 OK，以决定是否刷新 ListView 控件。

在单击 ChangePassword 窗体的“取消”按钮后，窗体被关闭，为了让 ListView 控件不刷新，在“取消”按钮的 Click 事件中设置窗体的返回值为 Cancel。代码如下：

项目代码 13

```
private void btnCancel_Click(object sender, EventArgs e)
{
    this.DialogResult = DialogResult.Cancel;
}
```

本章总结

在这一章中，建立了两个窗体，完成了对用户信息的添加、修改和删除操作。主要学习如下内容。

Command 对象的 ExecuteNonQuery()方法可以执行对数据的增、删、改操作。它可以执行如 Update、Delete、Insert 等 SQL 语句。

ExecuteNonQuery()方法返回受执行的 SQL 语句影响的行数。

ContextMenuStrip 控件可以实现快捷菜单，使用时，它会出现在组件栏中，使用方法与 MenuStrip 控件相似。

通过设置控件的 ContextMenuStrip 属性可以将控件与快捷菜单建立关联。

ListView 控件的 SelectedItems 属性集合表示被选中的数据项，SelectedItems.Count 属性表示被选中的数据项的个数。通过判断该属性是否大于 0，可以确定是否有数据项被选中。

SelectedItems[i].Text 属性表示第 i 个被选中的数据项的主项内容，第 1 个被选中的项的索引为 0。

控件的 Modifiers 属性表示控件的可见性级别，它是控件的访问修饰符。默认值为 Private，表示控件只能在当前窗体内被访问。若要在其他窗体中访问这个控件，可以将该控件的 Modifiers 属性设置为 Public。

习题

1．在添加用户信息是为什么要检验即将添加的用户名是否存在？如何检验？

2．ListView 控件中显示的数据被修改后如何进行刷新？

3．用 ContextMenuStrip 控件实现快捷菜单需要哪些步骤？

4．请说出修改密码窗体中各个控件的类型和需要修改的属性值，当单击“确定”按钮时要完成哪些功能？

第 10 章 简化数据库操作

通过前面几章，完成了系统登录和对用户信息的查看、添加、修改及删除等功能。学习了使用 ADO.NET 中的类对数据进行增、删、改、查的方法。但是，目前项目还有许多冗余的代码，在这一章中，将对代码进行简化，并进一步总结使用.NET 数据提供程序操作数据库的方法。

任务 10.1 代码分析

10.1.1 代码对比

首先，比较一下前面写的修改用户密码和修改用户状态的代码。修改用户密码的代码如下：

```
string sql = string.Format(
        "UPDATE UserInfo SET Password='{0}' " +
        " WHERE UserName='{1}'",
        txtPwd1.Text, lblUserName.Text);
SqlConnection cn = new SqlConnection(); //建立连接对象
cn.ConnectionString = "Data Source=XII\\SQLExpress;" +
                " User ID=sa;Password=sa;" +
                "Initial Catalog=Dormitory"; //连接字符串
cn.Open(); //打开连接
SqlCommand cmd = new SqlCommand(sql, cn); //命令对象
int result =cmd.ExecuteNonQuery();  //执行更新密码
cn.Close();//关闭连接
if (result > 0) //判断返回结果
{
    MessageBox.Show("密码修改成功！");
}
```

这部分代码是相同的

修改用户状态的代码如下：

```
        string userName = lvUserList.SelectedItems[0].Text;
```

```
//确认修改用户状态
string sql = string.Format(
        "UPDATE UserInfo SET UserState='{0}'" +
        " WHERE UserName='{1}'",
        state,userName);
SqlConnection cn = new SqlConnection(); //建立连接对象
cn.ConnectionString = "Data Source=XII\\SQLExpress;" +
                  " User ID=sa;Password=sa;" +
                  "Initial Catalog=Dormitory"; //连接字符串
cn.Open(); //打开连接
SqlCommand cmd = new SqlCommand(sql, cn); //命令对象
cmd.ExecuteNonQuery();  //执行修改
cn.Close();//关闭连接
//刷新显示
DisplayUser();
```

这部分代码是相同的

通过比较，可以看到：修改用户密码和修改用户状态的代码中，都使用了Connection对象建立与数据库的连接，都使用了 Command 对象描述要执行的 SQL 语句，都调用了 Command 对象的 ExecuteNonQuery()方法执行 SQL 语句。两组代码中的不同点是要执行的 SQL 语句不太相同。

实际上，不仅仅是这两组代码很相似，其他的代码也都差不多。例如，在删除用户的代码中，也使用了 Connection 对象、Command 对象；系统登录的代码中仍然使用 Connection 对象、Command 对象，只不过每组代码中编写的 SQL 语句不尽相同，调用的 Command 对象的方法不同而已。

10.1.2 操作数据库小结

通过对项目中代码的分析，可以发现：使用.NET 数据提供程序对数据库进行操作，都要用到 Connection 对象、Command 对象，有时还会用到 DataReader 对象。执行不同的操作用到的 SQL 语句不同，使用 Command 对象的方法也不同。下面总结一下使用 ADO.NET 中的.NET 数据提供程序操作数据库的步骤。

1. 查询单个值的操作

查询单个值是指从数据库中获得一个值的结果，如执行包含 Count、Sum 等聚合函数的 SELECT 语句。需要使用 Command 对象的 ExecuteScalar()方法，操作步骤如下：

（1）建立 Connection 对象，设置连接字符串；

（2）使用 Open()方法打开与数据库的连接；

（3）创建查询用的 SQL 语句；

（4）利用 Connection 对象和 SQL 语句建立 Command 对象；

（5）调用 Command 对象的 ExecuteScalar()方法执行 SQL 语句，返回一个结果值。必要时，对结果值进行类型转换；

（6）操作完成，调用 Connection 对象的 Close()方法关闭连接。

2. 查询多行结果的操作

查询多行结果需要使用 Command 对象的 ExecuteReader()方法，用 DataReader 对象逐行读取数据，操作步骤如下：

（1）建立 Connection 对象，设置连接字符串；

（2）使用 Open()方法打开与数据库的连接；

（3）创建查询用的 SQL 语句；

（4）利用 Connection 对象和 SQL 语句建立 Command 对象；

（5）调用 Command 对象的 ExecuteReader()方法，得到一个 DataReader 对象；

（6）迭代调用 DataReader 对象的 Read()方法逐个读取记录。使用 DataReader[列名]的形式读取某一列的值（或使用 DataReader 对象的 GetXXX()方法）；

（7）调用 DataReader 对象的 Close()方法关闭 DataReader 对象；

（8）操作完成，调用 Connection 对象的 Close()方法关闭连接。

3. 非查询操作

非查询操作指对数据库进行更新、增加、修改等操作。需要使用 Command 对象的 ExecuteNonQuery()方法，操作步骤如下：

（1）建立 Connection 对象，设置连接字符串；

（2）使用 Open()方法打开与数据库的连接；

（3）创建查询用的 SQL 语句；

（4）利用 Connection 对象和 SQL 语句建立 Command 对象；

（5）调用 Command 对象的 ExecuteNonQuery()方法执行 SQL 语句，返回受影响的行数；

（6）操作完成，调用 Connection 对象的 Close()方法关闭连接。

任务 10.2　建立数据库操作公共类

无论是对数据库的何种操作，前 4 个步骤基本上是相同的。如果为项目中的每一个数据库操作都编写一遍这些代码那就太烦琐了，项目中会充斥着大量冗余的代码。如何才能简化这些代码呢？一般的做法是建立一个数据库操作的公共类，调用这个类的方法去完成各个数据库操作。

10.2.1　建立 DB 类

在项目中添加一个名为 DB 的类，用来实现数据库操作。

在类中导入 System.Data 和 System.Data.SqlClient 名字空间，如图 10.1 所示。

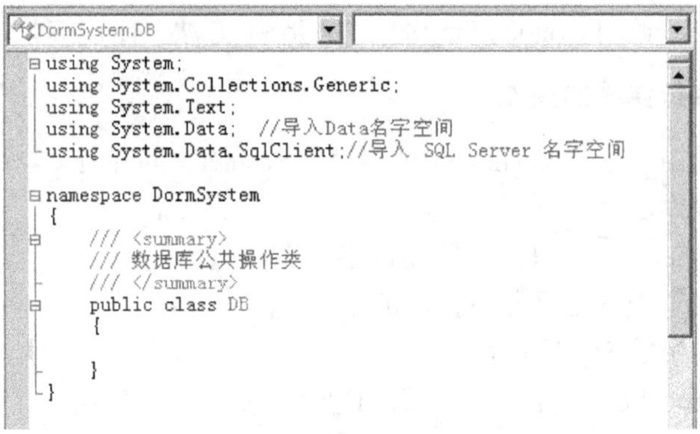

```
DormSystem.DB
using System;
using System.Collections.Generic;
using System.Text;
using System.Data;  //导入Data名字空间
using System.Data.SqlClient;//导入 SQL Server 名字空间

namespace DormSystem
{
    /// <summary>
    /// 数据库公共操作类
    /// </summary>
    public class DB
    {

    }
}
```

图 10.1　建立 DB 类

10.2.2　建立 GetConnection 方法

每一个关于数据库的操作都要使用 Connection 对象，下面在 DB 类中建立一个名为 GetConnection()的方法，它可以获取一个 Connection 对象。代码如下：

项目代码 14

```
...
using System.Data;  //导入 Data 名字空间
using System.Data.SqlClient;//导入 SQL Server 名字空间
namespace DormSystem
{
    /// <summary>
    /// 数据库公共操作类
    /// </summary>
    public class DB
    {
        /// 获得连接对象
        private static SqlConnection GetConnection()
        {
            SqlConnection cn = new SqlConnection(); //建立连接对象
            cn.ConnectionString = "Data Source=XII\\SQLExpress;" +
                                  " User ID=sa;Password=sa;" +
                                  "Initial Catalog=Dormitory"; //连接字符串
            cn.Open(); //打开连接
            return cn;  //返回打开的连接对象
        }
    }
}
```

这个方法是静态的

每次使用 Connection 对象时，调用 GetConnection()方法就可以了。为了调用时更加方便，该方法被定义成静态（static）的方法。

10.2.3 建立 ExecuteSQL 方法

DB 类的 ExecuteSQL()方法用来执行 INSERT、DELETE、UPDATE 等 SQL 语句。

在 DB 类中添加一个名为 ExecuteSQL()的静态方法。该方法有一个 string 类型的参数，代表要执行的 SQL 语句。返回值为执行 SQL 语句所影响的行数。代码如下：

项目代码 15

```
/// <summary>
/// 执行 SQL 语句，完成插入、更新、删除操作
/// </summary>
/// <param name="sql">要执行的 SQL 语句</param>
/// <returns>大于 0，表示执行成功</returns>
public static int ExecuteSQL(string sql)
{
    SqlConnection cn =GetConnection(); //获取连接
    SqlCommand cmd = new SqlCommand(sql, cn);
    int result= cmd.ExecuteNonQuery(); //执行 SQL 语句
   cn.Close();
   return result; //返回影响的行数
}
```

10.2.4 建立 GetDataReader 方法

DB 类的 GetDataReader()方法用来执行获取多个结果的 SQL 语句。

在 DB 类中添加一个名为 GetDataReader()的静态方法，该方法有一个 string 类型的参数，代表要执行的 SQL 语句，返回值为获得的 DataReader 对象。代码如下：

项目代码 16

```
/// <summary>
/// 执行 SQL 语句，将结果以 DataReader 对象返回
/// </summary>
/// <param name="sql">要执行的 SQL 语句</param>
/// <returns></returns>
public static SqlDataReader GetDataReader(string sql)
{
    SqlConnection cn = GetConnection(); //获取连接
    SqlCommand cmd = new SqlCommand(sql, cn); //命令对象
    SqlDataReader dr = cmd.ExecuteReader(); //执行 SQL 语句
    return dr;  //返回 DataReader 对象
}
```

此方法中不能有关闭 Connection 对象的语句

GetdataReader()方法返回值为获取的 DataReader 对象，由于 Connection 对象关闭后，DataReader 对象也会随之关闭，所以方法中不能加入关闭 Connection 的语句。

10.2.5　建立 GetScalar 方法

DB 类的 GetScalar()方法用来执行获取单个值的 SQL 语句。

在 DB 类中添加一个名为 GetScalar()的静态方法。该方法有一个 string 类型的参数，代表要执行的 SQL 语句。返回值为 Object 类型，表示获得的值。代码如下：

项目代码 17

```
/// <summary>
/// 执行 SQL 语句，获取一个返回值
/// </summary>
/// <param name="sql">要执行的 SQL 语句</param>
/// <returns>SQL 语句的返回值</returns>
public static object GetScalar(string sql)
{
    SqlConnection cn = GetConnection();
    SqlCommand cmd = new SqlCommand(sql, cn);
    object result = cmd.ExecuteScalar(); //执行 SQL 语句
    cn.Close();
    return result;   //返回获得的单个值
}
```


任务 10.3　使用 DB 类简化用户操作代码

编写好 DB 类后，项目中关于数据库操作的代码都可以使用 DB 类的方法来实现。下面开始简化代码。

10.3.1　简化登录的代码

登录时，要到数据库中查询用户名和密码信息符合要求的记录的数量，根据得到的结果判断登录是否成功。执行的是一个包含聚合函数 Count()的 SQL 语句，可以调用 DB 类中的 GetScalar()方法完成。

修改 Login 窗体中 btnOK 按钮的 Click 事件，调用 DB 类的 GetScalar()方法完成操作。代码如下：

项目代码 18

```
private void btnOK_Click(object sender, EventArgs e)
{
    string userName = txtUserName.Text; //用户名
    string password = txtPassword.Text; //密码
    //调用 DB 类的方法完成数据库操作
    //编写要执行的 SQL 语句
```

```
        string sql=string.Format(
                  "SELECT COUNT(*) FROM UserInfo " +
                  " WHERE UserName='{0}' AND Password='{1}'",
                  userName, password);
        int count =(int) DB.GetScalar(sql);  //调用DB类的方法执行
        //判断
        if (count >= 1) //如果结果>=1，则认为用户名和密码正确
        {
           this.DialogResult = DialogResult.OK;
        }
        else  //登录错误
        {
           MessageBox.Show("用户名或密码输入错误！");
        }
    }
```

调用 DB 类中的方法执行 SQL 语句

10.3.2 简化添加用户的代码

添加用户时执行的 INSERT 语句，可以调用 DB 类的 ExecuteSQL()方法来完成操作。

修改 AddUser 窗体中 btnOK 按钮的 Click 事件，调用 ExecuteSQL()方法添加数据。代码如下：

项目代码 19

```
    private void btnOK_Click(object sender, EventArgs e)
    {
        ……
        if (VaildData()) //验证输入通过,开始添加用户
        {
           //编写插入数据的SQL语句
           string sql = string.Format(
                  "INSERT INTO UserInfo (UserName,Password,UserState) "+
                  " VALUES ('{0}','{1}','{2}')" ,
                  userName,pwd1,state);
           //调用DB类的方法，添加数据
           int result = DB.ExecuteSQL(sql);
           if (result > 0)
           {
              MessageBox.Show("用户添加成功！");
              //将输入的信息清空
              ……
           }
        }
    }
```

调用 DB 类中的方法执行 SQL 语句

10.3.3 简化查看用户信息的代码

显示所有用户信息执行的是获取多行结果的SQL语句，可以调用DB类的GetDataReader()方法完成。

修改UserList窗体中的DisplayUser()方法，调用DB类的GetDataReader()方法获取所有用户信息。代码如下：

项目代码20

```
private void DisplayUser()
{
    //连接数据库
    //获取UserInfo表中所有的数据
    //并显示在ListView控件中
    string sql = "SELECT * FROM UserInfo ";
    SqlDataReader dr;  //数据读取器对象
    dr =DB.GetDataReader(sql); //执行SQL语句，将结果放到数据读取器中
    lvUserList.Items.Clear();
    //遍历dr对象，将所有的数据添加到ListView控件中
    while (dr.Read())
    {
        string userName = dr["UserName"].ToString(); //读用户名
        string pwd = dr["Password"].ToString();//读密码
        string state = dr["UserState"].ToString(); //读用户状态
        //添加到ListView中
        ListViewItem lvi = new ListViewItem(userName);
        lvi.SubItems.Add(pwd);
        lvi.SubItems.Add(state);
        lvUserList.Items.Add(lvi);
    }
    dr.Close(); //关闭数据读取器对象
}
```

调用DB类中的方法执行SQL语句

在此处一定要关闭DataReader对象

DB类的GetDataReader()方法中没有关闭Connection对象的代码，所以，在操作完GetDataReader()方法返回的DataReader对象后，要调用Close()方法将其关闭，否则后续的操作将出现异常。

项目中其他关于数据库操作代码的简化与上面3处修改形式相似，在此不再一一叙述，请读者自己完成。

本章总结

在这一章中，对.NET数据提供程序访问数据库的操作进行了总结。

对数据库的增、删、改、查操作，无论是哪一种，都先要使用 Connection 对象与数据库建立连接。

接下来，要建立 SQL 语句，并创建 Command 对象。

然后根据要执行的 SQL 语句的种类，调用 Command 对象的相应的方法去执行 SQL 语句。

最后关闭 Connection 对象。

为了简化项目中的代码，编写了一个数据库访问公共类——DB，在类中定义了执行数据库操作的方法：

ExecuteSQL()方法用于执行 UPDATE、INSERT、DELETE 等非查询命令；

GetScalar()方法用于执行获取单个值的查询命令；

GetDataReader()方法用于执行获取多行结果的查询命令。

习题

1．建立数据库操作的公共类有什么优势？

2．通常这个公共类中包含哪些常用的方法？每个方法各自有什么用途？

第 11 章 添加学生信息

在接下来的三章中，将学习 ADO.NET 的另一个重要部分——DataSet 对象，为了使用 DataSet，还将学习 DataAdapter 对象，以及数据绑定、DataGridView 控件等一些数据库操作中非常重要的技术。

在这一章中，将完成向系统中添加住宿学生信息的功能。借此了解 DataSet 的结构，掌握使用 DataAdapter 对象填充数据的方法，并掌握使用数据绑定技术显示数据的方法。

任务 11.1 建立添加学生窗体

11.1.1 TabControl 控件

TabControl 控件也称选项卡控件，它在 Windows 应用程序中很常见。TabControl 控件可以显示多个选项卡，每个选项卡都是容器控件，可以包含图片和其他控件，如图 11.1 所示。

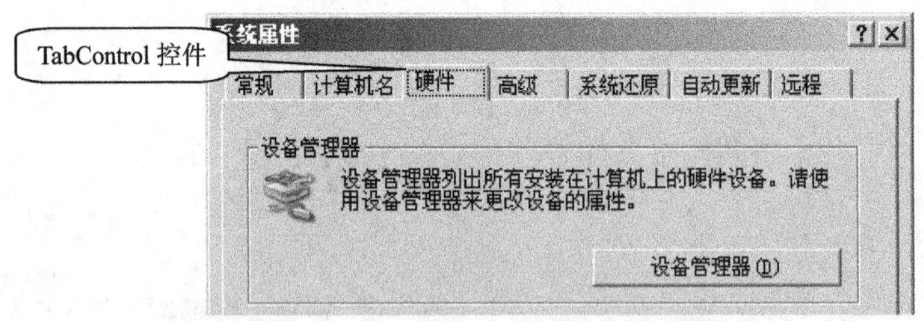

图 11.1 典型的选项卡

TabControl 控件在工具箱的“容器”栏中，如图 11.2 所示。TabControl 控件具有 TabPages 属性，该属性表示 TabControl 控件中各个独立的选项卡。可以在“属性”窗口中设置 TabPages 属性来为 TabControl 控件添加更多的选项卡，如图 11.3 所示。设置 TabPages 属性的 Text 属性可以修改选项卡的标题文字。

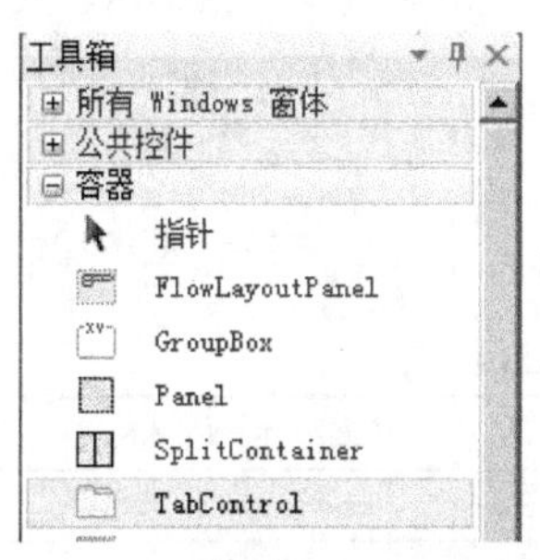

图 11.2 工具箱中的 TabControl 控件

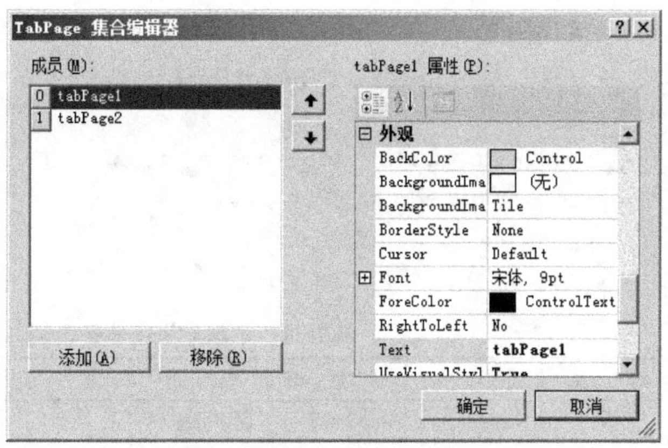

图 11.3 TabPages 属性编辑器

11.1.2 建立添加学生窗体

在主窗体中选择“住宿学生管理”→“添加住宿学生”命令，将打开新的窗体，在窗体中可以添加要住宿的学生信息。下面建立添加学生窗口。

向项目中添加一个新的窗体。新窗体的名称为 AddStudent.cs。在工具箱中拖曳 1 个 TabControl 控件和两个 Button 控件至 AddStudent 窗体中。设置 TabControl 控件的 TabPages 属性，为 TabControl 控件添加两个选项卡，标题文字分别为“住宿信息”和“个人信息”。再从工具箱中拖曳 8 个 Label 控件、6 个 TextBox 控件和两个 ComboBox 控件至选项卡中，调整控件的大小和布局，使窗体达到图 11.4 所示的效果。

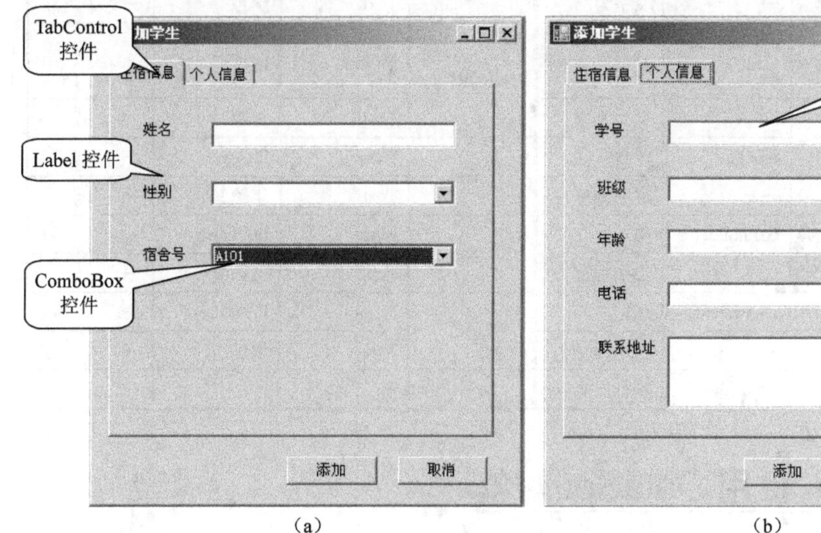

图 11.4 添加学生窗体

按照表 11.1 对 AddStudent 窗体及控件进行属性设置。

在主窗体的“添加住宿学生”菜单和“添加学生”工具按钮的 Click 事件中编写代码，打开 AddStudent 窗体。代码如下：

项目代码21

```
private void tsbtnAddStudent_Click(object sender, EventArgs e)
{
    AddStudent addStudent = new AddStudent();
    addStudent.MdiParent = this;
    addStudent.Show();
}
```

表11.1　添加学生窗体各个控件的属性值

对　象	属　性　名	属　性　值	说　明	对　象	属　性　名	属　性　值	说　明
窗体	Name	AddStudent	窗体名称	ComboBox	Name	cboSex	性别
	Text	添加学生	窗体标题		Items	添加两个数据项——男和女	—
Button	Name	btnOK	—	ComboBox	Name	cboRoom	房间号
	Text	添加	—	Label	Name	lblName	—
Button	Name	btnCancel	—		Text	姓名	—
	Text	取消	—	Label	Name	lblSex	—
TabControl	Name	TabControl1	—		Text	性别	—
TextBox	Name	txtName	姓名	Label	Name	lblRoom	—
	Text	—	文字为空		Text	房间号	—
TextBox	Name	txtSNo	学号	Label	Name	lblNo	—
	Text	—	文字为空		Text	学号	—
TextBox	Name	txtClassName	班级	Label	Name	LblClass	—
	Text	—	文字为空		Text	班级	—
TextBox	Name	txtAge	年龄	Label	Name	lblAge	—
	Text	—	文字为空		Text	年龄	—
TextBox	Name	txtPhone	电话	Label	Name	lblPhone	—
	Text	—	文字为空		Text	电话	—
TextBox	Name	txtAddress	住址	Label	Name	lblAddress	—
	Text	—	文字为空		Text	地址	—
	MuiltLine	True	多行文本框	—	—	—	—

任务11.2　使用DataSet对象

11.2.1　认识DataSet

DataSet对象也称数据集对象，是ADO.NET中一组重要的类。它以断开连接的方式操作数据库，可以操作来自多个数据源的数据。DataSet对象会在本地的内存中建立一个临时的数据库，应用程序所需要的数据都存储在这里，这就不需要一直和数据库保持连接。应用程序可以从 DataSet 中读取数据，也可以修改其中的数据，修改后的数据可以被更新到数据库中。

DataSet 不直接和数据库打交道，它并不知道存储的数据来自何种数据库。它和数据库之间的联系都是通过.NET 数据提供程序完成的，所以 DataSet 是独立于任何数据库的。

DataSet 的结构与 SQL Server 相似。它可以包含很多表，各个表通过 DataTable 对象表示，所有的表合在一起构成 DataTableCollection（表集合）；每个表中可以有行和列，每个列可以有名称、数据类型、约束等，通过 DataColumn 对象表示，表中的所有列合在一起构成 DataColumnCollection（数据列集合）；表中可以有多行数据，每一行通过 DataRow 对象表示，所有行构成 DataRowCollectoin（数据行集合）。DataSet 结构如图 11.5 所示。

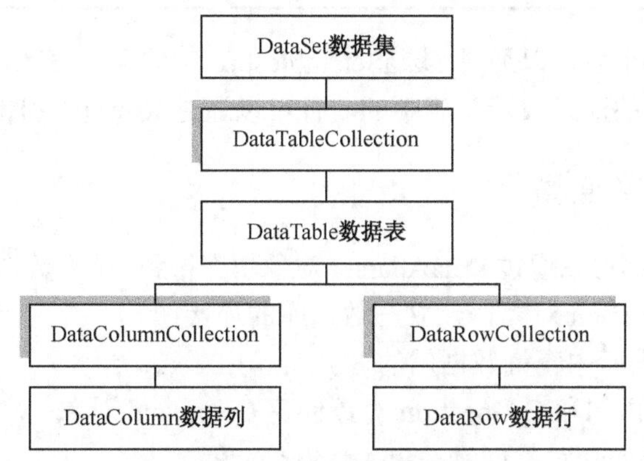

图 11.5　DataSet 结构

DataSet 对象的主要属性如表 11.2 所示。

表 11.2　DataSet 对象的主要属性

属　性	说　明
Tables	DataSet 中数据表的集合
DataSetName	DataSet 的名称

11.2.2　认识 DataAdapter 对象

DataSet 可以在内存中临时存放数据，它独立于数据库。那么数据库中的数据是如何存放到 DataSet 中的呢？这就需要使用 DataAdapter 对象。

DataAdapter 对象是.NET 数据提供程序的一部分，它负责在数据库和 DataSet 之间传输数据。数据库就像一个仓库，用于存放数据，DataSet 是一个临时存放数据的地方，Connection 对象就像仓库和临时存放地之间的道路，而 DataAdapter 对象则相当于在道路上行驶的、负责在仓库和临时存放地之间搬运数据的卡车，它可以把数据库中的数据传输到 DataSet 中，也可将 DataSet 中的数据更新到数据库中。

DataAdapter 对象具有 Fill()方法和 Update()方法。Fill()方法用来向 DataSet 中传输数据，这个过程被称填充数据，而 Update()方法则用来将 DataSet 中的数据传输回数据库，这个过程被称为更新数据。

11.2.3 认识 DataTable 对象

DataTable 对象是 DataSet 中的一部分，它代表 DataSet 中的一个数据表。DataTable 对象的主要属性如表 11.3 所示。

表 11.3 DataTable 对象的主要属性

属　性	说　明
Columns	数据表中列的集合
Rows	数据表中行的集合
TableName	数据表的名称

DataSet 中的一个表可以通过 DataSet.Tables[表名]的形式表示，表中的一个列可以通过 Columns[列名]的形式表示，表中的一行可以通过 Rows[索引]的形式表示。

11.2.4 填充数据集

DataSet 中的数据可以通过 DataAdapter 对象填充得到，填充数据一般经过以下步骤：

（1）创建 Connection 对象，建立与数据库的连接；

（2）创建从数据库中查询数据用的 SQL 语句；

（3）通过 SQL 语句和 Connection 对象创建 Command 对象；

（4）通过 Command 对象创建 DataAdapter 对象；

（5）创建 DataSet 对象；

（6）调用 DataAdapter 对象的 Fill()方法从数据库中获取数据并填充到 DataSet 中；

（7）关闭 Connection 对象。

由于 DataSet 采用断开连接技术，所以关闭 Connection 对象后，DataSet 中的数据仍然可以访问。

DataAdapter 对象的 Fill()方法调用格式为：

```
DataAdapter对象.Fill(DataSet对象 , 数据表名称 );
```

Fill()方法会以“数据表名称”参数为名称在指定的 DataSet 对象中建立一个 DataTable 对象，并将数据库中的数据填充到这个 DataTable 对象中。

示例：将 UserInfo 表中的数据填充到 DataSet 对象中，并显示第 1 个用户的用户名信息。程序运行效果如图 11.6 所示。

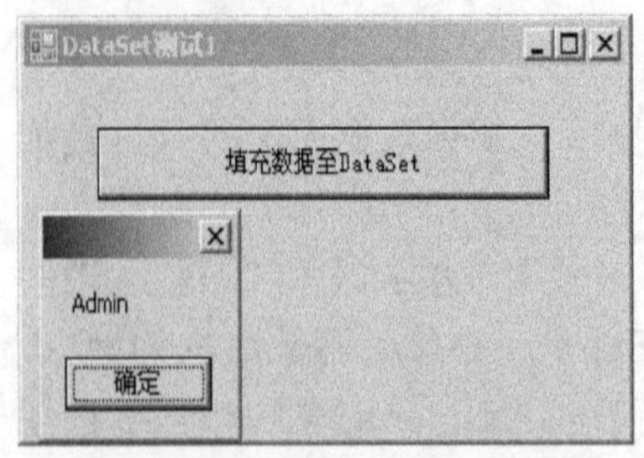

图 11.6 DataSet 示例运行效果

实现步骤如下。

（1）建立一个 Windows 应用程序。在窗体中绘制一个按钮（Button）控件，设置按钮控件的Name属性值为“btnOK”，Text属性值为“填充数据至DataSet”。

（2）按照前面介绍的填充数据的步骤编写btnOK按钮的Click事件填充数据。Click事件代码如下：

```
private void btnOK_Click(object sender, EventArgs e)
{
    SqlConnection cn = new SqlConnection(); //建立连接对象
    cn.ConnectionString = "Data Source=XII\\SQLExpress;" +
                    " User ID=sa;Password=sa;" +
                    "Initial Catalog=Dormitory"; //连接字符串
    cn.Open(); //打开连接
    string sql="SELECT * FROM UserInfo"; //创建SQL语句
    SqlCommand cmd = new SqlCommand(sql, cn);
    SqlDataAdapter adp = new SqlDataAdapter(cmd); //创建DataAdapter对象
    DataSet ds = new DataSet(); //创建DataSet对象
    adp.Fill(ds, "Test"); //填充数据至DataSet的Test表中
    cn.Close();
    //显示Test表中第1行中UserName列的内容 即第1个用户名信息
    MessageBox.Show(ds.Tables["Test"].Rows[0]["UserName"].ToString());
}
```

读取DataSet中的数据时，可以使用如下格式之一：

（1）DataSet对象.Tables[表名].Rows[行索引][列名]；

（2）DataSet对象.Tables[表名].Rows[行索引][列索引]；

（3）DataSet对象.Tables[表索引].Rows[行索引][列名]；

（4）DataSet对象.Tables[表索引].Rows[行索引][列索引]；

显示用户名信息的语句还可以写成：

```
MessageBox.Show(ds.Tables["Test"].Rows[0][0].ToString());
```

或

```
MessageBox.Show(ds.Tables[0].Rows[0]["UserName"].ToString());
```

或

```
MessageBox.Show(ds.Tables[0].Rows[0][0].ToString());
```

在创建DataAdapter对象时，除了可以使用Command对象外，还可以直接使用Connection对象和要执行的SQL语句。格式为：

```
SqlDataAdapter adp = new SqlDataAdapter(查询用的SQL语句,
Connection对象);
```

例如，创建DataAdapter对象的语句还可以写成：

```
SqlConnection cn = new SqlConnection(); //建立连接对象
cn.ConnectionString = "Data Source=XII\\SQLExpress;" +
                " User ID=sa;Password=sa;" +
                "Initial Catalog=Dormitory"; //连接字符串
```

```
cn.Open(); //打开连接
string sql="SELECT * FROM UserInfo"; //创建SQL语句
SqlDataAdapter adp = new SqlDataAdapter(sql, cn);
```

使用SQL语句和Connection对象创建DataAdapter对象

DataSet中的数据可以任意修改，只要对某行某列直接赋值即可。

示例：将填充到DataSet中的数据进行修改，并显示修改后的内容。代码如下：

```
SqlConnection cn = new SqlConnection(); //建立连接对象
cn.ConnectionString = "Data Source=XII\\SQLExpress;" +
                " User ID=sa;Password=sa;" +
                "Initial Catalog=Dormitory"; //连接字符串
cn.Open(); //打开连接
string sql = "SELECT * FROM UserInfo"; //创建SQL语句
//SqlDataAdapter adp = new SqlDataAdapter(sql, cn);
SqlCommand cmd = new SqlCommand(sql, cn);
SqlDataAdapter adp = new SqlDataAdapter(cmd); //创建DataAdapter对象
DataSet ds = new DataSet(); //创建DataSet对象
adp.Fill(ds, "Test"); //填充数据至DataSet的Test表中
cn.Close();
//显示Test表中第1行中UserName列的内容
MessageBox.Show("表中原始内容是"+ ds.Tables["Test"].Rows[0]
["UserName"].ToString());
ds.Tables["Test"].Rows[0][0] = "NewName"; //将第1行第1列的值修改
MessageBox.Show("修改后的内容是"+
   ds.Tables["Test"].Rows[0]["UserName"].ToString());
```

修改DataSet中的数据

需要特别注意的是：对DataSet中的数据的修改不会自动更新到数据库中，只有在调用DataAdapter对象的Update()方法进行更新时，DataSet中修改的数据才会提交到数据库中。关于更新数据的操作，将在第13章中介绍。

任务 11.3　在 ComboBox 控件绑定数据

在添加住宿学生信息时，窗体的组合框（ComboBox控件）中会显示所有宿舍的房间号，以方便选择宿舍，如图11.7所示。组合框中的数据都来自于RoomInfo表，如何将RoomInfo表中的数据显示在组合框控件中呢？可以使用数据绑定技术实现。

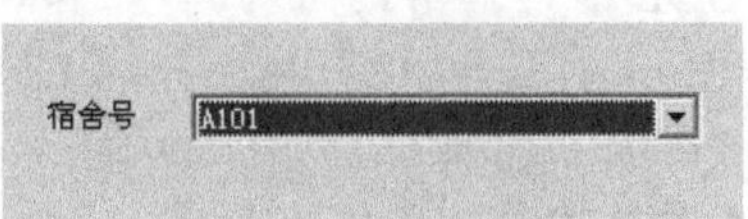

图 11.7　选择宿舍号的组合框

11.3.1　什么是数据绑定

数据绑定技术可以将一个控件与一个数据源链接起来，不需要编写特定的代码就可

以使控件自动显示（也可以更新）数据。目前.NET 中数据绑定技术有两种方式：单向数据绑定和双向数据绑定。单向数据绑定是指控件按照只读的方式进行绑定，数据可以自动显示但不能自动更新。双向数据绑定是指控件中的数据既可以自动显示又可以自动更新。Windows 应用程序中使用的绑定技术大都是双向数据绑定的。

数据绑定技术可以将控件与 DataSet、DataTable、DataView，甚至数组或集合链接在一起。在绑定时，根据在控件中显示的数据项的多少，数据绑定可以分为简单数据绑定和复杂数据绑定：简单数据绑定是指只将控件的一个属性与数据库中某个列绑定，如 TextBox 控件的 Text 属性与数据库表中的一个列绑定；复杂数据绑定是指一个控件的多个属性要绑定到数据库的一个或多个列中。这里主要介绍复杂数据绑定。控件与 DataSet 或 DataTable 对象进行复杂数据绑定一般按照如下步骤进行：

（1）建立 DataSet 对象；

（2）建立与数据库的连接，使用 DataAdapter 对象的 Fill()方法将数据填充到 DataSet 对象中的某个表（DataTable）中；

（3）设置控件的 DataSource 属性，将控件与 DataSet 中的数据关联；

（4）设置要绑定的属性项，完成数据绑定。

11.3.2 使用数据绑定显示数据

下面使用数据绑定技术为 AddStudent 窗体中的组合框显示宿舍号信息。

1. 建立获取 DataSet 的公共操作方法

窗体打开后，要使用 DataSet 对象获得 RoomInfo 表中的宿舍信息。为了方便操作，在 DB 类中编写一个名为 GetDataTable()的静态方法，完成将指定的数据填充到 DataSet 对象中的某个 DataTable 的功能。GetDataTable()方法具有一个 string 类型的参数，表示从数据库获取数据的 SQL 语句，方法返回填充数据后的 DataTable 对象。具体代码如下：

项目代码 22

```
/// 执行 SQL 语句，结果以 DataTable 对象返回
public static DataTable GetDataTable(string sql)
{
    SqlConnection cn = GetConnection(); //获取连接对象
    SqlCommand cmd = new SqlCommand(sql, cn);  //建立命令对象
    SqlDataAdapter adp = new SqlDataAdapter(cmd);  //建立适配器对象
    DataSet ds = new DataSet();  //建立数据集对象
    adp.Fill(ds, "Temp");   //将数据填充至 Temp 表中
    cn.Close();  //关闭连接
    return ds.Tables["Temp"];  //返回 Temp 表
}
```

2. 使用数据绑定技术显示数据

在 AddStudent 窗体的 Load 事件中，调用 DB 类的 GetDataTable()方法获取 RoomInfo 表中的数据，然后设置组合框控件的 DataSource 属性与数据源建立关联。组合框控件

与数据源要进行两个属性的绑定，一个是组合框中显示的内容（Text）与 RoomInfo 表中的房间号（RoomNo 列）绑定，另一个是组合框中选定的数据项的值（Value）与 RoomInfo 表中的主键（RoomID 列）绑定。

组合框控件的 DisplayMember 属性用来完成显示内容（Text）与数据的绑定，ValueMember 属性用来完成选择值（Value）与数据的绑定。设置这两个属性的格式为：

```
ComboBox 控件.DisplayMember = “要绑定的列名”;
ComboBox 控件.ValueMember = “要绑定的列名”;
```

AddStudent 窗体的 Load 事件代码如下：

项目代码 23

```
private void AddStudent_Load(object sender, EventArgs e)
{
    //在 Combo 控件中显示宿舍信息
    //获取宿舍信息
    string sql = "SELECT * FROM RoomInfo";
    DataTable dtRoom = DB.GetDataTable(sql);
    //进行数据绑定
    cboRoom.DataSource = dtRoom;
    cboRoom.DisplayMember = "RoomNo"; //绑定显示内容
    cboRoom.ValueMember = "RoomID";  //绑定选择值
}
```


任务 11.4　向数据库中添加学生信息

在组合框中通过数据绑定技术显示房间号信息后，就可以进行向数据库中添加学生信息的操作了。添加学生信息与前面介绍的添加用户的思路是相似的，较特殊的是组合框中的数据是使用数据绑定技术显示的，表示选择数据项的值可以使用 SelectedValue 属性。

在 AddStudent 窗体中添加一个名为 VaildData()的方法，完成添加学生信息前的数据校验。代码如下：

项目代码 24

```
private Boolean VaildData()
{
    if (txtName.Text == "") //姓名为空
    {
        MessageBox.Show("请输入姓名！");
        return false;
    }
    if (cboSex.Text == "") //性别为空
    {
```

```
            MessageBox.Show("请输入性别！");
            return false;
        }
        if (cboRoom.Text == "")  //宿舍号为空
        {
            MessageBox.Show("请选择宿舍号");
            return false;
        }
        return true;
    }
```

编写 btnOK 按钮的 Click 事件，在校验输入数据通过后，调用 DB 类中的 ExecuteSQL() 方法完成添加学生的操作，代码如下：

项目代码 25

```
    private void btnOK_Click(object sender, EventArgs e)
    {
        //添加学生信息
        if (VaildData() == true)//输入数据校验正确
        {
            string name=txtName.Text;
            string sex=cboSex.Text;
            int roomID=(int)cboRoom.SelectedValue;  //选择的房间 ID
            int age=Convert.ToInt32( txtAge.Text);
            string className=txtClassName.Text;
            string sno=txtSNo.Text;
            string phone=txtPhone.Text;
            string address=txtAddress.Text;
            //插入的 SQL 语句
            string sql = string.Format(
                    "INSERT INTO StudentInfo " +
                    " (Name,Sex,RoomID,Age,ClassName,SNo,Phone,Address) " +
                   " VALUES '{0}','{1}',{2},{3},'{4}','{5}','{6}','{7}')",
                    name, sex, roomID, age, className, sno, phone, address);
            //执行 SQL 语句
            int result = (int)DB.ExecuteSQL(sql);
            if (result > 0)
            {
                MessageBox.Show("学生信息添加成功！");
                txtName.Text = "";
            }
        }
    }
```

本章总结

在这一章中，完成了添加学生信息窗体，主要学习了以下内容。

DataSet 采用断开连接方式操作数据库，填充数据后，即使断开与数据库的连接，仍可以访问数据。

DataAdapter 对象可以在数据库和 DataSet 对象之间传输数据。DataAdapter 对象的 Fill()方法可以填充数据至 DataSet 对象。

DataSet 对象中可以包含若干 DataTable 对象，每个 DataTable 对象表示一个数据表，它包含若干列（DataColumn）对象和若干行（DataRow）对象。

使用 DataSet 对象的 Tables 属性集合可以访问 DataTable 对象。

使用 DataTable 对象的 Rows 属性集合可访问表中不同的行，使用 Rows[ ][ ]的形式可以访问表中某一行中某个列的值。

数据绑定是一项可以将控件与数据源连接起来，不需要编写特定的代码就可以使控件自动显示（也可以更新）数据的技术。绑定的数据源可以是 DataSet、DataTable、数组、集合等多种形式的。

数据绑定技术分为单向数据绑定和双向数据绑定两种形式。

控件的一个属性与数据源中的一个列进行绑定称为简单数据绑定，控件的多个属性与数据源中的一个或多个列进行绑定称为复杂数据绑定。

控件的 DataSource 属性可以实现复杂数据绑定。

ComboBox 控件的 DisplayMember 属性表示数据项内容的绑定信息，ValueMember 属性表示数据项选择值的绑定信息。

ComboBox 控件进行数据绑定后，SelectedValue 属性表示选中数据项的值。

习题

1. 简述 DataSet 对象的结构和主要属性。
2. 在 DataSet 对象中如何填充数据？
3. 请说明下面代码的含义：

```
adp.Fill(ds, "Test");
ds.Tables["Test"].Rows[0][0] = "NewName";
```

4. 什么是绑定技术？控件与 DAtaSet 对象进行数据绑定通常需要哪些步骤？
5. 请说明项目代码 23 中如下语句的含义：

```
string sql = "SELECT * FROM RoomInfo";
DataTable dtRoom = DB.GetDataTable(sql);
cboRoom.DataSource = dtRoom;
cboRoom.DisplayMember = "RoomNo";
cboRoom.ValueMember = "RoomID";
```

第 12 章 查看学生列表

在这一章中，将建立学生列表窗口，实现以表格的形式显示数据库中住宿学生的信息。通过学生列表窗口的建立，将学习 DataGridView——这个在数据库编程中非常重要的控件，还将学习常用的数据查询与筛选方法。

任务 12.1　建立学生列表窗口

在主窗体中选择“住宿学生管理”→“住宿学生列表”命令，将打开新的窗体，在窗体中可以显示已住宿学生的信息。下面建立住宿学生列表窗口。

打开 Visual Studio 2010 开发环境的“项目”菜单，选择“添加 Windows 窗体”命令，向项目中添加一个新的窗体，新窗体的名称为 StudentList.cs。

在工具箱中拖曳 1 个 DataGridView 控件、1 个 TextBox 控件、1 个 ComboBox 控件、两个 Label 控件和 5 个 Button 控件至 StudentList 窗体中。调整控件的大小和布局，使窗体达到图 12.1 所示的效果。

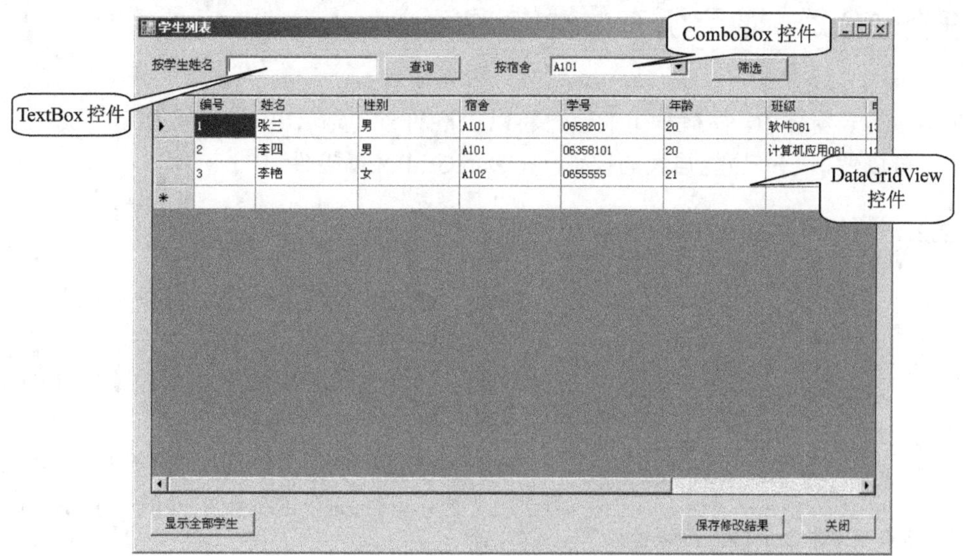

图 12.1　住宿学生列表窗体

按照表 12.1 对 StudentList 窗体及控件进行属性设置。

表 12.1　住宿学生列表窗体各个控件的属性值

对　象	属 性 名	属 性 值	说　明
窗体	Name	StudentList	窗体名称
	Text	学生列表	窗体标题
Button	Name	btnSeek	查询按钮
	Text	查询	—
Button	Name	btnFilter	筛选按钮
	Text	筛选	—
Button	Name	btnAll	显示全部学生按钮
	Text	显示全部学生	—
Button	Name	btnSave	保存修改结果按钮
	Text	保存修改结果	—
Button	Name	btnCancel	关闭按钮
	Text	关闭	—
DataGridView	Name	dgvStudent	数据网格控件
TextBox	Name	txtName	姓名
	Text	—	文字为空
ComboBox	Name	cboRoom	房间号
Label	Name	lblName	—
	Text	按学生姓名	—
Label	Name	lblRoom	—
	Text	按宿舍	—

任务 12.2　显示所有学生信息

在学生列表窗体中，住宿学生的信息将以表格的形式显示出来，那么如何完成这个任务呢？可以使用一个功能强大的控件——DataGridView 控件。

12.2.1　使用 DataGridView 控件显示数据

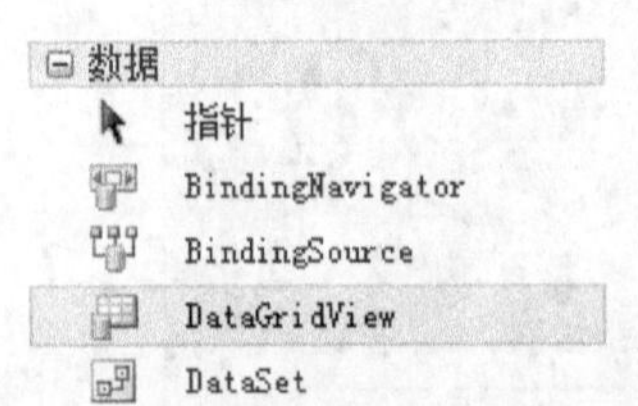

图 12.2　工具箱中的 DataGridView 控件

DataGridView 控件是一个功能强大的控件，它可以以表格的形式显示数据，并且可以允许用户对数据进行修改和删除操作，就像使用 Execl 表格一样方便。

DataGridView 控件在工具箱的“数据”栏中，如图 12.2 所示。DataGridView 控件的主要属性如表 12.2 所示。

表 12.2　DataGridView 控件的主要属性

属　性	说　明
Columns	控件中包含的列的集合
DataSource	绑定数据源属性
ReadOnly	是否可以编辑单元格，True 为只读，False 为可以编辑
AlternatingRowsDefaultCellStyle	网格中奇数行的样式
DefaultCellStyle	默认行样式

DataGridView 控件中的数据可以使用数据绑定技术显示，只要设置它的 DataSource 属性就可以完成数据绑定。

示例：在窗体中使用 DataGridView 控件显示 StudentInfo 表中的所有数据。程序运行效果如图 12.3 所示。

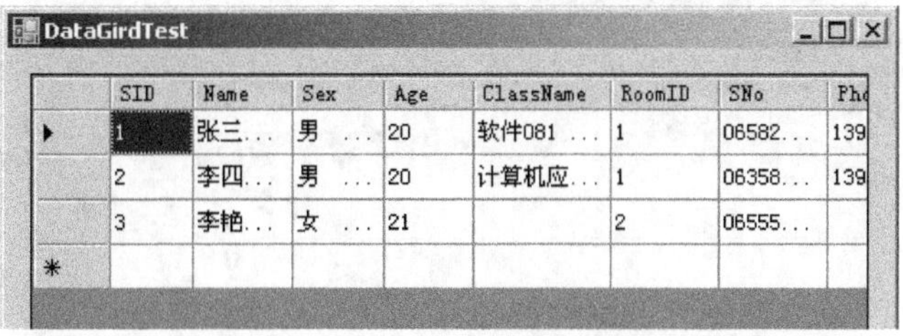

图 12.3　DataGridView 控件示例运行效果

实现步骤如下。

（1）建立一个 Windows 应用程序。在窗体中绘制一个 DataGridView 控件，设置控件的 Name 属性值为“dgv”。

（2）编写窗体的 Load 事件，获取数据库中 StudentInfo 表中的信息，并显示在 DataGridView 控件中。Load 事件代码如下：

```
private void Form1_Load(object sender, EventArgs e)
{
    SqlConnection cn = new SqlConnection(); //建立连接对象
    cn.ConnectionString = "Data Source=XII\\SQLExpress;" +
                         " User ID=sa;Password=sa;" +
                         "Initial Catalog=Dormitory"; //连接字符串
    cn.Open(); //打开连接
    string sql = "SELECT * FROM StudentInfo ";
    SqlCommand cmd = new SqlCommand(sql, cn); //建立命令对象
    SqlDataAdapter adp = new SqlDataAdapter(cmd); //建立适配器对象
    DataSet ds = new DataSet(); //建立数据集对象
    adp.Fill(ds, "Temp"); //填充数据至 Temp 表
    cn.Close();
    dgv.DataSource = ds.Tables["Temp"];  //数据绑定，显示数据
}
```

设置 DataGridView 控件的 AlternatingRowsDefaultCellStyle 属性和 DefaultCellStyle 属性可以改变 DataGridView 控件显示的数据行的外观，设置窗口如图 12.4 所示。

在图 12.4 所示的样式生成器中，可以设置行的背景色（BackColor 属性）、字体（Font 属性）、字体颜色（ForeColor 属性）、选中的行的背景色（SelectionBackColor 属性）和前景色（SelectionForeColor 属性）。设置了 AlternatingRowsDefaultCellStyle 属性和 DefaultCellStyle 属性的 DataGridView 控件如图 12.5 所示。

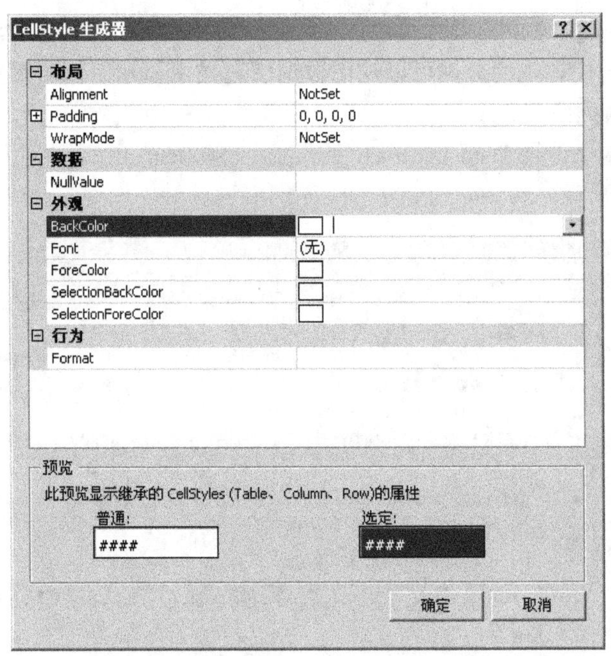

图 12.4　DataGridView 控件的 CellStyle 样式生成器

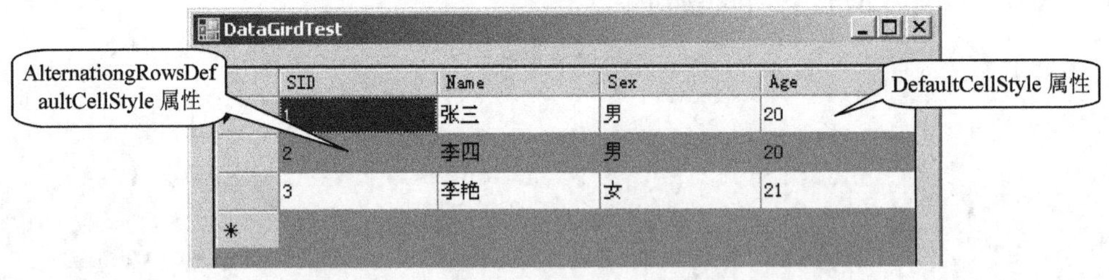

图 12.5　设置了行样式的 DataGridView 控件

12.2.2　使用内连接

StudentInfo 表与 RoomInfo 表通过 RoomID 列建立了主/外键关系。在显示学生信息时，需要在 DataGridView 控件中显示的是学生所在的房间号（RoomNo 列），而不是 RoomID 列。如何显示 RoomNo 列呢？这需要编写新的 SQL 语句，通过内连接的方式将 StudentInfo 表和 RoomInfo 表连接起来。代码如下：

```
    //将 StudentInfo 表和 RoomInfo 表建立内连接
```

```
string sql = "SELECT * FROM StudentInfo "+
        " INNER JOIN RoomInfo "+
        " ON StudentInfo.RoomID=RoomInfo.RoomID";
SqlCommand cmd = new SqlCommand(sql, cn); //建立命令对象
SqlDataAdapter adp = new SqlDataAdapter(cmd); //建立适配器对象
DataSet ds = new DataSet(); //建立数据集对象
adp.Fill(ds, "Temp"); //填充数据至 Temp 表
dgv.DataSource = ds.Tables["Temp"];  //数据绑定，显示数据
```


使用内连接获得数据并绑定到 DataGridView 控件的效果如图 12.6 所示。

DataGirdTest

SID	Name	Sex	Age	Address	RoomID1	RoomNo
1	张三...	男...	20	天津 ...	1	A101
2	李四...	男...	20	天津 ...	1	A101
3	李艳...	女...	21	...	2	A102

图 12.6　使用内连接获得数据的 DataGridView 控件

12.2.3　使用视图简化代码

如果使用内连接语句来获取两个或多个表中的数据，SQL 语句必然要编写得很长，很复杂，非常容易出错。那么能不能让语句编写得简单些呢？一般可采用数据库中的视图来简化 SQL 语句。

下面为 Dormitory 数据库建立一个视图，将 StudentInfo 表和 RoomInfo 表连接起来。

打开 SQL Server 2005 的 SQL Server Management Studio，在 Dromitory 数据库中新建一个名为 Student_View 的视图。在视图中添加 StudentInfo 表和 RoomInfo 表，并通过 RoomID 列将两个表连接起来。建立 Student_View 视图如图 12.7 所示。

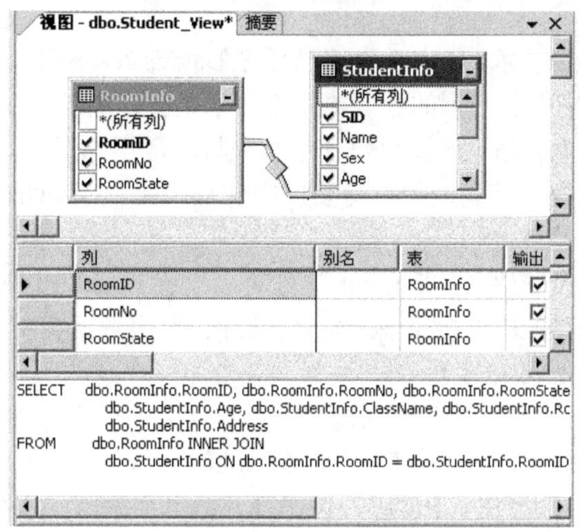

图 12.7　建立 Student_View 视图

视图建立好后，可以在代码中直接访问视图，和访问普通的数据表一样。

在 StudentList 窗体中建立一个名为 DisplayAllStudent()的方法，该方法访问 Student_View 视图获取数据，并显示在 DataGridView 控件中。代码如下：

项目代码 26

```
/// <summary>
/// 显示全部学生信息
/// </summary>
private void DisplayAllStudent()
{
    //在 DataGridView 控件中显示所有学生的信息
    //获取学生信息
    //将使用视图将 StudentInfo 表和 RoomInfo 表内连接
    string sql = "SELECT * FROM Student_View ";
    //调用 DB 类的方法执行 SQL 语句，获取学生信息
    DataTable dtStudent = DB.GetDataTable(sql);
    //进行数据绑定
    dgvStudent.DataSource = dtStudent;
}
```


在 StudentList 窗体的 Load 事件中调用 DisplayAllStudent()方法。代码为：

项目代码 27

```
private void StudentList_Load(object sender, EventArgs e)
{
    //在 DataGridView 控件中显示所有学生的信息
    DisplayAllStudent();
}
```

12.2.4 DataGridView 控件的编辑列

1. 使用编辑列

通过使用数据绑定技术，住宿学生信息通过 DataGridView 控件以表格的形式显示。但是还可以看到，表格中各个列的标题文字都是以数据库中各个字段的名称显示的，并且各个列的宽度都不太合适。这样用户使用起来将非常不方便，也不美观。那么能不能将表格中各个列的标题文字变成用户需要的中文形式呢？DataGridView 控件的编辑列功能可以解决这个问题。

通过 DataGridView 控件的 Columns 属性可以设置 DataGirdView 中每一列的属性，包括列的宽度、列的标题文字、是否只读、只否冻结、对应数据表中的哪一列等。Columns 属性集合的主要属性如表 12.3 所示。

DataGridView 控件提供的编辑列窗口可以非常方便地设置列的属性。打开编辑列窗口可以通过在“属性”窗口中直接设置 Columns 属性实现，还可以用鼠标单击 DataGridView 控件右上角的“三角形”按钮打开编辑列窗口，如图 12.8 所示。打开的“编辑列”窗口如图 12.9 所示。

表 12.3 Columns 属性集合的主要属性

属 性	说 明
DataPropertyName	绑定的数据库中列的名称
HeaderText	列的标题文字
Visible	列是否可见，True 表示列可见，False 表示列不可见
Frozen	列是否冻结，True 表示列冻结，False 表示列不冻结
ReadOnly	单元格只否只读，True 表示只读，False 表示可编辑
Width	列的宽度
ContextMenuStrip	列的快捷菜单对象

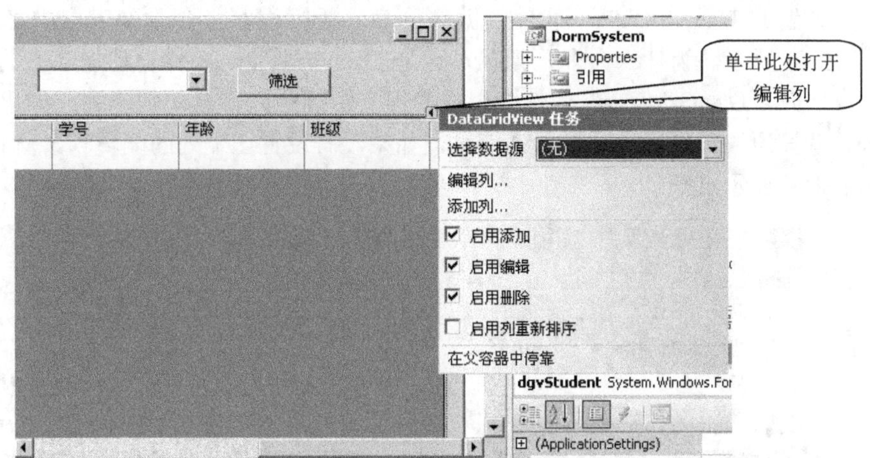

图 12.8 打开编辑列

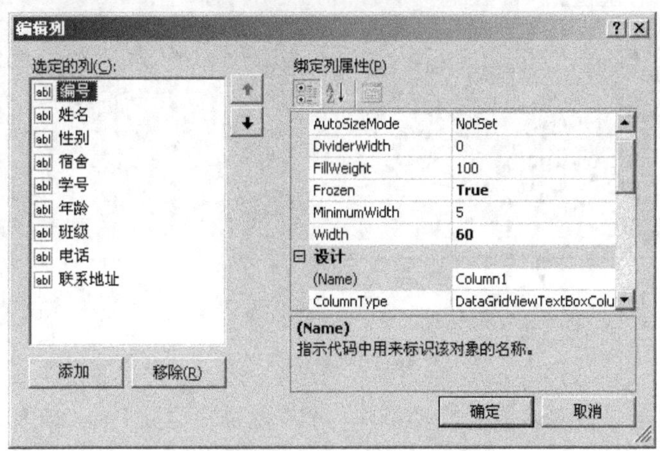

图 12.9 “编辑列”窗口

在“编辑列”窗口中，单击窗口左侧的“添加”按钮添加一个列，设置它的 HeaderText 属性为“编号”，这个列表示学生的编号（主键），它与数据表中的 SID 列相对应。设置这个列的 DataPropertyName 属性为 SID，将列与 SID 字段绑定。

一般来说，SID 这个作为主键的编号是不需要显示在界面上的，可以把它的 Visible

属性设置为 False，使其不可见。

学生信息比较多，在 DataGridView 控件中，一屏很难把这些信息都显示出来，这就需要使用滚动条来滚动显示。有时还需要某些列不能滚动，如姓名列应固定，以便查看。这时可以设置姓名列的 Frozen 属性将列冻结，Frozen 属性设置为 True 后，这个列将不再随滚动条的滚动而移动。

在列中绑定数据后，数据是可以直接编辑的，设置列的 ReadOnly 属性可以将列设置为只读，这样可以防止用户随意修改数据。

2．禁止 AutoGenerateColumns

设置好 DataGirdView 控件的编辑列后，运行程序，会看到表格中多了几列，如图 12.10 所示。为什么会多几列呢？这是 DataGridView 控件自动加上去的。在进行数据绑定时，DataGridView 控件会根据数据表中列的内容自动创建列，如果设置了编辑列，就按照编辑列的设置显示列信息，如果没有设置这个列的编辑列，就自动创建它，然后把它显示出来。

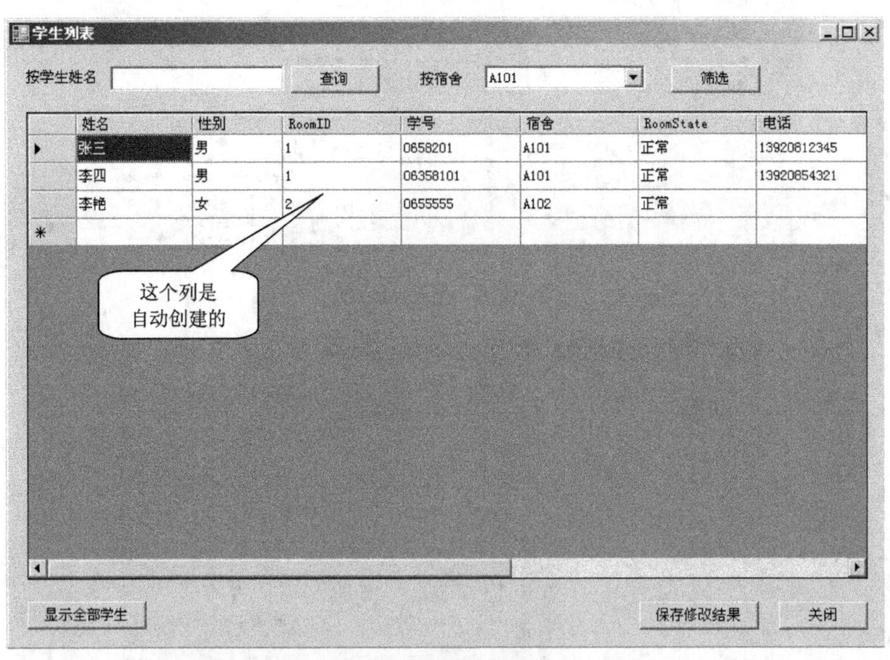

图 12.10　自动创建列

如何禁止 DataGridView 控件自动创建列呢？这需要设置 DataGridView 控件的 AutoGenerateColumns 属性。AutoGenerateColumns 属性可以表示 DataGridView 控件是否自动创建列，该属性为 False 时，DataGridView 控件将不再自动创建列，而是根据编辑列的设置显示数据。

AutoGenerateColumns 属性只能通过代码设置，为了去掉多余的自动创建的列，需要修改 StudentList 窗体的 DisplayAllStudent()方法，在进行数据绑定时，设置 AutoGenerateColumns 属性，禁止自动创建列。修改后的代码如下：

项目代码 28

```
/// <summary>
/// 显示全部学生信息
/// </summary>
private void DisplayAllStudent()
{
    //在 DataGridView 控件中显示所有学生的信息
    //获取学生信息
    //将使用视图将 StudentInfo 表和 RoomInfo 表内连接
    string sql = "SELECT * FROM Student_View ";
    DataTable dtStudent = DB.GetDataTable(sql);
    //进行数据绑定
    dgvStudent.AutoGenerateColumns = false; //禁止自动创建列
    dgvStudent.DataSource = dtStudent;
}
```


任务 12.3　按姓名查询学生信息

12.3.1　DataView 对象

在 DataSet 对象中，除了包含 DataTable（数据表）对象外，还包含 DataView 对象。DataView 对象又称数据视图，顾名思义，它可以表示一个已存在的 DataTable 对象的视图。和 SQL Server 中的视图相同，DataView 对象必须依赖于 DataTable 对象，它可以反映 DataTable 中不同部分的数据。

DataView 对象主要的用途是对数据进行筛选或排序，它可以通过数据绑定技术绑定到控件上。DataView 对象的主要属性如表 12.4 所示。

表 12.4　DataView 对象的主要属性

属　性	说　明
RowFilter	用于筛选的条件表达式
Count	筛选后，DataView 中记录的数量
Sort	用于排序的表达式
Table	DataView 所对应的 DataTable 对象

DataTable 对象的 DefaultView 属性表示数据表的默认视图，这个视图表示 DataTable 中所有的数据。一般情况下，可以使用 DefaultView 属性获取一个表的 DataView 对象。例如：

```
DataTable dtStudent = DB.GetDataTable(sql); //获取数据
DataView dv = dtStudent.DefaultView; //获取表格的默认视图
```

DataView 对象也可以进行数据绑定，操作方式与 DataTable 完全相同，但比 DataTable 更加灵活，因为它可以很方便地进行数据的筛选和排序。

DataView 对象的 RowFilter 属性用于设置筛选数据时的条件表达式，表达式是字符串类型的，书写格式与 SQL 语句中的 WHERE 子句相似。例如，筛选 DataView 对象中“性别”字段为“男”的数据的表达式为：

```
DataView dv = dtStudent.DefaultView; //获取表格的默认视图
dv.RowFilter = "性别='男'"; //筛选表达式
```

设置好 RowFilter 属性后，DataView 中的数据立即变成筛选表达式所描述的数据。取消筛选数据时，只要将 RowFilter 属性设置为空字符串即可。

DataView 对象的 Sort 属性用于设置排序表达式。排序表达式书写格式与 SQL 语句中的 Order By 子句相似。例如，将 DataView 中的数据按年龄字段升序排序的表达式为：

```
DataView dv = dtStudent.DefaultView; //获取表格的默认视图
dv.Sort = “年龄”; //按年龄升序排序
```

按年龄字段降序排序的表达式为：

```
DataView dv = dtStudent.DefaultView; //获取表格的默认视图
dv.Sort = "年龄 DESC"; //按年龄降序排序
```

12.3.2 完成按姓名查询

下面为 StudentList 窗体添加按姓名查询功能。

1. 为窗体添加一个 DataView 对象

为了更方便地实现查询功能，在窗体类中添加一个 DataView 对象字段，使窗体类中的每一个方法和事件都能访问它。代码如下：

```
……
public partial class StudentList : Form
{
    DataView dv; //记录学生信息的视图对象
//窗体中的其他代码
……
 }
```

2. 使用 DataView 进行数据绑定

修改窗体中的 DisplayAllStudent()方法，使用 DataView 进行数据绑定。代码如下：

```
/// <summary>
/// 显示全部学生信息
/// </summary>
private void DisplayAllStudent()
{
    //在 DataGridView 控件中显示所有学生的信息
    //获取学生信息
    //将使用视图将 StudentInfo 表和 RoomInfo 表内连接
```

```
        string sql = "SELECT * FROM Student_View ";
        DataTable dtStudent = DB.GetDataTable(sql);
        dv = dtStudent.DefaultView; //获取表格的默认视图
        //进行数据绑定
        dgvStudent.AutoGenerateColumns = false; //禁止自动创建列
        dgvStudent.DataSource = dv;  //使用 DataView 进行数据绑定
    }
```

3. 进行查询

为了在进行按姓名查询时能够支持模糊查询，可以像 SQL 语句中那样使用通配符——“%”，利用“%”来设置 DataView 对象的 RowFilter 属性。

编写 btnSeek 按钮的 Click 事件，处理查询，设置 RowFilter 属性。代码如下：

项目代码 29

```
    /// 按姓名进行查询
    private void btnSeek_Click(object sender, EventArgs e)
    {
        string name = txtName.Text;
        dv.RowFilter = string.Format("Name Like '%{0}%'",name);
                                              //设置视图的过滤器
    }
```

注意：要使用 Like 和“%”才能实现模糊查询

注意：只有使用 Like 运算才能实现模糊查询。

任务 12.4　按宿舍筛选学生信息

按宿舍筛选学生信息与按姓名查询学生信息是相似的，只要设置 DataView 对象的 RowFilter 属性就可以实现。

1. 绑定宿舍号

修改窗体的 Load 事件，加入在 cboRoom 控件中绑定宿舍号的代码。代码如下：

项目代码 30

```
    private void StudentList_Load(object sender, EventArgs e)
    {
        //显示宿舍号码
        //获得宿舍信息
        string sql = "SELECT * FROM RoomInfo";
        DataTable dtRoom = DB.GetDataTable(sql);
        //进行数据绑定
        cboRoom.DataSource = dtRoom;
        cboRoom.DisplayMember = "RoomNo";
```

```
        cboRoom.ValueMember = "RoomID";
        //在 DataGridView 控件中显示所有学生的信息
        DisplayAllStudent();
    }
```

2. 进行筛选

编写 btnFilter（筛选）按钮的 Click 事件，读取 cboRoom 中选择的房间号，并设置 DataView 对象的 RowFilter 属性。代码如下：

项目代码 31

```
    /// <summary>
    /// 根据宿舍号选择
    /// </summary>
    /// <param name="sender"></param>
    /// <param name="e"></param>
    private void btnFilter_Click(object sender, EventArgs e)
    {
        int roomID = Convert.ToInt32(cboRoom.SelectedValue);
        dv.RowFilter = string.Format(
                "RoomID={0}",
                roomID);
    }
```


本章总结

在这一章中，完成学生信息的显示，并实现了按姓名和宿舍号进行查询的功能。主要学习了如下内容。

DataGridView 控件是一个功能强大的控件，它可以以表格的形式显示数据。

通过设置 DataGridView 控件的 DataSource 属性进行数据绑定，可以很方便地将 DataSet、DataTable、DataView 等对象中的数据显示出来。

DataGridView 控件提供了编辑列功能，通过编辑列，可以定义各个列的样式，使 DataGirdView 控件能够以更灵活的方式显示数据。

AutoGenerateColumns 属性可以禁止 DataGridView 控件自动生成列。

DataView 对象可以表示 DataTable 中数据视图，它能够以更灵活的方式表现一个 DataTable 对象中不同部分的数据。

DataView 对象的 RowFilter 属性可以设置视图的查询表达式。

DataView 对象的 Sort 属性可以设置视图的排序表达式。

习题

1．简述 DataGridView 控件的功能。

2．ListView 控件和 DataGridView 控件以表格方式显示数据有什么不同点？

3．DataGridView 控件的“编辑列”能够完成哪些任务？

4．DataView 对象有什么优点？它的 RowFilter 属性的作用是什么？如何使用它的 Sort 属性？

5．编程实现使用 DataGridView 控件显示 RoomInfo 表中的数据。

6．使用 DataView 对象，完成在 StudentInfo 表中按“学号”查询学生信息的代码。

第13章 更新学生信息

在住宿学生列表窗体中，可以对 DataGridView 控件中显示的数据进行修改、删除等操作，但修改后的数据并不能自动更新到数据库中。这一章将实现向数据库中更新数据的功能。通过数据更新，来介绍将 DataSet 中的数据更新到数据库中的相关技术。

任务 13.1　将学生信息更新到数据库

更新后的学生信息都存储在 DataSet 中的 DataTable 对象里，这些数据缓存在本地内存中，它们是不会自动更新到数据库中的，必须另外编写代码完成更新。那么如何将 DataSet 中的数据更新到数据库中呢？DataAdapter 对象的 Update()方法可以完成这个任务。

前面使用 DataAdapter 对象的 Fill()方法将数据从数据库填充到 DataSet 中，而它的 Update()方法则可实现相反的操作——将 DataSet 中的数据更新到数据库中。

Update()方法的调用格式为：

```
DataAdapter对象.Update( DataTable对象) ;
```

或

```
DataAdapter对象.Update( DataSet对象 , "表名称") ;
```

它能够将 DataSet 对象或 DataTable 对象中数据的修改更新到对应的数据库里的数据表中。

13.1.1　DataAdapter 对象更新原理

在调用 Update()方法进行数据更新时，DataAdapter 对象将使用 3 个关键的更新属性来进行更新：InsertCommand 属性、DeleteCommand 属性和 UpdateCommand 属性。这 3 个属性都是 Command 对象，它们表示了对数据进行插入（InsertCommand 属性）、删除（DeleteCommand 对象）及更新（UpdateCommand 对象）时所使用的 SQL 语句。

DataSet 中的每一行数据都有一个状态，被称为 RowState 属性，它记录了这行数据是添加的、已删除的或是修改的。对 DataSet 中的数据进行修改操作时，被修改的行的 RowState 属性会被自动修改为相应的状态。当调用 DataAdapter 对象的 Update()方法更新数据时，DataAdapter 对象会检查各行数据的 RowState 属性，如果该行是添加的，则执行 InsertCommand 属性所设置的 SQL 语句；如果该行是已删除的，则执行 DeleteCommand 属性所设置的 SQL 语句；如果该行是修改的，则执行 UpdateCommand 属性所设置的 SQL 语句。DataAdapter 更新过程如图 13.1 所示。

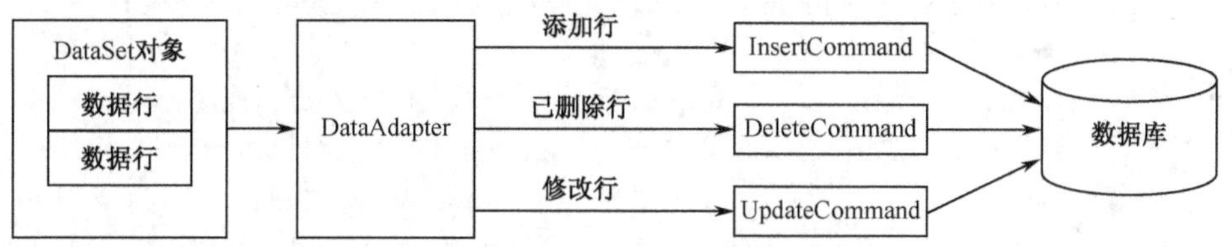

图 13.1　DataAdapter 更新过程

13.1.2　CommandBuilder 对象

使用 DataAdapter 对象的 Update()方法进行数据更新必须设置 InsertCommand、DeleteCommand 和 UpdateCommand 属性。实际上设置这些属性是比较麻烦的事情，特别是要更新的列比较多时。使用 CommandBuilder 对象可以大大简化这个过程。

CommandBuilder 对象可以根据给定的 SELECT 语句自动生成相应的 Insert 语句、Delete 语句和 Update 语句。每一个.NET 数据提供程序都有自己的 CommandBuilder 类，不同的.NET 数据提供程序有不同的 CommandBuilder 类。

使用 CommandBuilder 对象自动生成 SQL 语句，实现更新数据库的操作一般按如下步骤进行。

（1）创建 Connection 对象，与数据库建立连接。

（2）创建查询用的 SELECT SQL 语句。

（3）使用 SQL 语句和 Connection 对象创建 Command 对象。

（4）使用 Command 对象创建 DataAdapter 对象。

（5）使用 DataAdapter 对象创建 CommandBuilder 对象。创建成功后，CommandBuilder 对象将自动生成 DataAdapter 对象的 InsertCommand、DeleteCommand 和 UpdateCommand 属性。

（6）调用 DataAdapter 对象的 Update()方法更新数据库。

示例：使用 DataSet 对象读取 UserInfo 表中的数据，并将第 1 个用户的密码（Password 列）修改为“000000”，然后调用 DataAdapter 对象 Update()方法将修改后的数据更新到数据库中。程序运行效果如图 13.2 所示。

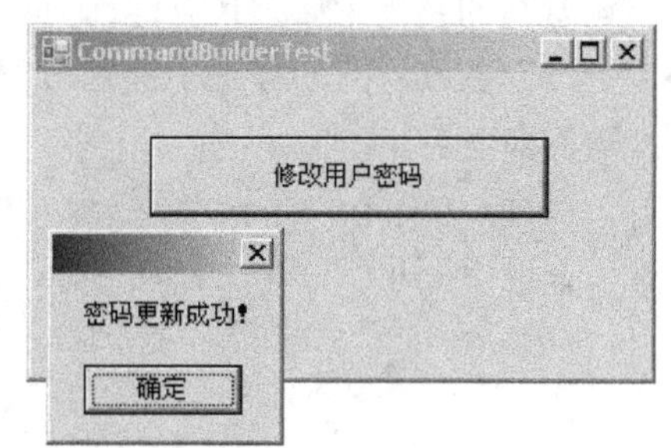

图 13.2　CommandBuilder 对象示例效果

实现步骤如下。

（1）建立一个 Windows 应用程序。在窗体中绘制一个 Button 控件，设置控件的 Name 属性值为“btnChange”，Text 属性为“修改用户密码”。

（2）编写 btnChange 按钮的 Click 事件，通过 DataAdapter 对象的 Fill()方法将 UserInfo 表中的数据填充到 DataSet 里，然后直接修改 DataSet 中第 1 行数据的 Password 列的内容，接下来创建 CommandBuilder 对象，为 DataAdapter 自动生成相应属性，最后调用 Update()方法将数据更新到数据库。btnChange 按钮的 Click 事件代码如下：

```
private void btnChange_Click(object sender, EventArgs e)
{
    SqlConnection cn = new SqlConnection(); //建立连接对象
    cn.ConnectionString = "Data Source=XII\\SQLExpress;" +
                    " User ID=sa;Password=sa;" +
                    "Initial Catalog=Dormitory"; //连接字符串
    cn.Open(); //打开连接
    string sql = "SELECT * FROM UserInfo";
    SqlCommand cmd = new SqlCommand(sql, cn);  //创建命令对象
    SqlDataAdapter adp = new SqlDataAdapter(cmd);  //创建适配器对象
    DataSet ds = new DataSet(); //创建数据集对象
    adp.Fill(ds, "User");  //填充数据
    ds.Tables["User"].Rows[0]["Password"] = "000000"; //修改用户密码
    //创建 CommandBuilder
    //创建成功后，自动生成 DataAdapter 对象的 InsertCommand、
    //DeleteCommand 和 UpdateCommand 属性
    SqlCommandBuilder cb = new SqlCommandBuilder(adp);
    adp.Update(ds.Tables["User"]); //更新数据库
    cn.Close(); //关闭连接
    MessageBox.Show("密码更新成功！");
}
```

此 DataAdapter 对象必须有 SELECT 语句

使用 CommandBuilder 对象自动生成命令可以大大简化代码量，但是会有一些局限性，要特别注意。

（1）DataAdapter 对象中初始的 SELECT 语句中只能引用一个表，不能引用多个表。也就是说，如果 DataAdapter 对象描述了从两个表中查询数据，CommandBuilder 对象就不能自动生成命令。

（2）数据表中必须包含主键或其中至少有一列上具有唯一性约束，并且 SELECT 语句返回的结果中必须包含这个列。

（3）表或列的名称中不能包含空格或特殊符号，否则 CommandBuilder 对象将生成无效的命令。

例如：

```
string sql = "SELECT * FROM abc INNER JOIN xyz ON abc.a=xyz.a";
SqlCommand cmd = new SqlCommand(sql, cn);  //创建命令对象
SqlDataAdapter adp = new SqlDataAdapter(cmd);  //创建适配器对象
DataSet ds = new DataSet(); //创建数据集对象
//创建 CommandBuilder
```

adp 对象的 SELECT 语句中包含两个表，生成失败

```
    SqlCommandBuilder cb = new SqlCommandBuilder(adp);
    adp.Update(ds.Tables["User"]); //更新数据库异常
    cn.Close(); //关闭连接
```

在上面的代码中，由于 adp 对象指定的 SELECT 语句中引用了 abc 和 xyz 两个表，所以 CommandBuilder 对象不能自动生成命令，更新数据时异常。更新异常如图 13.3 所示。

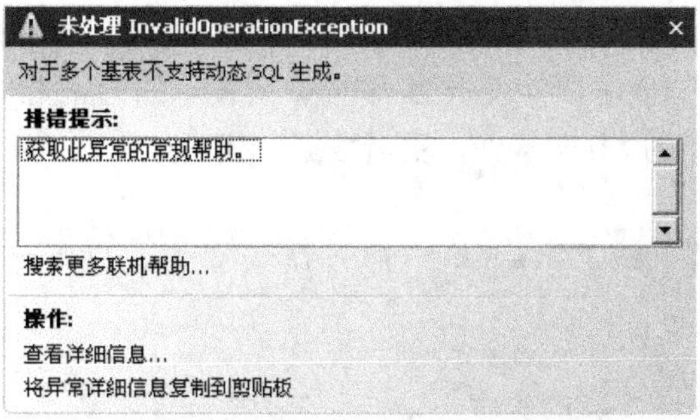

图 13.3　自动生成命令失败，更新异常

13.1.3　更新学生信息

修改的学生信息都放在 StudentList 窗体的 dv 成员里，当单击窗体中的“保存修改结果”按钮时，修改的数据将更新到数据库中。下面实现这个功能。

1. 添加 Update()方法

在 DB 类中添加一个名为 Update()的静态方法，这个方法可以将指定的 DataTable 中的数据更新到数据库。Update()方法有两个参数，一个是 string 类型的，表示 Select 语句；另一个是 DataTable，表示要更新的数据。方法代码如下：

项目代码 32

```
/// <summary>
/// 使用 dt 表中的数据更新数据库
/// </summary>
/// <param name="sql"></param>
/// <param name="dt"></param>
/// <returns></returns>
public static void Update(string sql, DataTable dt)
{
    SqlConnection cn = GetConnection();
    SqlCommand cmd = new SqlCommand(sql, cn);
    SqlDataAdapter adp = new SqlDataAdapter(cmd);
    SqlCommandBuilder cb = new SqlCommandBuilder(adp);
    adp.Update(dt);  //更新数据
    cn.Close();
}
```

2. 调用 DB 类的 Update()方法

在更新数据时，可以调用 DB 类中的 Update()方法。向 Update()方法中传入自动生成命令所需要的 SELECT 语句，由于学生信息来自两个表（StudentInfo 表和 RoomInfo 表），所以不能将“SELECT * FROM Student_View”这个语句传给 Update()方法，而应将只引用了 StudentInfo 表的 SQL 语句传入。更新的数据应是一个 DataTable 对象，而 StudentList 窗体中表示修改的数据是 DataView 对象（dv），这可以使用 DataView 对象的 Table 属性来解决，Table 属性表示 DataView 所表示的 DataTable 对象。

编写 btnSave 按钮的 Click 事件，更新数据。代码如下：

项目代码 33

```
private void btnSave_Click(object sender, EventArgs e)
{
    string sql = "SELECT * FROM StudentInfo"; //只引用了一个表
    DB.Update(sql, dv.Table);  //调用 DB 类的 Update()方法，更新数据
    MessageBox.Show("数据更新完成！");
}
```


任务 13.2　修改学生性别

在 StudentList 窗体的 DataGridView 控件中，可以直接修改学生的信息。但在修改学生性别信息时，很可能会将性别值写成“男”、“女”之外的其他值，那么如何避免出现这个问题呢？可以使用快捷菜单（ContextMenuStrip），在菜单项中选择修改为“男”或“女”，这就不会出问题了。性别修改方式如图 13.4 所示。

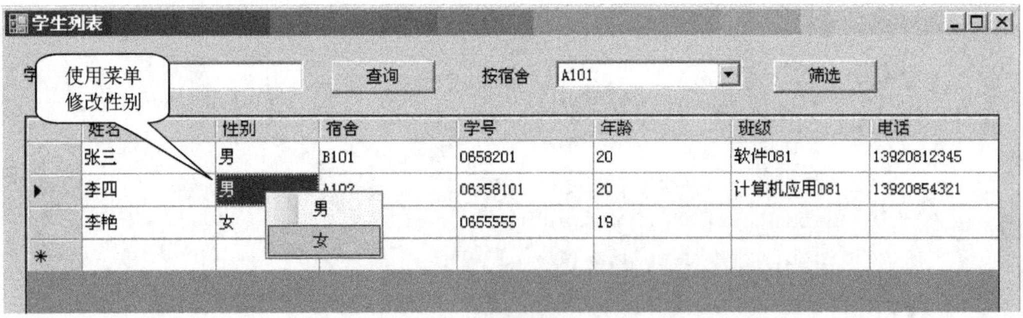

图 13.4　性别修改方式

下面完成学生性别的修改功能。

1. 建立快捷菜单

在窗体中添加一个 ContextMenuStrip 控件，将其 Name 属性设置为“cmsSex”。再为其添加两个菜单项：分别表示“男”和“女”。将“男”菜单的 Name 属性设置为 tsmMan、Text 属性设置为“男”；将“女”菜单的 Name 属性设置为 tsmWoman、Text

属性设置为“女”。

右击“性别”列将出现快捷菜单，这可以设置“性别”列的 ContextMenuStrip 属性实现，设置快捷菜单窗口如图 13.5 所示。为了防止用户直接输入新的值，还要将 ReadOnly 属性设置为 True。

2. 修改选中的行

选择“男”或“女”菜单后，要对 DataGridView 控件中选中的行的性别进行修改。如何确定选中的是哪一行呢？

DataGridView 控件的 CurrentRow 属性表示当前选中的行，CurrentRow 属性的 Cells 属性集合表示当前选中行的各个列，设置列的 Value 属性就可以改变当前行中某个列的值。由于 DataGridView 控件中的数据是通过数据绑定技术实现，且支持双向数据绑定，所以 DataGridView 控件中的数据改变时，DataView 对象中的数据也会随之改变。

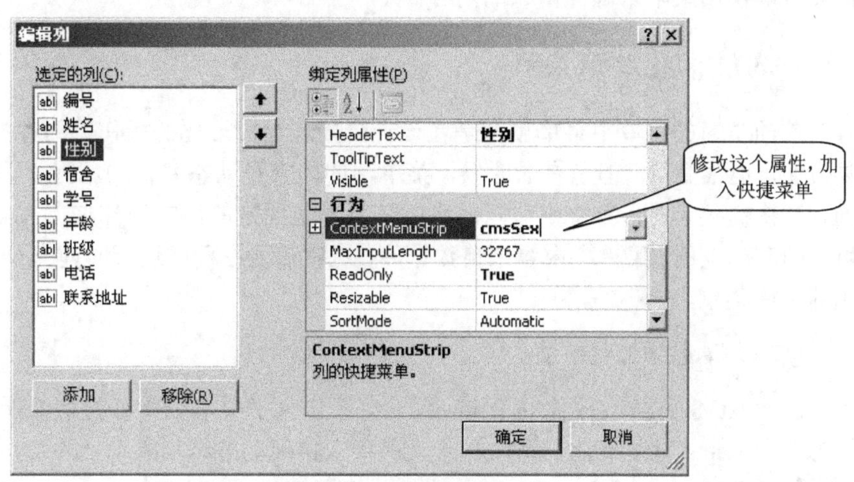

图 13.5 设置快捷菜单窗口

在 StudentList 窗体中添加一个名为 ChangeSex()的方法，它可以将 DataGridView 控件的选中行的性别列修改为指定的内容。代码如下：

项目代码 34

```
private void ChangeSex(string sex)
{
    //第 2 号列(即第 3 列)为性别列
    dgvStudent.CurrentRow.Cells[2].Value = sex;
}
```

然后，分别在“男”、“女”两个菜单项的 Click 事件中调用 ChangeSex()方法修改性别信息。代码如下：

项目代码 35：

```
private void tsmMan_Click(object sender, EventArgs e)
{
```

```
        ChangeSex("男"); //修改性别为 男
    }
    private void tsmWoman_Click(object sender, EventArgs e)
    {
        ChangeSex("女"); //修改性别为 女
    }
```

任务 13.3　修改住宿房间

与修改性别相似，在修改学生住宿的房间号时也要避免用户输入错误的信息而使数据成为无用的“脏数据”。例如，修改时用户输入了一个不存在的房间号；用户修改了房间号信息（RoomNo），但没有修改对应的 RoomID 信息。为了避免出现这样的情况，仍然可以使用菜单来选择修改的内容。

13.3.1　动态生成菜单

前面学习的菜单中菜单项都是在设计阶段通过图形化的操作界面静态添加的，这非常方便，也很简单。但是有的时候，菜单项的内容是动态变化的。例如，当右击房间号列打开快捷菜单时，菜单中显示的房间信息不是固定的，它们都来自 RoomInfo 表，是可以随时改变的。菜单项内容来自数据库。这就需要在程序运行时建立一个可以动态变化的快捷菜单。

1. 动态添加菜单项

ContextMenuStrip 控件的 Items 属性集合包含了菜单中所有的菜单项，可以以代码的方式向 Items 属性集合中添加新的菜单项来实现动态添加菜单。添加语法格式为：

```
    contextMenuStrip.Items.Add( 新菜单项 );
```

新的菜单项是一个 ToolStripMenuItem 对象。

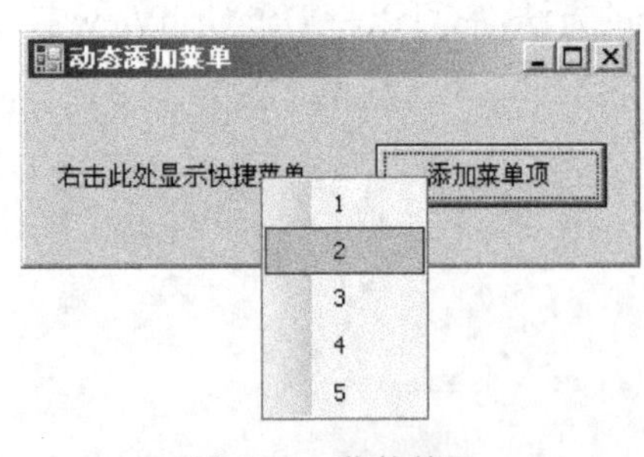

图 13.6　菜单效果

示例：为 ContextMenuStrip 控件动态添加 5 个菜单项，菜单项的内容分别是 1、2、3、4、5。菜单效果如图 13.6 所示。

实现步骤如下。

（1）建立一个 Windows 应用程序。在窗体中绘制一个 Button 控件，设置控件的 Name 属性值为“btnAdd”,Text 属性为“添加菜单项”；绘制一个 ContextMenuStrip 控件，将其 Name 属性值设置为“cms”；绘制一个 Label 控件，设置其 Text 属性为“右击此处显示快捷菜单”，并设置 ContextMenuStrip 属性为 cms，将 Label 控件与快捷菜单关联。

（2）编写 btnAdd 按钮的 Click 事件，通过一个 5 次的循环向 cms 控件添加 5 个菜单项。每次循环都要建立一个 ToolStripMenuItem 对象，并调用 ContextMenuStrip 控件的 Items 属性集合的 Add()方法将其添加到菜单中。代码如下：

```
private void btnAdd_Click(object sender, EventArgs e)
{
    //动态添加5个菜单项
    for (int i = 1; i <= 5; i++)  //循环5次
    {
        ToolStripMenuItem tsmi = new
            ToolStripMenuItem(i.ToString()); //实例化新菜单项
        cms.Items.Add(tsmi); //添加菜单项
    }
}
```

2. 处理菜单事件

菜单被单击后，将触发 Click 事件来处理单击操作，但是动态添加的菜单在设计阶段是不存在的，只有运行时才能看到它们。那么如何为它们编写 Click 事件呢？这需要使用委托来实现。

事件是对象发送的消息，以通知操作的发生。操作可能是由用户交互（如鼠标单击）引起的，也可能是由某些其他的程序逻辑触发的。引发事件的对象称为事件发送方，捕获事件并对其做出响应的对象称为事件接收方。

在事件通信中，事件发送方不知道哪个对象或方法将接收到（处理）它引发的事件。所需要的是在源和接收方之间存在一个媒介（或类似指针的机制）。.NET Framework 定义了 Delegate 类型（委托），该类型提供函数指针的功能。

委托是可保存对方法的引用的类。与其他的类不同，委托类具有一个签名，并且它只能对与其签名匹配的方法进行引用。也就是说，要执行的方法必须具备与委托相同的签名。

Eventhandler 委托是一个预先定义的委托，表示事件的事件处理程序方法。它的签名定义了一个没有返回值的方法，方法的第一个参数类型为 Object 类型，表示引发事件的对象；第二个参数是一个 EventArgs 类的派生类，它表示事件数据。委托签名格式为：

```
void 方法名( Object  sender , EventArgs  e)
```

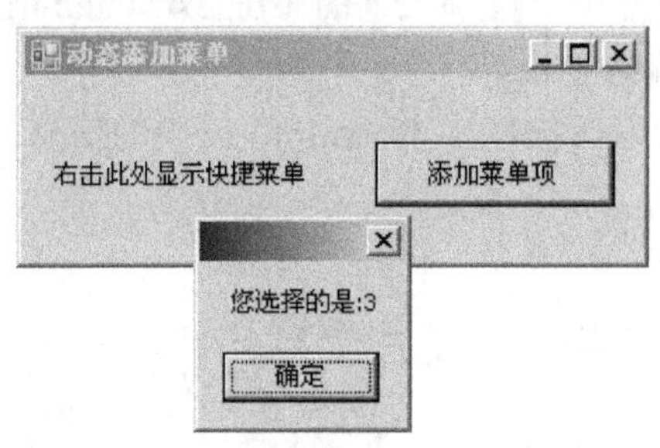

图 13.7　添加菜单示例运行效果

定义 EventHandler 委托可以按照下面的步骤进行：

（1）定义一个与 EventHandler 委托签名格式相同的方法；

（2）使用 EventHandler 类将方法与事件相关联。

示例：为菜单定义 Click 事件，使得单击菜单项后能够显示选择的菜单的内容。运行效果如图 13.7 所示。

实现步骤如下。

（1）在窗体中定义一个名称为 tsmi_Click()的方法，该方法表示选择菜单后要执行的 Click 事件。这个方法的定义格式必须与 Eventhandler 委托签名相同。方法的 sender 参数表示引发事件的菜单项，在方法中需要使用 MessageBox 类显示这个菜单项的标题文字（Text 属性）。代码如下：

```
//委托方法
void tsmi_Click(object sender, EventArgs e)
{
    //将 sender 参数转换成 ToolStripMenuItem 类型
    ToolStripMenuItem t = (ToolStripMenuItem)sender;
    MessageBox.Show("您选择的是:" + t.Text); //显示选择菜单的标题
}
```

（2）在动态添加菜单的循环中添加使用 Enevthander 类将 tsmi_Click()方法与菜单项的 Click 事件相关联的代码：

```
private void btnAdd_Click(object sender, EventArgs e)
{
    //动态添加 5 个菜单项
    for (int i = 1; i <= 5; i++)
    {
        ToolStripMenuItem tsmi = new
                ToolStripMenuItem(i.ToString()); //实例化新菜单项
       //定义菜单项的 Click 事件
       tsmi.Click += new EventHandler(tsmi_Click);
        cms.Items.Add(tsmi); //添加菜单项
    }
}
```


小技巧：在定义委托事件时，当输入“tsmi.Click += ”语句后，连续按两次 Tab 键，Visual Studio 开发环境将自动建立与 Eventhander 委托签名格式相同的方法。

3．获取数据库信息，动态添加房间号菜单

首先在窗体中添加一个 ContextMenuStrip 控件，将其 Name 属性设置为“cmsRoom”，用来显示房间号菜单。然后，将 DataGridView 控件中“性别”列的 ContextMenuStrip 属性设置为 cmsRoom，同时将 ReadOnly 属性设置为 True。

然后，向窗体的 Load 事件添加代码，实现读取数据库中 RoomInfo 表中的信息，并将信息动态添加到 cmsRoom 菜单中。代码如下：

项目代码 36

```
private void StudentList_Load(object sender, EventArgs e)
{
    //显示宿舍号码
    //获得宿舍信息
```

```
        string sql = "SELECT * FROM RoomInfo";
        DataTable dtRoom = DB.GetDataTable(sql);
        //进行数据绑定
        cboRoom.DataSource = dtRoom;
        cboRoom.DisplayMember = "RoomNo";
        cboRoom.ValueMember = "RoomID";
        //为房间菜单动态添加菜单项
        for (int i = 0; i < dtRoom.Rows.Count; i++)
        {
            ToolStripMenuItem tsmi = new ToolStripMenuItem(
                      dtRoom.Rows[i]["RoomNo"].ToString()); //定义菜单项
            tsmi.Tag = dtRoom.Rows[i]["RoomID"];//记录房间 ID
            //定义菜单的单击事件
            tsmi.Click += new EventHandler(tsmi_Click);
            cmsRoom.Items.Add(tsmi); //将菜单项添加到快捷菜单中
        }
        //在 DataGridView 控件中显示所有学生的信息
        DisplayAllStudent();
    }
```

使用 Tag 属性记录房间编号信息

在添加房间菜单项时，由于需要在菜单中显示房间号信息（RoomNo 列），但向数据库中更新时写入的是房间编号信息（RoomID 列），所以添加菜单时，使用菜单的 Text 属性记录房间号，而使用 Tag 属性记录房间编号。

注：Tag 属性是大多数控件都具有的一个属性，它用来记录任意数据。

13.3.2 在 DataView 中查询数据

修改宿舍信息时，需要向数据库中更新房间编号（RoomID 列）的信息，但这个列在 DataGridView 控件中是不显示的。那么如何修改它呢？可以通过直接修改 DataView 对象中的数据来实现。

1. 使用 Find()方法查询数据

在 DataGirdView 控件中选择的行在 DataView 对象的什么地方呢？这需要在 DataView 中查询数据。DataView 对象提供了 Find()方法，它可以按指定的关键字在 DataView 中查找相应的数据。Find()方法使用格式为：

```
    dataView.Find (查询内容);
```

Find()将返回查找到的数据在 DataView 对象中的行号（即在第几行）。Find()方法查询时，会按照关键字进行查询，那么关键字是什么呢？例如，DataView 对象的 Sort()属性设置的排序关键字，就是 Find()方法查询时使用的关键字。

示例：假设 dv 是一个 DataView 对象，查询学生编号（SID）为“5”的记录在第几行的代码为：

```
    dv.Sort = "sid"; //排序，设置查询关键字
```

```
int c = dv.Find(5); //查询 SID 为 5 的记录在 DataView 中的位置
```

2. 完成修改宿舍信息

在 DataView 对象中找到相应信息后，就可以直接修改这行记录的 RoomNo 列和 RoomID 列了。

编写宿舍编号菜单项的 Click 事件处理方法，在方法中查询 DataGirdView 控件选中行在 DataView 对象中的位置，然后直接修改 RoomNo 列和 RoomID 列。代码如下：

项目代码 37

```
private void tsmi_Click(object sender, EventArgs e)
{
    string roomNo = ((ToolStripMenuItem)sender).Text; //房间号
    int roomID=Convert.ToInt32(((ToolStripMenuItem)sender).Tag);
    //房间 ID
    int id = Convert.ToInt32(
            dgvStudent.CurrentRow.Cells[0].Value);//获取当前行的主键
    dv.Sort = "sid";  //查询关键字
    int c = dv.Find(id); //查询选中行在 DataView 中的位置
    dv.Table.Rows[c]["RoomNo"] = roomNo ; //修改房间号
    dv.Table.Rows[c]["RoomID"] = roomID; //修改房间 ID
}
```


本章总结

在这一章中，实现了更新学生信息的功能，可以修改住宿学生的房间、性别等信息。本章主要学习了如下内容。

使用 DataAdapter 对象的 Update()方法可以向数据库中更新数据，该对象的 InsertCommand、DeleteCommand 和 UpdateCommand 属性表示更新数据时所用到的 Command 对象。

CommandBuilder 对象可以快速生成 DataAdapter 对象更新数据时所需要的更新命令（Command 对象）。

DataGridView 控件支持数据编辑功能，可以在控件中直接修改数据。

将 DataGridView 控件中列的 ReadOnly 属性设置为 true 可以禁止用户在控件中直接修改数据。设置 ContextMenuStrip 属性可以为列添加一个快捷菜单。

在代码中定义 ToolStripMenuItem 对象可以动态添加菜单项，使用委托技术可以动态地指定对象的事件。

DataView 对象的 Find()方法可以按指定关键字查询数据，关键字由 Sort()方法指定。

习题

1．如何把 DataSet 中的数据更新到数据库中？

2．CommandBuilder 对象有什么重要的功能？在使用中有哪些限制？

3．请说明项目代码 32 中如下语句的含义。

```
public static void Update(string sql, DataTable dt)
{
    SqlConnection cn = GetConnection();
    SqlCommand cmd = new SqlCommand(sql, cn);
    SqlDataAdapter adp = new SqlDataAdapter(cmd);
    SqlCommandBuilder cb = new SqlCommandBuilder(adp);
    adp.Update(dt);
    cn.Close();
}
```

4．在动态菜单中，如何处理菜单项事件？

5．如何在 DataGridView 控件中修改那些未显示的列的数据？

实训项目

通讯录管理系统

项目功能需求

随着计算机的普及，人们摆脱了传统式的记事本、电话簿，越来越多地依靠计算机来记住这些事情。这就需要有一个实用的通讯录管理系统，用户可以方便地通过自己计算机中的通讯录管理系统来随时查阅自己所需要的信息，而不必再大费周折去翻烦琐的记事本。

通讯录管理系统是一个专门针对储存用户联系方式及一些简单个人信息的实用管理系统，它方便了用户对众多客户、朋友、同事等个人信息的储存和快速查阅的功能，大大减少了查找过程的时间。该系统提供多用户的通讯录管理，并能对通讯录中的联系人分组。

系统能实现以下功能：

（1）系统登录；

（2）增加联系人；

（3）修改和删除联系人；

（4）查找联系人；

（5）系统用户管理。

项目功能分析

系统的结构如图 1 所示。

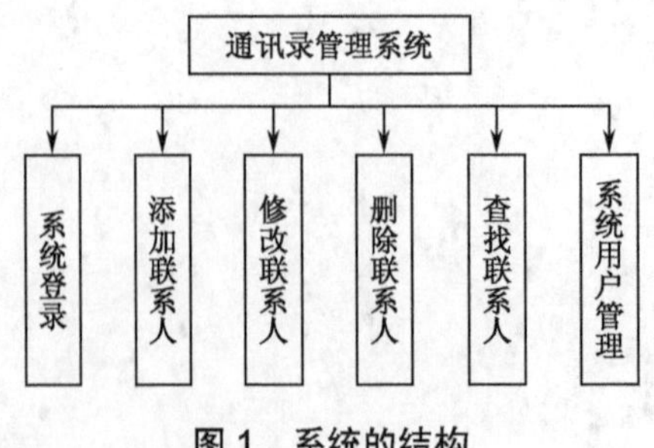

图 1　系统的结构

系统功能描述如下。

1. 用户登录窗体

用户登录窗体用于验证用户的身份，该窗体通过查询数据库中的“用户”表中的记录，判断用户名和密码是否匹配。用户登录窗体如图 2 所示。

图 2 用户登录窗体

2. 系统主窗体

用户登录成功后，打开系统主窗体。在这个窗体中将显示联系人信息，并提供新增、修改、删除、搜索等功能。

主窗体中包括菜单栏、工具栏、状态栏，窗体的左侧显示分组列表，右侧显示具体的联系人图标。系统主窗体如图 3 所示。

图 3 系统主窗体

3. 新增联系人窗体

用户在这个窗体中输入新增联系人的各项信息，包括姓名、电话、工作单位等信息（姓名和电话必填，其他可为空），向数据库中的联系人表添加记录。窗体参考效果如图 4 所示。

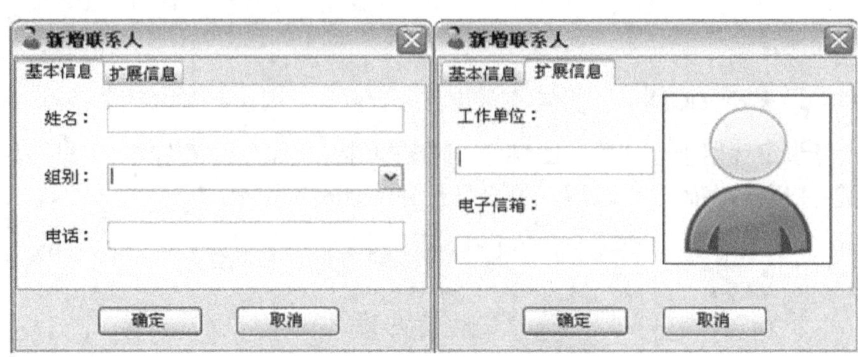

图 4　新增联系人窗体

4．修改、删除联系人窗体

修改、删除联系人窗体用于修改联系人的信息和删除联系人，窗体效果和增加联系人类似，可参照图 4 设计。

5．查找联系人窗体

查找联系人窗体可以根据输入的姓名或电话查找联系人，窗体参考效果如图 5 所示。

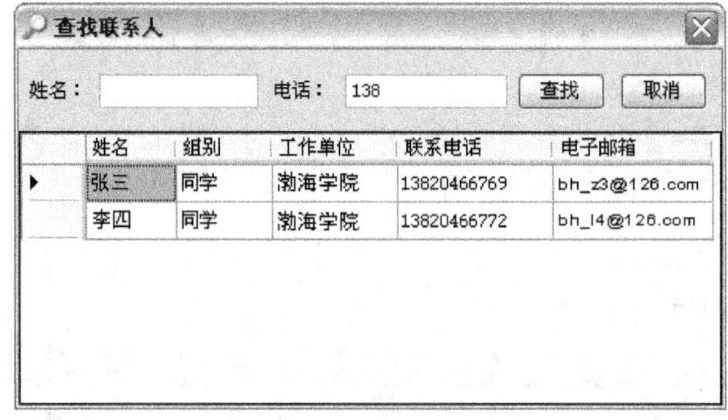

图 5　查找联系人窗体

6．用户管理窗体

用户管理窗体用于对用户进行管理，可以设置用户的名称、密码等数据。还可以添加新用户或删除用户，窗体参考效果如图 6 所示。

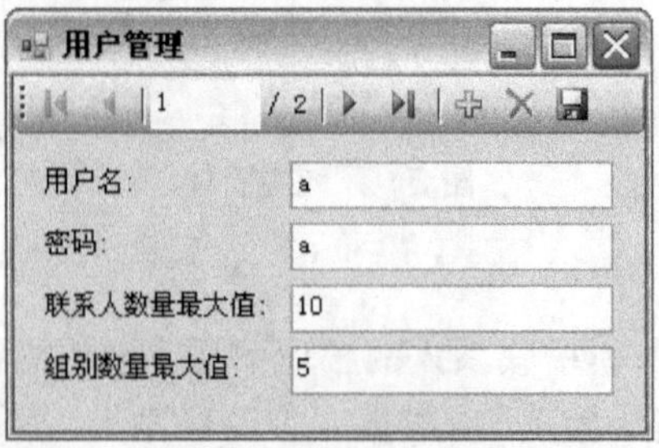

图 6　用户管理窗体

数据库

系统使用的数据库包括以下两个数据表：

（1）Users 表，用于存储用户基本信息，表结构见表 1。

（2）Contacts 表，用于存储联系人信息，表结构见表 2。

表 1　Users 表结构

列　名	类　型	说　明
UserName	varchar(50)	用户名，主键
Password	varchar(50)	密码
ContactMax	int	联系人数量最大值
GroupMax	int	组别数量最大值

表 2　Contacts 表结构

列　名	类　型	说　明
Id	int	编号，主键
UserName	varchar(50)	用户名，外键
Groups	varchar(50)	组别
Name	varchar(50)	联系人姓名，允许空
WorkUnit	varchar(200)	工作单位，允许空
Phone	varchar(200)	联系电话，允许空
Email	varchar(200)	电子邮箱，允许空
Photo	image	照片，允许空

参考实现步骤

1．建立 PhoneBook 项目。
2．建立用户管理窗体。
3．建立用户登录窗体。
4．建立主窗体。
5．建立添加联系人窗体。
6．建立修改联系人窗体。
7．建立查找联系人窗体。

第三篇

开发三层架构数据库应用程序

封装和继承

C#是一门完全面向对象的程序设计语言，在前面几章中，已经接触了一些面向对象的知识，学习了很多.NET 提供的类、对象、属性和方法，并用它们完成了程序。面向对象技术是一种强有力的软件开发方法。在这一章中，将介绍一些简单的 C#面向对象编程技术，包括类、封装和继承等知识。

任务 14.1　创建类

14.1.1　定义类和类的成员

类是面向对象程序设计的核心，把具有共同特性和共同行为的一组对象称为类，类的字段、属性和方法被称为类的成员。例如，前面所学习的 Directory 类是一个类，它的属性或方法就是该类的成员。

1. 定义类

在.NET 平台下，不但可以使用.NET 框架类库提供的各种类，还可以自己定义类。C#中的类使用关键字 class 来表示，定义类的语法为：

```
访问修饰符 class 类名
{
    //类的主体
}
```

定义类可按如下步骤进行。

(1) 选择“项目”→“添加类”命令，弹出“添加新项”对话框，如图 14.1 所示。

(2) 输入类文件的名称 Test.cs，然后单击“添加”按钮，即建立了一个新的类，如图 14.2 所示。

图 14.1 “添加新项”对话框

```
WindowsApplication1.Test
using System;
using System.Collections.Generic;
using System.Text;

namespace WindowsApplication1
{
    public class Test
    {
    }
}
```

图 14.2 新建的类

2. 类的字段

类中用于操作的变量称为字段，它用来表示与类和对象相关联的数据。

为新创建的 Test 类添加两个字段，分别表示姓名和年龄。代码如下：

```
public class Test
{
    private string name; //姓名
    private int age; //年龄
}
```

3. 访问修饰符

类和类的成员都有访问修饰符。通过访问修饰符，可以更安全地编程，保护类中比较敏感的成员，公开外部需要访问的成员。

在 C#中，类的访问修饰符主要有两个：public（公有的）和 private（私有的）。

（1）Public 修饰公有成员，公有成员可以被其他对象访问，没有任何限制。

（2）Private 修改私有成员，私有成员只有类自己可以访问。

在定义时，如果不写访问修饰符，默认的访问类型是 private。

例如，类的定义为：

```
public class Test
{
    public string name; //姓名,公有成员
    private int age; //年龄,私有成员
    public void Say()  //自定义方法
    {
        name = "赵云";  //可以访问
        age = 30;    //在类的内部可以访问私有成员
    }
}
```

在外面访问类的代码为：

```
Test c = new Test(); //实例化 Test 类
c.name = "曹操"; //可以访问
c.age = 40; //age 成员是私有成员,不可以访问 编译错误!
```


若要在类的外面访问 age 字段，则必须将其定义成 public：

```
public class Test
{
    public string name;
    public int age; //年龄,被定义成公有成员
    public void Say()
    {
        name = "赵云";  //可以访问
        age = 30;       //可以访问
    }
}
```

这时，就可以在类的外面访问 age 字段了。但是，如果访问的代码写成这样，就会出现安全问题：

```
Test c = new Test(); //实例化 Test 类
c.name = "曹操"; //可以访问
c.age = -100;   //年龄被设置成 -100，逻辑错误!
```

所以，在 C#中，为了安全，字段的访问权限一般都是 private（私有的），它们只能在类的内部使用。

4. 类的属性

类中的字段被定义成 private（私有的）之后，外面的代码将不能访问它们，如何解决这个问题呢？使用属性可以解决这个问题。

属性用来表示类的状态。属性提供了 get 访问器和 set 访问器来访问字段，可以提高安全性。例如：

```
public class Test
```

```
{
    private string name; //姓名
    public string Name  //姓名属性
    {
        get { return name; }  //get 访问器
        set { name = value; } //set 访问器
    }
    private int age; //年龄
    public int Age   //年龄属性
    {
        get { return age; }
        set { age = value; }
    }
}
```

属性一般都是 public 的。它使用 get 访问器读取字段的值，在 get 访问器中用 return 语句返回私有字段的值；使用 set 访问器设置字段的值，使用 value 参数对私有字段赋值。在 get 访问器或 set 访问器中，可以加入约束代码，以保证程序的正确性。例如：


```
public class Test
{
    private string name; //姓名
    public string Name  //姓名属性
    {
        get { return name; }  //get 访问器
        set { name = value; } //set 访问器
    }
    private int age; //年龄
    public int Age   //年龄属性
    {
        get { return age; }
        set   //在 set 访问器中加入约束代码，保证年龄不会小于 0
        {
            if (value >= 0)
                age = value;
            else
                age = 20; //年龄默认值为 20
        }
    }
}
```

在访问上面的类时，年龄不会被设置为负数：

```
Test c = new Test(); //实例化 Test 类
c.Name = "周润发"; //设置属性
```

```
c.Age = -100;     //设置非法值
MessageBox.Show(c.Age.ToString());  //显示的年龄为默认值 20
```

在编写属性时，可以将 get 访问器或 set 访问器去掉。没有 set 访问器的属性称为只读属性，只能读取相应字段的值，但不能赋新值。没有 get 访问器的属性称为只写属性，只能设置相应字段的值，但不能读取。

5．类的方法

当需要类的对象做一件事件的时候，就需要给类添加方法。在类中建立的方法和第 3 章介绍的自定义方法的格式相同。

例如：

```
public class Test
{
    private string name; //姓名
    public string Name  //姓名属性
    {
        get { return name; }  //get 访问器
        set { name = value; } //set 访问器
    }
    private int age; //年龄
    public int Age   //年龄属性
    {
        get { return age; }
        set
        {
            if (value >= 0)
                age = value;
            else
                age = 20; //年龄默认值为 20
        }
    }
    public void Say()  //Say 方法
    {
        //显示姓名的年龄
        MessageBox.Show(string.Format("我的姓名是：{0}，我的年龄是：
        {1}",name,age));
    }
}
```

在上面的类中，定义了一个名为 Say 的方法，该方法可以显示 name 字段和 age 字段。C#在类文件中不会自动导入 System.Windows.Forms 名字空间，为了使代码中能正常使用 MessageBox 类，需要在代码的最前面导入名字空间：

```
using System.Windows.Forms;
```

在 C#中，类中字段的名称一般采用骆驼（Camel）命名法命名，即首个单词小写，其他单词首字母大写；而属性和方法的名称一般采用帕斯卡（Pascal）命名法命名，即每个单词的首字母均大写，其他字母小写。

14.1.2 方法的重载

方法的重载就是在一个类中定义两个及两个以上相同名称的方法，这些方法名称相同，只是参数类型或个数不相同，使用时，编译器会自动决定调用哪一个方法。

例如，在 Test 类中添加一个 Sum 方法，以完成两个整数相加的运算。

```
public class Test
{
    public int Sum(int a, int b)
    {
        return a + b;
}
     //其他代码……
}
```

现在，类中还要完成两个 Double 类型数据相加的运算，方法名称也为 Sum。无须对类型进行判断，只要重载这个方法就可以了。代码如下：

```
public class Test
{
      public int Sum(int a, int b)      int 类型累加
      {
         return a + b;
      }
      public double Sum(double a, double b) //方法重载
      {                                   double 类型累加
         return a + b;
      }
        //其他代码……
}
```

调用 Sum 方法的代码为：

```
Test c = new Test(); //实例化 Test 类
int result1 = c.Sum(5, 6);  //编译器自动调用 int 型的 Sum 方法
double result2 = c.Sum(3.4, 6.7);  //编译器自动调用 double 型的 Sum 方法
```

重载方法时，要保证各个方法的参数类型不同或参数个数不同（与参数名称无关），不允许仅返回值类型不同的方法重载。例如：

```
public class Test
{
    public int Sum(int a, int b)
    {
```

```
        return a + b;
    }
    public void Sum(int a, int b) //仅仅返回类型不同重载，编译出错!!
    {
        //代码
    }
    //其他代码……
}
```

14.1.3 构造函数和析构函数

在类中，有两个特殊的方法，它们在特定的情况下会自动调用。一个方法在类被实例化时调用，另一个方法在类对象被销毁时调用，它们就是构造函数和析构函数。

1. 构造函数

构造函数的作用是在对象被创建时利用特定的值构造对象，即设置对象的属性或字段。它在对象被创建的时候由系统自动调用。

构造函数的名称与类的名称相同，可以被重载。构造函数不允许有返回值，即使是void也不可以。构造函数一般使用public访问修饰符修饰。

没有参数的构造函数称为默认构造函数，有参数的构造函数称有参构造函数。

例如，为Test类建立两个构造函数。

```
public class Test
{
    public Test() { } //默认构造函数
    public Test(string name, int age) //有参构造函数
    {
        name = name; //对 name 字段进行初始化
        age = age;   //对 age 字段进行初始化
    }
    //其他代码……
}
```

构造函数是系统自动调用的，使用new关键字实例化了新对象，系统就会调用类的构造函数。例如：

```
Test c = new Test(); //实例化 Test 类 自动调用默认构造函数
Test t = new Test("诸葛亮", 35); //自动调用有参构造函数
```

2. this 关键字

在上面的有参构造函数中，参数name和age和名称与字段name和age的完全相同，如何区分它们呢？可以使用this关键字。在C#中，this代表的是当前对象。在类的内部，可以使用this来访问类的成员。例如：

```
public class Test
```

```
    {
        public Test() { } //无参构造函数
        public Test(string name, int age) //有参构造函数
        {
            this.name = name; // 使用this访问字段
            this.age = age;   // 使用this访问字段
        }
         //其他代码……
    }
```

3. 析构函数

析构函数与构造函数的作用正好相反，用来完成对象被销毁前的一些清理工作。在一般情况下，析构函数是在对象的生存期结束后，由.NET 框架的垃圾收集器自动调用的。在调用完成之后，对象也就消失了，相应的内存空间也被释放。

在 C#中，析构函数的名称是在类名的前面加"～"符号。例如：

```
    public class Test
    {
        //其他代码……
        ~Test()  //析构函数
        {
            //代码...
        }
    }
```

析构函数只能有一个，且没有参数，也不允许使用访问修饰符。析构函数由系统自动调用，不能手工调用。

14.1.4 静态方法

前面介绍的类中的方法都是使用类的实例对象来调用的，这种方法通常称为实例方法。实际上，还可将方法写成用"类名.方法名();"来调用的形式。使用类名直接调用的方法称为静态方法。像前面提到的 File 类中的许多方法就都是静态方法。

静态方法使用 static 关键字进行修饰，它可以访问静态成员，但不能访问实例成员。例如：

```
    public class Test
    {
        private string name; //姓名
        private int age; //年龄
        //其他代码……
        private static int sale = 2000; //静态成员
        public static void Working() //静态方法
        {
```

```
            sale = 5000; //可以访问静态成员
            //name = "张飞";  //不能访问实例成员，编译器出错!!
        }
    }
```

调用静态方法的代码为：

```
    Test.Working();
```

任务 14.2　实现类的继承

面向对象程序设计中提供了类的继承机制，允许程序员在保持原有类特性的基础上，进行更具体、更详细的新类的定义。新的类由原有的类产生，新类继承了原有类的特征，原有类派生出新类。

14.2.1　继承的意义

继承可以移除类中的冗余代码，提高代码的复用性。例如，建立一个表示教师的 Teacher 类和一个表示学生的 Student 类。Teacher 类有 3 个属性：Name（姓名）、Age（年龄）、Major（专业）和 1 个方法：Say()（介绍自己的方法）。Student 类也有 3 个属性：Name（姓名）、Age（年龄）、IClass（班级）和 1 个方法：Say()（介绍自己的方法）。代码如下：

```
//教师类
public class Teacher
{
    public Teacher(string name,int age,string major)
    {
        this.Name = name;
        this.Age = age;
        this.Major = major;
    }
    private string name; //姓名
    public string Name
    {
        get { return name; }
        set { name = value; }
    }
    private int age; //年龄
    public int Age
    {
        get { return age; }
        set { age = value; }
```

```
        }
        private string major; //专业
        public string Major
        {
            get { return major; }
            set { major = value; }
        }
        /// <summary>
        /// 介绍自我的方法,返回姓名+年龄+专业
        /// </summary>
        /// <returns></returns>
        public string Say()
        {
            string info;
            info=string.Format("我是{0},{1}岁,我的专业是{2}",
                            Name,Age,Major);
            return info;
        }
    }

    //学生类
    public class Student
    {
        public Student(string name,int age,string iclass) //构造函数
        {
            this.Name = name;
            this.Age = age;
            this.IClass = iclass;
        }
        private string name; //姓名
        public string Name
        {
            get { return name; }
            set { name = value; }
        }
        private int age; //年龄
        public int Age
        {
            get { return age; }
            set { age = value; }
        }
        private string iclass; //班级
```

```
        public string IClass
        {
            get { return iclass; }
            set { iclass = value; }
        }
        /// <summary>
        /// 介绍自我的方法,返回姓名+年龄+班级
        /// </summary>
        /// <returns></returns>
        public string Say()
        {
            string info;
            info = string.Format("我是{0},{1}岁,我是{2}班的学生",
                        Name, Age, IClass);
            return info;
        }
    }
```


从代码中可以看出，在 Teacher 和 Student 类中都具有 Name、Age 属性，这些属性的定义代码是相同。如果还有其他类，如工程师类、校长类等，每个类都会有 Name、Age 这些属性。编程时，将会大量重复这些代码，造成代码冗余。使用类的继承可以有效解决这个问题。

14.2.2 继承的实现

下面通过继承的方法解决代码冗余问题。

（1）建立一个 Person（人）类，它具有人所拥有的一般属性，包括 Name 和 Age 属性。代码如下：

```
    //人类，基类
    public class Person
    {
        public Person(string name,int age) //构造函数
        {
            this.name = name;
            this.age = age;
        }
        private string name; //姓名
        public string Name
        {
            get { return name; }
            set { name = value; }
        }
        private int age; //年龄
```

```
    public int Age
    {
        get { return age; }
        set { age = value; }
    }
}
```

（2）将 Teacher 类和 Student 类中相同的代码删除，并继承 Person 类。代码如下：

```
//学生类
public class Student:Person //继承了 Person 类
{
    public Student(string name,int age,string iclass) //构造函数
    {
        this.Name = name;
        this.Age = age;
        this.IClass = iclass;
    }
    private string iclass; //班级
    public string IClass
    {
        get { return iclass; }
        set { iclass = value; }
    }
    /// 介绍自我的方法,返回姓名+年龄+班级
    public string Say()
    {
        string info;
        info = string.Format("我是{0},{1}岁,我是{2}班的学生",Name, Age,
        IClass);
        return info;
    }
}

//教师类
public class Teacher:Person //继承了 Person 类
{
    public Teacher(string name,int age,string major)
    {
        this.Name = name;
        this.Age = age;
        this.Major = major;
    }
    private string major; //专业
```

```
        public string Major
        {
            get { return major; }
            set { major = value; }
        }
        /// 介绍自我的方法,返回姓名+年龄+专业
        public string Say()
        {
            string info;
            info=string.Format("我是{0},{1}岁,我的专业是{2}",Name,Age,Major);
            return info;
        }
    }
```

（3）现在 Teacher 类和 Student 类已经继承了 Person 类，复用了 Person 类中的代码，消除了代码的冗余。继承后的执行结果与以前是相同的。使用 Teacher 类和 Student 类的代码为：


```
Teacher teacher = new Teacher("济世", 50, "文学"); //教师对象
Student student = new Student("周星星", 20, "应用 081 班"); //学生对象
teacher.Age = 55;//修改教师年龄
student.IClass = "软件 081 班";//修改学生班级
MessageBox.Show(student.Say()); //调用学生的方法
MessageBox.Show(teacher.Say()); //调用教师的方法
```

代码在窗体内执行的结果如图 14.3 所示。

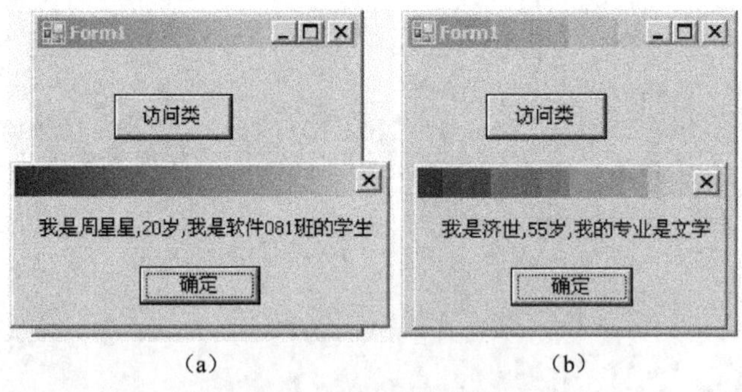

（a）　　（b）

图 14.3　类继承运行效果

可以看到，Teacher 类和 Student 类在定义时将代码写成了：

```
public class Student:Person //继承了 Person 类
public class Teacher:Person //继承了 Person 类
```

在类名的后面加入“:Person”，这就是类的继承。C#中使用“:”作为类继承符号，“:”左边的类称为子类，它继承了右边的类。被继承的类称为基类，也称父类。

子类不仅具有自己的成员，还具有父类的成员。

C#中类的继承具有单根性，即一个子类只能有一个父类，不允许子类继承多个父类。

14.2.3 protected 关键字

在 Teacher 类的构造函数中，使用了 this 关键字访问当前实例，通过它可以访问类本身的成员。

```
public Teacher(string name,int age,string major)
{
    this.Name = name;  //使用 this 访问当前实例的属性
    this.Age = age;
    this.Major = major;
}
```

要注意的是：使用 this 关键字访问的是属性（Name、Age 等），而不是字段。为什么不访问字段呢？就像下面这样的代码：

```
public Teacher(string name,int age,string major)
{
    this.name = name;  //访问字段 此时会出现编译错误!!
    this.age = age;
    this.major = major;
}
```


当编译程序时，会出现错误，如图 14.4 所示。这是因为：Teacher 类并没有定义 name 字段和 age 字段，这两个字段是在基类 Person 类中定义的。在 Person 类中，name 和 age 使用 private 进行修饰，它们只能在 Person 类中被访问，不能在类外使用。所以，要在 Teacher 类中访问它们，就必须使用 public 修饰才可以。

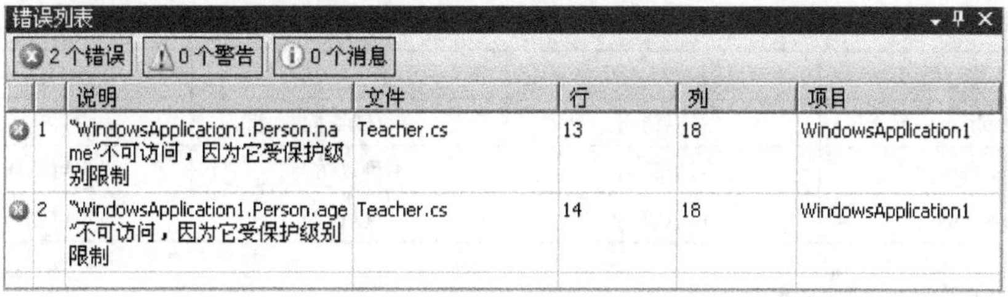

错误列表

2 个错误 | 0 个警告 | 0 个消息

	说明	文件	行	列	项目
1	"WindowsApplication1.Person.name"不可访问，因为它受保护级别限制	Teacher.cs	13	18	WindowsApplication1
2	"WindowsApplication1.Person.age"不可访问，因为它受保护级别限制	Teacher.cs	14	18	WindowsApplication1

图 14.4　成员级别限制错误

但是，这样仍然会有一些问题：Person 类中使用 public 修饰的成员可以被所有的类访问。有些时候，希望类的成员只允许被其子类访问，不允许被其他非子类访问。例如，父亲是一个类，具有"钱包"这个成员；儿子也是一个类，继承了父亲类。父亲可以使用"钱包"，儿子也可以使用"钱包"，但外人是不能使用"钱包"这个成员的。C#中提供了 protected（保护的）修饰符来实现这种效果。

使用 protected 修饰的 Person 类代码如下：

```
//基类
public class Person
{
```

```
    public Person() { } //默认构造函数
    public Person(string name,int age) //构造函数
    {
        this.name = name;
        this.age = age;
    }
    protected string name; // 使用protected修饰 姓名
    protected int age; //使用protected修饰  年龄
    //其他代码……
}
```

Teacher 类代码如下：

```
public class Teacher:Person
{
    public Teacher(string name,int age,string major)
    {
        this.name = name;  //可以访问name字段
        this.age = age;    //可以访问age字段
        this.major = major;
    }
        //其他代码……
}
```


Teacher 类的构造函数发生了变化，子类可以访问父类的字段。public、private、protected 修饰符的区别如表 14.1 所示。

表 14.1　public、private、protected 修饰符的区别

修 饰 符	类 内 部	子　类	其 他 类
public	可以访问	可以访问	可以访问
private	可以访问	不可以访问	不可以访问
protected	可以访问	可以访问	不可以访问

14.2.4　base 关键字

在前面的继承代码中，Teacher 类和 Student 类的有参构造函数中仍然有冗余的代码：

```
public Teacher(string name,int age,string major)
{
    this.Name = name;  //此段代码冗余
    this.Age = age;    //此段代码冗余
    this.major = major;
}
public Student(string name,int age,string iclass) //构造函数
{
    this.Name = name; //此段代码冗余
```

```
        this.Age = age;  //此段代码冗余
        this.IClass = iclass;
    }
```

在两个构造函数中，对 Name 和 Age 赋值的代码是重复的，这两个成员都是在父类 Person 中定义的，是否能在 Teacher 类和 Student 类中调用 Person 类的构造函数来进行赋值呢？C#提供了 base 关键字，它用于表示父类，可以实现在子类中访问父类成员，如调用父类的属性、调用父类的方法。

调用 Person 类构造函数的代码如下：

```
    public Teacher(string name,int age,string major)
        :base(name,age)  //调用父类的构造函数
    {
        this.major = major;
    }
```

在编写子类的构造函数时，如果构造函数没有使用 base 关键字指明调用父类的哪个构造函数，则父类必须提供一个默认的无参构造函数。因为子类构造函数在这种情况下会隐式地调用父类的默认无参构造函数。

例如，Person 类中没有默认构造函数的代码：

```
    //基类
    public class Person
    {
        //没有默认构造函数
        public Person(string name,int age) //构造函数
        {
            this.name = name;
            this.age = age;
        }
        //其他代码……
    }
```

这时，如果继承 Person 类，且在子类中没有显式地调用 Person 的有参构造函数，就会出现编译错误。代码如下：

```
    public class Teacher:Person
    {
        public Teacher(string name,int age,string major)
                                                    //没有调用父类的构造函数
        {
            this.major = major;
        }
        //其他代码……
    }
```

在程序中，Teacher 类的构造函数没有显式地调用 Person 类的构造函数，系统将自动调用 Person 类的默认构造函数，而 Person 类中没有定义默认构造函数，编译器将会出现错误，如图 14.5 所示。

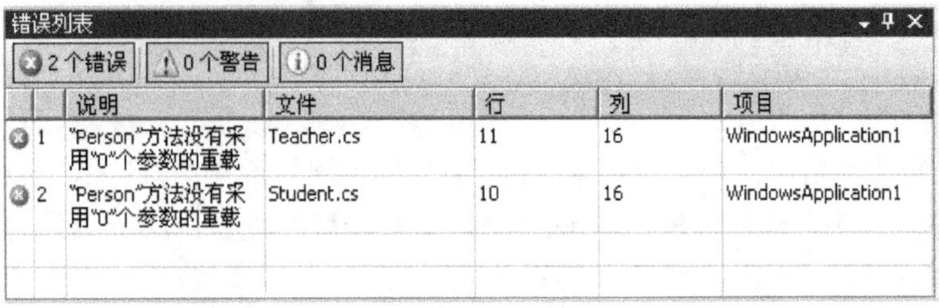

		说明	文件	行	列	项目
⊗	1	"Person"方法没有采用"0"个参数的重载	Teacher.cs	11	16	WindowsApplication1
⊗	2	"Person"方法没有采用"0"个参数的重载	Student.cs	10	16	WindowsApplication1

图 14.5　删除父类默认构造函数的错误

14.2.5　sealed 关键字

C#中还有一个特殊的关键字 sealed，用它修饰的类是不能被继承的，这种类被称为密封类。例如：

```
sealed class Class1 //密封类，不能被继承
{
    //类代码……
}
```


本章总结

在这一章中，学习了有关类的一些知识。

类定义了一组概念的模型，而对象是真实的实体。类拥有字段、属性和方法等成员。

字段就是类中使用的变量，它一般被定义为 private。类的属性公开了字段值，属性使用 get 访问器获取字段的值，使用 set 访问器设置字段的值，在访问器中可以对数据进行约束。

类中的方法可以被重载，C#支持两种重载方式：一种是参数类型不同的重载；另一种是参数个数不同的重载。只有返回值类型不同的方法不能重载。

类中有两个特殊的方法：一个称为构造函数，其名称与类名相同，构造函数没有返回值，可以被重载，构造函数是在类被实例化时由系统自动调用的；另一个被称为析构函数，其名称为"～类名"，析构函数没有参数，不能被重载，它在类被销毁时由系统自动调用。

不需要实例化对象就能调用的方法称为静态方法，C#中使用 static 关键字定义静态方法。

为了加强代码复用性，C#支持类的继承。子类除了具有自己的成员外，还具有父类中使用 public 和 protected 修饰的成员。

类的继承具有传递性，如果 class A:B ; class B:C，则 A 也可以访问 C 中的成员。

C#中的继承具有单根性，一个类不能同时继承多个类。

子类使用 base 关键字访问父类中的成员。

不能被继承的类称为密封类，C#使用 sealed 关键字表示密封类。

习题

1．什么是类？类有哪些成员？

2．类的访问修饰符有什么作用？主要的访问修饰符有哪些？

3．如何把私有的字段设置为只读或只写的？

4．什么是方法的重载？方法重载有什么用途？

5．什么是类的构造函数？如何编写类的构造函数？

6．静态方法如何定义？如何使用静态方法？

7．定义一个基类 Animal，它包含两个私有数据成员：一个是 name，存储动物的名称（如"Fido"或"Yogi"）；另一个是整数成员 weight，包含该动物的重量（单位是磅）。该类还包含一个公共成员函数 who()，它可以显示一个消息，给出 Animal 对象的名称和重量。把 Animal 用做公共基类，派生两个类 Lion 和 Aardvark，再编写一个 main() 函数，创建 Lion 和 Aardvark 对象（"Leo"，400 磅；"Algernon"，50 磅）。为派生类对象调用 who()成员，说明 who()成员在两个派生类中是继承得来的。

第15章

使用OOP搭建三层架构

采用三层结构搭建应用程序是目前非常流行的软件架构方式，它将数据访问、业务逻辑和用户界面分隔开来，更适合团队开发。

在这一章中将采用三层架构来重构宿舍管理系统，以此来展示三层架构的建立形式和方法。

任务 15.1　了解三层架构的组成

15.1.1　三层架构的含义

第二篇中编写的宿舍管理系统，由于功能比较简单，所有的代码都放在一起，是基于两层架构的，有如下特点：

（1）数据库访问和用户类型判断逻辑放在一起实现；

（2）用户界面层直接调用数据访问实现；

（3）整个系统功能放在同一项目中实现。

传统的两层架构的特点是用户界面层直接与数据库进行交互，还要进行业务规则、合法性校验等工作。两层架构软件模型如图 15.1 所示。

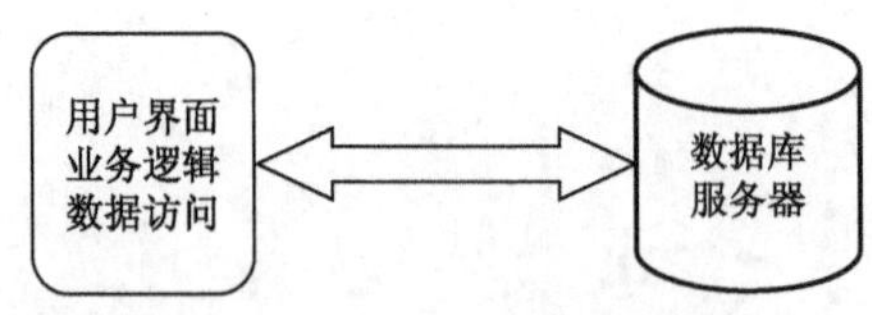

图 15.1　两层架构软件模型

对于简单的应用程序，这样的处理尚能接受，但是对于一个大型的应用系统来说，如果所有的代码都放在一起，既不利于日后功能扩展，又没有任何灵活性可言。这种架构存在着很多局限性。例如，一旦用户的需求发生变化，应用程序需要进行大量修改，甚至需要重新开发，给系统的维护和升级带来了极大的不便；用户界面层直接访问数据库，会带来很多安全隐患；另外，这种开发方式下很难进行团队开发。为了克服两层架构的局限性，人们提出了三层架构。

三层架构就是将整个程序划分为：表示层（User Interface，UI）、业务逻辑层（Business Logic Layer，BLL）、数据访问层（Database Access Layer，DAL）。使用三层架构创建的应用系统，由于层与层之间的低耦合、层内部的高内聚，使得解决方案的维护和增强变得更加容易。通用三层架构软件模型如图15.2所示。

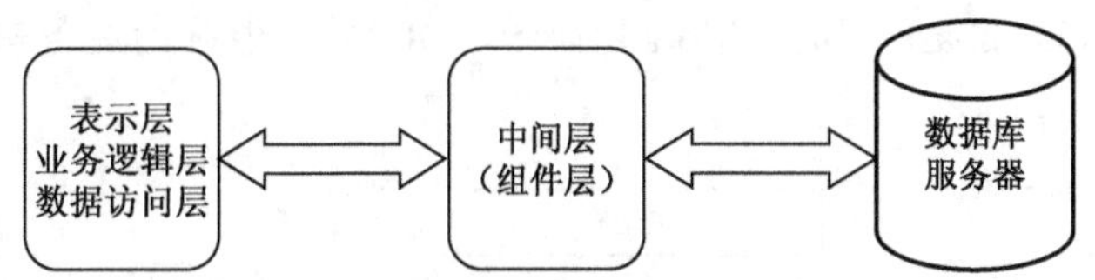

图15.2 三层架构软件模型

以饭店为例，有三种员工，一种是服务员，负责给客户提供服务；一种是厨师，负责烹饪美食；还有一种是采购员，负责为厨师提供做菜的原料。饭店将整个业务分解为三部分来完成，每一部分各负其责，服务员只管接待顾客、向厨师传递顾客的需求；厨师只管烹炒不同口味、不同特色的美食；采购员只管提供原料；三者分工合作，共同为顾客提供满意的服务。在饭店为顾客提供服务期间，服务员、厨师、采购员，三者中任何一者的人员发生变化，都不会影响其他两者的正常工作，只对变化者进行重新调整即可正常营业。有了良好而明确的分工后，管理就比较容易了。如果客户批评饭店服务态度不好，肯定是服务员出问题了，不可能是厨师或采购；如果是菜的味道不好，那就是厨师的问题，与服务员无关。

用三层架构开发的软件系统与此类似。表示层就像饭店的服务员，直接和客户打交道，提供软件系统与用户交互的接口。业务逻辑层是表示层和数据访问层之间的桥梁，负责数据处理和传递，就像饭店的厨师，负责把采购回来的食品加工完成，传递给服务员。数据访问层只负责数据的存取工作，类似于饭店的采购，系统里有什么数据取决于数据访问层的工作，饭店能够提供什么样的饭菜首先取决于采购购买的材料。三层架构关系如图15.3所示。

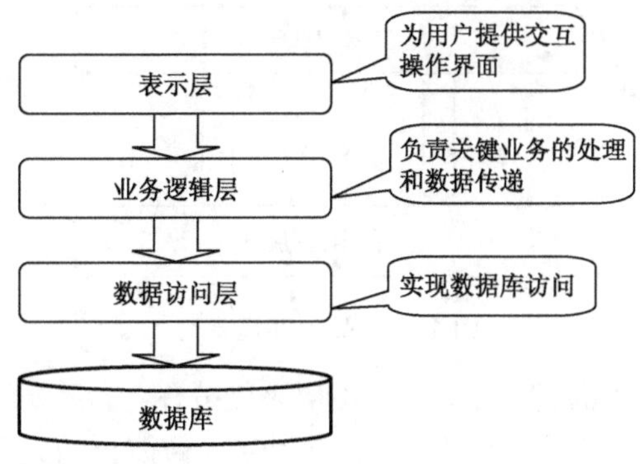

图15.3 三层架构

在三层架构中，各层之间相互依赖。表示层依赖于业务逻辑层传递、处理数据，业务逻辑层依赖于数据访问层提供或保存数据。

15.1.2 三层架构的组成

三层架构的“三层”是指表示层、业务逻辑层、数据访问层。在实际程序设计中，中间层除了包括表示层（UI）、业务逻辑层（BLL）、数据访问层（DAL）以外，还包括数据对象模型层（Database Object Model Layer，DOM），也称为业务模型层、业务实体层，如图 15.4 所示。

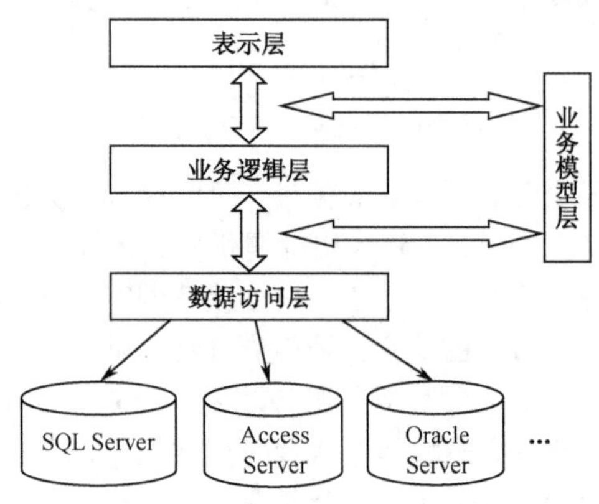

图 15.4 三层架构框架模型

大多情况下，实体类和数据库中的表是对应的，实体类的属性和表的字段对应，但这并不是一个限制，可以出现一个实体类对应多个表或交叉对应的情况。

在三层架构中，各层数据传递方向如图 15.5 所示。

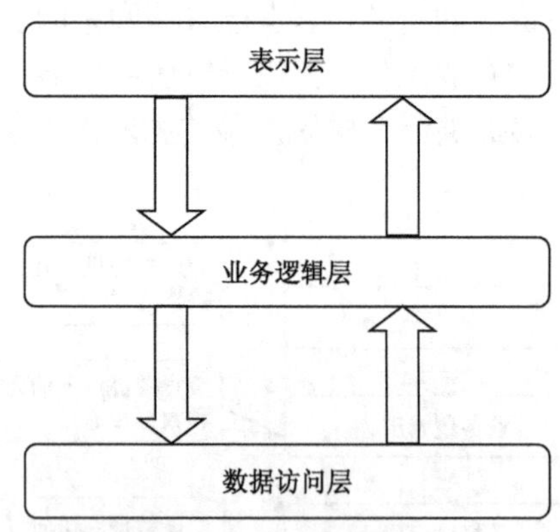

图 15.5 数据传递方向

在多人合作开发系统的过程中，可以按层来划分任务，只要设计的时候把接口定义好，开发人员就可以同时开发，而且不会产生冲突，做前台的人不需要关心怎么实现到数据库中去查询、更新、删除和增加数据，他们只需要去调用相应的类就可以了；做数据访问层的人也不需要知道前台的事，定义好与其他层交互的接口，规定好参数即可；各个层都一样，做好自己的工作就可以了。这样的系统，清晰性、可维护性和可扩展性都非常好，测试和修改也比较方便。

使用三层架构开发系统的优点：

（1）开发人员可以只关注整个结构中的某一层；

（2）可以很容易地用新的实现来替换原有层次的实现；

（3）可以降低层与层之间的依赖；

（4）有利于标准化；

（5）利于各层逻辑的复用。

任务 15.2　构建业务模型层

15.2.1　业务模型层的含义

业务模型层（DOM）：主要用于表示数据存储的持久对象，业务模型层通常为实体类库。在实际应用程序中的实体类是与数据库中的表相对应的，也就是说一个表会有一个对应的实体类。使用实体类的主要好处在于实体类是一个比较易于控制的对象，它具有面向对象的基本特征，可以自由地向实体类添加行为等。实体类是业务逻辑对象的基础，用面向对象的思想消除了关系数据与对象之间的差异。

实体类通常将数据表中的字段定义成属性，将这些属性封装成一个“类”。

15.2.2　实现宿舍管理系统的实体类

打开前面完成的 DormSystem 项目。

1. 创建业务模型层项目（类库）

（1）在解决方案资源管理器中，在“解决方案（DormSystem）”名称上右击，在弹出的快捷菜单中选择“添加”→“新建项目”命令，如图 15.6 所示。

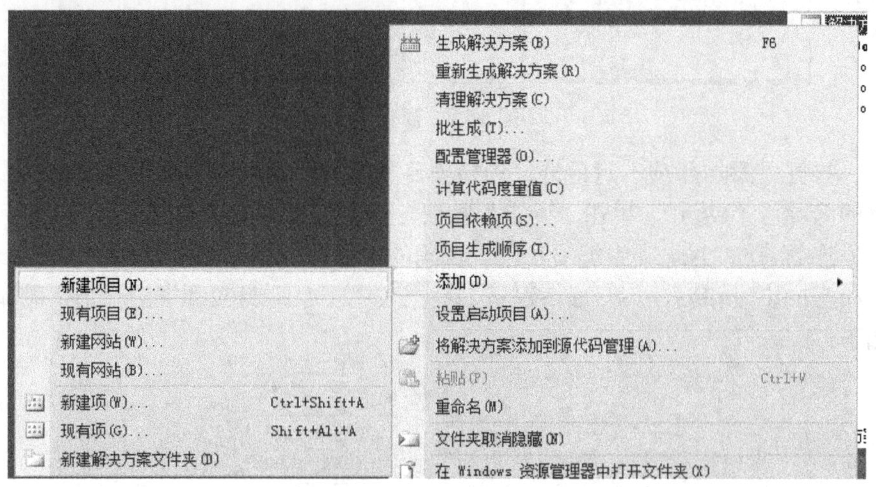

图 15.6　添加新项目

（2）在弹出的“添加新项目”对话框中，选择项目类型为“Visual C#”，选择模板为“类库”。

（3）业务模型层项目的名称一般为“项目名+Model”或“Model”，在对话框的名称区域填写项目的名称为“DormSystemModel”，项目的保存位置一般与表示层文件夹在同一级文件夹下，单击“确定”按钮。这样就在当前解决方案下添加了一个实体类项目。

2. 创建实体类

（1）在这个业务模型项目中逐个添加实体。首先添加用户信息实体类。右击项目名称“DormSystemModel”，选择“添加”→“类”命令，如图 15.7 所示。

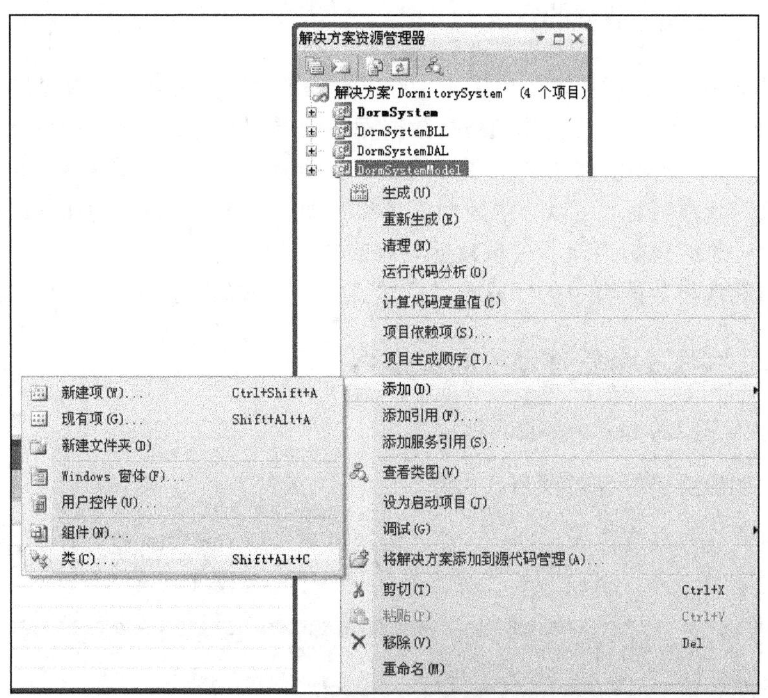

图 15.7　添加类

（2）打开“添加新项”对话框，选择项目类型为“Visual C#”，选择模板为“类”。填写类的名称为“User”，单击“确定”按钮。这样实体类文件就建好了。

（3）在新建的 User 类中编写代码。代码的主要内容是根据数据库中 Users 表的结构构建相应的字段和属性。一般情况下，数据表中一个列对应类中的一个字段和属性。代码如下：

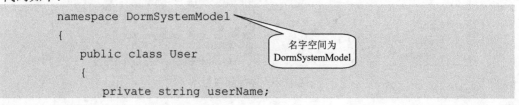

```
namespace DormSystemModel
{
    public class User
    {
        private string userName;
```

名字空间为 DormSystemModel

```
        public string UserName
        {
            get { return userName; }
            set { userName = value; }
        }
        private string password;
        public string Password
        {
            get { return password; }
            set { password = value; }
        }
        private string userState;
        public string UserState
        {
            get { return userState; }
            set { userState = value; }
        }
    }
}
```

在编写属性时，可以使用 Visual Studio 2010 提供的“封装字段”功能将字段自动封装为属性。操作方法如下：

在类中编写一个字段，然后右击该字段，在打开的快捷菜单中选择“重构”→“封装字段”命令，如图 15.8 所示，Visual Studio 2010 会自动生成相应的属性代码。

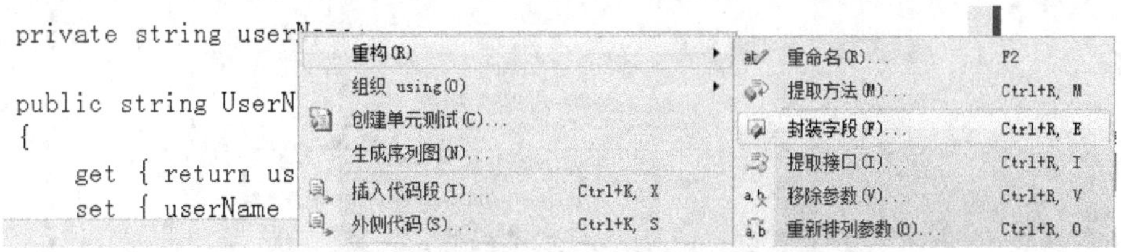

图 15.8　封装字段

为了使类能在项目外的其他项目中访问，一定要将类设置为“public”属性的。并且为了让实体类能够更好地在各个层之间传递数据，还要在实体类前面加上序列化特性[Serializable]，它会对实体类中的所有字段、属性进行序列化处理。代码如下：

```
[Serializable] //序列化
public class User
{
    private string userName;
    类中其他代码…
}
```

任务 15.3　构建数据访问层

15.3.1　数据访问层的含义

数据访问层（DAL）能够直接操作数据库，实现数据库记录的增添、删除、修改、查找等。主要实现对数据的保存和读取操作，将存储在数据库中的数据提交给业务层，同时将业务层处理的数据保存到数据库中。数据访问层可以访问关系数据库、文本文件或 XML 文档。数据访问层通常也是一个类库项目，它依赖于业务模型层。

15.3.2　建立数据访问层

在 DormSystem 项目的解决方案资源管理器中，右击解决方案（DormSystem）名称，在弹出的快捷菜单中选择“添加”→“新建项目”命令，添加一个新的“类库”类型的项目。一般情况下，数据访问层项目的名称为“项目名称+DAL”或“DAL”。在这里，新建的数据访问层项目命名为“DormSystemDAL”。

数据访问层要通过实体类传递数据，需要业务模型层中的代码，所以要在 DormSystemDAL 项目中添加对 DormSystemModel 项目的引用。操作方法如下。

（1）右击 DormSystemDAL 项目，在菜单中选择“添加引用”命令，弹出“添加引用”对话框。

（2）在“添加引用”对话框中选择“项目”选项卡中的“DormSystemModel”项目，如图 15.9 所示，单击“确定”按钮完成添加引用。

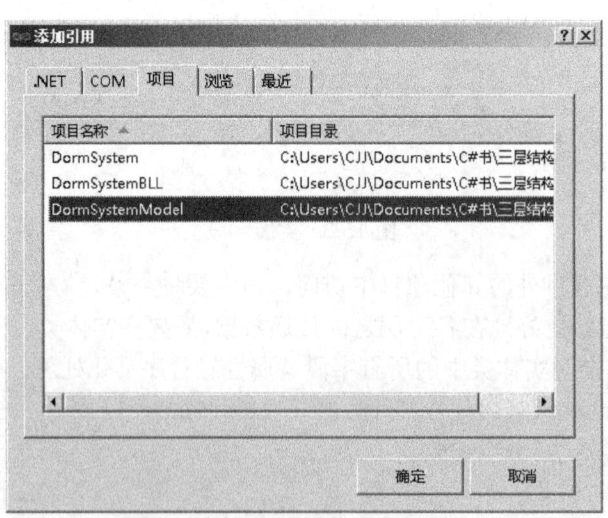

图 15.9 “添加引用”对话框

在 DormSystemDAL 项目中添加一个新的类文件，名称为“UserService.cs”。在这个类中完成关于 Users 数据表的“增、删、改、查”操作。

一般情况下，数据访问层中的类被命名为“表名+Service”，如“UserInfo- Service”、“StudentInfoService”。

将数据库公共操作类DB.cs文件通过拖曳的方式复制到DormSystemDAL项目。

在UserService.cs文件中导入User类所处的DormSysrtemModel名字空间。代码如下：

```
using DormSystemModel;  //引用名字空间
```

在UserService.cs文件中编写代码，完成关于Users数据表的“增、删、改、查”操作。代码如下：

```
public class UserInfoService
{
    // 获取所有UserInfo
    public static List<User> GetAllUsers()
    {
        string sql = "SELECT * FROM UserInfo";
        DataTable dt = DB.GetDataTable(sql);
        List<User> users = new List<User>();
        foreach (DataRow row in dt.Rows)
        {
            users.Add(BindInfoToUser(row));
        }
        return users;
    }
    // 根据用户名获取用户信息
    public static User GetUserByName(string userName)
    {
        string sql = "SELECT * FROM UserInfo WHERE UserName='{0}'";
        sql = string.Format(sql, userName);
        DataTable dt = DB.GetDataTable(sql);
        User user=null;
        if (dt.Rows.Count > 0)
        {
            user = BindInfoToUser(dt.Rows[0]);
        }
        return user;
    }
    // 根据用户名删除用户
    public static int DeleteUser(string userName)
    {
        string sql = "DELETE FROM UserInfo WHERE UserName='{0}'";
        sql = string.Format(sql, userName);
        int result = DB.ExecuteSQL(sql);
        return result;
```

必须使用public修饰

为了调用时方便，一般使用静态方法

```
}
// 重载 根据用户名删除用户
public static int DeleteUser(User user)
{
    return DeleteUser(user.UserName);
}
// 修改用户信息
public static int ModifyUser(User user)
{
    return ModifyUser(user.UserName, user.Password, user.
    UserState);
}
// 重载 修改用户信息
public static int ModifyUser(string userName, string
password,string userState)
{
    string sql = "UPDATE UserInfo SET Password='{0}'," +
                 " UserState='{1}' WHERE UserName='{2}'";
    sql = string.Format(sql, password, userState, userName);
    int result = DB.ExecuteSQL(sql);
    return result;
}
// 添加用户
public static int AddUser(string userName, string password,
string userState)
{
  string sql = "INSERT INTO UserInfo (UserName,Password,
  UserState) VALUES " +
           " ('{0}','{1}','{2}')";
    sql = string.Format(sql, userName, password, userState);
    int result= DB.ExecuteSQL(sql);
    return result;
}
//指定的用户名是否存在
public static bool IsExist(string userName)
{
    string sql = "SELECT COUNT(*) FROM UserInfo WHERE
    UserName='{0}'";
    sql = string.Format(sql, userName);
    int result =(int)DB.GetScalar(sql);
    if (result >= 1)
```

```
                return true;
            else
                return false;
        }
        // 将 DataRow 中的数据封装到 User 对象中
        private static User BindInfoToUser(DataRow row)
        {
            User user = new User();
            user.UserName = row["UserName"].ToString().Trim();
            user.Password = row["Password"].ToString().Trim();
            user.UserState = row["UserState"].ToString().Trim();
            return user;
        }
    }
}
```


数据访问层中的类完成了对某个数据表的“增、删、改、查”操作，项目中所有的SQL 语句的编写和执行都要在数据访问层中实现。这些操作一般都是“原子”的，即只完成某项独立的功能，不负责逻辑上的处理，也不是几个功能的堆叠。在有关“查询”数据的方法中，要通过执行相应的 SQL 语句从数据库中获取结果，然后将结果封装成一个实体对象并传送到业务逻辑层（BLL）中；如果查询的结果是多条数据，要将这些数据封装到一个 List<T>泛型集合中（T 为实体类）并上传到业务逻辑层中。

在数据访问层的类中编写的方法不是固定的，要根据项目的具体需求而定。一般情况下，类中要实现如下方法：

（1）获取所有数据，封装到 List<T>泛型集合中作为方法的返回值；

（2）根据主键获取一个数据，封装到实体类中作为方法的返回值；

（3）对数据表的添加操作；

（4）对数据表的删除操作；

（5）对数据表的修改操作。

任务 15.4　构建业务逻辑层

15.4.1　业务逻辑层的含义

业务逻辑层（BLL）是表示层和数据访问层之间的桥梁，它代表应用程序的核心功能，负责数据的传递和处理。业务逻辑层通常为类库，它依赖于数据访问层和业务模型层。

15.4.2　实现宿舍管理系统的业务逻辑层

在 DormSystem 项目的解决方案资源管理器中，右击解决方案（DormSystem）名称，在弹出的快捷菜单中选择“添加”→“新建项目”命令，添加一个新的“类库”类型的项目。一般情况下，业务逻辑层项目的名称为“项目名称+BLL”或“BLL”。在这里，将新建的业务逻辑层项目命名为“DormSystemBLL”。

业务逻辑层要依赖实体类传递数据，还要依赖数据访问层（DAL）完成数据库操作，所以要在DormSystemBLL项目中添加对DormSystemModel项目和DormSystemDAL项目的引用，如图15.10所示。

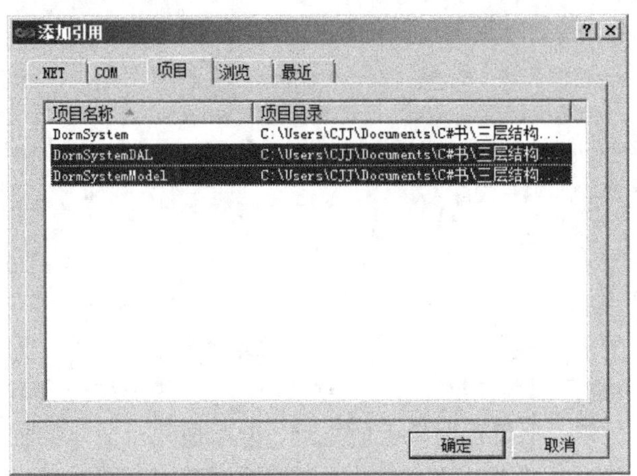

图15.10　在BLL层添加引用

在DormSystemBLL项目中添加一个新的类文件，名称为“UserInfoManager.cs”。在这个类中完成关于User的所有逻辑操作。

一般情况下，业务逻辑层中的类被命名为“表名+Manager”，如“UserInfoManager”、“StudentInfoManager”。

在UserManager.cs文件中导入DormSystemModel和DormSystemDAL名字空间，代码如下：

```
using DormSystemModel;
using DormSystemDAL;
```

UserInfoManager类中完成的是关于User（用户）的业务逻辑处理。在BLL层的类中不需要编写SQL语句，所有关于数据库的访问都依赖DAL层中的方法实现，它关注业务处理。如果项目的业务逻辑比较简单，则BLL层中的代码比较简单，它们往往就是将DAL层中的数据继续向表示层传递；如果项目逻辑非常复杂，则BLL层中的代码非常复杂，它是整个项目处理的核心。

在UserInfomanager类中编写代码：

```
namespace DormSystemBLL
{
    public class UserInfoManager
    {
        // 获取所有用户
        public static List<User> GetAllUsers()
```

使用DormSystemBLL名字空间

方法设置为静态方法（static）

```
{
    return UserInfoService.GetAllUsers();
}
// 根据用户名获取用户信息
public static User GetUserByName(string userName)
{
    return UserInfoService.GetUserByName(userName);
}
// 删除用户
public static int DeleteUser(string userName)
{
    return UserInfoService.DeleteUser(userName);
}
// 修改用户
public static int ModifyUser(User user)
{
    return UserInfoService.ModifyUser(user);
}
// 添加用户
public static bool Register(string userName,string
password,string userState)
{
    if (!UserInfoService.IsExist(userName)) //判断用户是否存在
    {
        //不存在，进行添加
        int result=UserInfoService.AddUser(userName,
        password, userState);
        if (result == 1)
            return true; //返回成功
    }
    return false; //添加不成功
}
// 修改密码
public static int ModifyPassword(string userName,string
password)
{
    User user = UserInfoService.GetUserByName(userName);
    user.Password = password;
    return UserInfoService.ModifyUser(user);
}
// 修改用户状态
public static int ModifyUserState(string userName,string
userState)
```

简单地向 DAL 层传递数据

有复杂一些的逻辑处理

```
            {
                User user = UserInfoService.GetUserByName(userName);
                user.UserState = userState;
                return UserInfoService.ModifyUser(user);
            }
            // 用户登录
            public static bool UserLogin(string userName, string password)
            {
                User user = UserInfoService.GetUserByName(userName);
                if (user != null)
                {
                    if (user.Password == password)
                    {
                        return true; //登录成功
                    }
                }
                return false; //登录失败

            }
        }
    }
```


任务 15.5　构建表示层

15.5.1　表示层的含义

表示层（UI）主要是指与用户交互的界面，用于数据录入、数据显示等。它显示数据和接收用户输入的数据，将用户输入的数据传递给业务逻辑层，将业务逻辑层传递来的数据显示出来。在表示层中一般不包含任何实际的业务处理，它不应因业务逻辑层的变化而修改代码，当业务逻辑层的数据发生变化时，表示层就会显示出新的结果。表示层提供应用程序的用户界面，通常为 Windows 应用程序或 Web 应用程序。

15.5.2　实现宿舍管理系统的表示层

将前面已经写好的 DormSystem 项目添加到解决方案中（也可以新建 Windows 应用程序），这就是表示层。项目中已经做好的窗体都还在，控件也不需要改变，只要修改一些代码，从业务逻辑层中获取数据就可以了。

通过“添加引用”对话框，向 DormSystem 项目添加对 DormSystemBLL 和 DormSystemModel 项目的引用。

要特别注意：表示层是不能和数据访问层直接打交道的，它只能通过业务逻辑层来获取数据。

至此，三层架构已经搭建完成，整个解决方案如图 15.11 所示。

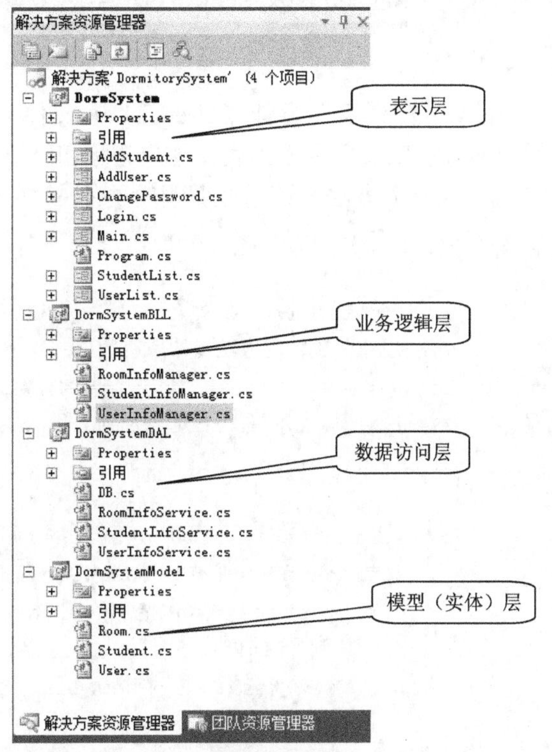

图 15.11　三层架构解决方案

修改表示层中“用户登录”窗体（Login.cs 文件）的代码，调用业务逻辑层 UserManager 类中的方法实现用户登录，方法如下。

（1）在代码中导入 DormSystemModel 和 DormSystemBLL 名字空间，代码如下：

```
using DormSystemModel;
using DormSystemBLL;
```

（2）修改窗体中“确定”按钮的 Click 事件，调用 UserManager 类中的 UserLogin() 方法实现用户登录。代码如下：

```
private void btnOK_Click(object sender, EventArgs e)
{
    string userName = txtUserName.Text; //用户名
    string password = txtPassword.Text; //密码
    bool result = UserInfoManager.UserLogin(userName, password);
    //判断
    if (result) //如果结果为true，则认为用户名和密码正确，登录成功
    {
        this.DialogResult = DialogResult.OK;
    }
```

调用业务逻辑层方法

```
        else  //登录错误
        {
            MessageBox.Show("用户名或密码输入错误！");
        }
    }
```

修改表示层中“用户列表”窗体（UserList.cs 文件）的代码，调用业务逻辑层 UserManager 类中的方法以实现用户列表、用户删除和修改功能，方法如下。

（1）修改 DisplayUser()方法，调用业务逻辑层的 GetAllUsers()方法获得所有用户。

```
    private void DisplayUser()
    {
        lvUserList.Items.Clear();
        //调用业务逻辑层方法获取所有数据
        List<User> users = UserInfoManager.GetAllUsers();
        //遍历对象，将所有的数据添加到 ListView 控件中
        foreach(User user in users)
        {
            string userName = user.UserName;   //读用户名
            string pwd = user.Password; //读密码
            string state = user.UserState; //读用户状态
            //添加到 ListView 中
            ListViewItem lvi = new ListViewItem(userName);
            lvi.SubItems.Add(pwd);
            lvi.SubItems.Add(state);
            lvUserList.Items.Add(lvi);
        }
    }
```


（2）修改 ChangeState()方法，改变用户状态。

```
    private void ChangeState(string state)
    {
        if (lvUserList.SelectedItems != null)
        {
            string userName = lvUserList.SelectedItems[0].Text;
            //确认修改用户状态
            UserInfoManager.ModifyUserState(userName,state);
            //刷新显示
            DisplayUser();
        }
    }
```


（3）修改“删除用户”菜单的 Click 事件。代码如下：

```
    private void tsmiDeleteUser_Click(object sender, EventArgs e)
    {
```

```
            if (lvUserList.SelectedItems != null)
            {
                string userName = lvUserList.SelectedItems[0].Text;
                if (MessageBox.Show("您是否要删除用户 " + userName,
                                    "删除",
                                    MessageBoxButtons.YesNo,
                                    MessageBoxIcon.Question) ==
                                    DialogResult.Yes)
                {
                    int r = UserInfoManager.DeleteUser(userName);
                                                              //确认删除
                    //刷新显示
                    DisplayUser();
                }
            }
        }
```

注：由于解决方案中已经有了4个项目，所以在运行程序前，要将表示层项目设置为启动项目。设置方法为：在表示层项目中右击，选择菜单中的“设为启动项目”命令即可。

三层架构中对项目使用的StudentInfo表、RoomInfo表的操作方式与对UserInfo的操作相似，需要在业务模型层中添加Student类和Room类表示这两个表；在数据访问层中添加StudentInfoService类和RoomInfoService类完成对数据表的访问；在业务逻辑层中添加StudentManager类和RoomInfoManager类实现相应的业务逻辑处理；在表示层中修改相应窗体中的代码，调用业务逻辑层中的方法。

由于篇幅的限制，在此不一一列出上述的步骤和代码。请读者访问http://www.tjbhzy.net.cn/bumen/xinxi/ASPNET.html下载完整的项目代码，参考此代码实现上述操作。

本章总结

通过Visual Studio 2010可以快速、方便地搭建三层架构。表示层是一个Windows应用程序，业务逻辑层、数据访问层和业务模型层用类库来实现。这4个项目组成一个解决方案，这样就实现了三层架构的搭建。

业务模型层中的实体类是三层之间数据传递的载体。

数据访问层完成了所有对数据库的访问操作。

业务逻辑层实现了所有的业务逻辑处理。

表示层用来呈现数据和接收用户的输入。

三层架构并不能简化程序。相反，采用三层架构的项目代码量会大幅度增长。但是，由于三层架构实现了层与层之间的低耦合、层内部的高内聚。这样的系统在清晰性、可维护性和可扩展性方面都非常优秀，测试和修改也比较方便，更加适合团队开发，所以三层架构是目前非常流行的软件架构，得到了广泛的应用。

习题

1．什么是三层架构？主要有哪些组成部分？
2．业务逻辑层的主要功能是什么？实现时要注意哪些问题？
3．实体类如何定义？实体类在三层架构中的作用是什么？
4．如何根据数据表编写实体类？请依据 RoomInfo 表编写对应的实体类。
5．简述实体类和 DataSet 的区别。
6．表示层的主要作用是什么？

实训项目

用三层架构重构通讯录管理系统

项目功能需求

根据第二篇中的实训项目，用三层架构对通讯录管理系统进行重构。

系统实现以下功能：

（1）系统登录；

（2）增加联系人；

（3）修改和删除联系人；

（4）查找联系人；

（5）用户信息管理。

项目功能分析

系统的结构如图 1 所示。

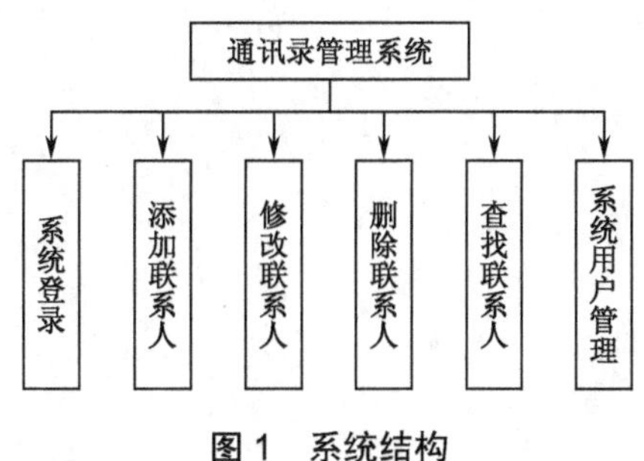

图 1　系统结构

功能描述：主要由 7 部分组成，具体内容参见第二篇中的实训项目。

数据库

网站共用到两个数据表。

（1）Users 表，用于存储用户基本信息，表结构参见第二篇中的实训项目。

（2）Contacts 表，用于存储联系人信息，表结构参见第二篇中的实训项目。

参考实现步骤

（1）搭建表示层项目 PhoneBook。

（2）创建业务实体项目 PhoneBookModels，并添加实体类。

（3）搭建数据访问层项目 PhoneBookDAL。

（4）搭建业务逻辑层项目 PhoneBookBLL。

（5）添加各层之间的依赖关系。

（6）实现数据访问层。

（7）实现业务逻辑层。

（8）重构表示层，实现系统功能。

第四篇

ASP.NET 应用程序开发

第16章 初识 ASP.NET

随着 Web 技术的发展，网站已不再简单地以静态方式发布信息，更多地是提供与用户交互的能力、具备访问数据库能力的动态网站。Web 应用程序已经成为应用程序开发的主流方式。Microsoft.NET 技术体系中应用最为广泛的技术——ASP.NET 已经成为 Web 应用程序开发中的佼佼者。

从这一章开始，将学习 ASP.NET 在开发网站中应用最为广泛的技术，包括：Web 控件、母版页、数据绑定、导航、用户控件等。

任务 16.1　了解 ASP.NET

16.1.1　ASP.NET 概述

ASP.NET 是一款非常优秀的 Web 应用程序开发工具，由 Microsoft 公司发布，它是在.NET 平台中最早推出的部分。它将 Windows 编程中的事件驱动机制带入 Web 应用程序的开发，程序员只要布置控件、设置属性、处理事件就可以了，不用再面对杂乱的 HTML 代码编程（起码许多简单的应用是不需要的），可以说这是一项具有革命性意义的技术。

2002 年 1 月，Microsoft 公司发布了 ASP.NET 1.0 版本。经过 10 年的时间，ASP.NET 不断扩展和完善，现在最新的版本是在 2010 年 4 月发布的 ASP.NET 4.0 版本。

16.1.2　ASP.NET 的特点

ASP.NET 具有许多非常优秀的特点。

1. 与浏览器无关

ASP.NET 按照 W3C 标准化组织推荐的 XHTML 标准生成代码，这可使页面以完全相同的方式在不同的浏览器中显示和工作，无论使用的是 IE 还是 Chrome 浏览器，都可以得到相同的效果。

2. 编译执行，运行效率高

ASP.NET 先将代码编译为 MSIL（微软中间语言，Microsoft Intermediate Language），然后由 JIT（即时编译器，Just-In-Time）编译成机器语言。JIT 在编译时并非一次全部编译，而是调用哪些代码就编译哪些代码，启动时间更短，编译好的代码再次调用时不需要重新编译，代码执行速度更快，极大地提高了 Web 应用程序的性能。

3. 提供了多种控件

ASP.NET 中提供了大量的内置控件，包括数据控件、验证控件等。大量的功能只需拖曳控件就可以完成，极大地提高了开发效率。

4. 代码分离技术使代码更清晰

ASP.NET 采用了代码分离技术，将 HTML 代码和后台代码分离开来，程序员可以单独查阅 C#程序代码，从而可以使代码更清晰，维护更方便。

5. 调试更方便

ASP.NET 可以使用 Visual Studio 开发环境开发，该开发环境提供了强大的调试功能，可以方便地跟踪、调试代码，甚至可以调试前台的 JavaScript 代码，这是其他开发工具所不具备的优势，使开发效率更高。

16.1.3 ASP.NET 成功案例

由于 ASP.NET 的诸多优势，许多企业采用该技术作为站点开发的解决方案。例如：

（1）微软网站（http://www.microsoft.com）；

（2）当当书店（http://mall.dangdang.com）；

（3）CSDN 网站（http://www.CSDN.com）；

（4）戴尔网站（http://www1.ap.dell.com）。

任务 16.2 ASP.NET 快速入门

ASP.NET Web 应用程序的开发与 Windows 应用程序开发过程相似，借助 Visual Studio 2010 开发工具，可以非常方便、快速地开发 Web 应用程序。

16.2.1 创建网站

Web 应用程序在 ASP.NET 中也称网站，下面来创建一个 ASP.NET 网站。

（1）启动 Visual Studio 开发环境。

（2）打开“文件”菜单，选择“新建”→“网站”命令，弹出“新建网站”对话框，如图 16.1 所示。

（3）在“新建网站”对话框中，选中模板列表中的“ASP.NET 空网站”，然后在“位置”区域输入网站存储的位置路径，选择开发语言是“C#”，并单击“确定”按钮，建立网站。

（4）新的网站中没有任何页面。需要通过“网站”→“添加新项”命令打开“添加新项”对话框，向网站中添加新页面。“添加新项”对话框如图 16.2 所示。在对话框中选择“Web 窗体”，输入相应的 Web 窗体名称并单击“确定”按钮，就向网站中添加了一个页面。

在 ASP.NET 中，Web 窗体就是页面。它与前面介绍的 Windows 应用程序中的“窗体”有点相像。各种各样的服务器控件都放置 Web 窗体上。

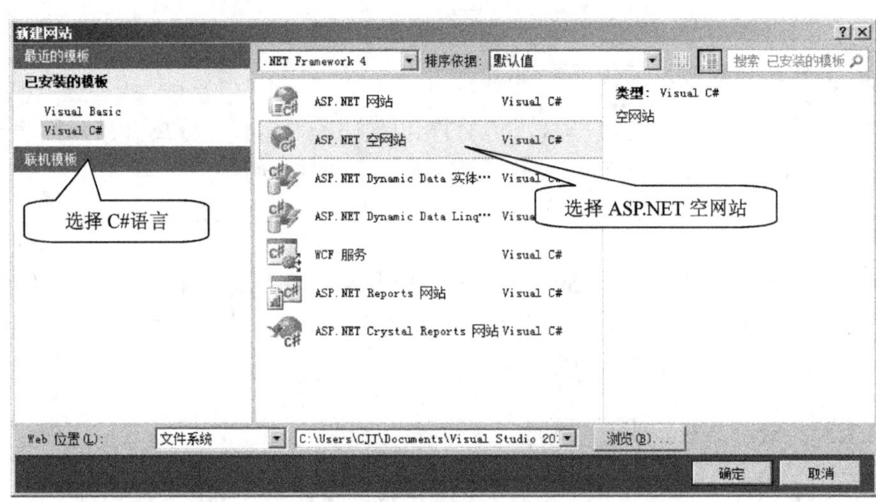

图 16.1 “新建网站”对话框

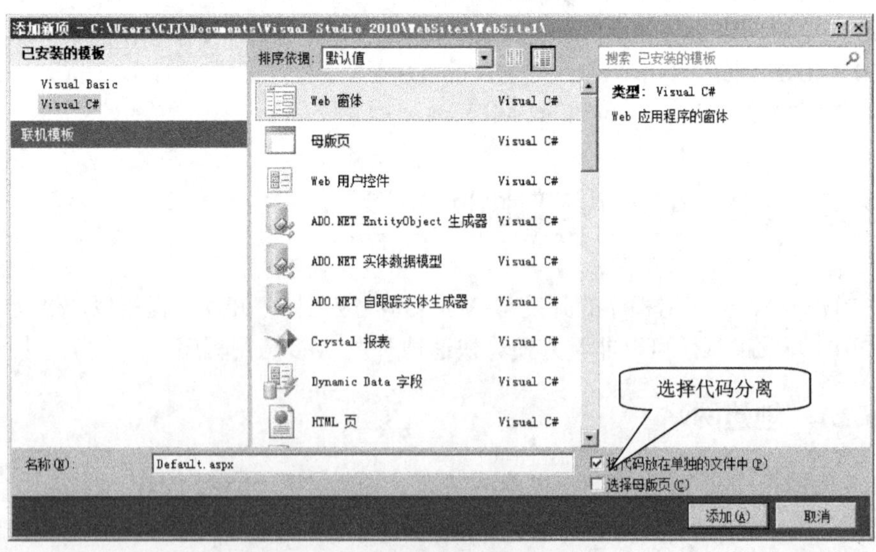

图 16.2 “添加新项”对话框

（5）当网站中有多个页面（Web 窗体）时，要将网站第一个显示的页面设置为“起始页”，这样每次运行程序就都会在浏览器先显示这个页面了。否则，ASP.NET 会首先显示运行时选中的页面。可以右击解决方案资源管理器中要设置为“起始页”的页面，选择菜单中的“设为起始页”命令来完成这个操作，如图 16.3 所示。

（6）在第一次运行网站程序时，会弹出如图 16.4 所示的对话框。建议选中“修改 Web.config 文件以启用调试”单选按钮并单击“确定”按钮。这样，网站运行过程中就能使用调试功能了。

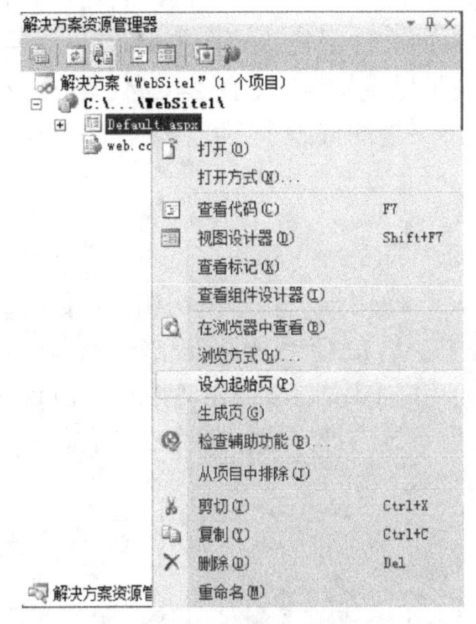

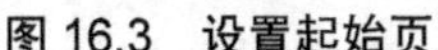
图 16.3 设置起始页

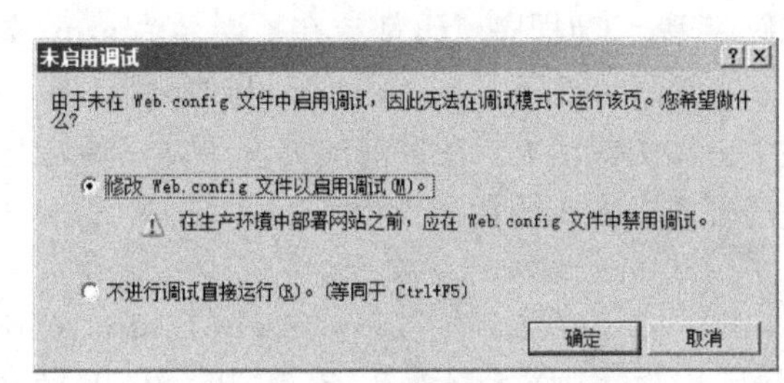

图 16.4 “未启用调试”对话框

16.2.2 ASP.NET 项目结构

在创建了一个网站后，Visual Studio 会在网站中自动生成一些文件及文件夹，在解决方案资源管理器中可以看到这些文件和文件夹。各个文件和文件夹的含义如下。

（1）Web.config 文件。Web.config 文件是一个基于 XML 的网站配置文件，它包含网站的配置信息。这个文件是网站运行时必需的，如果它被删除了，在下一次运行网站时，ASP.NET 会自动创建一个网站。

（2）Default.aspx 文件。这个文件是后来添加进去的。Default.aspx 文件是页面文件，其中包含 HTML、服务器控件等各种标签，还可能包含一些程序语句。

（3）Default.aspx.cs 文件。该文件是后台代码文件，编写的 C#程序代码大多放在该文件中。

（4）App_Code 文件夹。App_Code 文件夹主要用来存放代码文件，这个文件夹不会默认出现。当向网站中添加“类”文件时，ASP.NET 会把类文件放置在该文件夹下。

（5）App_Data 文件夹。App_Data 文件夹主要用来存放数据文件，这个文件夹也不会默认出现。当向网站中添加“数据库”时，ASP.NET 会把数据库文件放置在该文件夹下。

（6）bin 文件夹。bin 文件夹包含发布网站时生成的若干程序集文件（.dll 文件）。

16.2.3 代码分离和代码内嵌

1. 代码分离

代码分离技术是编写ASP.NET Web应用程序最常用的编码方式，它将一个页面分成前台页面文件（.aspx文件）和后台代码文件（.cs），两个文件名称相同，只是扩展名不同。这两个文件相互关联构成一个页面。在前台页面文件中包含控件和HTML代码，而后台代码文件则包含相关的C#代码。这样程序员可以直接编写、阅读C#代码，而不用在HTML代码和C#代码混杂的窗口中寻找自己感兴趣的代码了，可以使代码更加清晰，维护也更加方便。

2. 代码内嵌

代码内嵌是与代码分离相对的，它与传统的Web应用程序代码结构相似，HTML代码和后台C#程序代码都放在扩展名为.aspx文件中。后台C#代码写在<% %>标记之间。在这种方式下，HTML代码与C#代码混杂在一起，阅读、维护相对麻烦，但它提供了更大的灵活性。在目前的情况下，许多功能必须通过这种方式才能完成。下面是一段代码内嵌方式的代码：


```
<td rowspan="2">
   <a  href="BookDetails.aspx?bid=0001">
   <img style="CURSOR: hand" height="121" alt='<%# Eval("title") %>"'
             src='images/BookCovers/<%# Eval("ISBN") %>.jpg'
             width="95"  space="4"/>
   </a>
</td>
```

内嵌的C#代码

在新建页面时，可以选择“添加新项”对话框中的“将代码放在单独的文件中”复选框来决定采用代码分离方式还是采用代码内嵌方式，如图16.2所示。一般开发时建议采用代码分离方式。

16.2.4 编写、调试、运行网站

ASP.NET网站程序的编写与Windows应用程序的方式基本一样，也采用拖曳控件+编写事件的方式来编程。运行和调试也与Windows应用程序一致，选择“调试”→“开始调试”命令，或按F5键就可以运行并调试ASP.NET应用程序。

由于ASP.NET网站程序都是在服务器上运行的，运行结果都是在浏览器中显示的，所以开发网站前要搭建IIS服务器。不过在Visual Studio中提供了一个轻量级的IIS服务器——ASP.NET Development Server。它会在启动程序时自动启动，显示在任务栏中，如图16.5所示。这样即使不搭建IIS服务器也能运行ASP.NET Web应用程序。

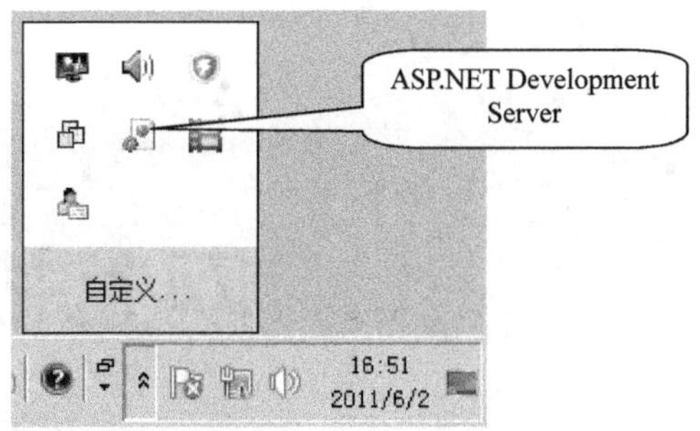

图 16.5　任务栏中的 ASP.NET Development Server

本章总结

在这一章中，介绍了一些 ASP.NET 开发基础的知识，包括：

（1）ASP.NET 的特色；

（2）创建网站的方法和步骤，ASP.NET 网站的结构；

（3）Web 窗体就是通常所说的页面，在 ASP.NET 中它是扩展名为.aspx 的文件；

（4）ASP.NET 采用代码分离的形式来组织前台页面和后台代码；

（5）ASP.NET 网站的编写与 Windows 应用程序相似，大多采用控件+事件的形式。

习题

1．ASP.NET 有哪些优点？

2．使用 ASP.NET 新建一个项目后，通常会自动创建哪些文件和文件夹？项目文件的文件类型是什么？

3．代码分离和代码内嵌有什么区别？

4．调试一段代码需要做哪些工作？需要注意的问题有哪些？

第 17 章 网上书城项目准备

本篇的讲解将围绕着一个电子商务网站——网上书城系统的开发过程进行。下面介绍网上书城网站的系统结构、数据库和相关资源。

任务 17.1　了解网上书城系统结构

网上书城是一个典型的电子商务网站，它可以实现图书信息浏览和图书购买。网上书城系统主要分两部分：前台用户操作页面和后台管理员操作页面。前台用户操作页面主要提供图书信息的浏览、查询、购买等功能；后台管理员操作页面提供用户信息管理（包括添加用户、编辑用户等）、图书信息管理（包括图书添加、编辑、删除等）等功能。系统功能模块和页面名称如图 17.1 所示。

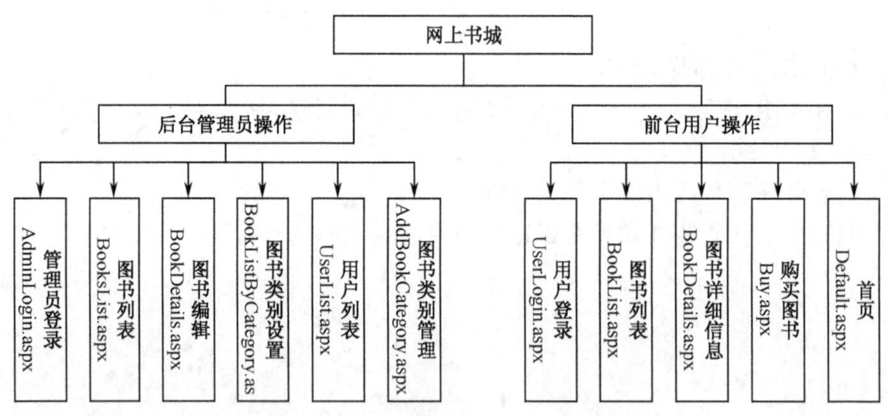

图 17.1　系统功能模块和页面名称

任务 17.2　了解数据库结构

网上书城系统使用 SQL Server 2005 数据库，数据库名称为 BookShop。数据库中共包含 6 个数据表。数据表名称及作用如表 17.1 所示。

表 17.1 数据表名称及作用

数据表名称	作 用
Books	存储图书信息
Categories	存储图书的类别信息
Publishers	出版社信息
Users	用户信息，包括管理员和普通用户
UserRoles	用户角色信息
UserStates	用户状态信息

Books 表和 Users 表是系统中两个主要的数据表，大量的数据都从该表获取。Books 表结构如表 17.2 所示，Users 表结构如表 17.3 所示。

表 17.2 Books 表结构

列 名	类 型	说 明
Id	int	图书编号，主键
Title	nvarchar(200)	图书书名
Author	nvarchar(200)	作者
PublisherId	int	出版社编号，外键，与 Publishers 表关联
ISBN	nvarchar(50)	ISBN，也作为图书封面照片文件的文件名，照片扩展名为.jpg
UnitPrice	money	图书价格
ContentDescription	nvarchar(max)	图书内容介绍
TOC	nvarchar(max)	图书目录
CategoryId	int	图书类别编号，外键，与 Categories 表关联

表 17.3 Users 表结构

列 名	类 型	说 明
Id	int	用户编号，主键
LoginId	nvarchar(50)	登录名
LoginPwd	nvarchar(50)	登录密码
Name	nvarchar(50)	用户姓名
Address	nvarchar(200)	地址
Mail	nvarchar(100)	电子邮件地址
Phone	nvarchar(100)	电话
UserRoleId	int	用户角色，外键，与 UserRoles 表关联
UserStateId	int	用户状态，外键，与 UserStates 表关联

任务 17.3 了解网站中使用的资源

网站页面设计用到的各种图片、图书封面照片、CSS 样式表等资源分别存储在不同的文件夹下，各个文件夹的含义如表 17.4 所示。

表 17.4 资源文件夹含义

文 件 夹	说 明
Images	网站中用到的各种图片
Images/Bookcovers	图书封面照片，以图书的 ISBN 作为文件名
Css	样式文件夹，内含 Page.css 文件，包含网站中用到的所有样式

本章总结

在这一章中，对要开发的网上书城系统功能结构、页面名称、数据库结构及网站中使用到的各种资源进行了介绍，使读者对网上书城的开发有了一个大致的了解。

第 18 章

ASP.NET 系统对象

这一章，主要介绍 ASP.NET 系统对象，它们是编写 ASP.NET 网站的基础。

在 ASP.NET 页面中包含了一组类，在页面中可以直接使用，把它们称为系统对象。这些系统对象主要有：Page 对象、Request 对象、Response 对象、Server 对象、Application 对象、Session 对象、Cookie 对象。它们提供了页面运行、HTTP 请求与响应、信息保持、路径处理、信息编码等 Web 应用程序中最基本的功能。

任务 18.1　认识 Page 对象

Page 对象就是通常所说的页面。当打开 Web 窗体时，ASP.NET 会先编译 Web 窗体，然后动态生成新的类去执行，这个类就是 Page 对象。在 Web 窗体中可以使用 Page 对象的属性、方法及事件。

在 ASP.NET 中放在<% %>内以“@”开头的代码被称为指令。每个 Web 窗体中都有一个@Page 指令，在设计器的“源”卡片中能够看到这个指令，如图 18.1 所示。

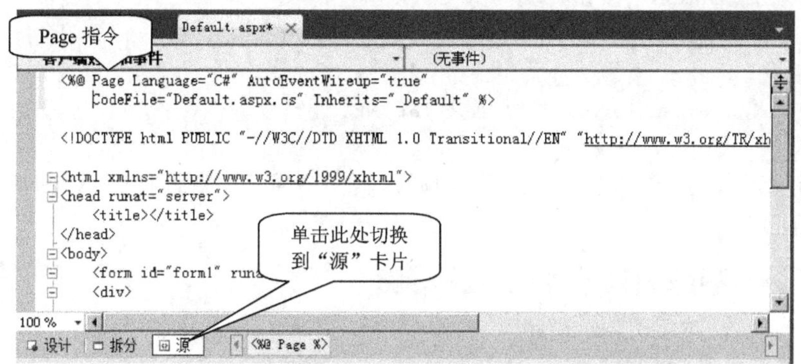

图 18.1 “源”卡片

ASP.NET 根据 Page 指令中的属性进行分析和编译。其中 Language 属性表示页面中所使用的语言种类，AutoEventWireup 属性表示事件是否自动绑定，CodeFile 属性表示与这个页面对应的后台代码文件的路径，Inherits 表示后台代码文件的类名，通常与 CodeFile 文件一起使用。

代码分离技术实际上就是由@Page 指令中的 CodeFile 属性和 Inherits 属性描述的。页面会根据这两个属性指定的文件和类名与后台代码文件相关联。

任务 18.2　页面的输出与输入

18.2.1　Response 对象常用方法

Response 对象可以动态地对 HTTP 请求进行响应操作，可以理解为实现页面的输出，它能完成向页面输出数据、从一个页面重定向到另一个页面等功能。Response 对象常用方法如表 18.1 所示。

表 18.1　Response 对象常用方法

方 法 名	功　能
Write()	向页面中输出指定文本内容
End()	使服务器停止当前程序
Redirect()	将页面重定向到另一个页面

18.2.2　使用 Response 对象输出数据

使用 Response 对象的 Write()方法可以向页面输出指定的文本内容。

示例：在页面中显示文字。操作步骤如下。

（1）创建一个 ASP.NET Web 应用程序，向网站中添加一个名为“Default.aspx”的页面。

（2）在 Default.aspx 页面中添加一个“Button”控件，如图 18.2 所示。

（3）双击“Button”按钮，编写其 Click 事件：

```
protected void Button1_Click(object sender, EventArgs e)
{
    Response.Write("欢迎使用 ASP.NET");
}
```

（4）运行页面，单击“Button”按钮后，页面中显示“欢迎使用 ASP.NET”，效果如图 18.3 所示。

图 18.2　Default.aspx 页面布局

图 18.3　程序运行效果一

Write()方法可以向页面输出各种 HTML 标记。如果将按钮中的代码修改为：

```
protected void Button1_Click(object sender, EventArgs e)
{
    Response.Write("欢迎使用<H1>ASP.NET</H1>");
}
```

则向浏览器输出“欢迎使用 ASP.NET”，其中“ASP.NET”将以 H1 格式输出，程序运行效果如图 18.4 所示。

图 18.4　程序运行效果二

18.2.3　使用 Response 对象实现页面重定向

使用 Response.Redirect()方法可以实现从一个页面重定向到另一个页面。

示例：从 Default.aspx 页面跳转到 Hello.aspx 页面。操作步骤如下。

（1）创建一个 ASP.NET Web 应用程序，向网站中添加一个名为“Default.aspx”的页面和一个名为“Hello.aspx”的页面。将“Default.aspx”页面设置为起始页。

（2）在 Default.aspx 页面中添加一个“Button”控件，单击该按钮将跳转到 Hello.aspx 页面。

（3）双击“Button”按钮，编写其 Click 事件：

```
protected void Button1_Click(object sender, EventArgs e)
{
    Response.Redirect("Hello.aspx");
}
```

（4）运行程序，单击“Button”按钮，浏览器将跳转到 Hello.aspx 页面。

18.2.4　Request 对象常用属性

Request 对象可以发出 HTTP 请求，可以理解为页面的输入。它能读取页面跳转时传递的参数，可以获取浏览器端的版本、IP 地址等信息。Request 对象的常用属性如表 18.2 所示。

表 18.2　Request 对象的常用属性

属 性 名	功　能
QueryString	收集 HTTP 协议中 Get 请求发送的数据
Form	收集 HTTP 协议中 Post 请求发送的数据
ServerVariable	服务器和客户端的系统信息
Params	所有方式传递的参数

18.2.5 通过 Get 请求向页面发送数据

当从一个页面跳转到另一个页面时，可以使用 HTTP 协议中的 Get 请求向页面发送数据。只要在调用页面的 URL 中使用“?”就可以实现“?”号后面描述的数据的发送。

例如，使用 Response.Redirect()方法跳转页面时，向要跳转到的页面发送数据的语句为：

```
Response.Redirect("Hello.aspx?name=Tom");
```

其中，Hello.aspx 表示要跳转的页面，“?”表示向该页面发送数据，name 表示数据的名称，Tom 为数据具体的内容。执行该语句后，Hello.aspx 页面被打开，同时传入数据“Tom”。

如果要发送的数据有两个或两个以上时，只要在数据间加入“&”符号间隔即可。

例如，跳转到 Main.aspx 页面，发送数据 userName=Tom 和 pwd=123456。代码如下。

```
Response.Redirect("Main.aspx?userName=Tom&pwd=123456");
```

示例：创建系统登录页面，向主页面发送登录用户名。操作步骤如下。

（1）创建一个 ASP.NET Web 应用程序，名称为 Shop。添加一个名为“SignIn.aspx”的页面（登录页面）和一个名为“Main.aspx”的页面（主页面）。

（2）在 SignIn.aspx 页面中添加“Label”、“TextBox”、“Button”等控件，效果如图 18.5 所示。

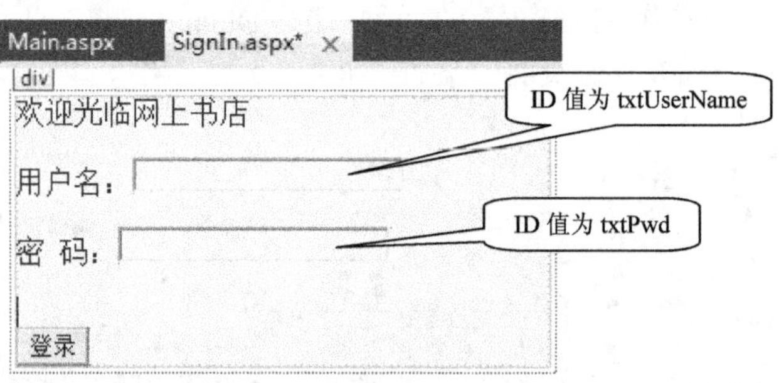

图 18.5 登录页面

（3）双击“Button”按钮，编写其 Click 事件，实现跳转到 Main.aspx 页面并发送用户名数据的功能：

```
protected void Button1_Click(object sender, EventArgs e)
{
    Response.Redirect("Main.aspx?userName=" + txtUserName.Text);
}
```

运行 SignIn.aspx 页面，输入用户名信息（密码信息可暂不输入）后单击“登录”按钮，页面将跳转到 Main.aspx，并向其发送了输入的用户名数据。打开 Main.aspx 页面后，可以在浏览器的地址栏中看到发送的用户名数据，效果如图 18.6 所示。

图 18.6 发送数据

18.2.6 使用 Request 对象获取页面输入

向 Main.aspx 页面发送了用户名数据后，如何在页面中获取发送的用户名呢？Request 对象可以完成这个任务。

打开 Main.aspx 页面，在页面的 Load 事件中编写代码，获取传送来的用户名数据，并显示在页面中：

```
protected void Page_Load(object sender, EventArgs e)
{
    //获取用户名数据
    string userName = Request.QueryString["userName"];
    //在页面上显示用户名
    Response.Write(userName);
}
```

Request 对象的默认属性就是 QueryString，所以上面获取用户名数据的语句也可以写成：

```
string userName = Request["userName"];
```

运行页面，从 SignIn.aspx 跳转到 Main.aspx 页面后，可以看到传递的“用户名”显示在页面中。

18.2.7 使用 Request 对象获取浏览器信息

Request 对象的 ServerVarialbes 属性集合可以获取服务器和浏览器上的信息。

示例：在页面中显示浏览器版本、语言等信息。操作步骤如下。

（1）创建一个 ASP.NET Web 应用程序，向网站中添加名为“Default.aspx”的页面。

（2）在 Default.aspx 页面中添加一个“Button”控件，单击该按钮将在页面中显示浏览器信息。

（3）双击“Button”按钮，编写其 Click 事件：

```
protected void Button1_Click(object sender, EventArgs e)
{
    //显示浏览器版本
    Response.Write(Request.ServerVariables["HTTP_USER_AGENT"].
    ToString());
    //显示浏览器语言
    Response.Write(Request.ServerVariables["HTTP_ACCEPT_LANGUAGE"].
    ToString());
}
```

（4）页面运行效果如图 18.7 所示。

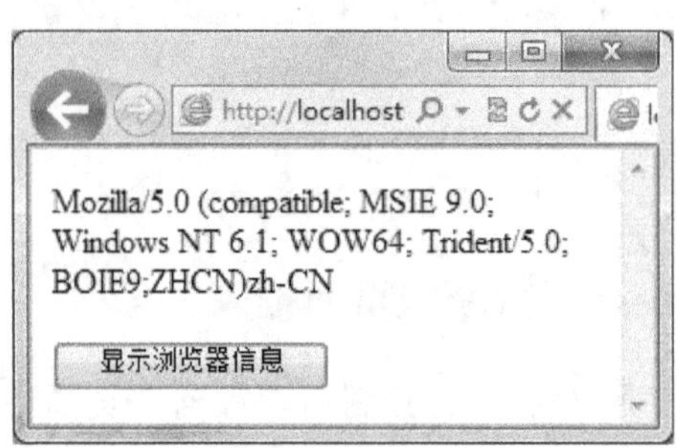

图 18.7　显示浏览器信息

18.2.8　页面数据传递

1. 页内数据传递

页内数据传递是最简单的一种页面数据传递方式。单击页面上的某个按钮引起页面回传（PostBack）时，页面上所有的服务器控件的值都要回传，必须要用 Request 对象获取这些回传的数据。但 ASP.NET 对此已经做了封装，所以才能像使用 WinForm 程序那样操作页面。

但是页面回传机制也会带来一些问题。例如，为了让用户在登录时更加方便，可以在登录时给出一些提示。在 SignIn.aspx 页面的 Load 事件中添加如下代码：

```
protected void Page_Load(object sender, EventArgs e)
{
    txtUserName.Text = "请输入用户名";
    txtPwd.Text = "请输入密码";
}
```

运行时，会看到 TextBox 控件中出现了提示，如图 18.8 所示。接下来输入用户名信息，如图 18.9 所示，并单击“登录”按钮，打开 Main.aspx 页面。这时发现在 Main.aspx 页面中显示的用户名并不是所输入的用户名，效果如图 18.10 所示。

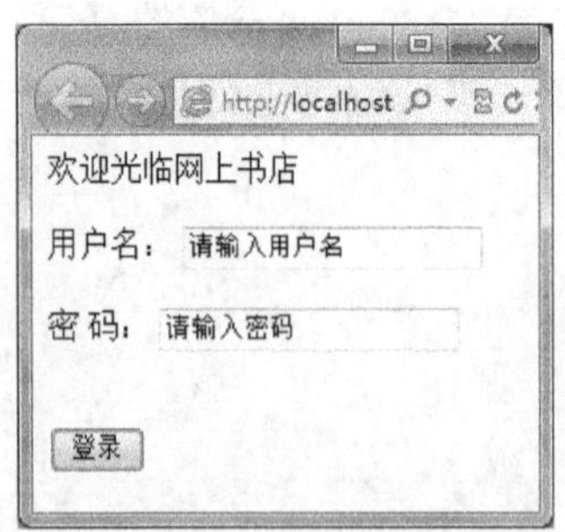

图 18.8 登录提示

图 18.9　输入用户名

图 18.10　Main.aspx 页面显示内容

为什么输入了用户名“Jack”，而在 Main.aspx 页面中显示的是“请输入用户名”呢？这是由于页面回传，页面的 Load 事件被重新触发造成的。页面首次运行时，其 Load

事件中的语句被执行一次，当单击“登录”按钮后，页面被回传并重新加载，Load 事件再次触发，然后才触发按钮的 Click 事件。也就是说，单击按钮时，实际会先触发页面的 Load 事件，然后才触发按钮的 Click 事件。所以，在按钮的 Click 事件执行前，TextBox 中的内容已经被 Load 事件中的语句改成“请输入用户名”，导致无法正确获取用户输入的内容。

为了解决这个问题，Page 对象提供了 IsPostBack 属性来对页面的回传进行判断。当页面首次加载时，该属性值为 false，当页面由于回传被重新加载时，该属性值为 true。

所以，只要将 SignIn.aspx 页面的 Load 事件修改为：

```
protected void Page_Load(object sender, EventArgs e)
{
    if (!Page.IsPostBack)      判断页面是否回传，该语句也可以写为 if (!IsPostBack)
    {
        txtUserName.Text = "请输入用户名";
        txtPwd.Text = "请输入密码";
    }
}
```

就可以有效解决页面回传问题。这时，页面的事件的执行过程就与前面学习的 Windows 程序的事件执行过程相似了。实际上，在大多数情况下，编写页面的 Load 事件时，都要首先写出 if(!IsPostBack)语句对页面回传进行判断。

2. 跨页数据传递

在 Web 开发中，还经常需要把页面中控件的值传递给另一个页面。除了使用 Request 对象外，ASP.NET 还提供了一种跨页数据传递形式，可以将页面中所有控件的值发送到另一个页面。

可以在目标页面中使用：

```
PreviousPage.FindControl("控件 ID")
```

方法来获取源页面中的控件内容。其中 PreviousPage 属性表示源页面，FindControl 方法可以通过控件 ID 找到源页面中相应的控件。用 FindControl()方法找到的控件必须进行类型转换。

在进行跨页数据传递时，不能使用 Response.Redirect()方法进行页面的跳转，必须通过 PostBackUrl 属性表示要跳转到的目标页面。目前只有 Button、LinkButton、ImageButton 三种控件支持 PostBackUrl 属性。

示例：使用跨页传递方式传递用户名数据。操作步骤如下。

（1）在 SignIn.aspx 页面中，设置“登录”按钮的 PostBackUrl 属性为“Main.aspx”。

（2）删除“登录”按钮 Click 事件中跳转页面的代码。

（3）修改 Main.aspx 页面的 Load 事件，使用 PreviousPage 属性获取用户名信息。

```
protected void Page_Load(object sender, EventArgs e)
{
    //获取用户名数据
```

```
        TextBox t = (TextBox)PreviousPage.FindControl("txtUserName");
        string userName = t.Text;
        Response.Write(userName); //在页面上显示用户名
    }
```

获取 SignIn.aspx 页面的 txtUserName 控件

如果直接运行 Main.aspx 页面，会看到如图 18.11 所示的错误。

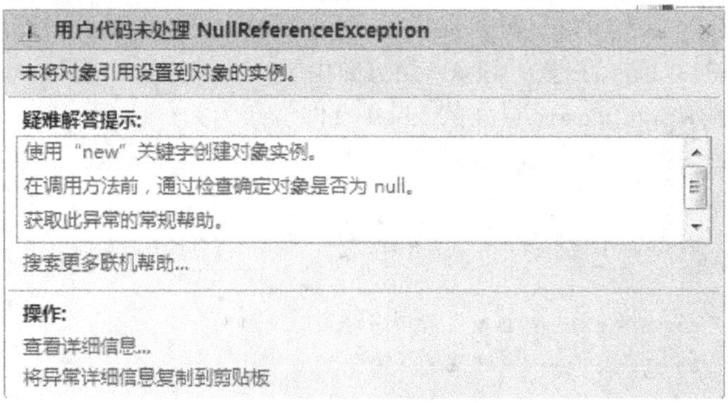

用户代码未处理 NullReferenceException

未将对象引用设置到对象的实例。

疑难解答提示:

使用"new"关键字创建对象实例。

在调用方法前，通过检查确定对象是否为 null。

获取此异常的常规帮助。

搜索更多联机帮助...

操作:

查看详细信息...

将异常详细信息复制到剪贴板

图 18.11　跨页传递错误

这是因为 Main.aspx 页面没有通过 PostBackUrl 属性跳转，页面中不能使用 PreviousPage 属性而引发的异常。为了解决这个问题，可以通过 IsCrossPagePostBack 属性判断页面是否进行了跨页传递。代码如下：

```
    protected void Page_Load(object sender, EventArgs e)
    {
        if (Page.PreviousPage != null) //判断是否存在源页面
        {
            if (PreviousPage.IsCrossPagePostBack) //判断是否进行跨页传递
            {
                //获取用户名数据
                TextBox t = (TextBox)PreviousPage.FindControl("txtUserName");
                string userName = t.Text;
                Response.Write(userName); //在页面上显示用户名
            }
        }
    }
```

与 IsPostBack 属性相似，IsCrossPageBack 属性也是布尔类型属性，当跨页传递时，IsCrossPageBack 属性为 true，否则为 false。

任务 18.3　状态保持

Web 应用程序大多使用 HTTP 协议，由于 HTTP 协议是无状态的，所以，在 Web 应用程序中不能像 Windows 应用程序那样使用全局变量、静态变量等形式保存数据。

例如，对于如图 18.12 所示的页面，页面中编写了如下代码：

```
public partial class _Default : System.Web.UI.Page
{
    public string x = "您好";  //定义 X 变量
    protected void btnSetX_Click(object sender, EventArgs e)
    {
        x = "ASP.NET";//设置 X 变量
    }
    protected void btnGetX_Click(object sender, EventArgs e)
    {
        Response.Write(x); //读取 x 变量的内容
}
}
```

定义全局变量

运行页面，单击“设置 X 变量”按钮，将变量 X 设置为“ASP.NET”，然后单击“读取 X 变量”按钮，会看到显示的结果仍然是“您好”，如图 18.13 所示。这是 HTTP 的无状态性造成的，在页面中不能使用全局变量存储数据。要对信息进行保存，称之为状态保持。在 ASP.NET 中可以利用 Session 对象、Cookie 对象、Application、ViewState 对象实现状态保持。

图 18.12　页面效果

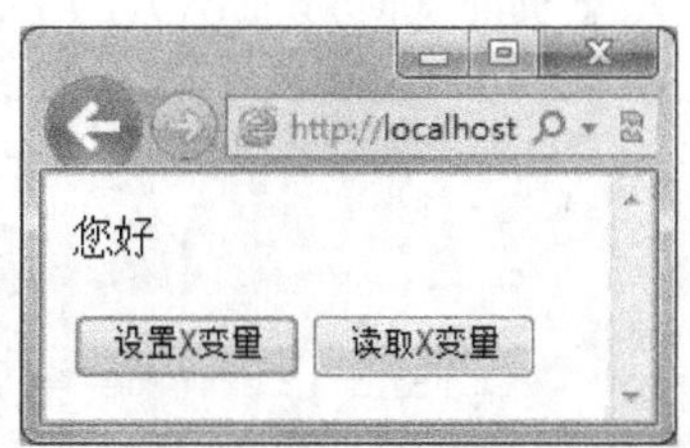

图 18.13　读取 X 变量效果

18.3.1　Session 对象

Session 也称会话，它可以在服务器端存储数据。针对每一个连接，都会拥有自己的 Session 对象。利用 Session 对象可以实现同一连接在不同页面之间的状态保持，但不同连接是不能通过 Session 对象来共享数据的。

使用 Session 对象保存数据非常简单，存储语句格式为：

```
Session["Session 名称"]=数据值;
```

读取 Session 对象中的数据语句格式为：

```
变量=Session["Session 名称"];
```

Session 对象可以存储多种形式的数据，包括数字、字符串、数组等，甚至可以是 DataSet 对象或控件。

Session 对象的常用属性和方法见表 18.3。

表 18.3　Session 对象的常用属性和方法

属性和方法	功　能
SessionID 属性	包含唯一的连接标识符，用于在整个会话过程中记录用户信息。由系统自动生成
Timeout 属性	超时的时间。在用户没有任何操作的情况下，Session 对象默认可以保持数据 20 分钟不丢失。设置 Timeout 属性可以改变操持的时间。单位为分钟
Clear 方法	清除 Session 状态集合中的数据
Abandon 方法	结束 Session

示例：使用 Session 对象保存用户名信息。

（1）改写登录页面（Sign.aspx）中“登录”按钮的 Click 事件，使用 Session 对象保存用户名信息。

```
protected void btnSignIn_Click(object sender, EventArgs e)
{
    Session.Timeout = 30; //将 Session 的超时时间设置为 30 分钟
        Session["UserName"] = txtUserName.Text;
                                        //使用 Session 对象保存用户名
    Response.Redirect("Main.aspx");//跳转到主页面
}
```

（2）改写主页面（Main.aspx）的 Load 事件，读取 Session 对象中的用户名。

```
protected void Page_Load(object sender, EventArgs e)
{
   if (!IsPostBack)
     {
         string userName = Session["UserName"].ToString();
                                                    //获取用户名数据
         Response.Write(userName); //在页面上显示用户名
     }
}
```

读取 Session 对象中不存在的数据时，系统会引发如图 18.14 所示的异常。

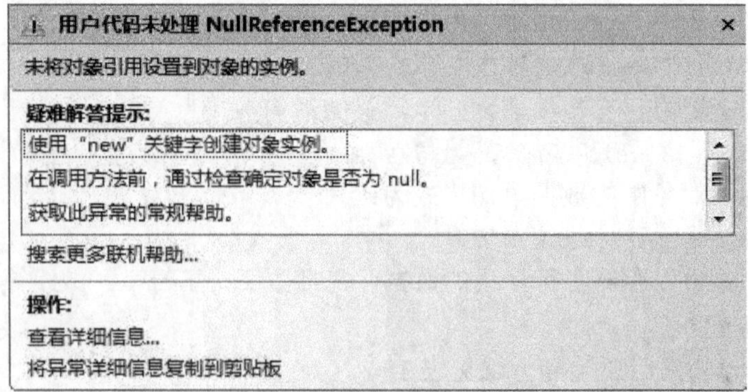

图 18.14　读取 Session 异常

为了避免读取 Session 对象异常，可以判断 Session 对象中的数据是否为 null。代码如下：

```
if (Session["UserName"] != null)  判断 Session 中是否有数据
{
    string userName = Session["UserName"].ToString();//获取用户名数据
    Response.Write(userName);//在页面上显示用户名
}
```

18.3.2 Cookie 对象

Cookie 在 Internet 内是指小量信息，它由服务器发送出来，存储在浏览器上。这项技术应用是极为广泛的，利用 Cookie 对象，可以将信息存储在客户机硬盘上，达到状态保持的效果，它可以记录用户访问网站时的特定信息，如登录信息、页面风格、用户关注内容等。

Cookie 是存储在浏览器目录中的文本文件，当访问该 Cookie 对应的网站时，Cookie 作为 HTTP 头部文件的一部分在浏览器和服务器之间传递。

Cookie 对象分别属于 Request 对象和 Response 对象，每一个 Cookie 对象都属于集合 Cookies，所以访问 Cookie 可以使用类似于数组和集合和索引器方式。

1. 存储 Cookie

Cookie 中的数据可以利用 Response.Cookies 属性集合存储，语法格式为：

```
Response.Cookies[Cookie 名称]=数据值;
```

Cookie 对象对应的类名是 HttpCookie，也可以实例化 HttpCookie 类来存储 Cookie 数据，语法格式为：

```
HttpCookie  hc = new HttpCookie("Cookie 名称", "数据值");
Response.Cookies.add ( hc);
```

出于安全的考虑，Cookie 被存储到浏览器上后，会有一个有效期，过期自动失效。默认有效期是到当前程序关闭为止，也就是说，程序运行完了，Cookie 就失效了。这就意味着大多数情况下，必须要重新设置有效期才能让 Cookie 数据更长久地保存。Cookie 对象的 Expires 属性可以设置有效期，该属性值是 DateTime 类型数据，表示有效期截止日期。如果将 Expires 属性设置为“MaxValue”，则表示 Cookie 永不过期。

示例：使用 Cookie 对象保存用户登录名。

（1）在登录页面（SignIn.aspx）中添加一个 CheckBox 控件，用于控制是否存储用户名，如图 18.15 所示。

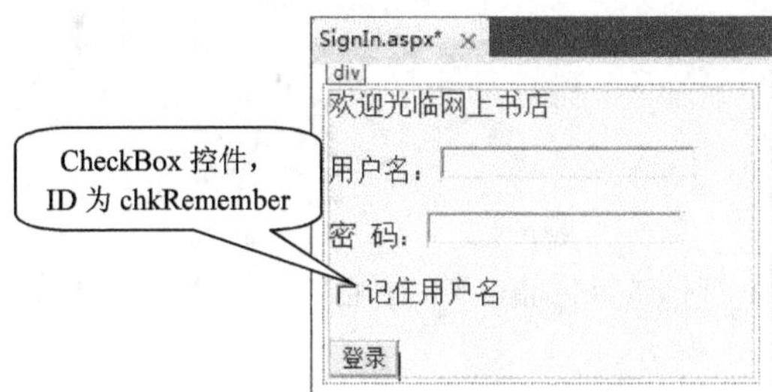

图 18.15　添加 CheckBox 控件

（2）修改“登录”按钮的 Click 事件，实现选中“记住用户名”复选框，单击“登录”按钮，输入的用户名信息将用 Cookie 对象存储在浏览器上。代码如下：

```
protected void btnSignIn_Click(object sender, EventArgs e)
{
    //将用户名存储在 Cookie 中
    if (chkRemember.Checked) //选中存储用户名选项
    {
      //定义 Cookie 对象
      HttpCookie hc = new HttpCookie("UserName", txtUserName.Text);
      hc.Expires = DateTime.Now.AddDays(14); //14 天内有效
      Response.Cookies.Add(hc); //将 Cookie 存储到浏览器上
    }
    Session["UserName"] = txtUserName.Text; //使用 Session 对象保存用户名
    Response.Redirect("Main.aspx");//跳转到主页面
}
```


2. 读取 Cookie

Request.Cookies 集合可以读取 Cookie 中的数据，读取语法格式为：

```
string 变量名 = Request.Cookies["Cookie 名称"].Value;
```

如果要读取的 Cookie 名称不存在，将会引发异常。可以通过判断 Cookies[“Cookie 名称”]是否为 null 来避免异常。

示例：在登录页面中读取存储的用户名，自动显示在 txtUserName 文本框中。

修改登录页面（SignIn.aspx）的 Load 事件，加入读取 Cookie 的代码：

```
protected void Page_Load(object sender, EventArgs e)
{
    if (!IsPostBack)
    {
        txtUserName.Text = "请输入用户名";
        txtPwd.Text = "请输入密码";
        //读取存储在 Cookie 中的用户名
        HttpCookie hc = Request.Cookies["UserName"];
        if (hc != null) //有 Cookie 数据
        {
            txtUserName.Text = hc.Value;
        }
    }
}
```

运行页面后，程序读取事先存储在 Cookie 中的用户名信息，并显示在文本框中，效果如图 18.16 所示。

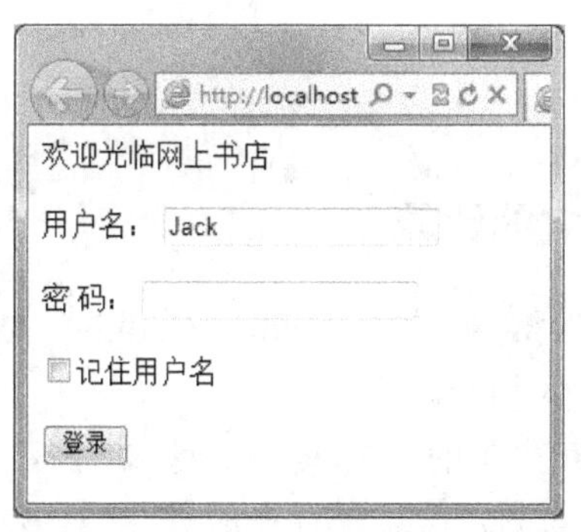

图 18.16　读取 Cookie 效果控件

由于 Cookie 是存储在客户端的，所以它的使用会受到浏览器的限制，许多浏览器对 Cookie 的大小限制为 4KB，因此，不能在 Cookie 中存储大量的数据。另外，用户如果修改浏览器设置将 Cookie 禁用，那么 Cookie 就无法使用。

18.3.3　Application 对象

Application 对象是应用程序级别状态保持方式，它可以用来在所有用户间共享信息。当希望某些信息能够被整个网站的所有页面共享访问时，如记录整个网站的在线访问人数等，Application 对象是比较好的解决方法。

Application 对象在 Web 应用程序运行期间持久地保持数据，当应用程序第一次启动时，应用程序启动，并创建 Application 对象。创建成功后，在整个应用程序中都可以访问该对象中的数据，直到应用程序结束。

Application 对象的使用方法与 Session 对象相似，其操作语法如下。

（1）设置 Application 对象值：

```
Application["Application 名称"] = 数据值;
```

（2）读取 Application 对象值：

```
变量 = Application["Application 名称"];
```

18.3.4　ViewState 对象

ViewState 对象也称状态信息字典，它可以在当前页面的多个请求之间保持数据。实际上 ASP.NET 页面中的控件状态就是使用 ViewState 对象保持的。例如在 TextBox 中输入一些数据，提交页面后，TextBox 控件中的数据还在，并没有随着页面的提交而丢失，这是因为 ASP.NET 自动使用 ViewState 对象将 TextBox 中的数据存储了起来。

使用 ViewState 对象保持状态，必须将页面的 EnabledViewState 属性设置为 true 才可以（默认为 true）。ViewState 对象只能在当前页中保持数据，一旦跳转到了其他页面，这个页的 ViewState 数据将全部丢失。

ViewState 对象的使用方法也与 Session 对象相似，其操作语法如下。

（1）设置 ViewState 对象值：

```
ViewState ["ViewState 名称"] = 数据值;
```

（2）读取 ViewState 对象值：

```
变量 = ViewState ["ViewState 名称"];
```

18.3.5 状态保持方式的比较

在 ASP.NET 中，状态保持主要有 Session、Cookie、Application 和 ViewState 四种方式，但它们的适用情况不太相同。

（1）Session 对象保存较少量的、简单的数据，这些数据是面向单个用户、单个连接的信息，它在整个会话内有效。信息保存在服务器中，会占用一定的服务器资源。当 Session 超时或被关闭时，其中的数据将被清空。由于用户停止应用程序的操作后（不关闭会话）它仍然会保存一段时间（未超时前），如果在 Session 中保存大量的数据，会明显加重服务器的负担，所以 Session 对象保存数据的效率较低，适合于保存少量的数据。

（2）Cookie 对象在客户端保存少量、简单的数据，数据的有效期可以灵活设定，面向单个用户，效率较高。但受到浏览器的限制，一般保存的数据不能超过 4KB，如果在浏览器设置中禁用 Cookie，那么 Cookie 对象就不能使用了。由于数据存储在客户端，安全性较差，不适宜存储敏感信息。

（3）Application 对象能够保存任意大小的数据，在整个应用程序周期中都有效，是面向所有用户的，可实现全网站数据共享。但由于数据存储在服务器中，当网站访问量很大时，可能会造成服务器性能上的瓶颈。

（4）ViewState 对象与 Session 相似，但它只能在一个页面中保持数据。

任务 18.4　掌握 Server 对象

18.4.1 Server 对象常用属性和方法

Server 对象封装了一些 Web 服务器相关的常用方法，Server 对象的常用属性和方法如表 18.4 所示。

表 18.4　Server 对象的常用属性和方法

属性和方法名	功　能
MachineName 属性	获取服务器名称
HtmlEncode 方法	对字符串进行 HTML 编码
HtmlDecode 方法	对字符串进行 HTML 解码
MapPath 方法	获取虚拟路径对应的物理路径
UrlEncode 方法	对 URL 字符串进行编码
UrlDecode 方法	对 URL 字符串进行解码
Execute 方法	在当前页面执行指定的页面，完成后返回当前页面继续执行
Transfer 方法	在当前页面执行指定的页面，完成后结束，不再返回当前页面

18.4.2 URL 的编码和解码

1. URL 编码

在调用页面时，可以通过“?”向目标页面发送数据。例如，Main.aspx?UserName=Jack，表示调用 Main.aspx 页面，并向该传递数据 UserName，数据值为 Jack。但是如果传递的数据中包含特殊字符，传递将不能成功。例如，有如下语句：

```
Response.Redirect(“Main.aspx?UserName=Jack&Rose”);
```

本意是传递的数据为“Jack&Rose”，但由于符号“&”在 URL 中表示传递数据的间隔符，这时 ASP.NET 会认为所传递的数据有两个：UserName=Jack 和 Rose。执行上述语句，ASP.NET 会发出警告信息，如图 18.17 所示。

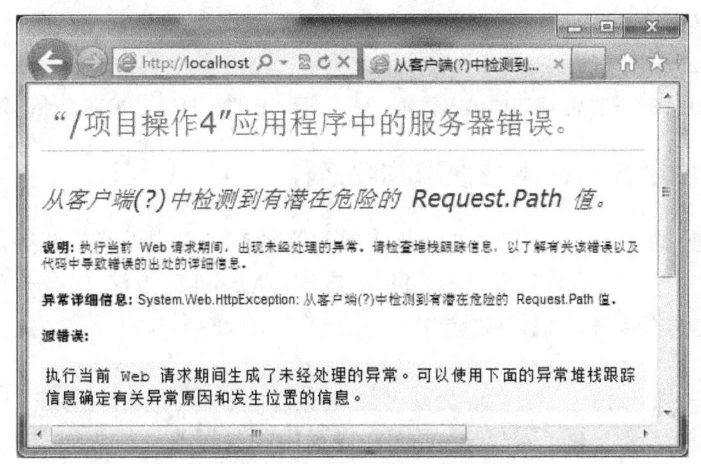

图 18.17 Request.Path 警告

为了避免这种情况的出现，可以使用 Server 对象的 UrlEncode 方法在传递数据时对 URL 进行编码，代码如下：

```
string value = Server.UrlEncode("Jack&Rose"); //进行 URL 编码
Response.Redirect("Main.aspx?UserName=" + value);
```

2. URL 解码

为了将编码后的内容还原，可以使用 Server 对象的 UrlDecode 方法进行解码。代码如下：

```
string userName = Server.UrlDecode(Request["UserName"].
ToString());//URL 解码
```

实际上，ASP.NET 会自动对 Request 对象接收的数据进行 URL 解码操作。

18.4.3 文本的 HTML 编码

浏览器在工作时会解释
等 HTML 标记，以实现页面显示的效果。在程序中，有时候希望能够在页面中显示这些 HTML 标记的文字，例如，在浏览器中显示“HTML

标记
的作用是换行”。如果直接使用语句：

```
Response.Write("HTML 标记<br>的作用是换行");
```

会看到
被浏览器当做 HTML 标记处理了，运行效果如图 18.18 所示。

为了让浏览器不对字符串中的 HTML 标记进行解释处理，可以使用 Server 对象的 HTMLEncode 方法对字符串进行编码。语句如下：

```
Response.Write(Server.HtmlEncode("HTML 标记<br>的作用是换行"));
```

运行效果如图 18.19 所示。

图 18.18　HTML 编码前输出效果

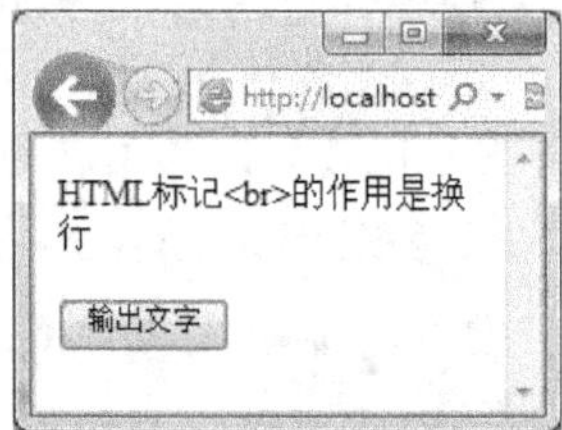

图 18.19　HTML 编码后输出效果

18.4.4　使用 Server 对象获取物理路径

Server 对象的 MapPath 方法可以获取虚拟路径在磁盘中的物理路径。一般在 Web 应用程序中对文件进行操作时都需要用到此方法。MapPath 方法的语法格式为：

```
Server.MapPath("虚拟路径")
```

例如：

```
Server.MapPath("～/Default.aspx");
```

方法返回根目录下 Default.aspx 页面在磁盘中的物理路径。假如根目录是 d:\Test，返回结果为：

```
d:\test\Default.aspx
```

由于在 ASP.NET 中经常使用虚拟目录，所以"/"不一定表示根目录，所以在 ASP.NET 中使用“～/”表示根目录。

如果 MapPath 方法的参数为 null，则返回网站所在的目录。例如：

```
Server.MapPath(null);
```

假如网站放在 c:\WebSite\，则方法返回结果是：

```
c:\WebSite
```

本章总结

在这一章中，学习了 ASP.NET 的系统对象，它们是今后项目开发中必不可少的。这些对象包括：

（1）Response 对象用来完成页面的输出，Request 对象用来完成页面的输入；

（2）由于 HTTP 协议的无状态性，需要使用 Session、Cookie、Application 对象来进行状态保持，这三种状态保持方式各有特点；

（3）Server 对象封装了 Web 服务器相关的一些方法，使用 Server 对象可以对 URL 和 HTML 标记进行编码、解码处理，Server 对象最常用的是获取物理路径的 MapPath 方法。

习题

1．简述 Session、Cookie、Application 对象的区别。

2．哪些控件可以实现跨页提交？

3．如果要记录并显示网站在线人数，应该如何完成？

4．在网站的主页面显示客户端的浏览器类型及版本、客户端的 IP 地址及主机名称。

第19章 构建网上书城系统框架

系统框架的搭建取决于项目的具体需求。如果是一个简单的网站系统，那么一般不需要太多的系统框架设计工作。但如果是一个像新浪、MSN 等庞大而复杂的网站，开发时就必须设计一个完善的系统框架，才能更好地进行开发。

在本章中，将按照利于维护、适于协同开发的、目前主流的三层架构模式来搭建网上书店系统框架。

任务 19.1　三层架构回顾

还记得前面学习的三层架构吗？是哪三层呢？它们是数据访问层（DAL）、业务逻辑层（BLL）和表示层（UI）。这三层各自的功能如下。

（1）数据访问层：直接和数据库打交道，主要完成对数据的保存和读取操作。一般以类的形式存在。

（2）业务逻辑层：除了完成业务逻辑外，还作为表示层和数据访问层之间的通信桥梁，负责数据的传递和处理。一般以类的形式存在。

（3）表示层：用于显示数据和接收用户输入的数据，为用户提供一种交互操作界面。在 ASP.NET 中一般包含的是.aspx 页面和相应的后台代码文件。

任务 19.2　搭建表示层

表示层用来完成数据显示和与用户交互功能，它给用户直接的体验。在 ASP.NET 中，表示层就是整个 Web 站点。下面来搭建网上书店的表示层。

（1）新建一个 ASP.NET 空网站，网站的名称为“BookShop”，如图 19.1 所示。

（2）在解决方案资源管理器中的 BookShop 项目上右击鼠标，选择菜单中的“新建文件夹”选项，将新文件夹命名为 images，该文件夹用于存储网站中用到的图片资源。

（3）新建 css 文件夹，该文件夹用于存储 css 文件。将 Page.css 文件复制到这个文件夹下。

（4）新建 Admin 文件夹，该文件夹用于存放网站管理员使用的页面，如修改图书信息等页面。

普通用户使用的页面都存放在网站根目录下。

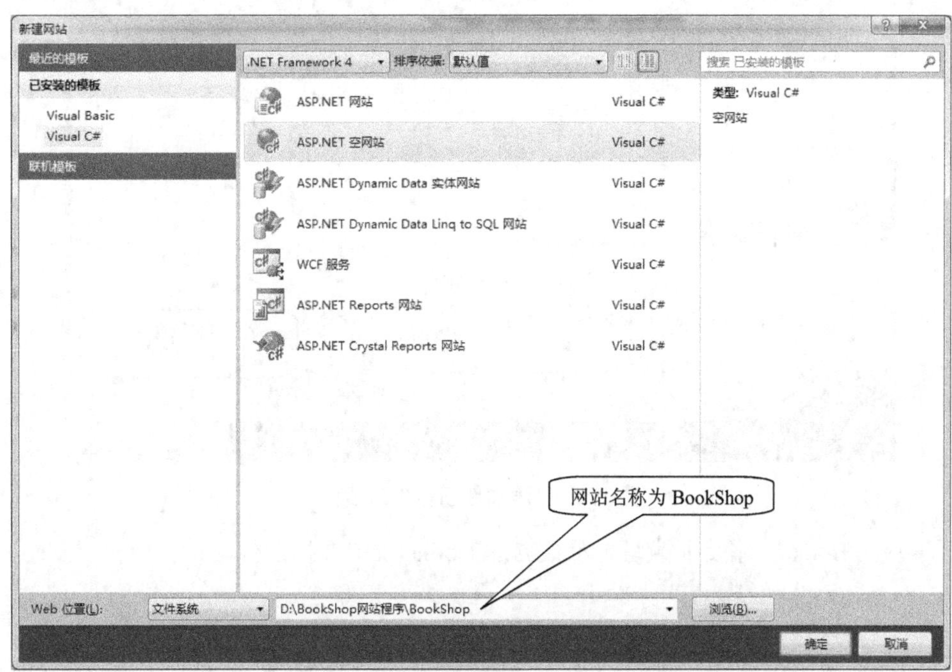

图 19.1　新建 BookShop 网站

任务 19.3　搭建模型层

模型层包含所有与数据库中的表相对应的实体类。它提供了一个标准，三层之间的数据传递就是通过传递实体类对象来实现的。

模型层项目的命名一般为 Model 或 Models，也可以是项目名称+Models。模型层中的实体类命名一般与对应的数据表名相同。

下面搭建模型层，步骤如下。

（1）右击解决方案资源管理器中的“解决方案 BookShop”，在菜单中选择“添加”→“新建项目”命令，弹出“添加新项目”对话框，如图 19.2 所示。

（2）在“添加新项目”对话框中选择“类库”类型的程序，在“名称”栏中输入项目名称——“BookShopModels”，单击“确定”按钮，完成添加新项目。

（3）在解决方案资源管理器中选中 BookShopModels 项目，选择“项目”→“添加类”命令，向 BookShopModels 项目中添加 Book 实体类。

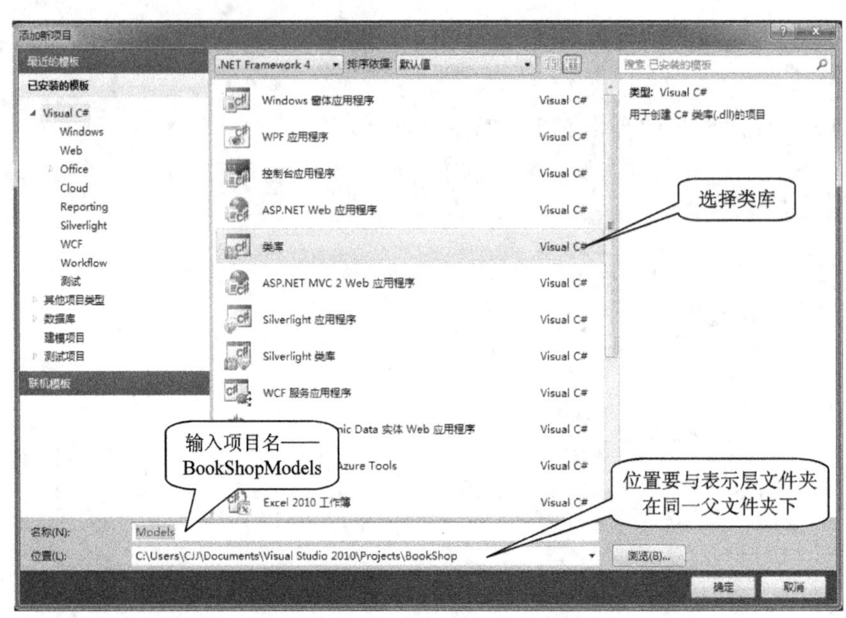

图 19.2 “添加新项目”对话框

（4）在 Book 实体类中编写表示数据库 Books 表中数据的代码：

```
namespace BookShopModel
{
    //图书类
    [Serializable]
    public class Book
    {
        private int id; //编号
        public int Id
        {
            get { return id; }
            set { id = value; }
        }
        private string title; //书名
        public string Title
        {
            get { return title; }
            set { title = value; }
        }
        private string author;//作者
        public string Author
        {
            get { return author; }
            set { author = value; }
```

```
        }
        private Category cate; //图书分类
        public Category Cate
        {
           get { return cate; }
           set { cate = value; }
        }
        private string descript; //图书描述
        public string Descript
        {
           get { return descript; }
           set { descript = value; }
        }

        private string isbn; //ISBN
        public string ISBN
        {
           get { return isbn; }
           set { isbn = value; }
        }
        private float unitPrice; //单价
        public float UnitPrice
        {
           get { return unitPrice; }
           set { unitPrice = value; }
        }

        private Publisher publisher;  //出版社
        public Publisher Publisher
        {
           get { return publisher; }
           set { publisher = value; }
        }
    }
}
```

在这个实体类中，主、外键的处理方式与前面介绍的宿舍管理系统中实体类主、外键的处理方法不一样，这里的Publisher属性类型是“Publisher”，它是一个实体类，可以表示PublisherId、PublisherName等信息。这样，代码可以更简洁，可以表示更多的信息。

（5）向BookShopModels项目添加Category实体类，编写表示Categories表的代码。

（6）向BookShopModels项目添加Publisher实体类，编写表示Publishers表的代码。

（7）向 BookShopModels 项目添加 User 实体类，编写表示 Users 表的代码。

（8）向 BookShopModels 项目添加 UserRole 实体类，编写表示 UserRoles 表的代码。

（9）向 BookShopModels 项目添加 UserState 实体类，编写表示 UserStates 表的代码。

由于篇幅限制，此处不再一一列出上述实体类代码，请读者访问 http://www.tjbhzy.net.cn/bumen/xinxi/ASPNET.html，下载项目代码。

任务 19.4　搭建数据访问层

数据访问层封装了所有与数据库交互的操作，项目中用到的 SQL 语句全部封装在这一层。数据访问层针对每一个数据表提供增、删、改、查操作，不做业务逻辑上的判断。

数据访问层项目一般命名为 DAL 或项目名称+DAL。下面搭建数据访问层。

（1）右击解决方案资源管理器中的“解决方案 BookShop”，在菜单中选择“添加”→“新建项目”命令，弹出“添加新项目”对话框。

（2）在“添加新项目”对话框中选择“类库”类型的程序，在“名称”栏中输入项目名称——“BookShopDAL”，单击“确定”按钮，完成添加新项目。

（3）右击 BookShopDAL 项目，选择菜单中的“添加引用”命令，添加对“BookShopModels”项目的引用，如图 19.3 所示。

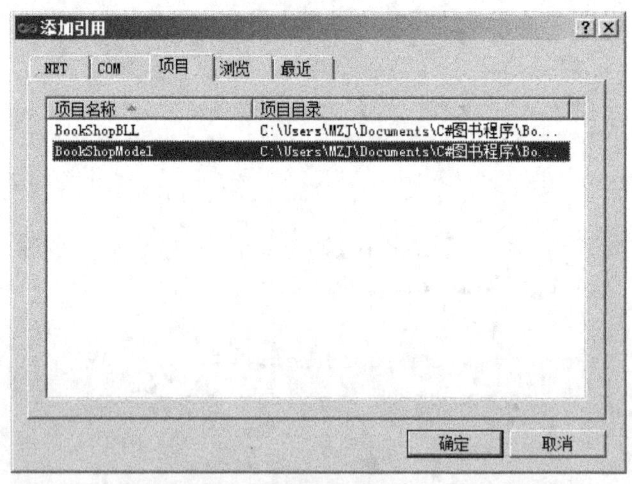

图 19.3　添加对 BookShopModel 的引用

（4）在解决方案资源管理器中选中 BookShopDAL 项目，选择“项目”→“添加类”命令，向 BookShopDAL 项目中添加数据库公共操作类——DB.cs。DB 类代码与前面介绍的“宿舍管理系统”项目中的 DB 类相同，请参见 10.2 节。

（5）在解决方案资源管理器中选中 BookShopDAL 项目，选择“项目”→“添加类”命令，向 BookShopDAL 项目中添加对 Books 表提供操作的 BookService 类。

（6）在 BookService 类中编写代码，对 Books 表实现增、删、改、查操作。代码如下（部分）：

```
……
using System.Data;
using System.Data.SqlClient;
using BookShopModel;
namespace BookShopDAL
{
    //Book 服务类
    //提供 Books 表的增、删、改、查操作
    public class BookService
    {
        //查询图书操作
        // 根据类型编号得到图书信息
        public static List<Book> GetBookByCategory(int categoryID)
        {
            List<Book> books = new List<Book>();
            string sql = string.Format("SELECT * FROM Books WHERE " +
"CategoryID={0}, categoryID);
            DataTable dt = DB.GetDataTable(sql);
            foreach (DataRow row in dt.Rows)
            {
                Book book = new Book();
                BindInfoToBook(row, ref book);
                books.Add(book); //添加到集合
            }
            return books;
        }
        // <summary>
        // 根据作者获得图书信息
        public static List<Book> GetBookByAuthor(string author)
        {
            List<Book> books = new List<Book>();
    string sql = string.Format("SELECT * FROM Books WHERE Author LIKE
    '%{0}%'", author);
            DataTable dt = DB.GetDataTable(sql);
            foreach (DataRow row in dt.Rows)
            {
                Book book = new Book();
                BindInfoToBook(row, ref book); //将查询结果封装到泛型集合
                books.Add(book);
            }
            return books;
```

要导入名字空间

```
        }
        // <summary>
        // 获得所有图书信息
        public static List<Book> GetAllBook()
        {
            List<Book> books = new List<Book>();
            string sql = "SELECT * FROM Books";
            DataTable dt = DB.GetDataTable(sql);
            foreach (DataRow row in dt.Rows) //将查询结果封装到泛型集合
            {
                Book book = new Book();
                BindInfoToBook(row, ref book);
                books.Add(book);
            }
            return books;
        }
        // <summary>
        // 根据图书编号查询单本图书
        public static Book GetBookByID(int id)
        {
            Book book = null;
            string sql = string.Format("SELECT * FROM Books WHERE
            id={0}", id);
            DataTable dt = DB.GetDataTable(sql);
            if (dt.Rows.Count > 0)
            {
                DataRow row = dt.Rows[0];
                book = new Book();
                BindInfoToBook(row, ref book); //将图书信息添加到实体类
            }
            return book;
        }
        // <summary>
        // 将某行图书数据写到Book对象中
        private static void BindInfoToBook(DataRow row, ref Book book)
        {
            book.Id = Convert.ToInt32(row["id"]);
            book.Title = row["Title"].ToString();
            book.Author = row["Author"].ToString();
            book.Descript = row["ContentDescription"].ToString();
            book.ISBN = row["ISBN"].ToString();
            book.UnitPrice = Convert.ToSingle(row["UnitPrice"]);
```

```
        book.PublisherDate=Convert.ToDateTime(row["publishDate"]);
        book.Toc = row["Toc"].ToString();
        //获得类型信息
        int cID = Convert.ToInt32(row["CategoryID"]);
        Category cate = CategoryService.GetCategoryByID(cID);
        if (cate != null)
            book.Cate = cate;

        //获得出版社信息
        int pID = Convert.ToInt32(row["PublisherID"]);
        Publisher p = PublisherService.GetPublisherByID(pID);
        book.Publisher = p;
    }
    // <summary>
    // 添加图书
    public static void AddBook(Book book)
    {
        string sql = string.Format("INSERT INTO Books " +
                    "(Title,Author,CategoryID,ContentDescription,"+
                    "ISBN,PublisherID,UnitPrice) VALUES " +
                    " ('{0}','{1}',{2}','{3}','{4}','{5}','{6}')",
                    book.Title,
                    book.Author,
                    book.Cate.Id,
                    book.Descript,
                    book.ISBN,
                    book.Publisher.Id,
                    book.UnitPrice);
        try
        {
            DB. ExecuteSQL (sql);
        }
        catch (Exception ex)
        {
            Console.WriteLine(ex.Message);
            throw ex;
        }
    }
    // <summary>
    // 修改图书信息
    public static void ModifyBook(Book book)
    {
        string sql = string.Format("UPDATE Books SET Title=
```

```
            '{0}',Author='{1}'," +
                  " CategoryID={2},ContentDescription='{3}'," +
                  " ISBN='{4}',PublisherID={5},UnitPrice={6}
                  WHERE id={7}",
                  book.Title,
                  book.Author,
                  book.Cate.Id,
                  book.Descript,
                  book.ISBN,
                  book.Publisher.Id,
                  book.UnitPrice,
                  book.Id);
            try
            {
                DB. ExecuteSQL (sql);
            }
            catch (Exception ex)
            {
                Console.WriteLine(ex.Message);
                throw ex;
            }
        }
        // <summary>
        // 删除图书
        public static void DeleteBook(Book book)
        {
            DeleteBook(book.Id);
        }
        public static void DeleteBook(int id)
        {
            string sql = string.Format("DELETE FROM Books WHERE id={0}", id);
            try
            {
                DB. ExecuteSQL (sql);
            }
            catch (Exception ex)
            {
                Console.WriteLine(ex.Message);
                throw ex;
            }
        }
    }
}
```

(7）添加对 Categories 表提供操作的 CategoryService 类。

由于篇幅的限制，下面各个类仅列出类中主要方法说明，具体代码读者可以访问 http://www.tjbhzy.net.cn/bumen/xinxi/ASPNET.html 下载。

```
public class CategoryService//图书类别类，提供类别的增、删、改、查操作
{
    public static List<Category> GetAllCategories() {...}
                                            // 获得所有类型数据
    public static Category GetCategoryByID(int id) {...}
                                            /// 根据编号获得类型信息
    public static Category AddCategory(Category category)
                                            //添加类别
}
```

(8）添加对 Publishers 表提供操作的 PublisherService 类。代码如下：

```
public class PublisherService//出版社操作类
{
    public static List<Publisher> GetAllPublisher() {...}
                                            /// 得到所有出版社信息
    public static Publisher GetPublisherByID(int id){...}
                                    /// 根据出版社编号获取出版社信息
}
```

(9）添加对 Users 表提供操作的 UserService 类。代码如下：

```
public class UserService  //用户操作类
{
    public static IList<User> GetAllUsers() {...}获取所有用户信息
    public static User GetUserById(int id) {...} 根据用户编号获取用户信息
    public static User GetUserByLoginId(string loginId){...}
                                                //根据登录名获取用户
    public static User AddUser(User user) {...}/// 添加新用户
    private static IList<User> GetUsersBySql(string safeSql){...}
                                                //根据 SQL 语句获取用户
}
```

(10）添加对 UserRoles 表提供操作的 UserRoleService 类。代码如下：

```
public class UserRoleService //用户角色操作类
{
    public static IList<UserRole> GetAllUserRoles(){...}
                                                //获取所有用户角色
    public static UserRole GetUserRoleById(int id) {...}
                                                //根据编号获取用户角色
    public static UserRole GetUserRoleByName(string name) {...}
                                                //根据名称获取用户角色
    private static IList<UserRole> GetUserRolesBySql(string safeSql){...}
}
```

（11）添加对 UserStates 表提供操作的 UserStateService 类。代码如下：

```
public  class UserStateService //用户状态操作类
{
    public static IList<UserState> GetAllUserStates() {...}
                                              /// 获得所有用户状态
    public static UserState GetUserStateById(int id) {...}
                                              /// 根据编号获取用户状态
    public static UserState GetUserStateByName(string name){...}
                                              /// 根据名称获取用户状态
    private static IList<UserState> GetUserStatesBySql(string safeSql){...}
}
```

任务 19.5　搭建业务逻辑层

业务逻辑层是表示层和数据访问层之间的桥梁，负责业务逻辑处理和数据传递。在业务逻辑层中一般调用数据访问层中的类及方法完成相关的操作。

业务逻辑层项目一般命名为 BLL 或项目名称+BLL。下面开始搭建业务逻辑层。

（1）右击解决方案资源管理器中的“解决方案 BookShop”，在菜单中选择“添加”→“新建项目”命令，弹出“添加新项目”对话框。

（2）在“添加新项目”对话框中选择“类库”类型的程序，在“名称”栏中输入项目名称——“BookShopBLL”，单击“确定”按钮，完成添加新项目。

（3）右击 BookShopDAL 项目，选择菜单中的“添加引用”命令，添加对“BookShopModels”项目和“BookShopDAL”项目的引用。

（4）在解决方案资源管理器中选中 BookShopBLL 项目，选择“项目”→“添加类”命令，向 BookShopBLL 项目中添加关于图书操作的 BookManager 类。

由于篇幅的限制，下面仅列出业务逻辑层中各类的主要方法说明，具体代码读者可以访问 http://www.tjbhzy.net.cn/bumen/xinxi/ASPNET.html 下载。BookManager 类代码如下：

```
public  class BookManager//图书管理类
{
    public List<Book> GetBooksByCategory(int categoryID) {...}
                                             /// 根据类别编号获取图书;
    public List<Book> GetAllBooks() {...}/// 获取所有图书
    public Book GetBookByID(int id)  {...}/// 根据图书编号获取图书;
    public void AddBook(Book book) {...}/// 添加图书
    public void ModifyBook(Book book){...} /// 修改图书
    public static void DeleteBook(int id) {...}/// 删除图书
    public static void ModifyCatagory(string ids, string catagory)
                                                  //更新图书分类
  }
public class CategoryManager
```

```
{
public static List<Category> GetAllCategories() {…} //获取所有类别
public static Category GetCategoryByID(int id){…} //根据编号获取类别
public static Category AddCategory(Category category){…} //添加类别
}
public class PublisherManager
{
public List<Publisher> GetAllPublish() {…}//获得所有出版社
public Publisher GetPublishByID(int id) {…}//根据编号获取出版社
}
public class UserManager
{
public static bool Login(string loginId, string loginPwd, out User
validUser) {…}//用户登录
public static bool Register(User user){…} //注册用户
public static bool LoginIdExists(string loginId){…}//用户是否存在
public static bool AdminLogin(string loginId, string loginPwd, out
User validUser){…} //管理员登录
}
```


至此，网上书店系统框架已全部搭建完成，系统框架如图 19.4 所示。

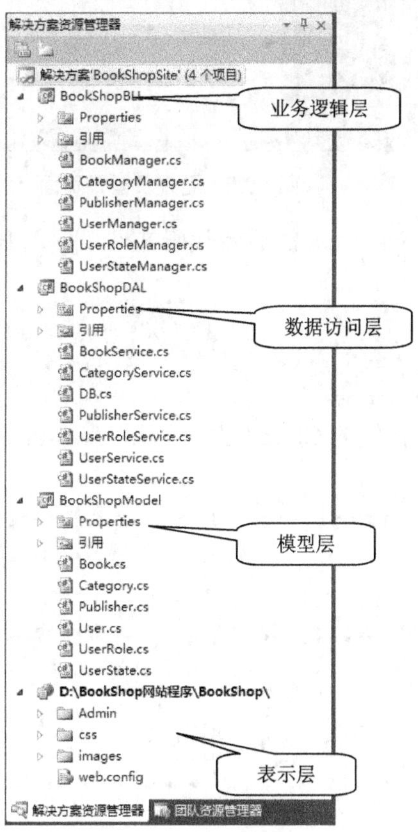

图 19.4　网上书店系统框架

任务 19.6　创建管理员登录页面

下面创建管理员登录页面，调用刚刚搭建好的 BLL 层和 DAL 层中的类实现管理员登录功能。

（1）在网站表示层的 Admin 文件夹下建立一个名为 AdminLogin.aspx 的页面。

（2）在 AdminLogin.aspx 页面中使用<table>和<div>进行布局，并添加图片、TextBox、Button 等元素和控件，效果如图 19.5 所示。

图 19.5　管理员登录页面

（3）打开 AdminLogin.aspx 的后台代码文件，导入 BookShopModel 和 BookShop-BLL 名字空间。

```
…
using BookShopBLL;
using BookShopModel;
```

（4）编写“确定”按钮的 Click 事件，调用 UserManager 类中的 AdminLogin()方法登录。代码如下：

```
protected void imgb_Sure_Click(object sender, ImageClickEventArgs e)
{
    User user;
    if (UserManager.AdminLogin(this.txtLoginId.Text, this.
    txtLoginPwd.Text, out user))
    {
        Session["adminUser"] = user;
        Response.Redirect("~/Admin/BooksList.aspx");
    }
    else
```

```
            {
                Response.Redirect("~/ErrorPage.Htm");
            }
        }
```

本章总结

在这一章中，搭建了网上书城的三层框架，并完成了管理员登录功能。

Model 层是规范和标准，描述了在三层间传递的数据格式。

在处理外键时可以使用外键 ID，也可以使用外键类，用外键类代码更简洁，可以表示更多的信息。

DAL 层涉及所有与数据表相关的操作，包括对数据表的增、删、改、查操作。

BLL 层包含所有业务逻辑处理方法，并在 DAL 层和表示层之间传输数据。

表示层是网站内容展示的平台。

各个层的项目间要添加引用。

习题

1．向 BookShopModels 项目添加 Category 实体类，编写表示 Categories 表的代码。

2．向 BookShopModels 项目添加 User 实体类，编写表示 Users 表的代码。

3．在数据访问层中具体实现对 Categories 表提供操作的 CategoryService 类的代码。

4．在 BookShopBLL 项目中完成关于 Categories 表操作的 CategoriesManager 类的代码。

第 20 章 创建网站首页和导航页

在上一章中，完成了网上书城的框架搭建，编写了数据访问层和业务逻辑层的代码。这一章，建立表示层中的母版页和导航页，它们形成了网站页面基本风格，是直接面向用户操作的接口。

任务 20.1 使用 Web 控件

在 ASP.NET 中，提供了许多控件，就像 Windows 编程一样，ASP.NET 也采用事件驱动的编程机制。利用这些控件，可以方便、快速地实现页面中的内容。

20.1.1 HTML 控件和 Web 控件

在 ASP.NET 中控件主要有两大类：HTML 控件和 Web 控件。它们都出现在“工具箱”中，HTML 控件在工具箱的“HTML”卡片中，而其他卡片中的控件基本上都是 Web 控件。

1. HTML 控件

HTML 控件是指使用 HTML 标签描述的控件，如<input type = "text">表示的是一个文本框控件。HTML 控件都由浏览器解释，ASP.NET 不会对这些控件进行处理。在 ASP.NET 中提供 HTML 控件的主要目的是加快页面执行速度，但 HTML 控件不能像 Windows 控件那样进行事件编程。

2. Web 控件

Web 控件也称服务器控件，ASP.NET 为这些控件提供了统一的编程模型和处理程序，对 Web 控件编程与前面学习的 Windows 控件编程基本相同，每个控件都拥有一些事件，可以为这种事件编写代码，代码都是在服务器端执行的。

Web 控件的标签大都以“asp:”开头，称为前缀，后面是控件的类型。例如：

```
<asp:Button ID="Button1" runat="server" Text="Button" />
```

这段标签表示这是 Button 类型的 Web 控件，即经常使用的“按钮”；每个 Web 控件都有 ID 属性，表示这个控件的名称；还有一个 runat="server"属性，这个属性表明控件在服务器上运行，每个 Web 控件必须将 runat 属性设置为“server”，不能删除这个属性，否则 Web 控件会被服务器忽略。

浏览器只能解释 HTML 标准的标签，而 Web 控件的描述标签与 HTML 标准标签有很大的差异，那么浏览器是如何识别这些 Web 控件的呢？实际上，Web 控件在服务器端被执行后，变成了标准的 HTML 标签，ASP.NET 返回给浏览器的是这些标准 HTML 标签。

例如：Button 控件的描述标签为：

```
<asp:Button ID="Button1" runat="server" Text="Button" />
```

但在页面执行后，在浏览器中得到的结果是：

```
<input type="submit" name="Button1" value="Button" id="Button1" />
```

Web 控件标签被转换成为标准的 HTML 标签了。

所有的 Web 控件都继承自 System.Web.UI.Control 类，位于 System.Web.UI.WebControls 名字空间中。

20.1.2　常用 Web 控件

ASP.NET 提供了 80 多个 Web 控件，还可以添加第三方控件。下面介绍一些基本的 Web 控件。

1. Label 控件

Label 控件可以显示不可编辑的文字，其描述标签为：

```
<asp:Label ID="Label1" runat="server" Text="Label"></asp:Label>
```

Label 控件常用的属性如表 20.1 所示。

表 20.1　Label 控件常用属性

属　性　名	功　　能
ID	控件名称，唯一标识控件，每个 Web 控件都有这个属性
Text	Label 中的文字
ForeColor	Label 中文字的颜色，每个 Web 控件都有这个属性
Visible	控件是否可见，每个 Web 控件都有这个属性

Label 控件可以很好地展示 HTML 标签，如将 Label 控件的 Text 属性设置为：

```
Label1.Text = "<B><I>标签控件</I></B>";
```

那么，Label 中将以“加粗、斜体”的效果显示文字“标签控件”。

2. TextBox 控件

TextBox 控件可以显示文字或用于用户输入，其描述标签为：

```
<asp:TextBox ID="TextBox1" runat="server"></asp:TextBox>
```

TextBox 控件常用属性如表 20.2 所示。

表 20.2　TextBox 控件常用属性

属 性 名	功　能
Text	TextBox 中的文字
TextMode	TextBox 中文字模式。 SingleLine 属性值表示 TextBox 中显示一行文字。 Password 属性值表示文字以密码的形式显示 MulitiLine 属性值表示显示多行文字
ReadOnly	文字是否为只读，true 表示只读
AutoPostBack	TextBox 中的文字被修改后是否自动回发到服务器。true 表示自动回发，false 表示不回发（默认），即 TextBox 的事件无效

3. Button 控件、ImageButton 控件、LinkButton 控件

这三个控件都是按钮，可以被单击。

Button 控件描述标签为：

```
<asp:Button ID="Button1" runat="server" Text="Button" />
```


ImageButton 控件描述标签为：

```
<asp:ImageButton ID="ImageButton1" runat="server" />
```

LinkButton 控件描述标签为：

```
<asp:LinkButton ID="LinkButton1" runat="server">按钮上的文字
</asp:LinkButton>
```

三个控件在页面中的效果如图 20.1 所示。

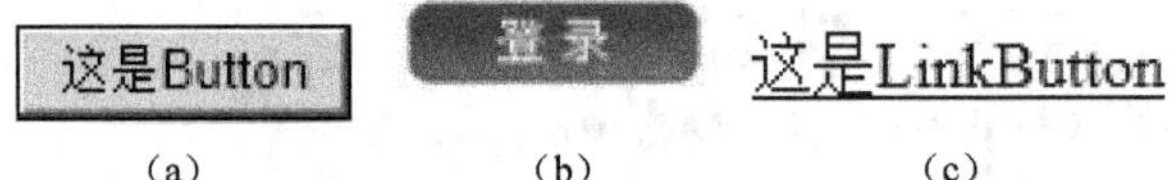

(a)　(b)　(c)

图 20.1　按钮控件

按钮控件常用属性和事件如表 20.3 所示。

表 20.3　Button 控件常用属性和事件

名　称	功　能
Text 属性	按钮中的文字，ImageButton 控件无此属性
PostBackUrl 属性	跨页提交操作中将页面提交到另外一个页面
Click 事件	单击事件
ImageUrl 属性	ImageButton 控件特有属性，表示按钮上显示的图片文件的 URL。一般采用相对路径描述图片文件。支持的图片格式包括 JPG、BMP、JPEG、PNG 等

4. DropDownList 控件和 ListBox 控件

DropDownList 控件提供一个下拉列表，供用户进行数据选择；ListBox 控件提供列表，供用户进行数据选择。

DropDownList 描述标签为：

```
<asp:DropDownList ID="DropDownList1" runat="server" >
</asp:DropDownList>
```

ListBox 描述标签为：

```
<asp:ListBox ID="ListBox1" runat="server" > </asp:ListBox>
```

DropDownList 控件和 ListBox 控件效果如图 20.2 所示。

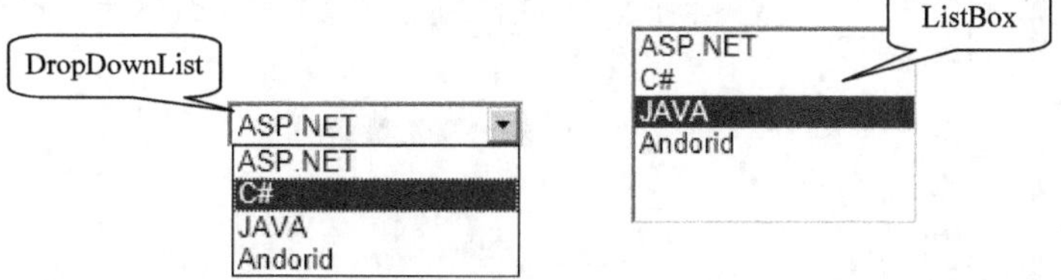

图 20.2　DropDownList 控件和 ListBox 控件效果

DropDownList 控件和 ListBox 控件的属性、方法、事件基本相同，常用的属性和事件如表 20.4 所示。

表 20.4　DorpDownList 和 ListBox 控件常用属性和事件

名　称	功　能
Items 属性	列表中数据项集合
SelectedValue 属性	选中的数据项的值
SelectedItem.Text 属性	选中的数据项的文本内容
AutoPostBack 属性	控件是否自动回发，true 为自动回发，默认值为 false
SelectedIndexChanged 事件	改变选中数据项时触发

DropDownList 控件和 ListBox 控件中的数据项可以通过任务菜单采用图形化的界面进行添加。单击控件右上角的“任务按钮”可以打开任务菜单，选择菜单中的“编辑项”命令进行数据项的编辑，如图 20.3 所示。

图 20.3　DropDownList 控件的任务菜单

示例：使用 DropDownList 控件构建一个日期选择器。

（1）创建一个 ASP.NET Web 应用程序，向网站中添加“Default.aspx”页面。

（2）在 Default.aspx 页面中添加两个 DropDownList 控件，分别表示月和日，如图 20.4 所示。

图 20.4　DropDownList 控件

（3）单击“月”DropDownList 控件的任务按钮，选择“任务菜单”→“编辑项”命令，弹出编辑项对话框，如图 20.5 所示。向控件中添加 1～12 月共 12 个数据项。

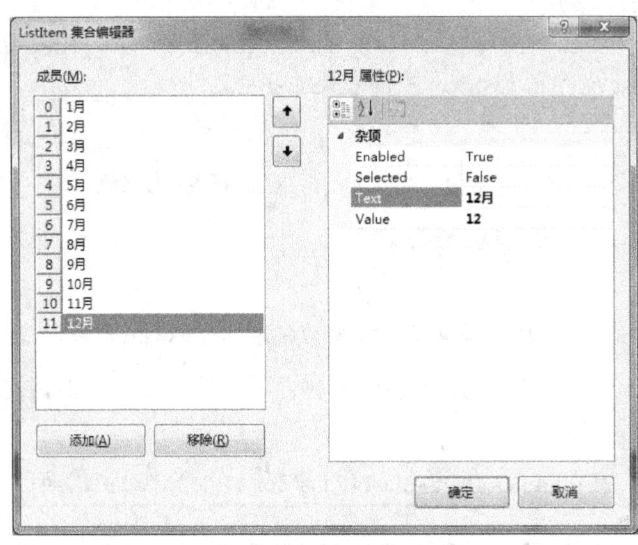

图 20.5　添加月数据

（4）设置 ddlMonth 控件的 AutoPostBack 属性为 true，使控件能够自动回发，即使 DropDownList 控件的 SelectedIndexChanged 事件起作用。

（5）编写 ddlMonth 控件的 SelectedIndexChanging 事件，使选择的月份发生变化时，ddlDay 控件能够自动添加相应的日期数据项。代码如下：

```
protected void ddlMonth_SelectedIndexChanged(object sender, EventArgs e)
{
    ddlDay.Items.Clear();//清空日期数据项
    int day=0;
    string month=ddlMonth.SelectedValue;
    switch (month)   //根据选择的月份进行判断
    {
        case "1":
        case "3":
        case "5":
        case "7":
        case "8":
        case "10":
        case "12":
            day = 31; break; //大月
        case "4":
        case "6":
        case "9":
        case "11":
```

```
                day = 30;break; //小月
            case "2":
                if(DateTime.IsLeapYear(DateTime.Now.Year)) //今年是闰年
                    day=29;
                else
                    day=28;
                break;
        }
        //向 ddlDay 中动态添加数据项
        for(int i=1;i<=day;i++)
        {
            ListItem li=new ListItem();
            li.Text=i.ToString() + "日";
            li.Value=i.ToString();
            ddlDay.Items.Add(li);
        }
    }
```

运行页面，日期会随着月份的选择而动态变化。

任务 20.2　构建导航页面

站点导航系统可以让用户在网站中大量的页面间随意切换，这在 Web 开发中是很常见的模块。ASP.NET 中提供了一组控件，可以方便而高效地实现导航功能。

20.2.1　站点地图——Web.SiteMap

为了能够更好地实现导航，必须有一种标准的方法描述网站中的每个页面。其中不仅要描述页面的名称，还要表示页面之间的层次关系。例如：

新浪网首页→新闻中心→国内新闻

在 ASP.NET 中提供了一种称为站点地图的 XML 文件来包含这些信息。站点地图文件的名称是固定的，在 ASP.NET 中被命名为 web.sitemap，并且该文件要放置在网站的根目录下。可以通过“网站”→“添加新项”命令向网站中添加站点地图。

站点地图文件指定的页面关系是逻辑关系，而不是存储位置间的关系，所以具有很大的灵活性。下面是一段站点地图文件的内容：

```
<?xml version="1.0" encoding="utf-8" ?>
<siteMap xmlns="http://schemas.microsoft.com/AspNet/SiteMap-File-1.0" >
<siteMapNode url="" title="网站" description="">
  <siteMapNode url="~\Default.aspx" title="网上书城"
  description="">
        <siteMapNode url="BookList.aspx" title="图书列表"
        description=""/>
```

```
        <siteMapNode url="Buy.aspx" title="购物"  description="" />
        <siteMapNode url="BookDetails.aspx" title="图书详细信息"
        description="" />
        <siteMapNode url="UserLogin.aspx"  title="用户登录"
        description="" />
</siteMapNode>
<siteMapNode Id="" url="~\Admin\default.aspx" title="管理员后台"
description="">
  <siteMapNode url="~\Admin\AddBooksCatagory.aspx" title="添加图书
  分类" description="" />
<siteMapNode url="~\Admin\BookListByCategory.aspx" title="为书籍分
类" description="" />
        <siteMapNode url="~\Admin\BookDetails.aspx" title="图书详细
        信息" description="" />
        <siteMapNode url="~\Admin\BookList.aspx" title="图书列表"
        description="" />
  </siteMapNode>
</siteMapNode>
</siteMap>
```


站点地图中各个元素及属性含义如下。

（1）siteMap 元素表示根节点，表示这是一个站点地图，它在文件中只能有一个。

（2）siteMapNode 元素表示对应于页面的节点，一个节点表示一个页面。如果 siteMapNode 元素以“/>”结束，表示对应页面没有下一级页面；如果以“</siteMapNode>”结束，表示对应页面还有下一级页面，在<siteMapNode>…</siteMapNode>之间描述的是其下一级页面。

（3）title 属性表示页面标题，一般是在导航系统中显示的文字。

（4）url 属性表示页面的 URL，一般以相对路径的形式描述。相同的 URL 在站点地图中只能出现一次。

（5）description 属性表示说明性文字。

上面的站点地图文件中表示的网站页面结构如图 20.6 所示。

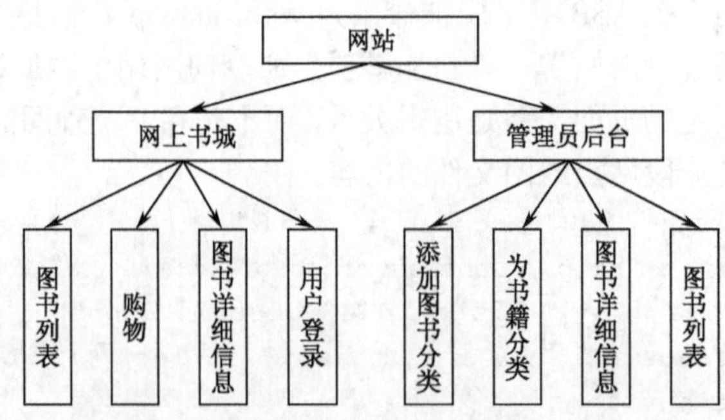

图 20.6　站点地图文件中表示的网站页面结构

20.2.2 使用 SiteMapPath 控件实现页面导航

站点地图文件已经有了，那么如何使用这个文件呢？ASP.NET 提供的多个导航控件都可以使用 Web.SiteMap 文件。

SiteMapPath 控件也称“面包屑导航”控件，它被放置在“工具箱”的“导航”选项卡中，能够实现从站点的首页到当前页面之间路径的导航。SiteMapPath 控件的描述标签为：

```
<asp:SiteMapPath ID="SiteMapPath1" runat="server"> </asp:SiteMapPath>
```

SiteMapPath 控件使用非常简单，只要将该控件放置在页面中，它会自动按照站点地图文件中的内容显示导航路径。

例如，在网站中建立一个名称为“BookList.aspx”的页面，在该页面中放置一个 SiteMapPath 控件，并将 Web.SiteMap 文件存储到网站根目录下，运行页面，将会得到如图 20.7 所示的导航效果。

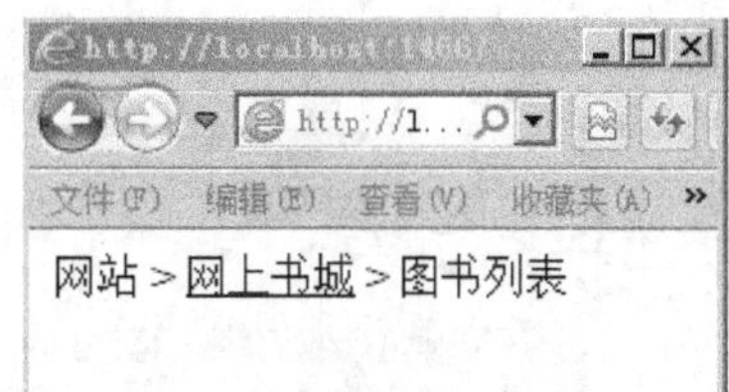

图 20.7 SiteMapPath 运行效果

SiteMapPath 控件在使用时要求页面的名称必须出现在 Web.SiteMap 文件中，否则 SiteMapPath 控件在运行时不显示。如果 SiteMapPath 控件在 abc.aspx 页面中使用，那么在 Web.SiteMap 文件中一定要描述 abc.aspx 页面的信息，否则 SiteMapPath 控件在 abc.aspx 页面中不显示。SiteMapPath 控件的常用属性如表 20.5 所示。

表 20.5 SiteMapPath 控件的常用属性

名　称	功　能
PathSeqarator 属性	设置显示的分隔符
PageLevesDisplayed 属性	设置要显示的父节点的级数，用于控制导航显示的级数。默认为-1，表示无限制

20.2.3 使用 TreeView 控件实现页面导航

TreeView 控件可以实现树形导航，就像在 Windows 的资源管理器中看到的可以展开或折叠的层次结构的节点。TreeView 控件也放置在“工具箱”的“导航”选项卡中，可以利用站点地图或自建的 XML 文件来描述 TreeView 控件中显示的数据。TreeView 控件的描述标签为：

```
<asp:TreeView ID="TreeView1" runat="server"></asp:TreeView>
```

1. 使用站点地图作为 TreeView 的数据源

在页面中放置 TreeView 控件后，单击控件右上角的“任务”按钮，选择下拉列表中的“选择数据源”命令，如图 20.8 所示，打开“数据源配置向导”对话框。可以看到 TreeView 有两种数据源，选择其中的“站点地图”，如图 20.9 所示，并单击“确定”按钮完成配置。

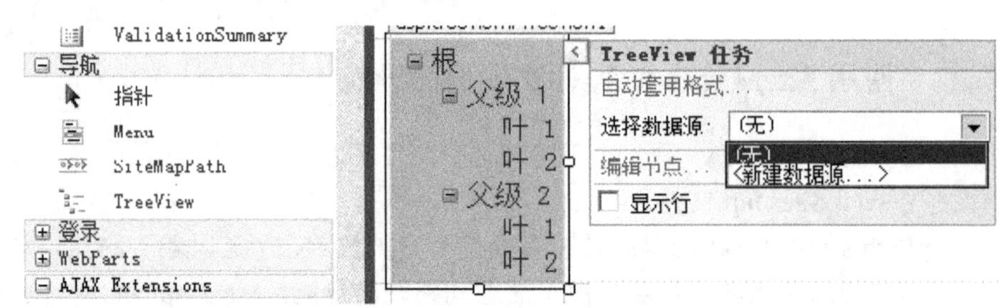

图 20.8　TreeView 控件

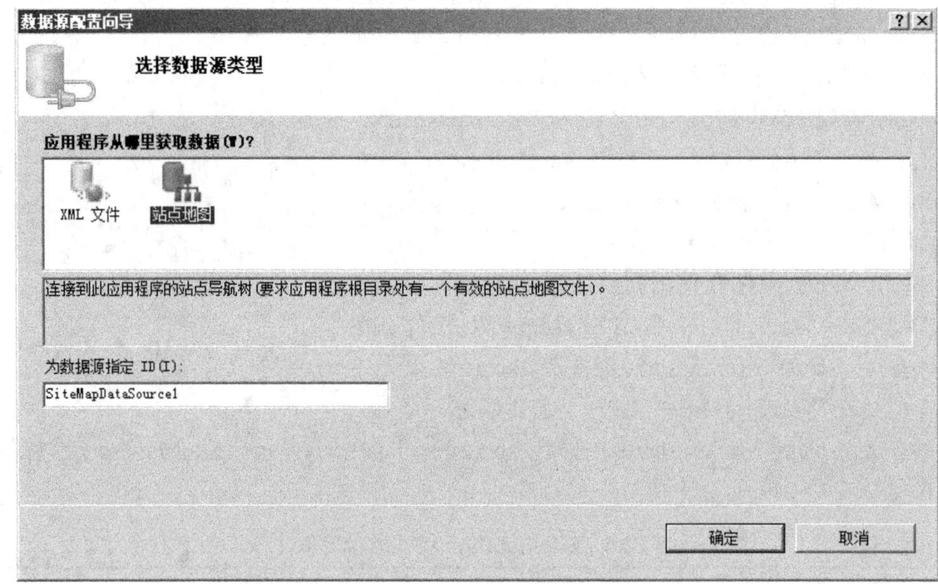

图 20.9　数据源配置向导

这时，TreeView 控件就可以显示树形导航信息了，如图 20.10 所示。运行页面，当单击 TreeView 控件中的导航数据时，将打开对应的页面。

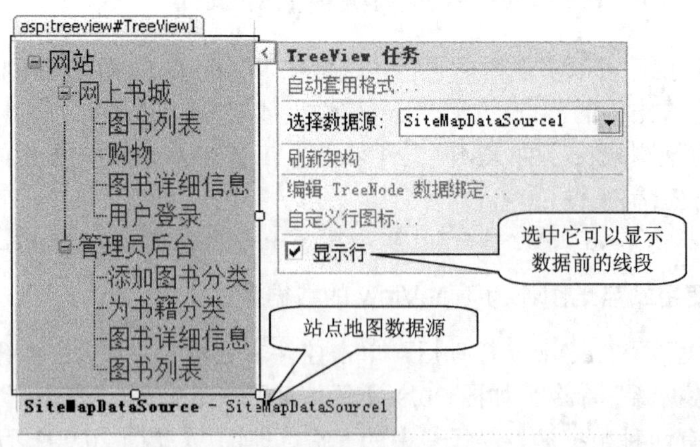

图 20.10　TreeView 显示导航效果

设置完数据源后，可以通过任务菜单中的“自动套用格式”命令设置 TreeView 控件的显示效果。自动套用格式对话框如图 20.11 所示。自动套用格式后页面运行效果如图 20.12 所示。也可以使用“自定义行图标”命令设置数据项前的图标。

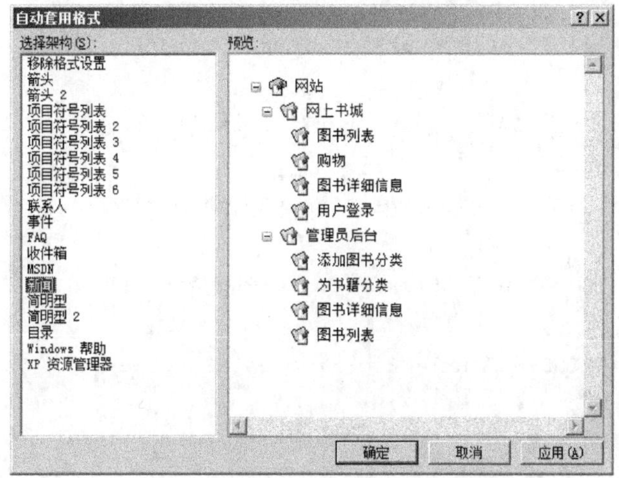

图 20.11 “自动套用格式”对话框

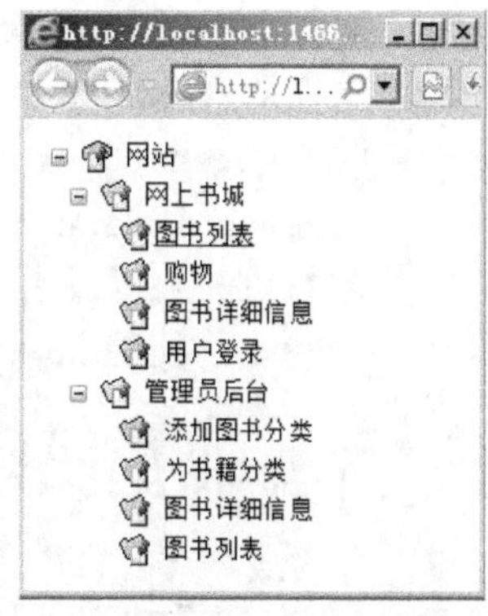

图 20.12 套用格式后效果

2. 使用 XML 文件作为 TreeView 的数据源

如果要在 TreeView 中的显示的数据并不在站点地图文件中，那么也可以自定义一个 XML 格式的文件为 TreeView 提供数据。例如，在网上书城的 BookList.aspx 页面中，希望能够用 TreeView 控件提供图书类别的导航，这时就可以自定义 XML 文件来描述导航数据。

示例：设置 TreeView 的 XML 数据源。

（1）编写描述图书类别的 XML 文件。

选择“网站”→“添加新项”命令，弹出“添加新项”对话框，在网站根目录下建立一个名为 TreeView.xml 的 XML 文件。

在 TreeView.xml 文件中编写图书类别的描述，内容如下：

```
<?xml version="1.0" encoding="utf-8"?>
<siteMapNode url="default.aspx" title="图书类别" description="">
  <siteMapNode title=" C#" url="BookList.aspx?typeid=1"
  description="" />
  <siteMapNode title=".NET" url="BookList.aspx?typeid=25"
  description="" />
  <siteMapNode title="ASP.NET" url="BookList.aspx?typeid=29"
  description="" />
  <siteMapNode title="Basic VB VB Script" url="BookList.
  aspx?typeid=16" description="" />
  <siteMapNode title="C C++ VC VC++" url="BookList.aspx?typeid=15"
  description="" />
```

```
        <siteMapNode title="CSS Div" url="BookList.aspx?typeid=4"
        description="" />
        <siteMapNode title="HTML XML" url="BookList.aspx?typeid=22"
        description="" />
        <siteMapNode title="J2EE" url="BookList.aspx?typeid=2"
        description="" />
        <siteMapNode title="Java Script Java" url="BookList.
        aspx?typeid=21" description="" />
        <siteMapNode title="JSP" url="BookList.aspx?typeid=31"
        description="" />
        <siteMapNode title="Perl" url="BookList.aspx?typeid=26"
        description="" />
        <siteMapNode title="WINDOWS" url="BookList.aspx?typeid=35"
        description="" />
        <siteMapNode title="电子商务" url="BookList.aspx?typeid=38"
        description="" />
        <siteMapNode title="计算机等级考试" url="BookList.aspx?typeid=17"
        description="" />
        <siteMapNode title="计算机理论" url="BookList.aspx?typeid=20"
        description="" />
        <siteMapNode title="其他" url="BookList.aspx?typeid=28"
        description="" />
        <siteMapNode title="网站开发" url="BookList.aspx?typeid=27"
        description="" />
    </siteMapNode>
```

图书类别中每个类别被单击时要跳转到的 URL 均为 BookList.aspx，为了区分不同的类别，跳转到 BookList.aspx 页面时向其传递数据 typeid，typeid 具体值来自于 BookShop 数据库中 Category 表相应的 CategoryId 字段。

（2）设置 TreeView 的数据源。

打开 TreeView 控件的任务菜单，为 TreeView 控件设置数据源。在“数据源配置向导”对话框中选择“XML 文件”，单击“确定”按钮后，会弹出“配置数据源”对话框，如图 20.13 所示。将数据文件设置为刚刚编写的 TreeView.xml 文件，并单击“确定”按钮。

（3）设置 TreeView 的数据绑定。

设置好 TreeView 的数据源后，它还不能正确显示导航数据。这是因为 TreeView 不能自动识别所编写的 XML 文件中的数据格式。下面通过设置数据绑定来介绍 TreeView 如何显示导航数据。

打开 TreeView 的任务菜单，选择其中的“编辑 TreeNode 数据绑定…”命令，打开

“TreeView DataBindings 编辑器”，如图 20.14 所示，在编辑器中选择“所选数据绑定”，并设置相应的“数据绑定”属性，如图 20.15 所示。

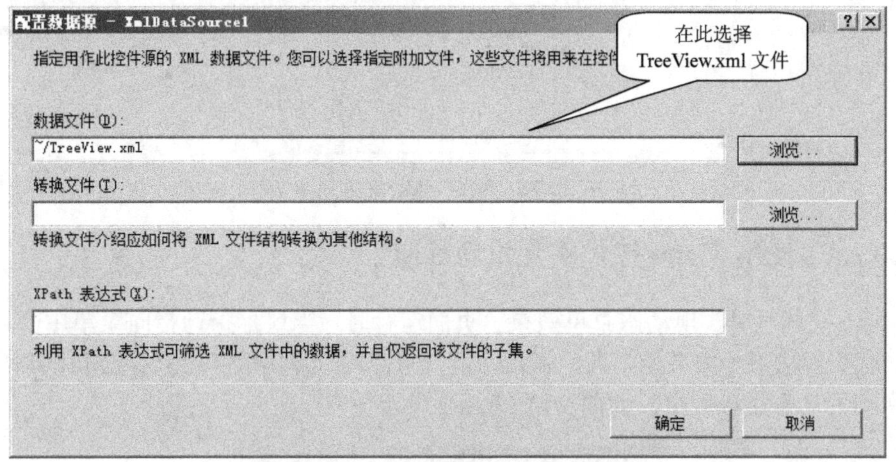

图 20.13 “配置数据源”对话框

TreeView 任务
自动套用格式...
选择数据源：XmlDataSource1
配置数据源...
刷新架构
编辑 TreeNode 数据绑定...
显示行

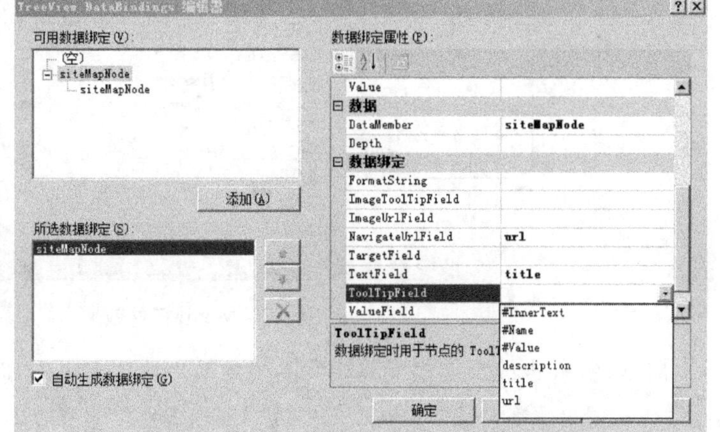

图 20.14 编辑 TreeNode 绑定　　　　图 20.15 TreeView DataBindings 编辑器

“数据绑定”属性表示 TreeView 显示导航数据时的文字、超链接、图片等信息，常用的数据绑定属性如表 20.6 所示。

表 20.6 TreeNode 数据绑定常用属性

名　称	功　能
TextField 属性	显示的文字在 XML 文件中对应的元素
NavigateUrlField 属性	跳转到的页面在 XML 文件中对应的元素
ImageUrlField 属性	显示的图片在 XML 文件中对应的元素

至此，TreeView 控件就可以显示 TreeView.xml 文件中的导航数据了，页面运行效果如图 20.16 所示。

图 20.16　绑定 XML 文件效果

20.2.4　使用 Menu 控件实现页面导航

Menu 控件可以实现动态菜单效果。页面运行时，当鼠标指针指向菜单中的某个节点时，就会弹出下一级节点，当鼠标指针离开节点时，弹出的子节点又会自动消失，这就是所谓的动态菜单效果，如图 20.17 所示。

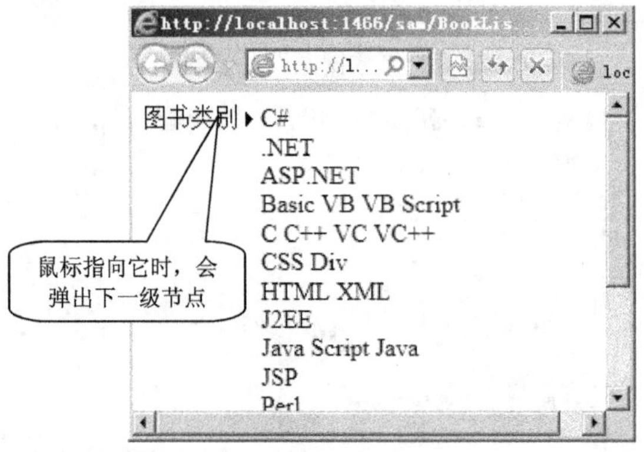

图 20.17　Menu 控件效果

Menu 控件也放置在“工具箱”的“导航”选项卡中，其描述标签为：

```
<asp:Menu ID="Menu2" runat="server"></asp:Menu>
```

Menu 控件的使用方法与 TreeView 基本相同，读者可以参考 TreeView 控件学习使用 Menu 控件。

任务 20.3　构建母版页

20.3.1　什么是母版页

在一个网站中，一般会将页面设计成一致的风格。如果各个页面风格不统一，会给用户一种比较混乱的感觉，留下不好的印象。在 ASP.NET 中提供了一种非常简单的方法来保持网站页面的风格统一，那就是母版页。

母版页可以将网站中各个页面中的公共元素（如图片、导航条、版权信息等）整合到一起，存储在一个页面文件中。母版页文件的扩展名是“.master”。与母版页对应的是内容页。在运行时，内容页会自动与母版页合并生成执行页面，生成的执行页面中既有母版页中的公共元素，又有内容页特有的内容。执行完毕后，生成的页面被删除，下次再运行时，内容页和母版页又合并生成执行页面。母版页和内容页的关系如图 20.18 所示。

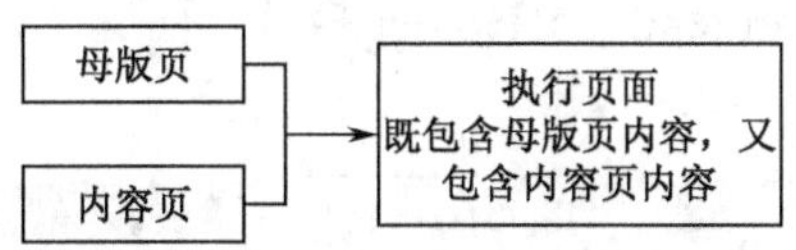

图 20.18　母版页和内容页的关系

母版页可以让开发人员为网站中的页面建立一个通用的外观，总结起来，母版页有如下优点：

（1）有利于网站的修改和维护，降低工作强度；

（2）在母版页中可以使用文字、图片、控件等多种元素，也可以为控件编写事件处理程序，它提供了高效的整合能力；

（3）内容页在使用时对应于母版页中的某一处位置，更有利于页面的布局；

（4）与传统的硬编码、嵌入页面等方式相比，母版页提供了更高效、更便利的对象模型，执行效率也更高。

20.3.2　创建母版页和内容页

1．创建母版页

创建母版页与创建普通的 Web 页面相似，只需要在“添加新项”对话框中选择“母版页”模板就可以了，如图 20.19 所示。

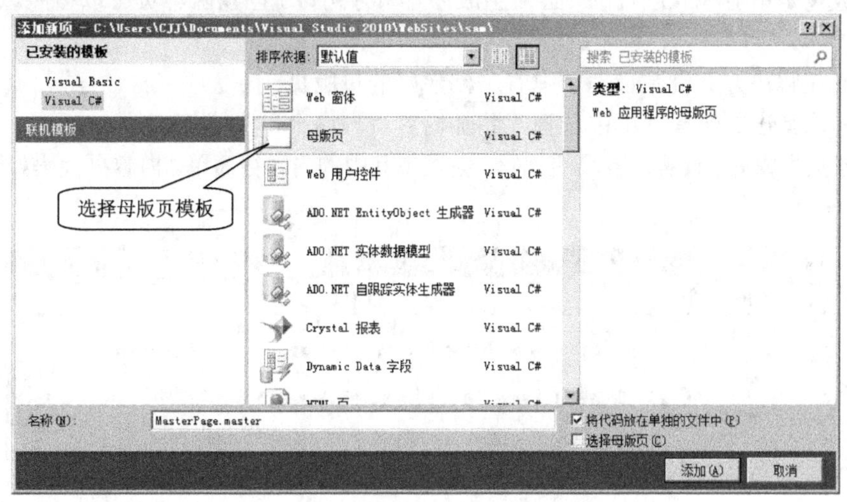

图 20.19　创建母版页

母版页创建好后，在页面中会有一个 ContentPlaceHolder 控件，它是预留给内容页显示的控件，内容页中的内容都会显示在这个控件中。

单击设计器中的“源”选项卡，会看到创建好的母版页的代码，如图 20.20 所示。在代码中，会看到母版页与普通的 Web 页面（.aspx）有以下不同：

（1）母版页中没有“<%@ Page>”指令，而是使用了“<%@ Master>”指令；

（2）母版页扩展名为.master，普通页为.aspx；

（3）在母版页中会有 ContentPlaceHolder 控件，而这个控件是不能在普通页面中使用的。

图 20.20　母版页代码

2. 创建内容页

母版页是不能独立运行的，必须生成内容页才可以。创建内容页可以按照以下步骤进行。

（1）在解决方案资源管理器中右击创建好的母版页。

（2）从弹出的快捷菜单中选择“添加内容页”命令，生成相应的内容页。

内容页生成后，查看内容页的代码，会发现其中的内容很简单。内容页代码如图 20.21 所示。

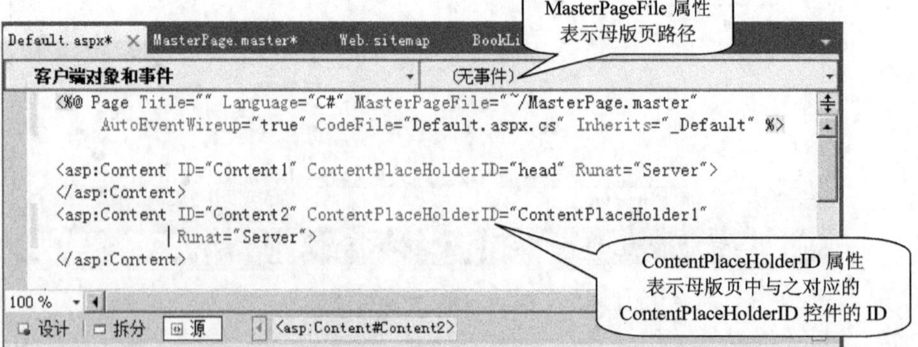

图 20.21　内容页代码

在内容页中是不能出现<html>、<body>、<head>、<form>等标签的，因为在母版页中这些标签已经有了。如果要将一个普通的 Web 页面改为内容页，需要按照以下步骤操作。

（1）在页面的"<%@ Page>"指令中添加 MasterPageFile 属性，描述母版页路径。

（2）删除页面中的<html>、<body>、<head>、<form>等标签。

（3）创建<asp:Content>标签，指定母版页中与之对应的 ContentPlaceHolderID 属性。

（4）在<asp:Content>标签中创建内容页中的内容。

20.3.3 母版页和内容页的相互访问

母版页和内容页之间是可以相互访问的，既可以通过母版页中的控件改变内容页中的信息，也可以通过内容页中的控件访问母版页中的内容。

1. 母版页改变内容页控件

母版页访问内容页，一般是利用 Request 对象或 Session 对象向内容页传递数据来实现的。调用内容页时，通过"?"向内容页传递数据，再在内容页的 Load 事件中使用 Request 对象将传递的数据读取并显示在相应控件中（或利用 Session 对象实现）即可。

2. 内容页访问母版页控件

内容页提供了 Master 属性表示与之对应的母版页。一般情况下，首先使用 FindControl()方法获取母版页中的控件，然后访问其内容即可。

示例：母版页和内容页相互访问。

（1）创建一个 ASP.NET Web 应用程序，向网站中添加一个名为"MasterPage.master"的母版页。

（2）在 MasterPage.master 中添加 Label 控件、TreeView 控件，并设置 TreeView 控件的数据源，显示 TreeView.xml 文件中的导航数据。MasterPage.master 效果如图 20.22 所示。

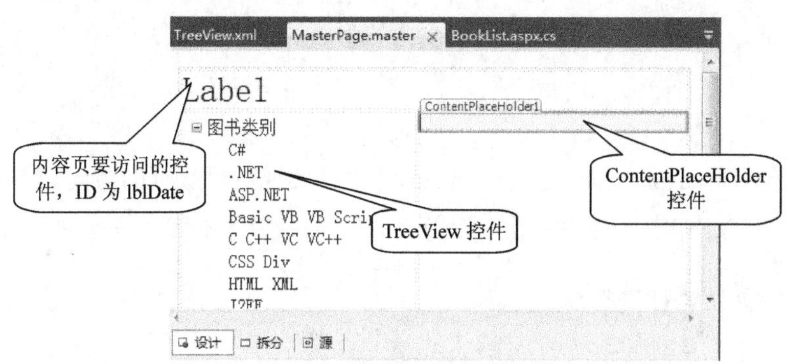

图 20.22 母版页效果

（3）生成与 MasterPage.master 对应的内容页——BookList.aspx。在内容页中添加 Label、Button 等控件，如图 20.23 所示。

现在要实现：选择母版页中的“图书类别”后，能够在内容页的 lblInfo 控件中显示选择的图书类别的 typeid（已在 TreeView.xml 中定义）；单击内容页中的按钮，可以在母版页的 lblDate 控件中显示当前的日期和时间。

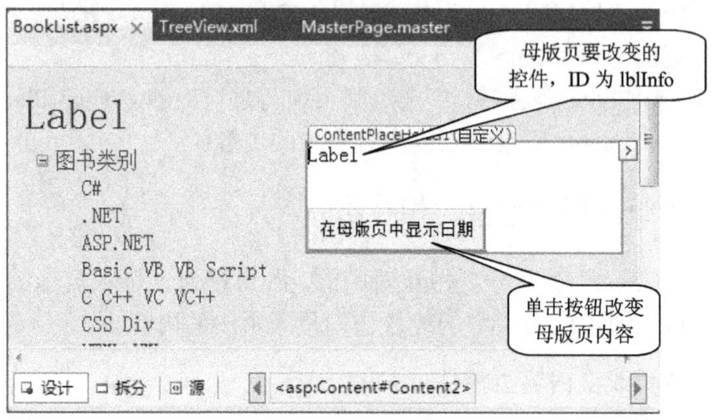

图 20.23　内容页效果

（4）在 TreeView.xml 文件中已经定义了“图书类别”的 Url 属性为“BookList.aspx?typeid=1”，调用 BookList.aspx 页面时会向其传递数据 typeid，只要在 BookList.aspx 页面中使用 Request 对象读取传递的数据就可以了。编写 BookList.aspx 页面的 Load 事件，代码如下：

```
protected void Page_Load(object sender, EventArgs e)
{
    if (!IsPostBack)
    {
        if (Request["typeid"] != null)//判断传递了数据
        {
            //显示母版页中传递来的数据
            lblInfo.Text = "你选择的图书类别的编号是：" +
            Request["typeid"].ToString();
        }
    }
}
```

（5）编写 BookList.aspx 页面中按钮的 Click 事件，实现对母版页的访问。代码如下：

```
protected void Button1_Click(object sender, EventArgs e)
{
    //改变母版页中的控件
    Label lblDate= this.Master.FindControl("lblDate") as Label;
                                        //获取母版页中的 lblDate 控件
    lblDate.Text = DateTime.Now.ToString();  //设置控件内容为当前日期
}
```

页面运行效果如图 20.24 所示。

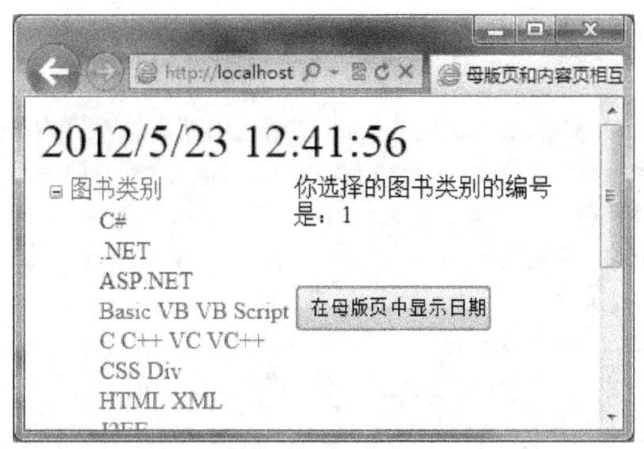

图 20.24　母版页与内容页相互访问效果

任务 20.4　使用母版页和导航控件构建网上书城首页

下面使用母版页和导航控件构建网上书城页面。

（1）打开第 19 章中已搭建好三层架构的 BookShop 项目。

（2）创建站点地图文件，编写表示网站中各个页面信息的 XML 代码。

（3）将描述图书类别导航信息的 TreeView.xml 文件添加到表示层的根目录下。

（4）在表示层网站中创建名为 MasterPage.master 的母版页，在母版页引用 CSS 文件夹下的 Page.CSS 文件，然后利用<div>、<table>等布局方式搭建页面框架，然后将图片、linkButton 控件、Label 控件、TreeView 控件、SiteMapPath 控件等内容添加到母版页中，并将 TreeView 控件与 TreeView.xml 文件进行绑定。网站母版页效果如图 20.25 所示。

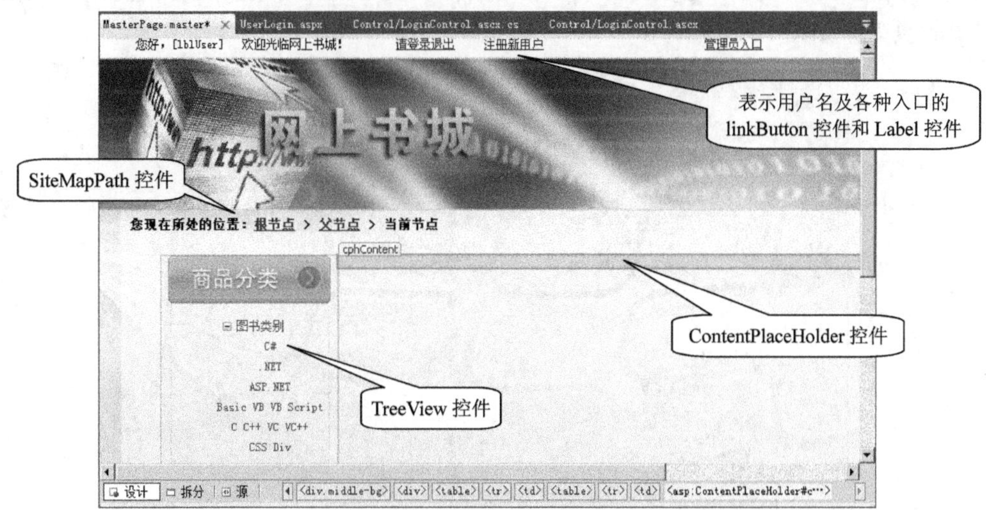

图 20.25　网站母版页效果

（5）在表示层网站的 Admin 文件夹下创建名为 admin_menu.xml 的 XML 文件，该文件描述了管理员操作页面的导航数据。具体内容如下：

```
<?xml version="1.0" encoding="utf-8"?>
  <siteRoot Id="root" url="" title="管理员控制面板" description="">
       <siteMapNode url="" title="用户管理" description="">
          <siteMapNode url="~\Admin\ListAllUsers.aspx" title=
          "管理用户" description="" />
          <siteMapNode url="~\Admin\UserStatue.aspx" title=
          "状态管理" description="" />
          <siteMapNode url="~\Admin\ListAllUsers.aspx" title=
          "用户列表" description="" />
       </siteMapNode>
       <siteMapNode url="" title="图书分类管理" description="">
          <siteMapNode url="~\Admin\AddBookCategory.aspx" title=
          "添加图书分类" description="" />
          <siteMapNode url="~\Admin\BookListByCategory.aspx"
          title="为书籍分类" description="" />
          <siteMapNode url="~\Admin\BooksList.aspx" title=
          "书籍列表" description="" />
       </siteMapNode>
       <siteMapNode url="~\Admin\LoginOut.aspx" title="退出"
          description="管理员退出?">
       </siteMapNode>
  </siteRoot>
```


（6）在 Admin 文件夹下创建名为 AdminMasterPage.master 的母版页，它为管理员操作页面提供统一的风格。和网站母版页一样，要通过<div>、<table>等方式进行布局设计，并要引用 CSS 文件夹下的 Page.CSS 文件，然后将图片、TreeView、SiteMapPath 等控件添加到母版页中，还要将 TreeView 控件与 admin_menu.xml 文件进行绑定。管理员母版页效果如图 20.26 所示。

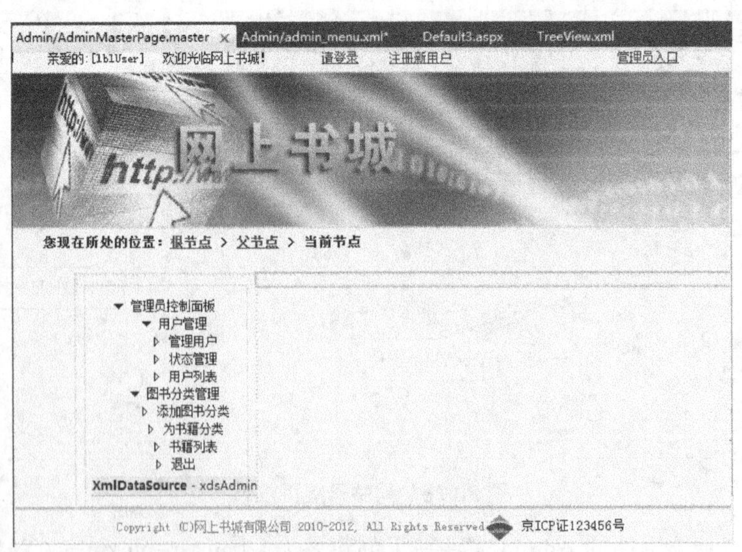

图 20.26　管理员母版页效果

（7）在网站的根目录下，生成与 MasterPage.master 母版页相对应的内容页—Default.aspx 页面，它是面向用户的网站首页。生成的 Default.aspx 页面代码如图 20.27 所示。

图 20.27　Default.aspx 内容页代码

（8）设置 Default.aspx 页面的“<%@ Page >”指令中 Title 属性为“网上书城首页”。Title 属性表示内容页的标题，如果正确设置 Title 属性后在浏览器中看不到相应的页面标题，就要检查对应的母版页<head runat="server">标签中的 runat="server"属性是否被删除了。如果没有 runat="server"属性，内容页中就不能正确显示标题。

（9）Default.aspx 页面中的内容基本上都是静态的，可以用 HTML 标签描述页面上的图书信息。Default.aspx 页面效果如图 20.28 所示。

图 20.28　Default.aspx 页面效果

本章总结

在这一章中，介绍了 ASP.NET 中常用的 Web 控件和母版页技术，并使用这些技术构建了网上书城的母版页、首页、管理员母版页等页面。

ASP.NET 中常用的标准 Web 控件有 Label、TextBox、Button、DropDownList 等，这些控件与 Win Form 中的控件非常相似。

导航控件可以方便用户在页面之间跳转。

SiteMapPath 控件可以实现从首页到当前页面之间路径的显示和跳转，它自动与站点地图（Web.sitemap）绑定。

TreeView 控件提供树形列表显示数据，可以与站点地图或自定义 XML 文件进行数据绑定。

Menu 控件提供动态菜单效果，与 TreeView 控件使用方法相似。

母版页提供了一种使网站页面实现统一风格的方法，母版页的扩展名为.master，它包含页面中的公共元素。

内容页提供页面的内容，内容页中不能出现<html>、<head>、<body>、<form>等标签。

母版页和内容页可以相互访问。

习题

1. SiteMapPath 控件和 TreeView 控件实现页面导航时有什么区别？
2. 使用母版页设计网站有什么优点？
3. 母版页和内容页之间如何进行互访？
4. 如何使用 Menu 控件实现页面导航？

第21章 创建图书管理页面

当管理员登录后，可以对图书信息进行管理，包括对图书信息的编辑、图书类别的划分等，这些管理操作往往都是在一个图书列表上进行的。在这一章中，将建立管理图书列表来实现图书信息的编辑和类别的划分。

任务 21.1 建立图书列表

图书的管理操作都是在图书列表上进行的，图书列表一般有以下特点。

（1）以表格的形式显示图书信息，每本书占一行；可以分页显示，一页中显示 20 行。

（2）每本图书的标题都是超链接，单击后，可以打开一个显示这本书详细信息的页面，在这个页面中可以对图书信息进行编辑。

（3）每一行都有一个“删除”按钮，单击它，这行图书就会被删除。

（4）每本书都可以被选中，可以将选中的图书划分到某一个图书类别中。

（5）当鼠标指向某一行时，该行高亮显示。

图书列表效果如图 21.1 所示，图书详细信息页面如图 21.2 所示。

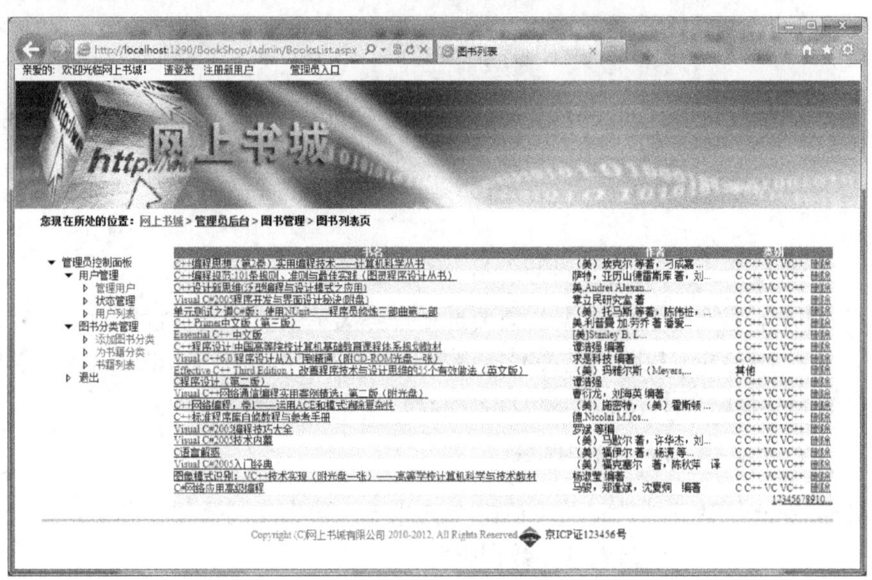

图 21.1　图书列表效果

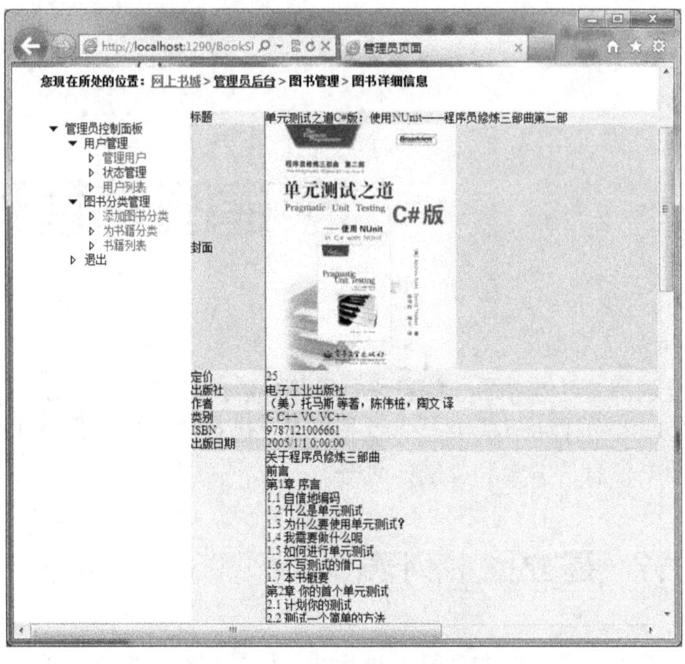

图 21.2 图书详细信息页面

21.1.1 使用 GridView 控件建立图书列表

ASP.NET 中的 GridView 控件能以表格的形式显示数据。它放置在工具箱的“数据”卡片中，将 GridView 控件放置在页面上的效果如图 21.3 所示。GridView 控件的描述标签为：

```
<asp:GridView ID="GridView1" runat="server"></asp:GridView>
```

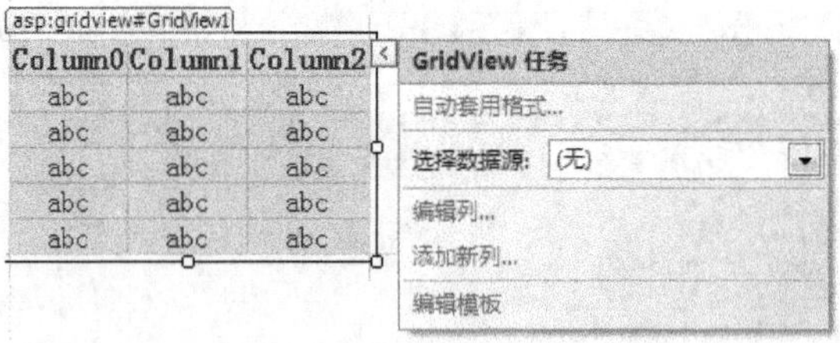

图 21.3 GridView 控件

在 GridView 控件中显示数据，需要选择任务菜单中的“选择数据源”命令进行数据绑定，这和 TreeView 控件的选择数据源操作是一样的。但是 GirdView 控件绑定的不是站点地图或 XML 文件，而是 SqlDataSource 或 ObjectDataSource。

1. SqlDataSource 数据控件

SqlDataSource 数据控件封装了访问 SQLServer 数据库的操作，利用它可以直接将 GirdView 与数据库中的数据表进行数据绑定。

示例：使用 SqlDataSource 数据控件将 GridView 控件与 BookShop 数据库中的 Books

表进行数据绑定。

（1）选择 GirdView 任务菜单中的“选择数据源”命令，弹出“数据源配置向导”对话框，如图 21.4 所示。

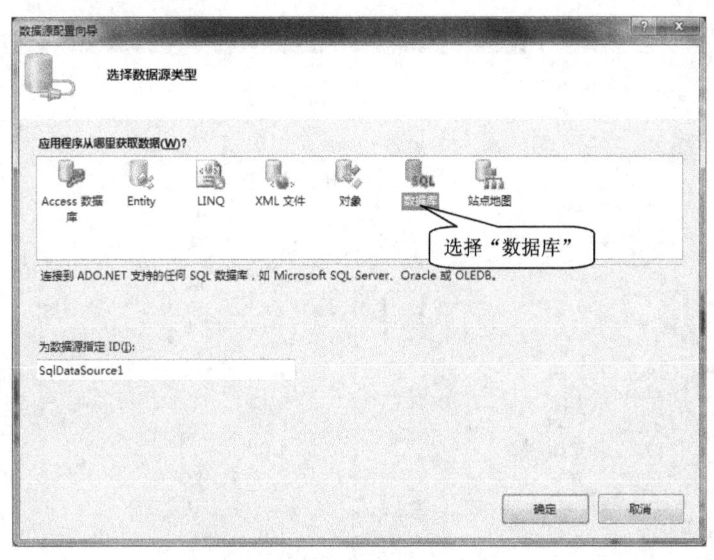

图 21.4 “数据源配置向导”对话框

（2）选择其中的“数据库”图标，单击“确定”按钮，弹出“选择数据连接”对话框，单击其中的“新建连接”按钮，弹出“添加连接”对话框，如图 21.5 所示。

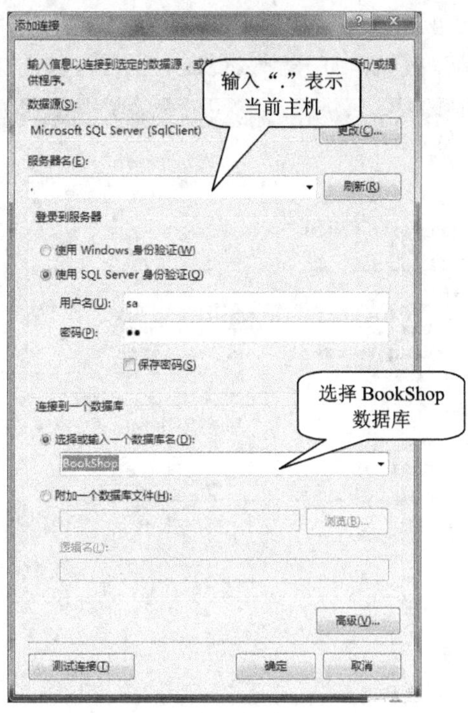

图 21.5 “添加连接”对话框

（3）在“添加连接”对话框中输入 SQLServer 服务器名、用户名、密码等信息，并选择数据库“BookShop”，然后单击“确定”按钮，弹出如图 21.6 所示的配置 Select 语句对话框。

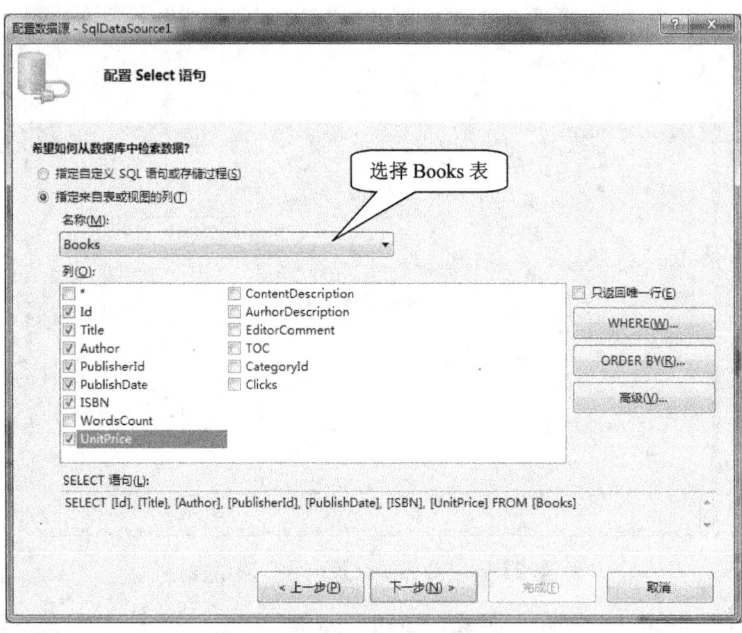

图 21.6　配置 Select 语句对话框

（4）在配置 Select 语句对话框中选择要在页面中显示的“Books”表，并选中要显示的列，单击“下一步”按钮，打开测试查询对话框，如图 21.7 所示。

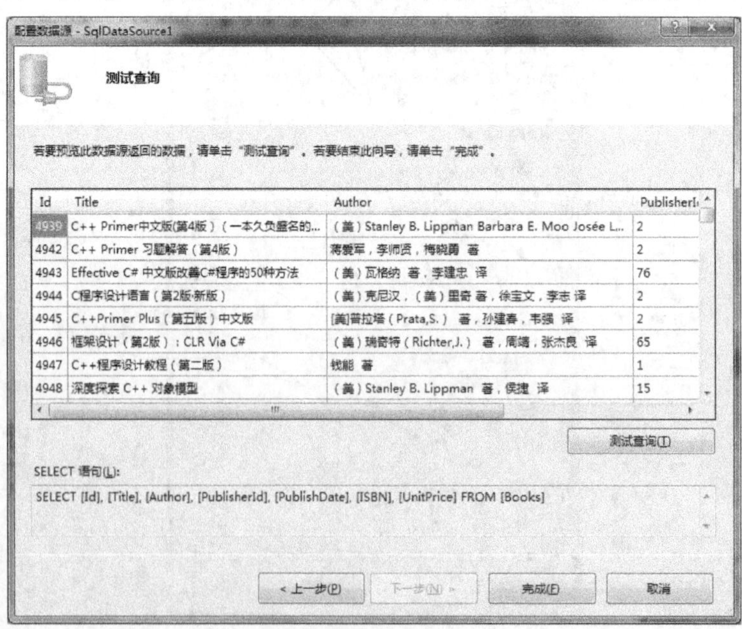

图 21.7　测试查询对话框

（5）在测试查询对话框中单击“测试查询”按钮对查询进行测试，并单击“完成”按钮完成数据源的配置。

至此，SqlDataSource 控件配置完成，运行页面，可以看到 Books 表中的数据在 GridView 控件中显示出来，效果如图 21.8 所示。

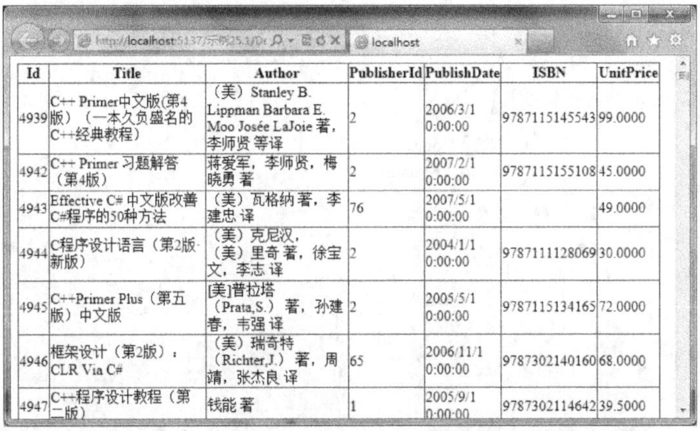

Id	Title	Author	PublisherId	PublishDate	ISBN	UnitPrice
4939	C++ Primer中文版(第4版）（一本久负盛名的C++经典教程）	（美）Stanley B. Lippman Barbara E. Moo Josée LaJoie 著，李师贤 等译	2	2006/3/1 0:00:00	9787115145543	99.0000
4942	C++ Primer 习题解答（第4版）	蒋爱军，李师贤，梅晓勇 著	2	2007/2/1 0:00:00	9787115155108	45.0000
4943	Effective C# 中文版改善C#程序的50种方法	（美）瓦格纳 著，李建忠 译	76	2007/5/1 0:00:00		49.0000
4944	C程序设计语言（第2版·新版）	（美）克尼汉，（美）里奇 著，徐宝文，李志 译	2	2004/1/1 0:00:00	9787111128069	30.0000
4945	C++Primer Plus（第五版）中文版	[美]普拉塔（Prata,S.） 著，孙建春，韦强 译	2	2005/5/1 0:00:00	9787115134165	72.0000
4946	框架设计（第2版）：CLR Via C#	（美）瑞奇特（Richter,J.） 著，周靖，张杰良 译	65	2006/11/1 0:00:00	9787302140160	68.0000
4947	C++程序设计教程（第二版）	钱能 著	1	2005/9/1 0:00:00	9787302114642	39.5000

图 21.8　GridView 控件显示 Books 表中的内容

SqlDateSource 数据控件可以让用户不写任何代码就能完成数据的访问，但它在使用上不够灵活，如数据库服务器名发生改变时，就必须重新配置数据源，所以它并不适合三层架构的开发方式。

2．ObjectDataSource 数据控件

ObjectDataSource 数据控件可以将 GridView 与业务逻辑层（BLL）中的方法直接绑定，灵活性更好，非常适合于三层架构开发。

项目操作：建立管理员操作的图书管理页面。

（1）打开项目的表示层，在 Admin 文件夹中通过 AdminMasterPage.master 母版页生成图书列表页面——BooksList.aspx。

（2）在 BooksList.aspx 页面中添加 GridView 控件，用来显示图书列表。将 GridView 的 ID 属性设置为 gvBooks。

（3）打开 gvBooks 的任务菜单，选择“新建数据源”命令，为控件进行数据绑定。在“配置数据源向导”对话框中选择“对象”图标并单击“确定”按钮。

（4）在弹出的“选择业务对象”对话框中选择“BookManager”类并单击“下一步”按钮，如图 21.9 所示。

（5）在弹出的“定义数据方法”对话框的“SELECT”选项卡中选择“GetBooks 方法”，并单击“完成”按钮，如图 21.10 所示。

至此，就完成了 GridView 与 ObjectDataSource 数据控件的数据绑定。

通过上面的操作可以看到，ObjectDataSource 控件在业务逻辑层和 GridView 控件之间架起了一座桥梁，它通过实体类对象将数据传递给数据绑定控件，从而实现了数据的显示、编辑、排序等操作。

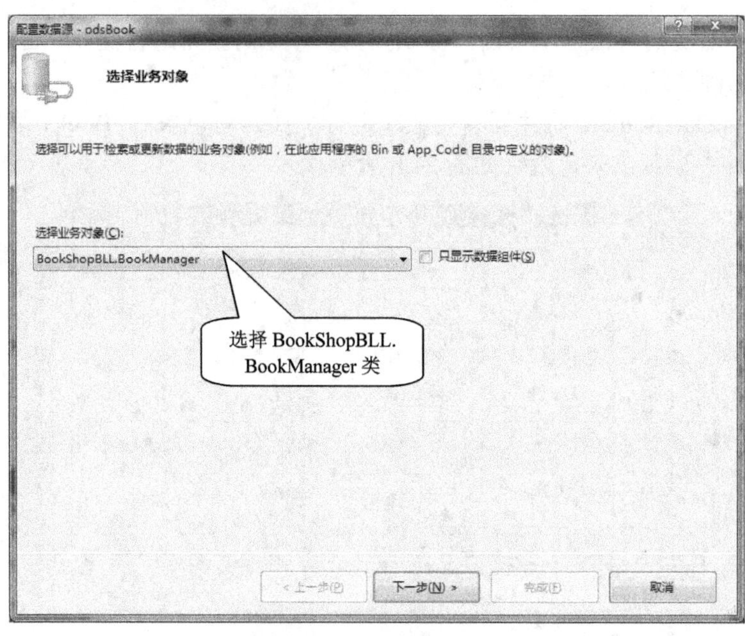

图 21.9　选择业务对象

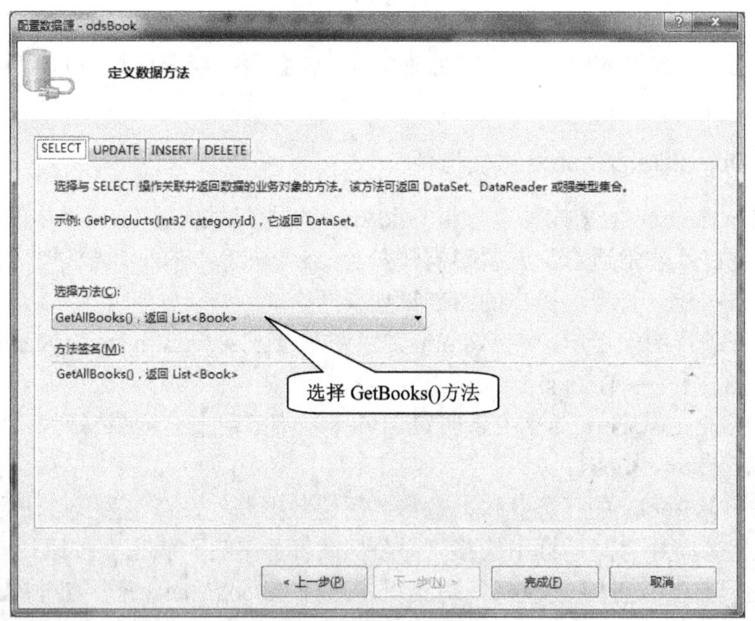

图 21.10　定义数据方法

在 ASP.NET 中能够按照这种方式进行数据绑定的控件有很多，包括 GridView、DetailsView、DropDownList 等。

GridView 控件可以与多个 ObjectDataSource 数据控件进行绑定，但同一时刻只能有一个 ObjectDataSource 控件起作用。GridView 控件的 DataSourceID 属性指定了 GirdView 控件当前与哪个 ObjectDataSource 控件进行数据绑定。

21.1.2 GridView 绑定列

21.1.1 节中，在 GridView 控件中显示了图书信息，但显示的是图书的全部信息。这些信息太多，如图 21.11 所示，只需要显示书名、作者、类别等几个列的内容。如何把多余的列去掉，让数据更好看一些呢？GridView 控件的“绑定列”可以完成这些要求。

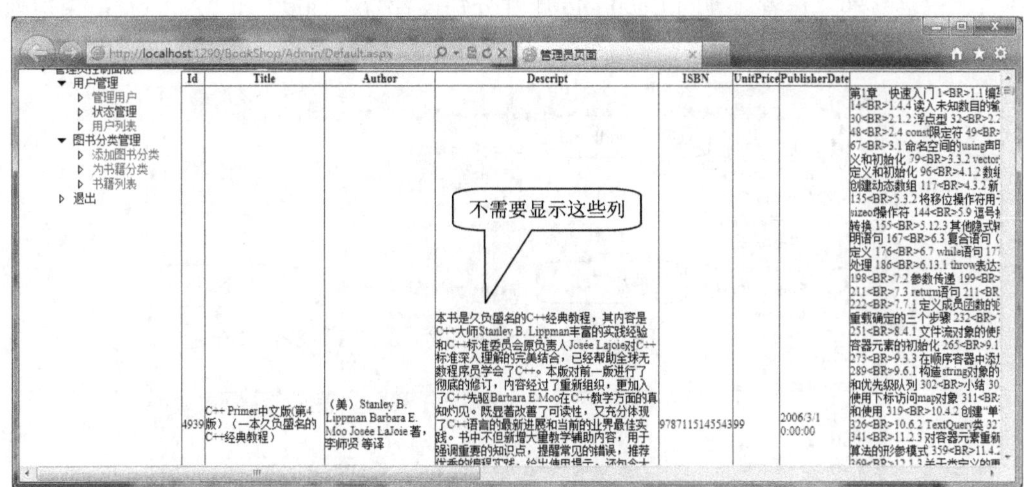

图 21.11 显示图书的全部列信息

GirdView 控件中提供了 8 种绑定列，用于对数据操作的控制。在 GirdView 控件的任务菜单中选择“编辑列”命令可以对绑定列进行设置，如图 21.12 所示。

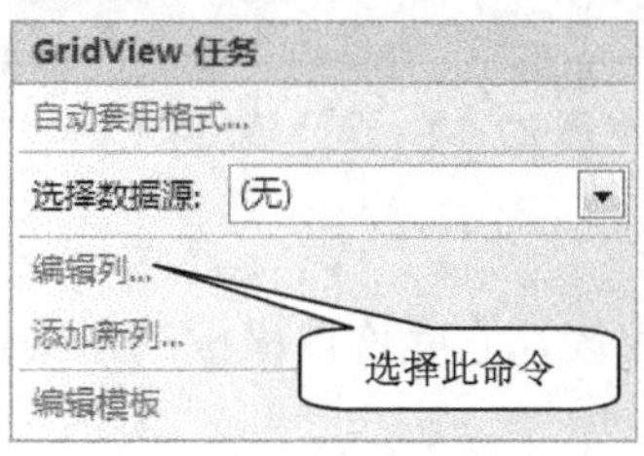

图 21.12 选择“编辑列”命令

1. BoundField

BoundField 也叫绑定字段，它能够在 GirdView 中以文字的形式显示数据，默认的数据绑定列类型就是 BoundField。BoundField 常用属性如表 21.1 所示。

表 21.1 BoundField 常用属性

属 性 名 称	功 能
HeaderText	列标题文字
DataField	绑定的字段，三层架构中一般是实体类中的属性
DataFormatString	数据显示的格式

项目操作：实现 GirdView 控件显示指定的图书信息。

（1）在 BooksList.aspx 页面中选择 GirdView 控件任务菜单中的“编辑列”命令，弹出“字段”对话框。

（2）去掉对话框左下角的对“自动生成字段”的选择，并通过对话框中的“添加”按钮向“选定的字段”列表添加三个 BoundField 字段。

（3）设置三个 BoundField 字段的 HeaderText 属性分别为“书名”、“作者”和“类别”；“书名”和“作者”列的 DataField 属性分别设置为“Title”和“Author”，类别列暂不设置，如图 21.13 所示。

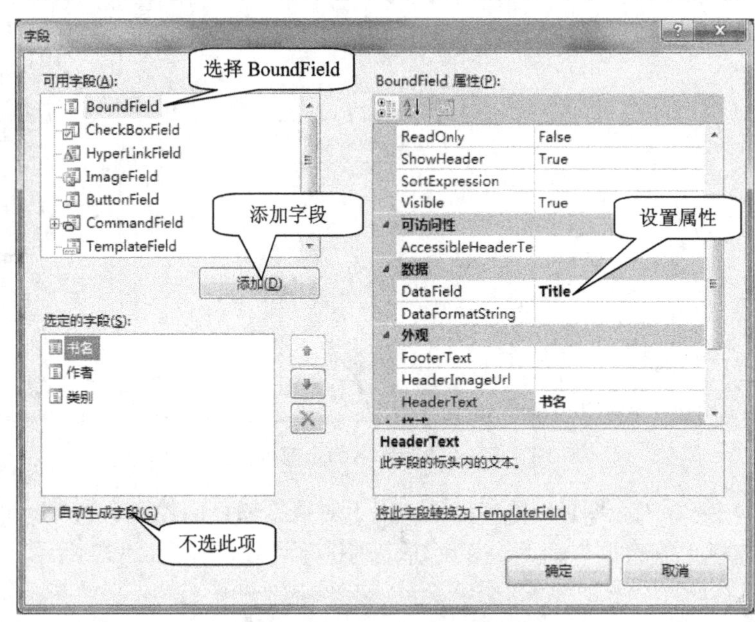

图 21.13　选择 BoundField

2. TemplateField

TemplateField 也称模板字段，它允许以模板的形式定义数据绑定列的内容。它是非常灵活的，但也是最复杂的。

在“字段”对话框中，可以直接向“选定的字段”列表中添加 TemplateField；也可以先选择已添加的字段，然后单击对话框右下角的“将此字段转换为 TemplateField”超链接按钮将字段转换成 TemplateField。

没有设置“类别”列的 DataField 属性，这是因为“类别”对应的是 Book 类中的 Cate 属性，Cate 属性是个实体类，其中的 CategoryName 属性表示图书的类别文字。如果直接设置 DataField 属性为“Cate”或“Cate.CategoryName”，ASP.NET 不能正确识别。必须将类别列转换成 TemplateField，然后通过代码定义数据绑定内容才能正确地看到类别信息。

ASP.NET 中的 Eval()方法和 Bind()方法可以定义数据绑定内容。Eval()能够实现单向数据绑定，而 Bind()能够实现双向数据绑定。单向数据绑定是指数据库中的数据（或业务逻辑层中的数据）能够自动显示在页面中，但内容不会提交回服务器，即数据是只读的。双向数据绑定是指数据不但能够自动显示在页面上，页面上的数据还可以自动提交回服务器，即数据是可读/写的。Eval()方法和 Bind()方法的语法格式为：

```
Eval("要绑定的字段名")
Bind("要绑定的字段名")
```

方法返回绑定字段的内容。

项目操作：显示图书类别信息。

（1）选中“字段”对话框中的“类别”列，单击“将此字段转换为 TemplateField”超链接将字段转换成 TemplateField，单击“确定”按钮关闭对话框。

（2）切换到 BooksList.aspx 页面设计器的“源”选项卡，查看 BooksList.aspx 页面的 HTML 页面代码。寻找 TemplateField 对应的代码，内容如下：

```
<asp:TemplateField HeaderText="类别">
    <ItemTemplate>
        <asp:Label ID="Label1" runat="server" ></asp:Label>
    </ItemTemplate>
    <EditItemTemplate>
        <asp:TextBox ID="TextBox1" runat="server"></asp:TextBox>
    </EditItemTemplate>
</asp:TemplateField>
```

<asp:TemplateField>标签表示这是一个 TemplateField，其中的<ItemTemplate>代表数据模板，它定义的是 GirdView 在显示数据时使用的模板。可以看到，ASP.NET 显示数据时默认使用的是 Label 控件。<EditItemTemplate>代表数据被编辑时的模板，目前不需要它，可以将这一节删除，当然也可以保留。

（3）在<ItemTemplate>节中，修改 Label 控件的 Text 属性，定义数据绑定信息。代码如下：

进行数据绑定

```
<ItemTemplate>
<asp:Label ID="Label1" Text='<%# Eval ("Cate.CategoryName")%>'
runat="server"></asp:Label>
</ItemTemplate>
```

将 Label 控件的 Text 属性设置为'<%# Eval("Cate.CategoryName") %>'。由于 Eval()方法需要在后台运行，所以在设置 Text 属性时要将 Eval()方法放置在<% %>标记中。此处要特别注意 Text 属性值中“引号”的使用形式。

此时，运行页面，可以看到 GirdView 控件只显示图书中的书名、作者、类别信息，效果如图 21.14 所示。

3. HyperLinkField

HyperLinkField 也称超链接字段，HyperLinkField 能以超链接的形式显示数据。HyperLinkField 常用属性如表 21.2 所示。

图 21.14　GridView 控件运行效果

表 21.2　HyperLinkField 常用属性

属 性 名 称	功　　能
HeaderText	列标题文字
DataTextField	绑定的字段，三层架构中一般是实体类中的属性
DataTextFormatString	数据显示的格式
DataNavigateUrlFormatString	超链接要跳转到的页面，如 BookDetails.aspx?id={0}
DataNavigateUrlFields	超链接 URL 中{0}对应的字段，运行时该属性会自动替换 DataNavigateUrl-FormatString 属性中描述的"{0}"

项目操作：将 GirdView 控件中的“书名”列改变为超链接列，单击书名，可以跳转到 BookDetails.aspx 页面。

（1）在“字段”对话框中，先将“书名”字段删除，然后添加一个 HyperLinkField，并将其位置调整到作者字段之上，如图 21.15 所示。

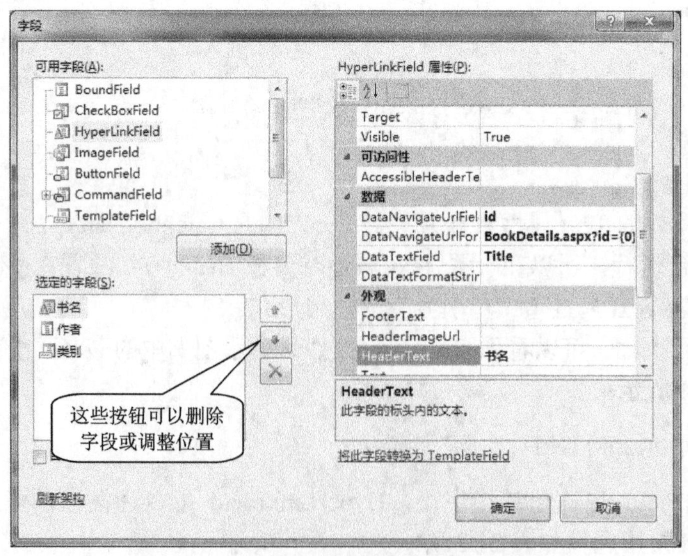

图 21.15　HyperLinkField 设置效果

（2）设置 HyperLinkField 的属性，设置内容如下。

① HeaderText 属性：书名。

② DataTextField 属性：Title。

③ DataNavigateUrlFormatString 属性：BookDetails.aspx?id={0}。

④ DataNavigateUrlFields 属性：id。

4. CheckBoxField

CheckBoxField 也称复选框字段，它能够在数据行上显示复选框控件。一般情况下，添加了 CheckBoxField 字段后，还要将其转换为 TemplateField 做进一步的操作。

5. ButtonField

ButtonField 也称按钮字段，它能够在数据行上显示按钮控件。

6. CommandField

CommandField 也称命令字段，它能够在数据行上显示一组按钮，这些按钮可以自动生成命令，完成数据的选择、编辑、插入或删除操作。

CommandField 有多个操作按钮可以供使用，包括编辑按钮、更新按钮、取消按钮、选择按钮、删除按钮，如图 21.16 所示。

项目操作：在 GridView 控件中添加“删除”CommandField，用于删除指定图书。

（1）在“字段”对话框中添加“删除”类型的 CommandField，单击“确定”按钮后，在 GridView 控件中会显示“删除”按钮，如图 21.17 所示。

图 21.16　CommandField 包含的按钮

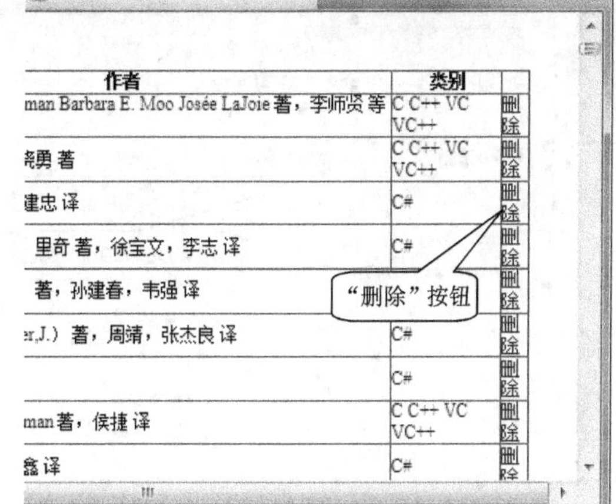

图 21.17　带“删除”按钮的 GridView 控件

（2）设置 ObjectDataSource 控件。

这时如果在列表中单击“删除”按钮，试图删除一行图书，程序会引发如图 21.18 所示的异常，这是因为与 GridView 进行数据绑定的数据源 ObjectDataSource 数据控件不知道如何删除数据，必须告诉 ObjectDataSource 数据控件如何进行删除。

图 21.18　删除异常

在页面中单击与GridView控件绑定的数据源odsBooks的任务按钮，打开任务菜单，选择其中的“配置数据源”命令。在弹出的“配置数据源”对话框中打开“DELETE”选项卡，并选择“DeleteBook()”方法，如图 21.19 所示。

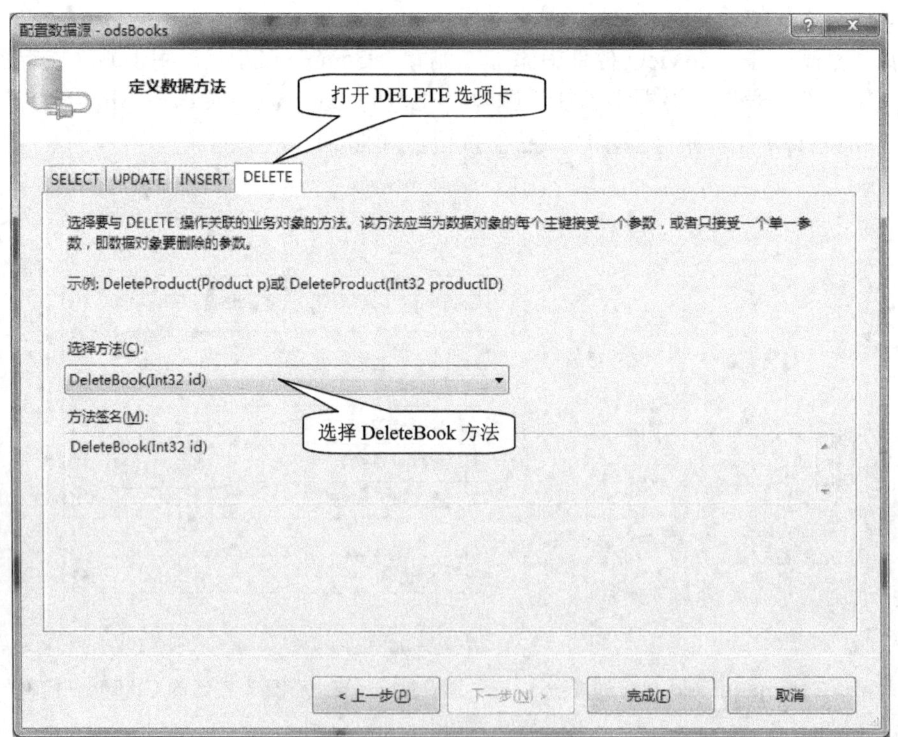

图 21.19　定义删除数据方法

在单击“确定”按钮关闭对话框时，弹出如图 21.20 所示的对话框，询问是否要刷新 GridView 控件的字段和键，单击“否”按钮，否则前面建立的“书名”、“作者”、“类别”等字段都会被删除。

这个操作实际上是告诉 ObjectDataSource 数据控件：调用 DeleteBook(int id)方法进行删除操作。

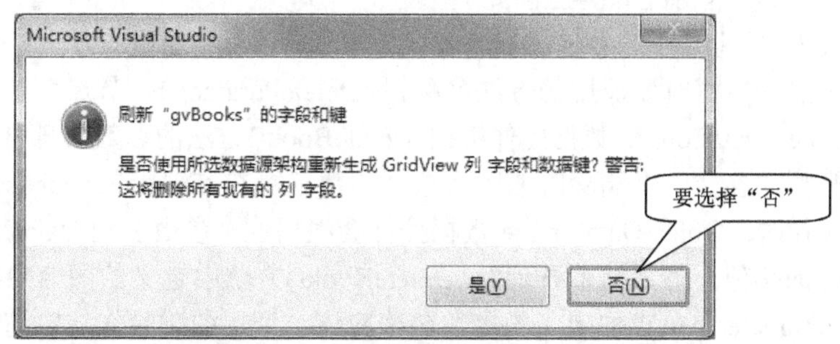

图 21.20　刷新警告对话框

（3）设置 GridView 的 DataKeyNames 属性。

ObjectDataSource 数据控件现在可以调用 DeleteBook()方法进行删除操作，但是 DeleteBook()方法中的参数“int id”的值又是如何传递的呢？通过设置 GirdView 控件的 DataKeyNames 属性来实现 id 参数的传递。

DataKeyNames 属性表示数据源中的键字段，一般将其设置为数据表的主键。

在 GridView 的“属性”窗口中选择 DataKeyNames 属性，弹出“数据字段集合编辑器”对话框，如图 21.21 所示。将左侧列表中的“Id”字段添加到右侧列表中并单击“确定”按钮关闭对话框。

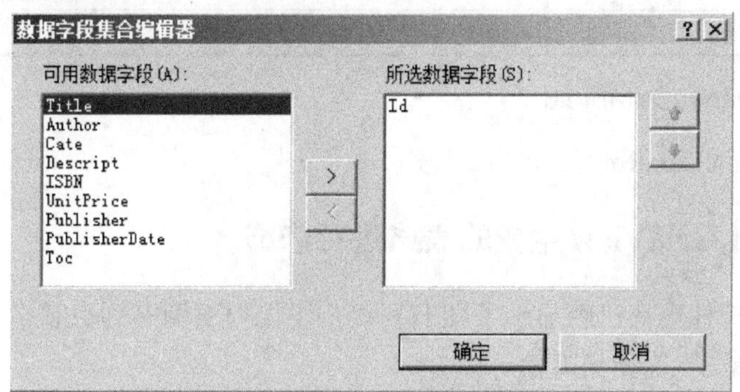

图 21.21　数据字段集合编辑器

这时，运行页面，单击 GridView 控件中的“删除”按钮，就可以实现图书删除的功能了。

ObjectDataSource 数据控件为何如此“聪明”，能够知道删除操作的参数来自 DataKeyNames 属性设置的 Id 字段呢？切换到设计器的“源”选项卡，查看 ObjectDataSource 数据控件的代码，就能发现其中的秘密。代码如下：

```
<asp:ObjectDataSource ID="odsBooks" runat="server"
SelectMethod="GetAllBooks"
   TypeName="BookShopBLL.BookManager" DeleteMethod="DeleteBook">
```

删除调用的方法

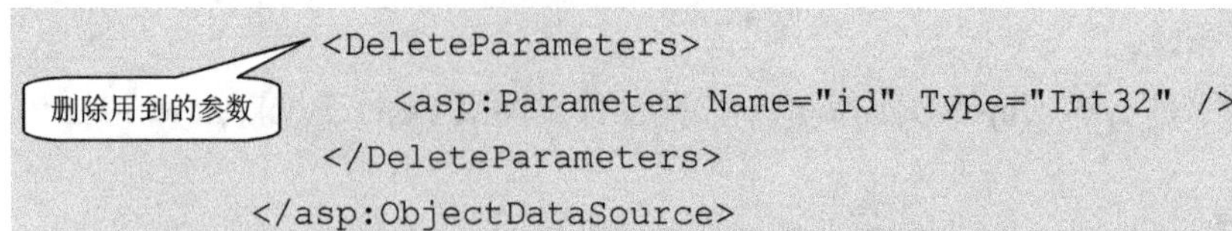


```
    <DeleteParameters>
        <asp:Parameter Name="id" Type="Int32" />
    </DeleteParameters>
</asp:ObjectDataSource>
```

从代码中可以看到：DeleteMethod 属性表示删除时要调用的方法名称，SelectMethod 属性表示显示数据时要调用的方法名称。<DeleteParameters>节点表示了删除时用到的参数，ObjectDataSource 数据控件根据 DeleteBook()方法的参数信息自动定义了一个同名、同类型的参数，供删除时使用，这个参数就写在<DeleteParameters>节点中。当进行删除操作时，ObjectDataSource 数据控件会根据这个参数名到 DataKeyNames 属性中获取相应的键值，然后将值传递给 DeleteBook()方法中定义的同名参数。也就是说，<DeleteParameters>节点中定义的参数名称应该与调用的删除方法中的参数名称一致，DataKeyNames 属性中定义的键字段名称应该与<DeleteParameters>节点中定义的参数名称一致。这 3 个参数名称一致，数据就能正确传递了。

7. ImageField

ImageField 也称图片字段，它可以在 GridView 控件所呈现的表格中显示图片。ImageField 常用属性如表 21.3 所示。

表 21.3　ImageField 常用属性

属 性 名 称	功　　能
HeaderText	列标题文字
DataImageUrlFormatString	要显示的图片的 URL，如 images/BookCovers/{0}.jpg
DataImageUrlFields	图片 URL 中{0}对应的字段

8. DynamicDataField

使用 DynamicDataRoute 绑定的字段。

21.1.3　对 GridView 生成的表格进行修饰

GridView 控件现在已经显示了图书列表，下面要对图书列表表格进行一些修饰，让它的外观更美观、操作更方便。

1. 亮条效果

亮条效果也称光棒效果，它是指当鼠标指向表格中的某一行数据时，该行数据变成高亮显示。

亮条效果需要编写一段 JavaScript 代码来实现，实现思路是：只要在表格的每一行中添加 onmouseover 和 onmouseout 事件就可以实现高亮效果。当鼠标指针进入表格中的某一行时，会触发 onmouseover 事件，这时可以将当前行的背景色设置为高亮颜色；当鼠标指针移出这一行时，会触发 onmouseout 事件，这时要将背景色再改回来。

这里的关键问题是：GridView 控件对应的表格是运行时通过数据绑定实现的，在设计器中根本看不到有关表格的 HTML 标签，那么如何才能编写表格的事件呢？

GridView 控件提供了 RowDataBound 事件，它会在每一行进行数据绑定后触发。GridView 控件生成的表格有多少行（包含表头），这个事件就会触发多少次。RowDataBound 事件处理程序格式为：

```
protected void gvBooks_RowDataBound(object sender, GridViewRowEventArgs e)
```

其中参数 e 表示当前进行绑定的行。可以在 RowDataBound 事件中设置当前行的鼠标事件，代码如下：

```
protected void gvBooks_RowDataBound(object sender,
GridViewRowEventArgs e)
{
    if (e.Row.RowType == DataControlRowType.DataRow)
                                                    //当前行是数据行
    {
        //设置 onmouseover 事件
        e.Row.Attributes.Add("onmouseover",
      "c=this.style.backgroundColor;this.style.backgroundColor=
      '#336699';");
        //设置 onmouseout 事件
        e.Row.Attributes.Add("onmouseout","this.style.
        backgroundColor=c;");
    }
}
```

RowType 属性表示的是当前行的类型，GridView 控件生成行的类型有：标题行（Header）、数据行（DataRow）、脚注行（Footer）、页码行（Pager）和分隔符行（Separator）。行类型效果如图 21.22 所示。

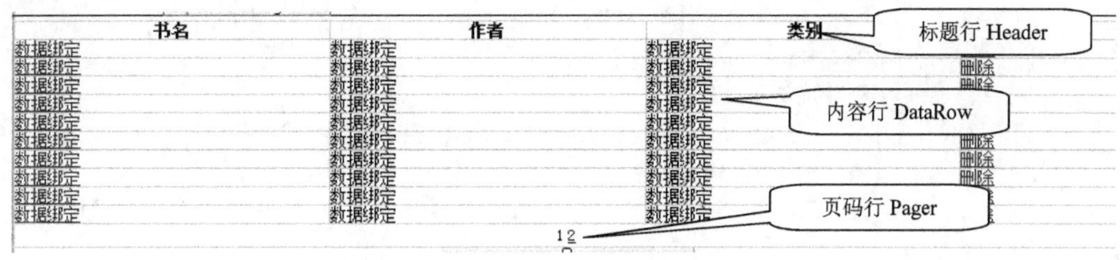

图 21.22　GridView 行类型

在代码中，首先判断 e.Row.RowType 属性值是不是“数据行”，是“数据行”才加入亮条效果。这样做是为了防止对表格的标题行、页码行等也加入亮条效果。

由于亮条效果是通过 JavaScript 代码来实现的，而在 GridView 控件的后台事件中是不识别 JavaScript 代码的，所以通过 Attributes 属性将 JavaScript 代码添加到前台。

JavaScrtip 代码是区分大小写的，但在这段代码中，ASP.NET 将其当做字符串处理，并不会进行语法检查。所以在编写 JavaScript 代码时要特别注意，要保证语法格式正确。

运行页面，可以看到 GridView 表格中出现了亮条效果，如图 21.23 所示。

书名	作者	类别	
C++ Primer中文版(第4版)（一本久负盛名的C++经典教程）	（美）Stanley B. Lippman Barbara E. Moo Josée LaJoie 著，李师贤 等译	C C++ VC VC++	删除
C++ Primer 习题解答（第4版）	蒋爱军，李师贤，梅晓勇 著	C C++ VC VC++	删除
Effective C# 中文版改善C#程序的50种方法	（美）瓦格纳 著，李建忠 译	C#	删除
C程序设计语言（第2版·新版）	（美）克尼汉，（美）里奇 著，徐宝[illegible]李志 译	C C++ VC VC++	删除
C++Primer Plus（第五版）中文版	[美]普拉塔（Prata,S.）著，孙建春，韦强[illegible]	C C++ VC VC++	删除
框架设计（第2版）：CLR Via C#	（美）瑞奇特（Richter,J.）著，周靖[illegible]	[illegible]	删除
C++程序设计教程（第二版）	钱能 著	[illegible]	删除
深度探索 C++ 对象模型	（美）Stanley B. Lippman 著，侯捷[illegible]	[illegible]	删除
Expert C# 2005 Business Objects中文版（第二版）	（美）霍特卡 著，王鑫 译	C#	删除
Visual C# 2005从入门到精通	（英）夏普 著，周靖 译	C#	删除
12345678910...			

鼠标指针指向的行是高亮显示的

图 21.23　GridView 亮条效果

2．删除确认对话框效果

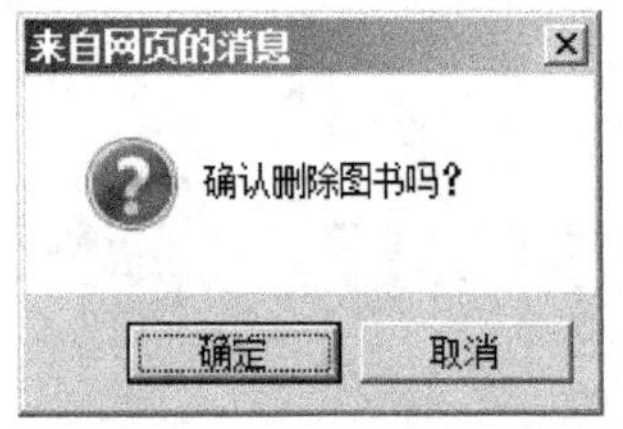

图 21.24　删除确认对话框

通过向 GridView 中添加 CommandField 字段实现了图书删除功能。现在需要在删除图书时能够弹出一个删除确认对话框，如图 21.24 所示。

删除确认对话框功能也需要使用 JavaScript 代码来完成。与实现亮条效果相似，JavaScript 代码也需要在 GridView 控件的 RowDataBound 事件中添加到前台，代码如下：

```
protected void gvBooks_RowDataBound(object sender,
GridViewRowEventArgs e)
{
    if (e.Row.RowType == DataControlRowType.DataRow) //当前行是数据行
    {
        //设置 onmouseover 事件
        e.Row.Attributes.Add("onmouseover",
    "c=this.style.backgroundColor;this.style.backgroundColor=
    '#336699';");
        //设置 onmouseout 事件
        e.Row.Attributes.Add("onmouseout", "this.style.
        backgroundColor=c;");
        //删除确认对话框
        e.Row.Cells[3].Attributes.Add("onclick", "return confirm
        ('确认删除图书吗?')");
    }
}
```


e.Row.Cells 属性表示绑定的当前行中所有列的集合，由于“删除”按钮处在第 4 列，所以向 e.Row.Cells[3]（第 4 列）中添加了前台的 onclick 事件，实现删除确认对话框的效果。

3．修改表格中的文字

在图书列表中，可以看到“作者”列中显示了作者的信息。但是有些作者的名字很长，使该列的宽度很大，这样不是很美观。可以将作者信息截短一点，去掉一些内容，当鼠标指针指向它时，通过 ToolTip 提示显示作者姓名的全部信息。

RowDataBound 事件的 e 参数中的 e.Row.Cells[列索引].Text 属性可以表示表格“列索引”指定的列中的文字，可以对其进行字符串截取操作来实现缩短“作者姓名”的效果。在 GridView 控件的 RowDataBound 事件中添加如下代码：

```
//截断过长的作者信息
string author = e.Row.Cells[1].Text;
if (author.Length > 15)  //作者名最多显示 15 字
{
    e.Row.ToolTip = author; //设置提示
     author = author.Substring(0, 15) + "..";
     e.Row.Cells[1].Text = author;
}
```

4. GridView 控件的分页

在显示图书列表时，现在完成的效果是将全部图书都在列表中显示出来。这样存在的问题是：

（1）图书列表很长，查阅不方便；

（2）由于要获取全部内容，显示速度慢，服务器负担重；

（3）页面布局不美观

如果能够将图书列表分页，这些问题将在一定程度上得到缓解。

GridView 控件提供的分页功能可以很方便地实现这样的效果。GridView 的分页功能使用非常简单，只要在任务菜单中选择“启用分页”命令就可以实现分页，如图 21.25 所示。启用分页功能的 GridView 控件如图 21.26 所示。

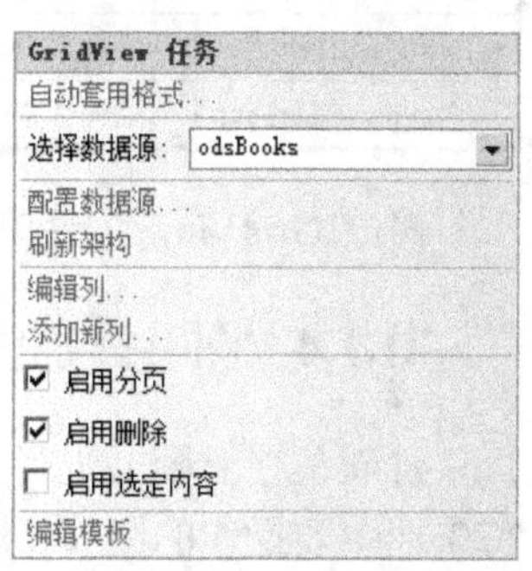

图 21.25　启用分页

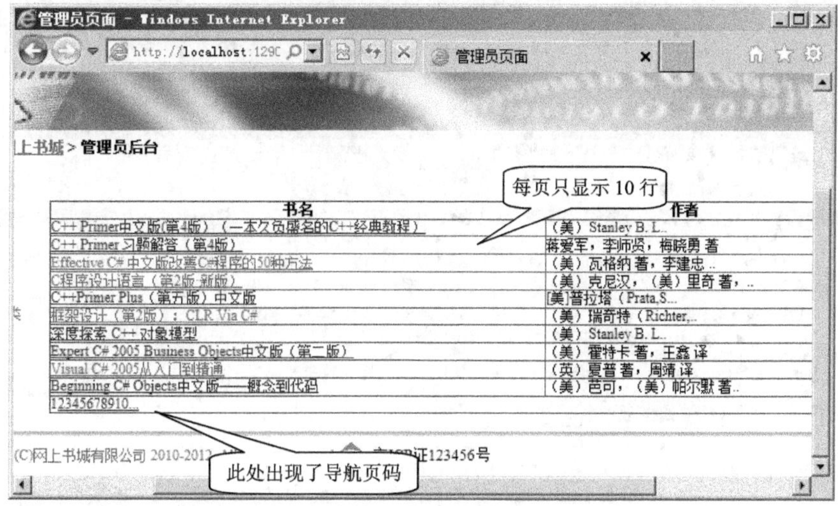

图 21.26　分页效果

GridView 控件关于分页功能的常用属性如表 21.4 所示。

表 21.4　GridView 控件关于分页功能的常用属性

属性名称	功　　能
AllowPaging	允许分页，true 为允许分页
PageSize	页面大小，默认为每页显示 10 行
PageIndex	当前页面索引，第 1 页为 0，第 2 页为 1……
PagerSettings	页面设置属性，包含一组属性
Mode	页码模式。包含：Numeric（数字式）、NextPrevious（前、后按钮式）、NextPreviousFirstLast（前、后、首、尾按钮式）、NumericFirstLast（数字+前、后按钮式）
Position	导航页码行在 GridView 表格中的位置。包含：Bottom（底部）、Top（顶部）、TopAndBottom（顶部和底部）
FirstPageText	首页按钮上的文字
LastPageText	尾页按钮上的文字
NextPageText	下一页按钮上的文字
PreviousPageText	上一页按钮上的文字

修改 GridView 控件的 PageSize 属性为“20”，使其能在一页中显示 20 条图书信息。

21.1.4　图书类别设置

管理员在对图书进行管理时，常常要对图书的类别进行划分。一般的操作步骤为：首先选中要操作的图书，然后选择要将图书划分到的类别，最后确定完成类别划分。图书类别设置页面如图 21.27 所示。

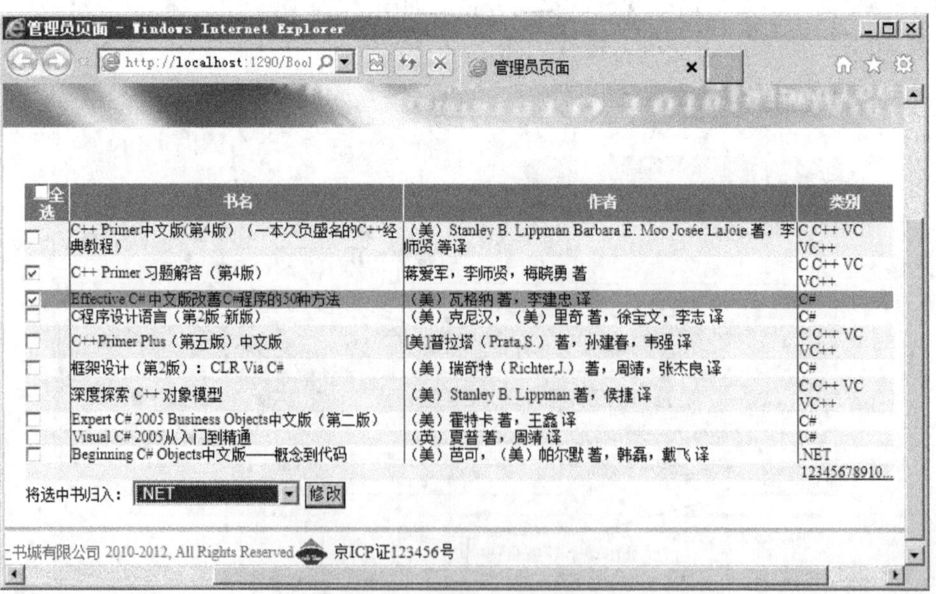

图 21.27　图书类别设置页面

项目操作：实现图书类别设置功能。

（1）为 GridView 控件添加复选框。

① 向 GridView 控件添加一个“CheckField”，并将其转换成 TemplateField。

② 右击 GridView 控件，选择菜单中的“编辑模板”→Column[0]命令，如图 21.28 所示。打开模板编辑器。Column[0]是新加入的 TemplateField。

③ 模板编辑器中会显示 5 个模板，如图 21.29 所示，各个模板含义如下。

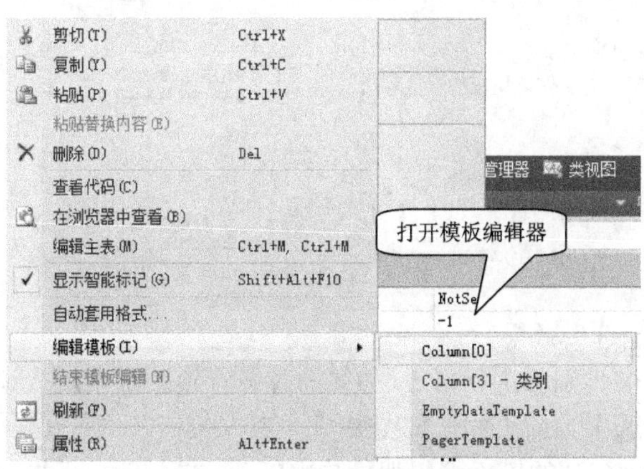

图 21.28 “编辑模板”菜单

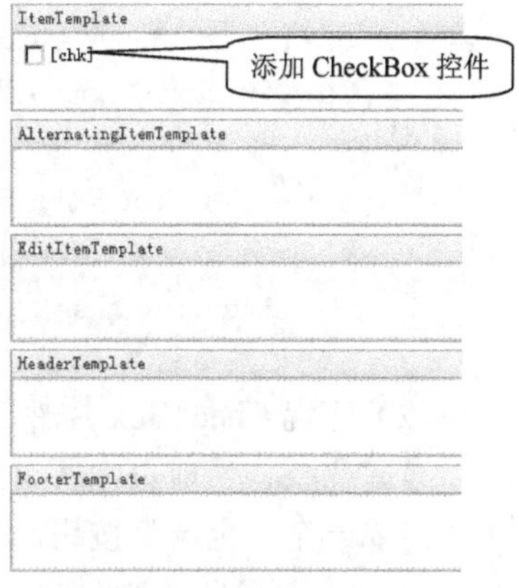

图 21.29 模板编辑器

- ItemTemplate，数据项模板。表示表格中正常显示时使用的模板。
- AlternatingItemTemplate，交替行模板。表示表格中交替行（即偶数行）显示时使用的模板。
- EditItemTemplate，编辑项模板。表示表格中的数据被编辑时使用的模板。
- HeaderTemplate，表头模板。
- FooterTemplate，脚注模板。

在 ItemTemplate 模板中添加 CheckBox 控件（如已存在就不用再添加了），将其 ID 属性设置为 chk，并在任务菜单中选择“结束模板编辑”命令关闭模板编辑器。

这时，可以在 GridView 控件中看到每一行前有都一个可以选择的 CheckBox 控件，如图 21.30 所示。

cphAdmin (自定义)　asp:GridView#gvBooks

	书名	作者	
☐	abc	abc	数据绑定
☐	abc	abc	数据绑定
☐	abc	abc	数据绑定
☐	abc	abc	数据绑定
☐	abc	abc	数据绑定
☐	abc	abc	数据绑定
☐	abc	abc	数据绑定
☐	abc	abc	数据绑定
☐	abc	abc	数据绑定
☐	abc	abc	数据绑定

图 21.30 添加 CheckBox 控件的 GridView 控件

需要特别注意：由于在 GridView 控件第 1 列中添加了 CheckBox，原来的“作者”、“删除”等列的索引就发生了变化。所以，前面编写的 RowDataBound 事件中的代码要做相应的修改。修改内容如下：

```
//删除对话框
e.Row.Cells[4].Attributes.Add("onclick", "return confirm
('确认删除图书吗?')");                              索引由 3 变为 4
//截断过长的作者信息
string author = e.Row.Cells[2].Text;                索引由 1 变为 2
if (author.Length > 15)  //作者名最多显示 15 字
{
    e.Row.ToolTip = author; //设置提示
    author = author.Substring(0, 15) + "..";
    e.Row.Cells[2].Text = author;                   索引由 1 变为 2
}
```

（2）实现 CheckBox 控件的“全选”效果。

有时需要将当前页中所有的图书类别都进行修改，如果一行一行地去选中就太烦琐了，需要一个“全选”按钮，一次选中当前页的全部图书。

① 在 GridView 控件 Columns[0]列的模板编辑器中向 HeaderTemplate 添加一个 CheckBox 控件。将其 Id 属性设置为 chkAll，Text 属性设置为“全选”。页面运行时，选中此 CheckBox 控件，可以将当前页中所有图书行前面的复选框全部选中。

② 全选操作需要通过 JavaScript 代码来实现。在设计器的“源”选项卡中编写实现全选的 JavaScript 代码，内容如下：

```
<script language="javascript" type="text/javascript">
    function GetAllCheckBox(CheckAll) {
        var items = document.getElementsByTagName("input");
        for (i = 0; i < items.length; i++) {
            if (items[i].type == "checkbox") {
                items[i].checked = CheckAll.checked;
            }
        }
    }
</script>
```

注意，此段代码要写在<asp:Content >标签内部。

③ 设置“全选”复选框的 onclick 事件。

当选择 GridView 控件中的“全选”（chkAll）复选框时，要执行上面的 JavaScript 代码来完成全选操作。在“源”选项卡中，找到 chkAll 控件的标签，为其添加 onclick 事件，代码如下：

```
<HeaderTemplate>
    <input id="cbAll" type="checkbox" onclick=
    "GetAllCheckBox(this)" />全选
</HeaderTemplate>                                   调用 GetAllCheckBox()方法
```

这样，选择表头中的“全选”复选框后，表格中所有复选框就都被选中了。

（3）在页面中添加 DropDownList 控件，在控件中显示“图书类别”列表。

① 在页面上添加一个 DropDownList 控件，ID 属性设置为“ddlCategory”，它用来显示图书类别列表。

② 单击 DropDownList 控件的任务按钮，进行配置数据源操作。

③ 在弹出的“数据源配置向导”对话框中选择数据源，其操作步骤与 GridView 控件的配置数据源操作完全相同。要将数据源设置为 ObjectDataSource 数据控件，其访问的类为 BookShopBLL.CategoryManager，方法为 GetAllCategories()，设置 DropDownList 显示的数据字段为 CategoryName，DropDownList 的值字段为 ID，如图 21.31 所示。

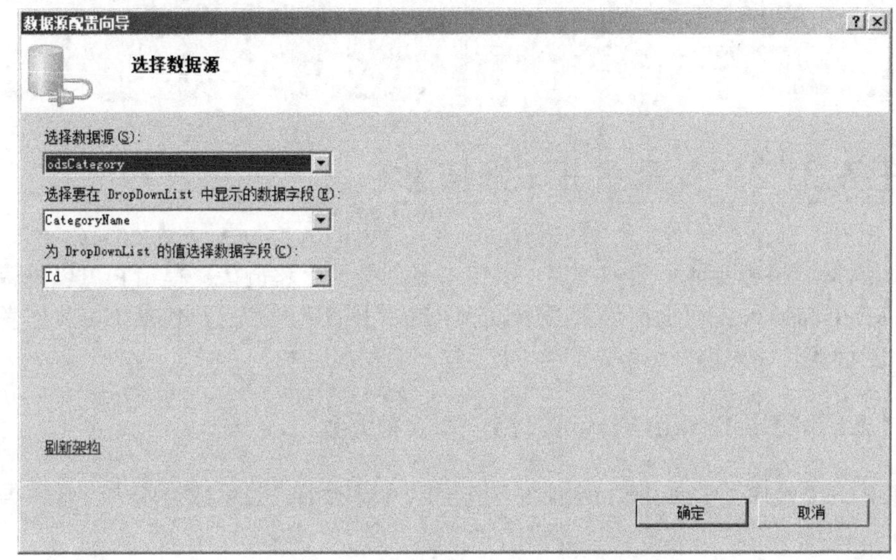

图 21.31　配置 DropDownList 的数据绑定

④ 单击“确定”按钮完成数据源配置。这样就实现了在 DropDownList 控件中显示图书类别列表效果。

（4）在页面中添加“修改”按钮，编写按钮的 Click 事件，实现图书类别的修改。代码如下：

```
protected void Button1_Click1(object sender, EventArgs e)
{
    string sb = String.Empty; //要修改类别的图书 ID 集合
    for (int i = 0; i < this.gvBooks.Rows.Count; i++) //遍历 GridView 表格
    {
        //判断当前行的 CheckBox 是否被选中
        CheckBox cb = (gvBooks.Rows[i].FindControl("chk")) as CheckBox;
        if (cb.Checked == true) //选中
        {
            //将选中图书的 Id 添加到 sb 变量中
```

```
                sb += gvBooks.DataKeys[gvBooks.Rows[i].RowIndex].Value + ",";
            }
        }
        //获取当前选中的图书类别
        string catagory = this.ddlCategory.SelectedItem.Value;
        //去掉图书ID集合中的最后一个","
        if (sb.Length > 0)
            sb = sb.Substring(0, sb.Length - 1);
        //修改类别
        BookManager.ModifyCatagory(sb, catagory);
        //刷新页面
        Response.Redirect("default.aspx");
    }
```

任务 21.2　查看图书详细信息

GridView 控件实现了图书列表，其中书名列是一个超链接，单击它可以跳转到名为 BookDetails.aspx 的页面，该页面中显示了这本书的详细信息，包括书名、作者、出版社、封面照片、内容介绍等。下面创建这个页面。

21.2.1　使用 DetailsView 控件建立详细页面

ASP.NET 提供了 DetailsView 控件，它能以列表的形式显示数据库中一行数据的信息。DetailsView 控件也放置在工具箱的“数据”栏中，如图 21.32 所示。

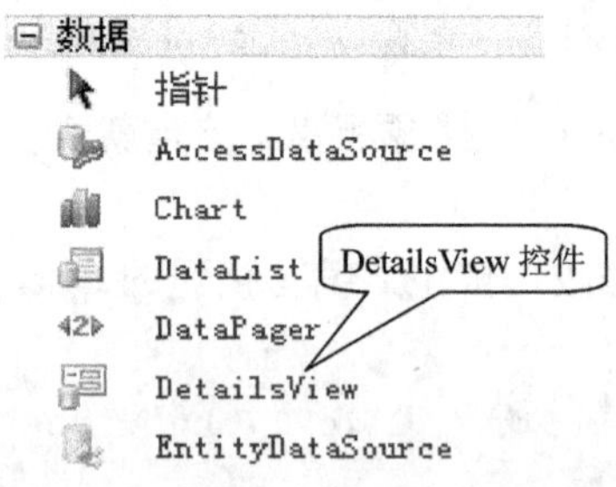

图 21.32　工具箱中的 DetailsView 控件

DetailsView 控件操作方式与 GridView 控件相似，也通过数据源控件进行数据绑定。

项目操作：建立图书详细信息页面。

（1）通过 AdminMasterPage.master 母版页生成图书详细信息内容页——BookDetails.aspx。

在 BookDetails.aspx 页面中放置一个 DetailsView 控件。

（2）设置 DetailsView 控件的 ID 属性为“dvBooks”，DataKeyNames 属性为“id”，

然后单击“任务”按钮，选择“选择数据源”命令对DetailsView控件进行数据源配置。

（3）在“配置数据源”对话框中选择“对象”数据类型，名称设置为“odsBooks”，选择业务对象为“BookManager”类，定义数据方法为“GetBookById()”方法。

（4）在“定义参数”界面中，设置GetBookById(int id)方法中参数id的值，如图21.33所示。

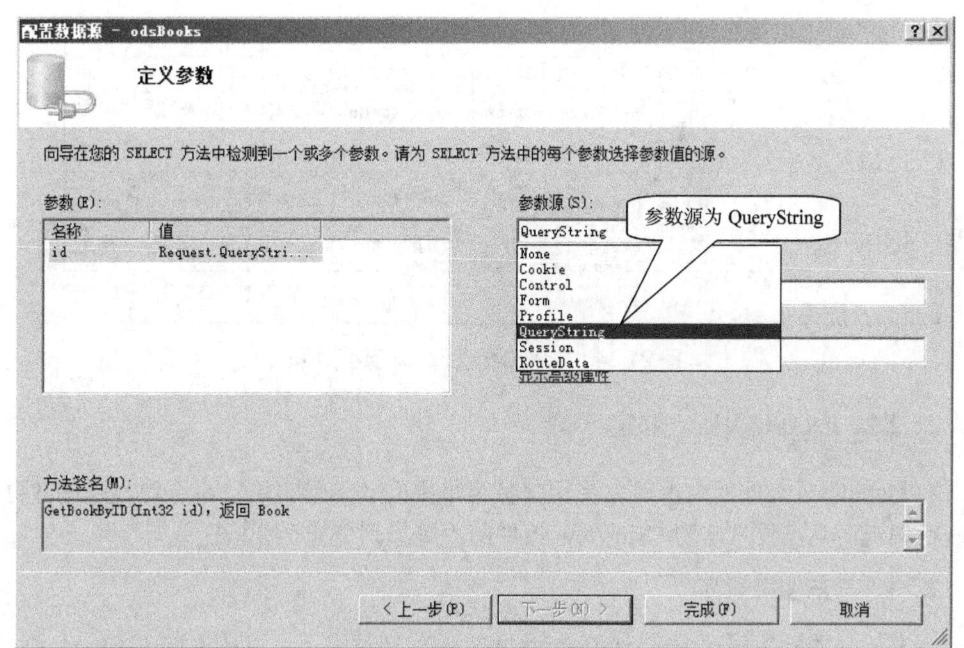

图21.33 “定义参数”界面

ASP.NET提供了7种参数源，各种参数源含义如表21.5所示。

表21.5 参数源含义

参数源	含义
Cookie	参数来自Cookie对象
Control	参数来自页面中的控件
Form	参数来自表单
Profile	参数来自profile
QueryString	参数来自Get形式传递的数据，即通过“?”传递的数据
Session	参数来自Session
RouteData	参数来自路由数据

GridView控件中书名列的超链接中设置的是BookDetails.aspx?id={0}。参数名称是id，通过Get形式传递。所以，在“定义参数”界面中设置数据源为“QueryString”，并输入QueryStringField为页面跳转时传递的参数名“id”。单击“完成”按钮完成数据源配置。

至此，数据源配置完成。单击BooksList.aspx页面表格中的书名列，将跳转到BookDetails.aspx页面，显示当前行图书的详细信息，如图21.34所示。

图 21.34 BookDetails.aspx 页面效果

21.2.2 DetailsView 绑定字段

在 DetailsView 控件中也可以使用任务菜单中的“编辑字段”命令对显示的数据字段进行编辑，其操作方法与 GridView 控件的“编辑列”完全相同。

1. 显示图书封面

图书的封面照片都存储在 Images/BookCovers 文件夹下，以图书的 ISBN 命名。需要在 DetailsView 控件中显示出图书封面的照片。这个功能可以通过在 DetailsView 控件中添加 ImageField 字段实现。

项目操作：在 DetailView 控件中显示图书封面照片。

（1）打开 BookDetails.aspx 页面中 DetailsView 控件的编辑字段对话框，加入相应字段，如图 21.35 所示。

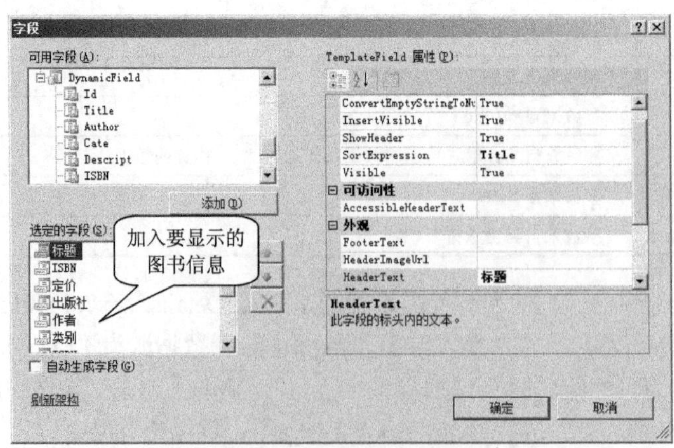

图 21.35 编辑图书字段

（2）添加“ImageField”字段，设置该字段的 DataImageUrlField 属性值为“ISBN”，DataImageUrlFormatString 属性为“～/images/bookcovers/{0}.jpg”，如图 21.36 所示。单击对话框右下角的“将此字段转换为 TemplateField”超链接将 ImageField 字段转换成 TemplateField。

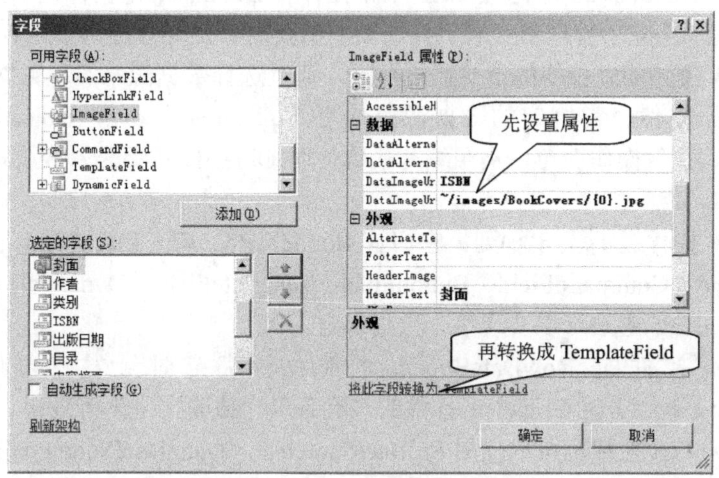

图 21.36　添加 ImageField 字段

（3）右击 DetailsView 控件，选择“编辑模板”→“Field[1]-封面”命令，打开“封面”列的模板编辑器。

（4）在模板编辑器中，调整“ItemTemplate”模板内的 Image 控件大小，并将 Image 控件 ID 属性设置为“imgBook”。

这一步的操作目的是使图书封面都以相同的大小显示，如果不调整 Image 控件的大小，那么各个图书的封面照片将按照图片原始大小显示。

运行页面，在 DetailsView 控件中将显示图书封面照片，如图 21.37 所示。

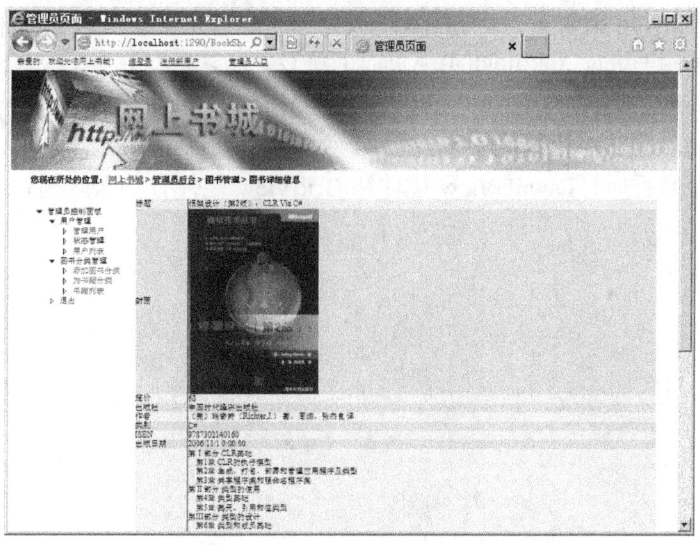

图 21.37　显示图书封面照片

本章总结

这一章介绍 ASP.NET 中通过 GridView 控件和 DetailsView 控件显示数据的方法，并使用这些控件构建了管理员查看、修改图书的页面。主要包括以下内容。

GridView 控件能以表格的形式显示数据，通过选择数据源来实现数据绑定。

GridView 控件经常绑定的数据源控件有 SqlDataSource 和 ObjectDataSource。SqlDataSource 控件操作简单，不用编写代码；而 ObjectDataSource 控件非常灵活，更适合三层架构。

GridView 控件提供了 8 种列，它们是 BoundField、CheckBoxField、ImageField、HyperLinkField、CommandField、ButtonField、TemplateField、DynamicDataField。

Bind()和 Eval()方法可以实现手工数据绑定。

GridView 控件的 RowDataBound 事件在行绑定时触发，可以通过编写 RowDataBound 事件实现 GridView 控件的“亮条”、“截断文字”等效果。

DropDownList 控件也可以使用 SqlDataSource 和 ObjectDataSource 进行数据绑定。

DetailsView 控件能够以表格形式显示数据库中一行数据，通常用来显示详细信息。

DetailsView 控件也提供了 8 种字段（列），它们的操作方式与 GridView 控件完全相同。

习题

1．为了适合三层架构开发，GridView 控件的数据源应该用什么？
2．GridView 控件的“编辑列”任务能够完成哪些功能？
3．Eval()方法和 Bind()方法有什么区别？
4．如何使用 HyperLinkField 实现页面的跳转？
5．GridView 控件的 DataKeyNames 属性有什么用途？
6．简述删除确认对话框的实现过程。
7．在显示数据时，DetailsView 控件和 GridView 控件有什么区别？

第 22 章 编辑图书信息

在第 21 章中，实现了管理员操作的图书列表，并且完成了查看图书详细信息的功能。在这一章里，将继续完成管理员的另一项功能——编辑图书信息。同时，还要实现普通用户的注册功能。

任务 22.1 实现用户注册页面

当用户单击 MasterPage.master 母版页最上方的“注册新用户”按钮时，可以打开“UserRegister.aspx”页面注册一个新的用户。这个功能实际上就是向 Users 数据表中添加新的记录，但添加前要对输入的注册信息进行一些验证工作。

22.1.1 构建用户注册页面

在网站的根目录下，创建一个新的页面，名称为 UserRegister.aspx，它就是注册新用户页面。

在 UserRegister.aspx 页面中添加若干 TextBox 控件，用来输入注册所需的用户名、密码等信息，页面效果如图 22.1 所示。

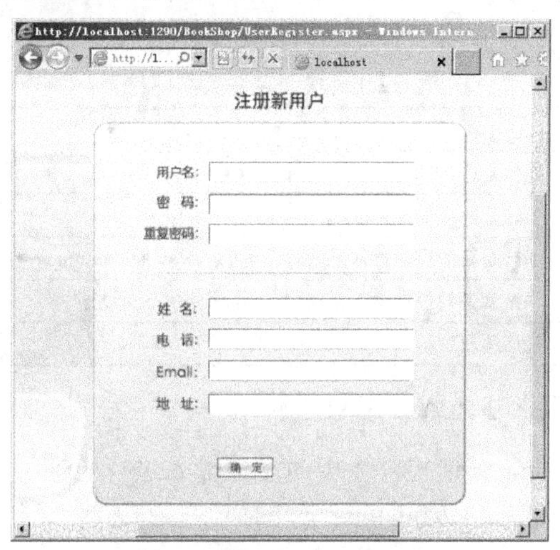

图 22.1 注册新用户页面效果

22.1.2 使用验证控件验证输入

在进行用户注册操作时，用户难免会输入格式不正确的数据，如忘记输入用户名、两次输入的密码不一致、电子邮箱输入格式不正确等。必须通过一些技术手段，对用户输入的数据进行验证，在用户输入错误时能及时发现并提示，尽量减少这种错误带来的问题。

在实现宿舍管理系统项目时，通过编写一些方法来对用户的输入进行验证，这种验证形式在 ASP.NET 程序中也能够使用。同时，ASP.NET 还提供了一种更方便、更准确的验证方式，那就是使用验证控件。

验证控件可以不写代码或只写很少量的代码就能实现用户输入的验证，并且验证形式丰富。ASP.NET 主要提供以下 5 种验证控件和 1 种汇总控件：

（1）RequiredFieldValidator 验证控件；

（2）CompareValidator 验证控件；

（3）RangeValidator 验证控件；

（4）RegularExpressionValidator 验证控件；

（5）CustomValidator 验证控件；

（6）ValidationSummary 汇总控件。

验证
指针
CompareValidator
CustomValidator
RangeValidator
RegularExpressionValidator
RequiredFieldValidator
ValidationSummary

图 22.2 验证控件

这些控件都放置在工具箱的“验证”栏中，如图 22.2 所示。

每个验证控件都有许多属性，但有些属性是所有验证控件公有的，其含义及设置形式完全相同。例如，验证控件可以对页面上其他控件如 TextBox 控件、DropDownList 控件等中输入的信息进行验证，指定对页面中的哪个控件进行验证，无论使用何种验证控件，都要通过设置 ControlToValidate 属性实现。验证控件公共属性如表 22.1 所示。

表 22.1 验证控件公共属性

属性名称	功　能
ID	控件名称
ControlToValidate	要进行验证的控件 ID
ErrorMessage	当被验证的控件输入无效时，显示在 ValidationSummary 控件中的信息
Text	当被验证的控件输入无效时，验证控件中显示的信息
ValidationGroup	验证所属的组

1. RequiredFieldValidator 验证控件

RequiredFieldValidator 验证控件主要对空值输入进行验证，当没有输入数据时，控件将提示错误。RequiredFieldValidator 控件的描述标签为：

```
    <asp:RequiredFieldValidator ID="RequiredFieldValidator1" runat="server"
```

```
                ErrorMessage="RequiredFieldValidator">
                </asp:RequiredFieldValidator>
```

RequiredFieldValidator 验证控件的使用非常简单，只要将 RequiredFieldValidator 验证控件拖放到页面中并设置 ControlToValidate 属性就可以了。

项目操作：验证注册新用户页面中是否输入了用户名。

（1）在 Register.aspx 页面的“用户名”区域放置 RequiredFieldValidator 验证控件。

（2）将 RequiredFieldValidator 验证控件的 ControlToValidate 属性设置为要验证的 TextBox 控件的 ID——txtUserName，并设置 ErrorMessage 属性为“请输入用户名”，Text 属性为“*”。

运行页面，在没有输入用户名的情况下，单击“确定”按钮，RequiredFieldValidator 验证控件将提示“*”。

2. CompareValidator 验证控件

CompareValidator 验证控件主要进行比较验证，它能验证输入的数据与指定的数据或指定的控件中的值是否存在“相等”、“大于”、“小于”等比较关系。

CompareValidator 控件的描述标签为：

```
        <asp:CompareValidator ID="CompareValidator2" runat="server"
                ErrorMessage="CompareValidator"></asp:CompareValidator>
```


CompareValidator 控件常用属性如表 22.2 所示。

表 22.2　CompareValidator 控件常用属性

属 性 名 称	功　　能
ControlToCompare	用于比较的控件 ID
Operator	比较的关系。包括： Equal（相等）； NotEqual（不相等）； GreaterThan（大于）； GreaterThanEqual（大于等于）； LessThan （小于）； LessThanEqual（小于等于）； DataTypeCheck（数据类型检查）
Type	按照哪种数据类型进行验证。包括： String（字符串）； Integer（整型）； Double（双精度型）； Date（日期类型）； Currency（货币类型）
ValueToCompare	用于比较的值

示例：验证用户输入的数据是否大于“30”。

（1）在页面中放置一个 TextBox 控件、一个 CompareValidator 验证控件和一个

Button 控件，效果如图 22.3 所示。

（2）按表 22.3 所示的内容设置 CompareValidator 控件的属性。

表 22.3　属性设置值

属 性 名 称	属性设置值
ControlToValidate	txtNumeric
ValueToCompare	30
Type	Integer
Operator	GreaterThan
Text	请输入大于 30 的数字

运行页面，如果在 txtNumeric 中输入大于 30 的数字并单击“提交页面”按钮，验证通过。如果在 txtNumeric 中输入“20”并单击按钮，CompareValidator 控件将验证出无效的输入，效果如图 22.4 所示。

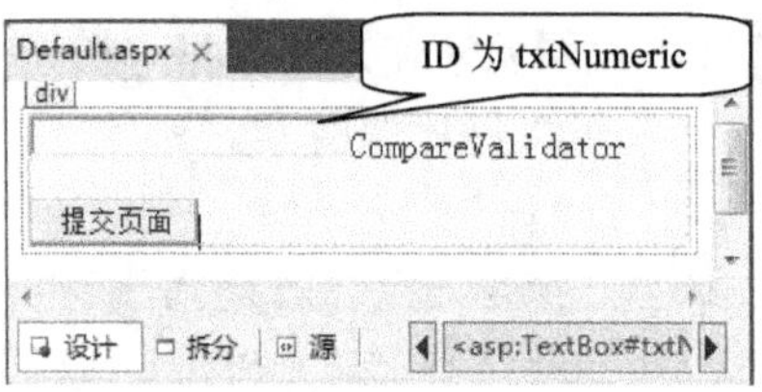

图 22.3　页面效果

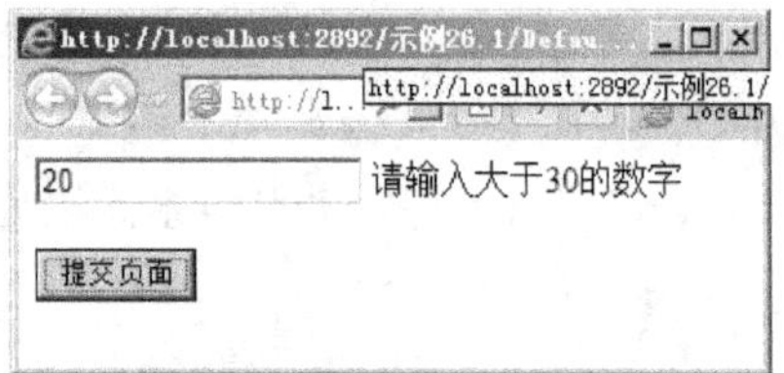

图 22.4　输入无效效果

示例：验证用户输入的日期是否合法。

（1）在页面中放置一个 TextBox 控件、一个 CompareValidator 验证控件和一个 Button 控件。TextBox 控件的 ID 为 txtDate。

（2）按表 22.4 所示的内容设置 CompareValidator 控件的属性。

表 22.4　属性设置值

属 性 名 称	属性设置值
ControlToValidate	txtDate
Type	Date
Operator	DataTypeCheck
Text	请输入正确格式的日期

运行页面，在 txtDate 中输入非法日期数据，CompareValidator 控件将验证出无效的输入，效果如图 22.5 所示。

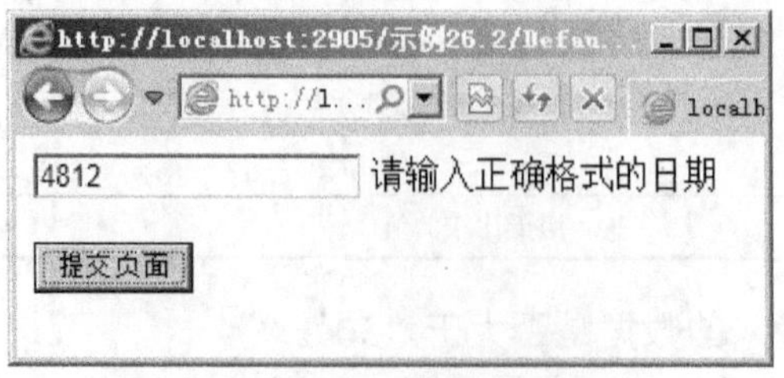

图 22.5　验证无效的日期

项目操作：对用户输入的两次密码进行一致性验证。

（1）在 Register.aspx 页面中添加一个 CompareValidator 控件。

（2）按照表 22.5 所示的内容设置 CompareValidator 控件的属性。

表 22.5　属性设置值

属 性 名 称	属性设置值
ControlToValidate	txtPassword2
ControlToCompare	txtPassword1
Type	String
Operator	Equal
ErrorMessage	请输入一致的密码
Text	*

运行页面，在两次输入的密码不一致时，CompareValidator 控件会提示“*”。

3．RegularExpressionValidator 验证控件

RegularExpressionValidator 验证控件主要进行正则表达式验证。所谓正则表达式就是用某种模式去匹配一类字符串的一种特殊公式。通常使用 RegularExpressionValidator 验证控件对电子邮件地址、电话号码、身份证号、邮编等信息进行验证。

RegularExpressionValidator 控件的描述标签为：

```
<asp:RegularExpressionValidator ID="RegularExpressionValidator1"
runat="server"
  ErrorMessage="RegularExpressionValidator">
  </asp:RegularExpressionValidator>
```

项目操作：对用户输入的电子邮件地址格式进行验证。

（1）在 Register.aspx 页面中添加一个 RegularExpressionValidator 控件。

（2）在“属性”窗口中单击 Regular-ExpressionValidator 控件的 Regularexpression 属性，弹出“正则表达式编辑器”对话框，如图 22.6 所示。ASP.NET 内置了一些常用的验证标准表达式，只要选择其中的“Internet 电子邮件地址”表达式就可以了。

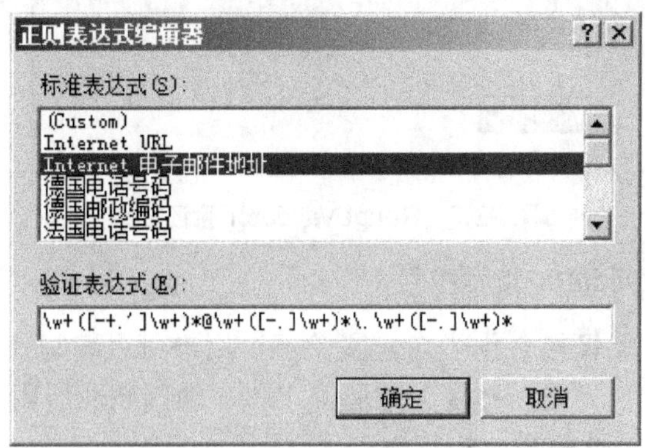

图 22.6　“正则表达式编辑器”对话框

4. RangeValidator 验证控件

RangeValidator 验证控件主要用于范围验证，它能验证输入的数据是否在指定的范围内。RangeValidator 控件的描述标签为：

```
<asp:RangeValidator ID="RangeValidator1" runat="server"
        ErrorMessage="RangeValidator"></asp:RangeValidator>
```

RangeValidator 控件常用属性如表 22.6 所示。

表 22.6　RangeValidator 控件常用属性

属 性 名 称	功　　能
MaximumValue	范围上限值
MinimumValue	范围下限值
Type	验证数据类型。与 CompareValidator 控件的 Type 属性相同

示例：验证用户输入的成绩是否在 0～100 之间。

（1）在页面中放置一个 TextBox 控件、一个 RangeValidator 验证控件和一个 Button 控件。TextBox 控件的 ID 为 txtScore。

（2）按表 22.7 所示的内容设置 RangeValidator 控件的属性。

表 22.7　属性设置值

属 性 名 称	属性设置值
ControlToValidate	txtScore
MaximumValue	100
MinimumValue	0
Type	Integer
Text	请输入 0～100 之间的成绩

运行页面，如果在 txtScore 中输入“201”，RangeValidator 控件将提示“请输入 0～100 之间的成绩”，效果如图 22.7 所示。

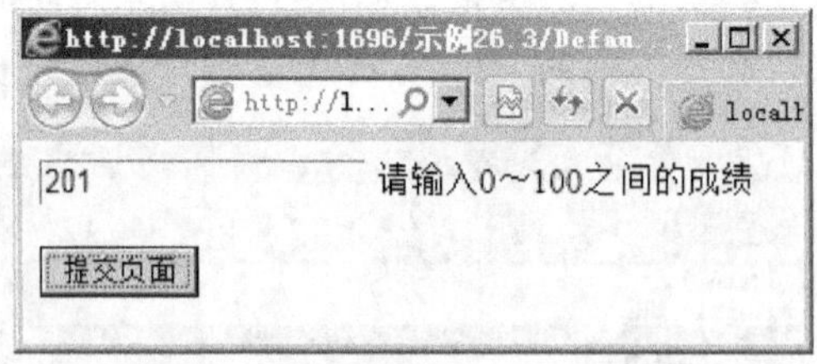

图 22.7　RangeValidator 验证效果

5. CustomValidator 验证控件

CustomValidator 验证控件用于自定义验证，用户可以编写代码进行验证，通常使用 CustomValidator 控件完成一些复杂的验证工作，如判断注册用户名是否已存在等。

CustomValidator 控件的描述标签为：

```
<asp:CustomValidator ID="CustomValidator1" runat="server"
        ErrorMessage="CustomValidator"></asp:CustomValidator>
```

CustomValidator 控件可以由用户编写 JavaScript 代码进行验证，也可以编写后台的 ServerValidate 事件进行验证。

项目操作：验证要注册的用户名是否存在。

（1）在 Register.aspx 页面中添加一个 CustomValidator 控件。

（2）设置 CustomValidator 控件的 ControlToValidate 属性为用户名文本框的 ID——“txtUserName”。

（3）编写 CustomValidateor 控件的 ServerValidate 事件，实现用户是否存在验证。代码如下：

```
protected void CustomValidator1_ServerValidate(object source,
ServerValidateEventArgs args)
{
    if(UserManager.LoginIdExists(args.Value))
    {
        args.IsValid = false;
    }
}
```

ServerValidate 事件的 args 参数表示验证时的信息，其中 args.Value 属性表示要进行验证的内容，此处为输入的用户名；args.IsValid 属性表示验证是否通过，false 表示未通过验证。

6. ValidationSummary 控件

ValidationSummary 控件不能实现任何验证工作，它主要用于汇总所有的出错信息。ValidationSummary 控件的描述标签为：

```
<asp:ValidationSummary ID="ValidationSummary1" runat="server" />
```

ValidationSummary 控件将页面中所有未通过验证的验证控件的 ErrorMessage 属性值汇总在一个简单的列表中，以页面中的一个段落或弹出一个对话框的形式显示出来。由于 ValidationSummary 控件能将验证错误信息汇总在一起，这能够让页面的样式更好控制，看起来更加美观。

ValidationSummary 控件的使用非常简单，只要将 ValidationSummary 控件拖入页面，运行时它就会自动汇总所有验证出错信息并显示出来。ValidationSummary 控件常用属性如表 22.8 所示。

表 22.8　ValidationSummary 控件常用属性

属 性 名 称	功　　能
ShowMessageBox	是否用对话框显示错误信息，true 表示显示对话框
ShowSummary	是否用段落报告显示错误信息，true 表示显示段落报告

项目操作：汇总显示注册新用户页面中的验证错误。

（1）添加 ValidationSummary 控件至 UserRegister.aspx 页面，它将汇总页面中所有的错误信息。

（2）设置 ValidationSummary 控件的 ShowMessageBox 属性为“true”，ShowSummary

属性为“false”。

运行页面，所有不正确的输入都会被验证出来，以对话框的形式显示，效果如图 22.8 所示。

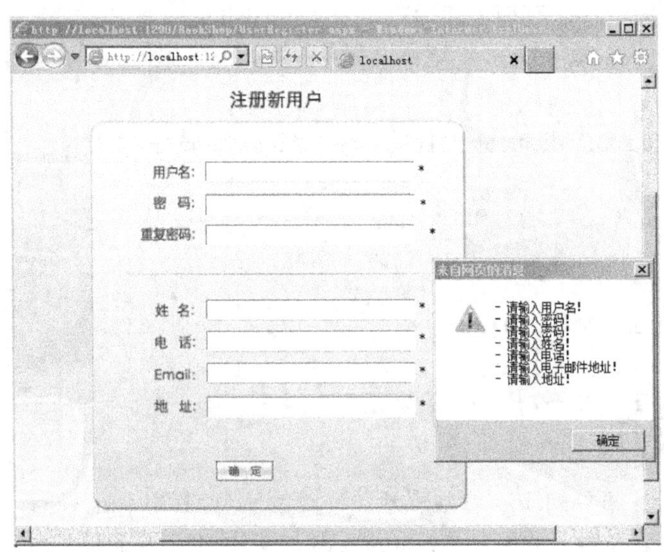

图 22.8 用户注册验证效果

需要特别注意的是：除了 RequiredFieldValidator 验证控件外，其他的验证控件都是基于“非空验证”的。当用户没有输入任何信息时，除 RequiredFieldValidator 验证控件外的其他验证控件都会认为输入是正确的。例如，没有输入电子邮件地址，RegularExpressionValidator 控件会认为输入了合法的电子邮件地址。所以，一般情况下，其他验证控件要与 RequiredFieldValidator 控件配合使用，由 RequiredFieldValidator 控件验证是否输入了信息。

22.1.3 完成用户注册功能

编写“确定”按钮的 Click 事件，调用 UserManager 类中的 Register()方法进行新用户的注册。代码如下：

```
protected void imgbtnRegister_Click(object sender,
ImageClickEventArgs e)
{
    //注册新用户
    string loginId = txtLoginId.Text;
    string pwd = txtLoginPwd1.Text;
    string name = txtName.Text;
    string phone = txtPhone.Text;
    string email = txtEmail.Text;
    string address = txtAddress.Text;
    User newUser=new BookShopModel.User();
    newUser.LoginId=loginId;
```

```
            newUser.LoginPwd=pwd;
            newUser.Name=name;
            newUser.Phone=phone;
            newUser.Mail=email;
            newUser.Address=address;
            if (!UserManager.Register(newUser))
            {
                Response.Write("<script>alert('注册出现错误！')</script>");
                Response.Redirect("UserRegister.aspx");
            }
            else
                Response.Redirect("Default.aspx");
        }
```

任务 22.2　编辑图书信息

在第 21 章中，使用 GridView 控件和 DetailsView 控件显示图书列表和图书详细信息。实际上，GridView 控件和 DetailsView 控件不但可以显示数据，还内置了数据编辑功能，可以对显示的数据进行编辑，下面在图书详细信息页面中实现图书的编辑功能。

22.2.1　实现图书信息编辑

前面介绍了用 CommandField 列在 GridView 控件中实现删除图书的功能。与之相似，使用 CommandField 列也可以在 DetailsView 控件中实现图书编辑功能。

项目操作： 使用 DetailsView 控件实现图书信息编辑功能。

（1）对 BookDetails.aspx 页面中的 DetailsView 控件（ID 为 dvBooks）进行“编辑字段”操作，在 DetailsView 控件中添加一个“编辑、更新、取消”功能的 CommandField，如图 22.9 所示。

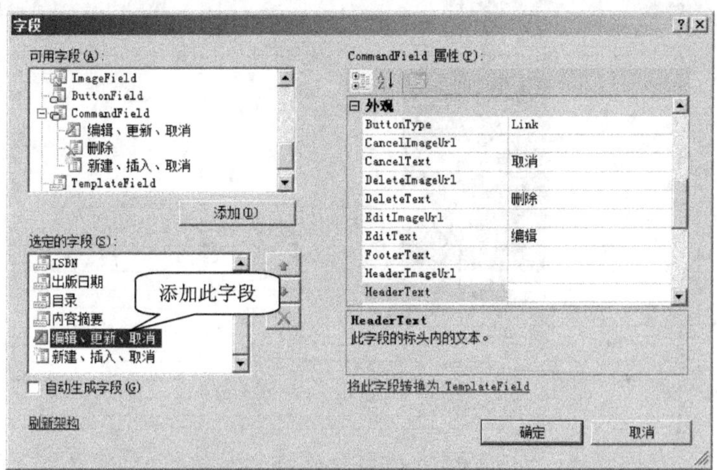

图 22.9　添加 CommandField 字段

（2）指定数据源控件的 Update 方法。

单击页面中的 ObjectDataSource 控件的任务按钮，选择“配置数据源”命令。在弹出的“配置数据源”对话框中打开“UPDATE”选项卡，选择“ModifyBook(Int32 id , String title …)方法”，如图 22.10 所示。

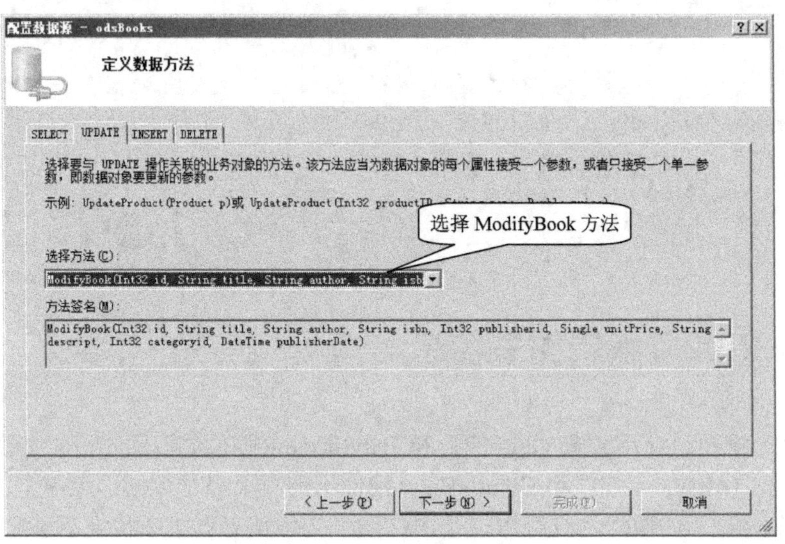

图 22.10　定义数据方法

“UPDATE”选项卡表示数据更新时要调用的方法，“INSERT”选项卡表示数据插入时要调用的方法，“DELETE”选项卡表示删除数据时要调用的方法。

运行页面，单击 DetailsView 控件中的“编辑”按钮进行编辑模式后，控件中的信息都变成了以 TextBox 控件显示的形式，如图 22.11 所示。这时就可以对图书信息进行编辑了。

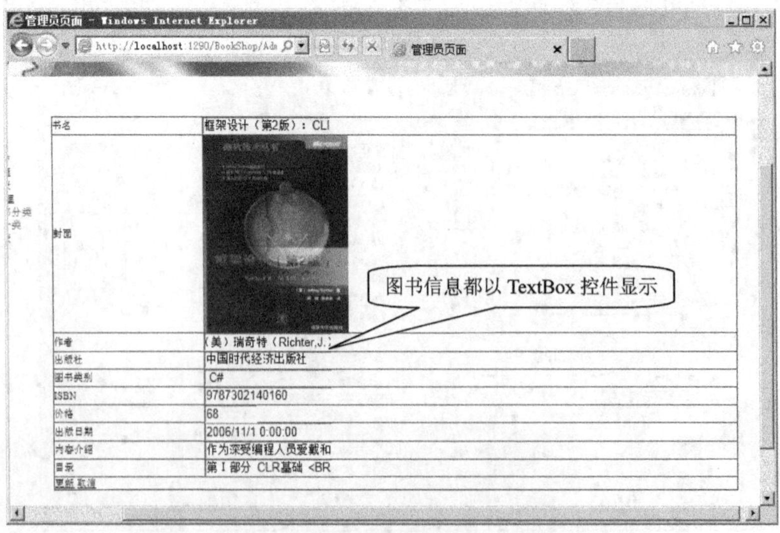

图 22.11　进行编辑模式

当图书信息修改完成后，单击“更新”按钮，页面会自动调用“UPDATE”选项卡中定义的 ModifyBook()方法进行更新，修改的数据会更新到数据库中。实际上，运行页面进行更新时，会看到页面出现了如图 22.12 所示的错误。这是为什么呢？

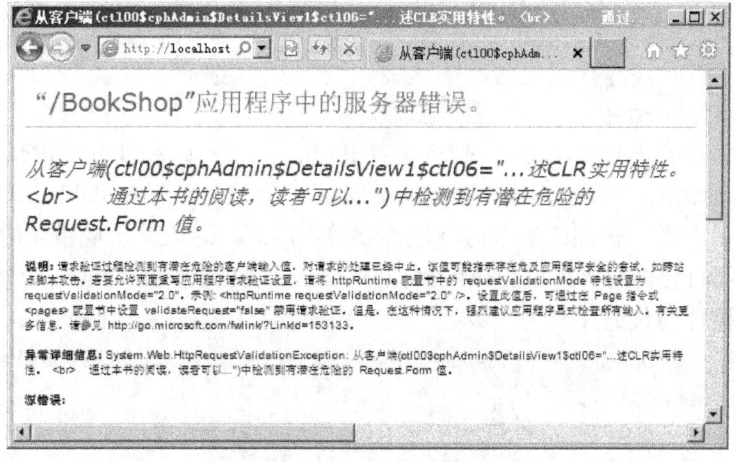

图 22.12 更新时出现的错误

原来，ASP.NET 出于安全性的考虑，每次向服务器提交数据时，都要对数据进行检查，如果发现数据中存在“<html>”、“<br>”等 HTML 标签时，就会终止数据提交，并提示错误。图书的目录信息中包含了很多 HTML 标签，所以会出现图 22.12 所示的错误。

解决办法是：关闭提交数据时的检查功能。只要在 BookDetails.aspx 页面的@Page 指令中加入 ValidateRequest="false"属性就可以了。代码如下：

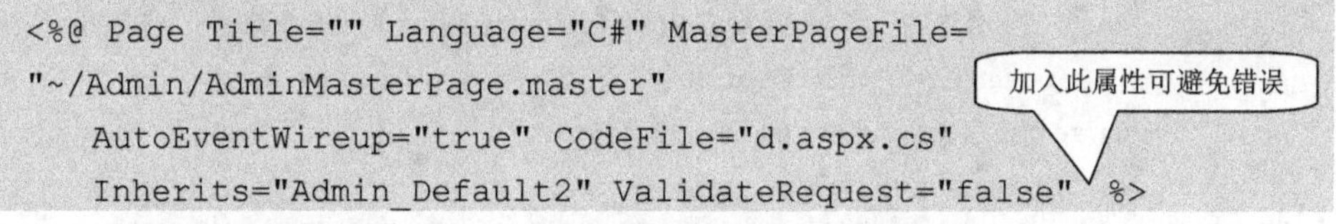

```
<%@ Page Title="" Language="C#" MasterPageFile=
"~/Admin/AdminMasterPage.master"
    AutoEventWireup="true" CodeFile="d.aspx.cs"
    Inherits="Admin_Default2" ValidateRequest="false" %>
```


再次运行页面进行更新操作时，仍然会看到页面出现错误，如图 22.13 所示。

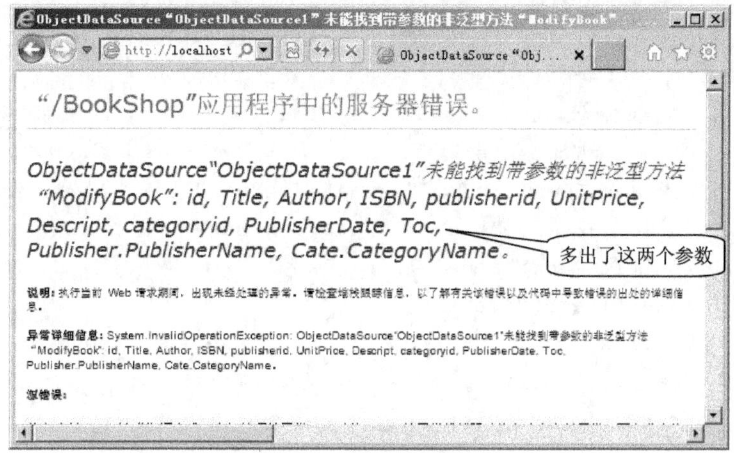

图 22.13 更新参数错误

仔细观察错误，会发现错误提示中写出了“Publisher.PublisherName, Cate.CategoryName”这样的参数，这是什么呢？

在“UPDATE”选项卡中，设置的更新方法是ModifyBook()，原型说明为：

```
public void ModifyBook(int id, string title, string author, string
isbn, int publisherid,
float unitPrice, string descript, int categoryid, DateTime
publisherDate, string toc)
```

而页面在调用ModifyBook()方法时，向方法传递了id、Title、Author、ISBN、Publisherid、UnitPrice、Descript、Categoryid、PublisherDate、Toc、Publisher.PublisherName、Cate.CategoryName参数，传递的参数与方法的参数不匹配，这就是出现错误的原因。

为什么页面会传递“Publisher.PublisherName、Cate.CategoryName”参数呢？查看DetailsView控件的代码，有关出版社字段和图书类别的字段的代码如下：

```
<asp:TemplateField HeaderText="出版社" SortExpression="Publisher">
<ItemTemplate>
  <asp:Label ID="Label1" runat="server" Text='<%# Bind
  ("Publisher.PublisherName") %>'> </asp:Label>
</ItemTemplate>
<EditItemTemplate>
  <asp:TextBox ID="TextBox1" runat="server" Text='<%# Bind
  ("Publisher.PublisherName")  %>'>  </asp:TextBox>
</EditItemTemplate>
<InsertItemTemplate>
  <asp:TextBox ID="TextBox2" runat="server" Text='<%#Bind
  ("Publisher.PublisherName") %>'> </asp:TextBox>
</InsertItemTemplate>
</asp:TemplateField>
<asp:TemplateField HeaderText="图书类别" SortExpression="Cate">
    <ItemTemplate>
    <asp:Label ID="Label2" runat="server" Text='<%# Bind
    ("Cate.CategoryName") %>'> </asp:Label>
    </ItemTemplate>
    <EditItemTemplate>
 <asp:TextBox ID="TextBox2" runat="server" Text='<%# Bind
 ("Cate.CategoryName") %>'> </asp:TextBox>
    </EditItemTemplate>
    <InsertItemTemplate>
    <asp:TextBox ID="TextBox3" runat="server" Text='<%# Bind
    ("Cate.CategoryName") %>'> </asp:TextBox>
    </InsertItemTemplate>
 </asp:TemplateField>
```

使用Bind()方法进行数据绑定所以更新时，会传递该参数

使用Bind()方法进行数据绑定更新时也传递该参数

在代码中可以看到：出版社和图书类别的<EditItemPemplate>模板中均使用了 Bind()方法进行数据绑定，由于 Bind()方法的绑定是双向的，所以在更新时 DetailsView 控件会自动将这两个数据传递给 ModifyBook()方法。

再查看 ObjectDataSource 控件的代码，会看到调用 ModifyBook()方法时要传递的参数。代码如下：

```
<asp:ObjectDataSource ID="odsBooks" runat="server" SelectMethod=
"GetBookByID"
    TypeName="BookShopBLL.BookManager" UpdateMethod=
    "ModifyBook">
    <SelectParameters>
        <asp:QueryStringParameter Name="id" QueryStringField=
        "id" Type="Int32" />
    </SelectParameters>
    <UpdateParameters>
        <asp:Parameter Name="id" Type="Int32" />
        <asp:Parameter Name="title" Type="String" />
        <asp:Parameter Name="author" Type="String" />
        <asp:Parameter Name="isbn" Type="String" />
        <asp:Parameter Name="publisherid" Type="Int32" />
        <asp:Parameter Name="unitPrice" Type="Single" />
        <asp:Parameter Name="descript" Type="String" />
        <asp:Parameter Name="categoryid" Type="Int32" />
        <asp:Parameter Name="publisherDate" Type="DateTime" />
        <asp:Parameter Name="toc" Type="String" />
    </UpdateParameters>
</asp:ObjectDataSource>
```

ObjectDataSource 会在调用更新方法时传递这些参数

如果<UpdateParameters>节点中描述的参数与调用的 ModifyBook()方法中的参数不一致，调用就要出错。

如何解决这个问题呢？是不是将 Bind()方法改成 Eval()方法就行了呢？当然不行！由于 Eval()是单向绑定的，更新时，对应的 Publisher.PublisherName 和 Cate.CategoryName 数据是不会传递给 ModifyBook()方法的，但是 DetailsView 控件中也没有定义 Publisherid 和 Categoryid 字段的绑定，而 ModifyBook()方法中却需要它们，程序仍然会出错。

对于这种形式的更新，一般采用的办法是在编辑数据时使用 DropDownList 控件显示数据，在 DropDownList 控件中既可以描述出版社（或图书类别）的名称，又可以描述出版社（或图书类别）的 Id。编辑数据时，在 DropDownList 控件显示出版社（或图书类别）的名称，更新数据时，向 ModifyBook()方法传递 DropDownList 控件中与名称对应的 Id 值就可以了。

（3）在模板编辑器中添加 DropDownList 控件描述出版社信息和图书类别信息。

① 右击 DetailsView 控件，从弹出的快捷菜单中选择“编辑模板”→“Field[3]-出版社”命令，打开“出版社”字段的模板编辑器。

② 删除 EditItemTemplate 模板中的 TextBox 控件，添加 DropDownList 控件。将 DropDownList 控件的 ID 属性设置为“ddlPublisher”，如图 22.14 所示。

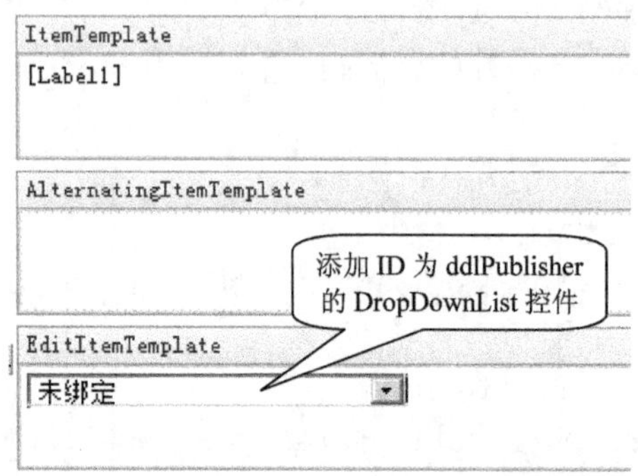

图 22.14　在 EditItemTemplate 中添加 DorpDownList

③ 对 ddlPublisher 进行“选择数据源”操作。选择业务对象为 PublisherManage 类，定义数据方法为“GetAllPublish()”，并对 DropDownList 控件的显示字段和值字段进行配置，效果如图 22.15 所示。

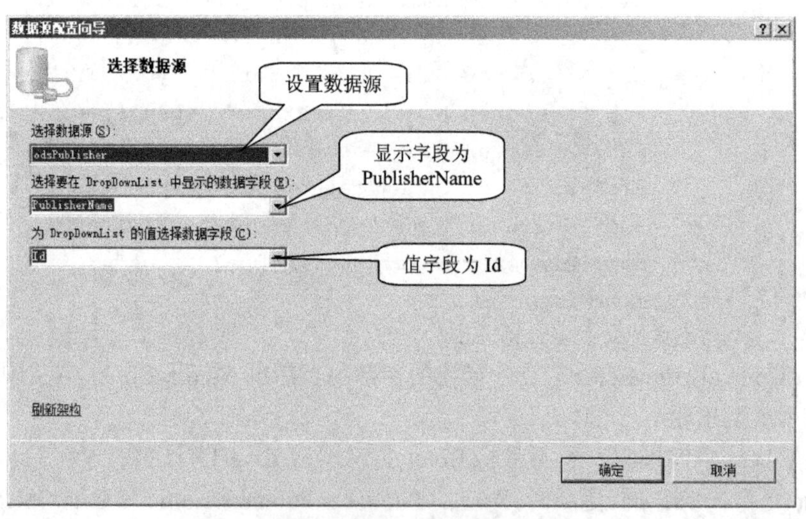

图 22.15　配置 ddlPublisher 数据源

④ 按照②～③的步骤配置“图书类别”字段，添加名为“ddlCategory”的 DorpDownList 控件并配置数据源。

此时运行页面，进行编辑操作，出版社和图书类别信息都会以 DropDownList 控件的形式显示，如图 22.16 所示，但是 DropDownList 控件中显示的出版社和图书类别并不是图书的实际信息，例如《深度探索 C++对象模型》的出版社是“化学工业出版社”，类别是“C++”，但实际显示出来的是“21 世纪出版社”和“C#”。

这是因为 DropDownList 控件并没有和图书的出版社（或图书类别）信息进行绑定，所以默认显示的是 DropDownList 控件中的第一个数据项。

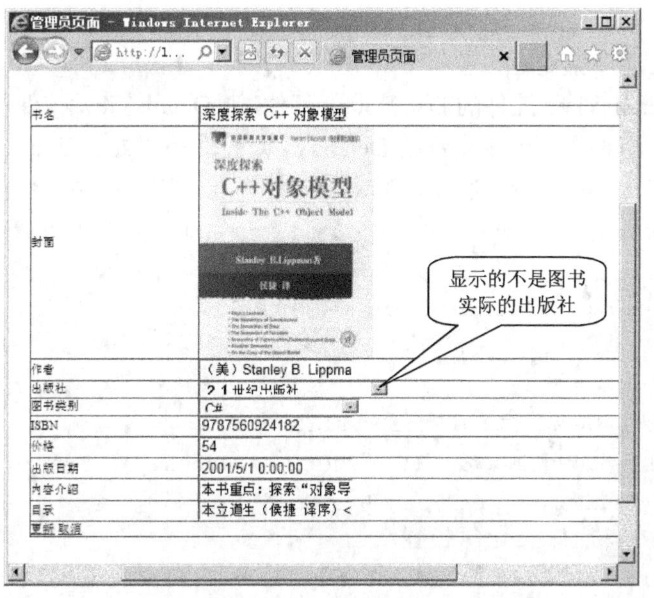

图 22.16　以 DropDownList 控件显示出版社信息

（4）将 DorpDownList 控件与图书信息绑定。

DropDownList 控件与出版社信息绑定的思路是：在 DetailsView 控件的 EditItem-Template 模板中添加一个 HiddenField 控件，HiddenField 控件相当于一个不可见的 Label，这个控件与 Publisher.Id 字段绑定。当进行编辑操作时，DropDownList 控件根据 HiddenField 控件中的 Publisher.Id 值显示相应的出版社信息，这样就可以看到正确的出版社信息了。DropDownList 控件与图书类别绑定的思路与此相同。

① 右击 DetailsView 控件，选择“编辑模板”→“Field[3]-出版社”命令，打开“出版社”字段的模板编辑器。

② 在 EditItemTemplate 模板中添加 HiddenField 控件，将 HiddenField 控件的 ID 属性设置为“hidPublisher”。

③ 切换到设计器的“源”选项卡中，将 HiddenField 控件与 Publisher.Id 字段绑定。代码如下：

```
<EditItemTemplate>
   <asp:DropDownList ID="ddlPublisher" runat="server" DataSourceID=
   "odsPublisher"
          DataTextField="PublisherName" DataValueField="Id" Height=
          "16px" Width="187px">
   </asp:DropDownList>
<asp:HiddenField ID="hidPublisher" Value=
'<%# Eval("Publisher.Id") %>' runat="server" />
      <asp:ObjectDataSource ID="odsPublisher" runat="server"
      SelectMethod="GetAllPublish" TypeName="BookShopBLL.
      PublisherManager">
```

与 Publisher.Id 字段绑定

```
            </asp:ObjectDataSource>
        </EditItemTemplate>
```

④ 编写DetailsView控件的DataBound事件，当DetailsView控件进行数据绑定时，触发DataBound事件。代码中先判断DetailsView控件是否处于Edit（编辑）模式，然后根据HiddenField中的值设置DropDownList控件选中的数据项。代码如下：

```
protected void dvBooks_DataBound(object sender, EventArgs e)
{
   if (dvBooks.CurrentMode == DetailsViewMode.Edit)
                                     //DetailsView控件正处于Edit模式
   {
     //获取编辑模板中的DropDownList控件
      DropDownList ddlPublisher = dvBooks.FindControl
      ("ddlPublisher") as DropDownList;
     //获取HiddenField控件
     HiddenField hidPublisher = dvBooks.FindControl("hidPublisher")
     as HiddenField;
     //设置DropDownList当前显示的数据项
     ddlPublisher.SelectedValue = hidPublisher.Value.ToString();
   }
}
```


⑤ 按照①～④的步骤设置图书类别信息的绑定。

（5）更新数据时，设置PublisherId参数和CategoryId参数的内容。

当对DetailsView控件进行更新操作时，会触发ItemUpdating事件，在ItemUpdating事件中编写代码，设置向ModifyBook()方法传递的PublisherId和CategoryId参数的值为DropDownList控件的值。代码如下：

```
protected void dvBooks_ItemUpdating(object sender,
DetailsViewUpdateEventArgs e)
{
  //设置PublisherId参数
  DropDownList ddlPublisher = dvBooks.FindControl("ddlPublisher")
  as DropDownList;
  odsBooks.UpdateParameters["PublisherId"].DefaultValue=
  ddlPublisher.SelectedValue;
  //设置CategoryId参数
  DropDownList ddlCategory = dvBooks.FindControl("ddlCategory") as
  DropDownList;
  odsBooks.UpdateParameters["CategoryId"].DefaultValue=
  ddlCategory.SelectedValue;
}
```

22.2.2 使用 FileUpload 控件上传图书封面

图书封面图片也是可以修改的，可以上传一个新的图片，覆盖原来的封面图片就可以了。

在 ASP.NET 中，有一个用于上传文件的 FileUpload 控件，它可以把新封面文件上传。

项目操作：在 DetailsView 控件更新时，上传新的图书封面图片。

（1）右击 DetailsView 控件，选择“编辑模板”→“Field[1]-封面”命令，打开模板编辑器。

（2）将 ItemTemplate 模板中的 Image 控件复制到 EditItemTemplate 模板中，并将 ID 属性设置为“imgBook”。

（3）在 EditItemTemplate 模板中添加 FileUpload 控件，如图 22.17 所示。将 FileUpload 控件的 ID 属性设置为“fulBook”。

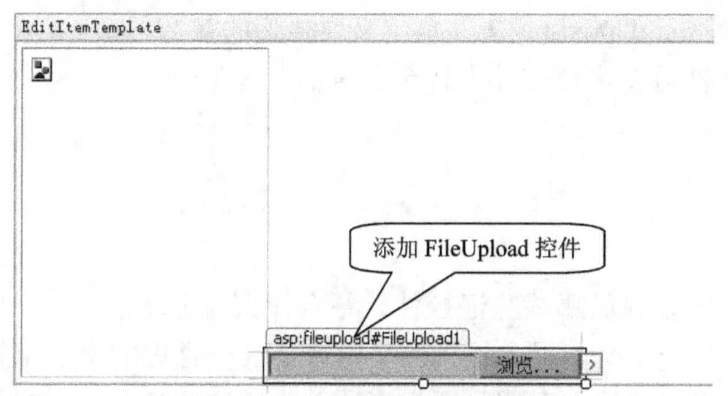

图 22.17　添加 FileUpload 控件

（4）编写 DetailsView 控件的 ItemUpdated 事件，在完成更新时将新的图书封面图片上传。代码如下：

```
protected void dvBooks_ItemUpdated(object sender,
DetailsViewUpdatedEventArgs e)
{
    FileUpload fulBook = dvBooks.FindControl("fulBook") as
    FileUpload;
    Image imgBook = this.dvBooks.FindControl("imgBook") as Image;
    string FileName = fulBook.FileName;
    if (FileName.Trim().Length != 0) //设置了新图片
    {
        string strpath = Server.MapPath(imgBook.ImageUrl);
                                                  //获取图片路径
        fulBook.PostedFile.SaveAs(strpath);//上传图片
    }
}
```

本章总结

本章介绍了对数据库中的数据进行更新的方法，并实现了用户注册页面和图书编辑页面。主要讲解了以下内容。

在 ASP.NET 中，数据的验证可以使用验证控件。ASP.NET 共有 5 种验证控件和 1 种汇总控件。

对数据源控件定义数据方法时，“UPDATE”卡片表示更新数据时调用的方法，“INSERT”卡片表示插入数据时调用的方法，“DELETE”卡片表示删除数据时调用的方法。

对数据进行更新操作时，数据源控件定义的参数名称及数量必须和调用的UPDATE方法中定义的参数名称和数量一致。

可以通过编写 ItemUpdating 事件自定义要传递的参数的值。

FileUpload 控件可以实现文件上传至服务器。

习题

1．ASP.NET 主要提供哪些验证控件？各有什么验证功能？

2．如何验证在一个文本框中输入的字符串是一个合理的电子邮箱格式字符串？

3．使用 FileUpload 控件有哪些注意事项？怎样实现多个文件的上传？

第23章 图书展示页面

普通用户在浏览网上书城网站时，也需要以列表形式查看各种图书，并购买中意的图书。和管理员不同，普通用户在浏览图书信息时，需要页面更加美观，操作更快捷、方便。GridView 控件虽然功能很强大，但是，在运行时，GridView 会自动生成大量的页面代码，这会使运行效率低下，并且 GridView 控件只能以“一行”的形式显示一条数据，美观性较差。

这一章中，将介绍两个新的数据控件——DataList 和 Repeater。它们能以“一行多列”、“多行一列”、“多行多列”等形式显示数据，并且运行效率较高，能够满足用户对页面布局、速度等方面的要求。

任务 23.1 使用 DataList 控件实现图书展示

23.1.1 图书展示样板

网上书城的普通用户一般不需要登录就能查看图书的信息，并且页面要美观。在开发过程中，一般需要由美工人员设计出一个精美的样板页面，然后由程序员根据这个样板进行程序开发。假设美工人员已经设计出了图书展示页面的样板，效果如图 23.1 所示，普通用户看到的图书列表就是这个样子的。

样板页面对应的 HTML 代码如下：

```
<table>
   <tr>
     <td rowspan="2">
        <a  href="BookDetails.aspx?bid=0001">
        <img style="CURSOR: hand" height="121" alt="封面" src=
        "images/BookCovers /12345678.jpg"  width="95"  hspace="4"/>
        </a>
     </td>
     <td style="FONT-SIZE: small; COLOR: red" width=
     "650" align="left">
        <a href="BookDetails.aspx?bid=0001" name="link_prd_name"
```

```
            target="_blank" class="booktitle" id="link_prd_name">
            图书书名</a>
          </td>
        </tr>
        <tr>
          <td align="left">
            <span style="font-size:12px;line-height:20px;">作者</span>
            <br /> <br />
            <span style="font-size:12px;line-height:20px;">内容介绍</span>
          </td>
        </tr>
        <tr>
          <td align="right" colspan="2">
            <span style="font-size:13px;line-height:20px;font-weight:
            bold;"> &yen; 价格</span>
          </td>
        </tr>
    </table>
```


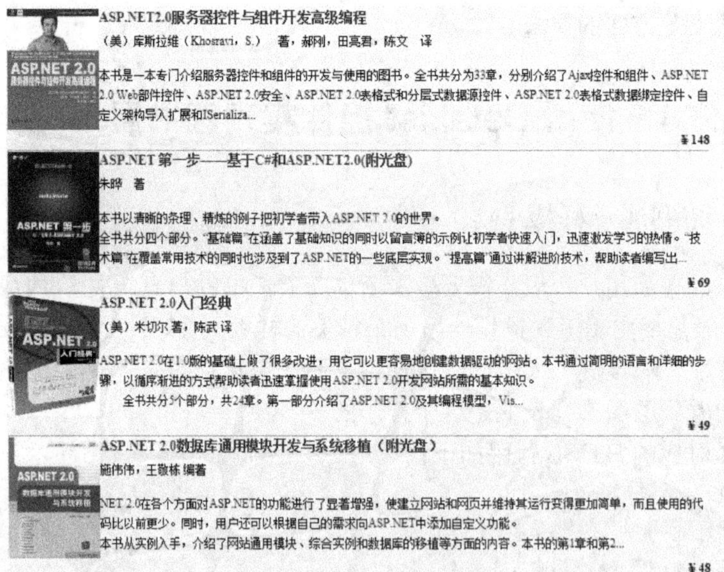

图 23.1　图书展示页面样板

程序员在开发图书展示页面时，只要基于这个样板进行开发就可以了。

23.1.2　使用 DataList 控件展示图书

DataList 控件能够创建模板化的列表数据，它能以一行多列、多行一列、多行多列等形式显示数据。

DataList 控件中工具箱的“数据”选项卡中，将其放置在页面上的效果如图 23.2 所示。

DataList - DataList1

右击或选择“编辑模板”任务来编辑模板内容。
需要使用 ItemTemplate。

图 23.2　DataList 控件

DataList 控件的描述标签为：

```
<asp:DataList ID="DataList1" runat="server"></asp:DataList>
```

DataList 控件不像 GridView 控件那样直观地显示表格，而是需要编辑模板才能设置要显示的数据。可以通过选择任务菜单中的“编辑模板”命令来打开模板编辑器，如图 23.3 所示。在 DataList 控件中提供了“项模板”、“页眉和页脚模板”、“分隔符模板”，各种模板的含义与 GridView 控件的模板基本相同，只是 DataList 只能同时显示一种模板，可以在 DataList 任务菜单中选择显示不同的模板。

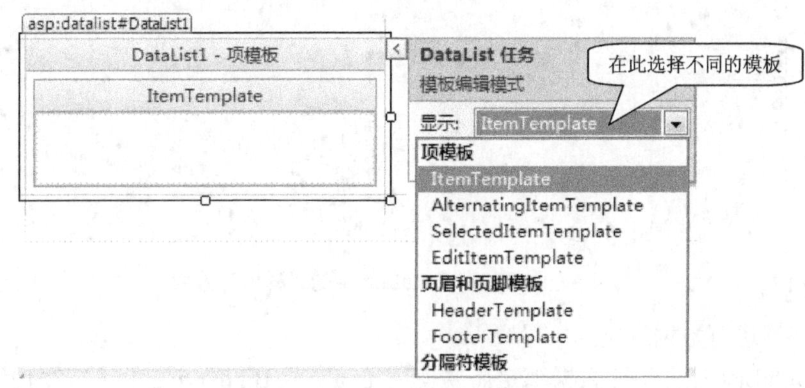

图 23.3　DataList 控件的模板编辑器

项目操作：建立图书展示页面。

（1）在网站的根目录下，通过前面创建的 MasterPage.master 母版页创建一个内容页——BookList.aspx，这个页面是面向普通用户展示图书信息的页面。用户单击母版页中的 TreeView 控件显示树形列表中的某个图书类别项后，会打开 BookList.aspx 页面，它能显示某个图书类别下的所有图书信息。

（2）在 BookList.aspx 页面中添加一个 DataList 控件，ID 属性设置为“dlBooks”。

（3）选择 DataList 控件任务菜单中的“选择数据源”命令，新建一个 ObjectDataSource 数据控件。操作步骤和方法与 GridView 控件的“新建数据源”操作完全相同。选择业务对象为“BookShopBLL.BookManager”类，定义数据方法为“GetBooksByCategory (Int32 categoryID)”。由于在 TreeView 控件对应的 TreeView.xml 文件中定义的调用 BookList.aspx 页面的 URL 为“BookList.aspx?typid=XXX”（XXX 表示某个图书类别 ID），通过“?”来传递数据，所以，在“定义参数”对话框中选择参数源为“QueryString”，它表示用 Request 对象设置参数，并设置 QueryStringField 为“typeid”。

（4）打开 DataList 控件的模板编辑器，将美工人员提供的“样板”粘贴到 ItemTemplate 模板中。在操作时，可以先在模板编辑器中随意填写一些内容，如添加字母“A”，让 DataList 控件生成<ItemTemplate>标记，然后切换到“源”选项卡中，将美工提供的 HTML 代码粘贴到<ItemTemplate>标记中。代码如下：

```
<asp:DataList ID="DataList1" runat="server">
   <ItemTemplate>        此标记表示数据项模板

      <!-- 此处粘贴美工制作的展示图书样板的 HTML 代码
</ItemTemplate>
</asp:DataList>
```

这时，DataList 控件中已经显示了图书展示的“样板”效果，如图 23.4 所示。

图 23.4　DataList 中的“样板”效果

（5）进行数据绑定

DataList 控件中的数据绑定需要使用 Eval()或 Bind()方法手工编写代码完成。切换到设计器的“源”选项卡中，将“样板”中的“图书书名”、“作者”等数据修改为数据绑定的语句，代码如下：

```
<asp:DataList ID="DataList1" runat="server" DataSourceID=
"odsBooks">
   <ItemTemplate>
    <table>
    <tr>
       <td rowspan="2">                      绑定图书封面照片的提示
         <a  href="BookDetails.aspx?bid=0001">
         <img style="CURSOR: hand" height="121" alt='<%# Eval("title") %>"'
         src= 'images/BookCovers/<%# Eval("ISBN") %>.jpg'  width=
         "95"  hspace="4"/>                   绑定图书封面照片
        </a>
      </td>
     <td style="FONT-SIZE: small; COLOR: red" width="650" align=
     "left">
```

```
            <a href="BookDetails.aspx?bid=0001" name="link_prd_name"
            target="_blank"
                   class="booktitle" id="link_prd_name"><%# Eval
                   ("title") %></a>
          </td>
        </tr>
        <tr>
          <td align="left">
            <span           style="font-size:12px;line-height:20px;"><%#
Eval("author") %></span>        <br /> <br />
            <span           style="font-size:12px;line-height:20px;"><%#
Eval("Descript") %> </span>
          </td>
        </tr>
        <tr>
          <td align="right" colspan="2">
            <span style="font-size:13px;line-height:20px;font-weight:bold;">
                  &yen; <%# Eval("UnitPrice") %></span>
          </td>
       </tr>
       </table>
     </ItemTemplate>
     </asp:DataList>
```


（6）截短内容介绍的文字

有的图书内容介绍的文字很多，这会影响到页面的布局效果，使页面看起来不够美观。这时，需要将文字截短一些，如最多显示 150 个字。

一般情况下，可编写一个后台的方法来完成截短文字的操作，这个方法要在前台的代码中调用。

① 在 BookList.aspx 页面中编写一个方法，用来截短文字。代码如下：

```
        //截短文字
        public string GetCut(string content)
        {
           if (content.Length > 150)
              return content.Substring(0, 150) + "...";
           else
              return content;
        }
```

GetCut()方法要在前台页面中调用，ASP.NET 要求供前台页面调用的方法必须是用 public 修饰的。

② 修改“内容介绍”的数据绑定代码。

在 BookList.aspx 的前台页面中，修改“内容介绍”字段的绑定代码，内容如下：

```
        <span style="font-size:12px;line-height:20px;">
            <%# GetCut(Eval("Descript").ToString()) %></span>
```

（7）设置 SeparatorTemplate 模板

在显示的图书与图书之间加一条“横线”，将各个图书信息分隔开来。DataList 的 SeparatorTemplate 模板描述了各个数据之间的分隔符。

分隔符可以是文字、图片或 HTML 标签，通常用<hr />标签充当分隔符。

若打开 DataList 控件的 SeparatorTemplate 模板，加入<hr />标签，如图 23.5 所示。SeparatorTemplate 模板会将“<hr />”当做普通文字处理，而不是当做 HTML 标签。生成的代码为：

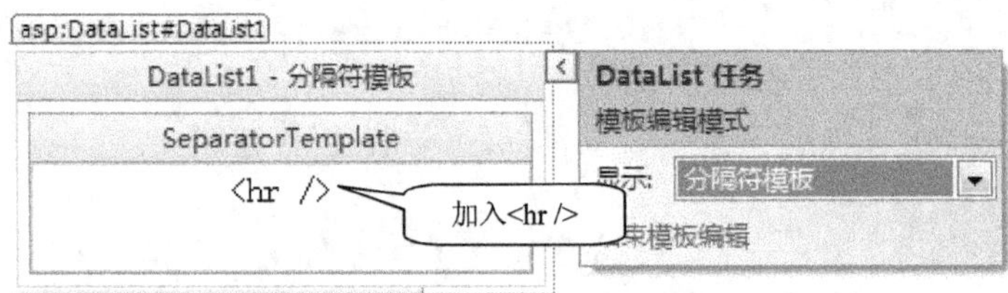

图 23.5 设置 Separatortemplate 模板

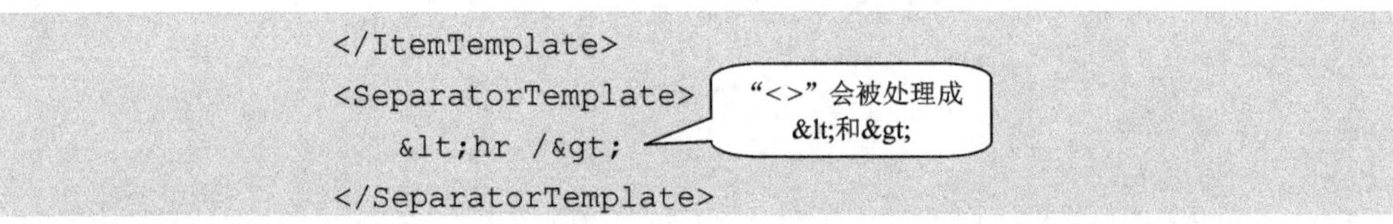

```
            </ItemTemplate>
            <SeparatorTemplate>
               &lt;hr /&gt;
            </SeparatorTemplate>
```


必须手工在<SeparatorTemplate>模板中加入“<hr />”标签才能实现“横线”分隔符。

任务 23.2 使用 Repeater 控件精确展示数据

DataList 控件提供了多种模板来定义数据列表的格式，在运行时，DataList 不会像 GridView 控件那样生成大量的页面代码来构建显示数据的表格，它只会自动生成<table>、<tr>、<td>等描述表格的标签，所以运行的效率比较高。

在 ASP.NET 中还提供了一种运行效率更高的，以表格形式展示数据的控件，那就是 Repeater 控件。Repeater 控件运行时不会自动生成任何代码，运行效率更高，它可以精确地按照模板设计的形式展示数据。Repeater 控件是网站开发中使用非常广泛的数据展示控件。

Repeater 控件也放置在工具箱的“数据”选项卡中，如图 23.6 所示。Repeater 控件的描述标签为：

```
      <asp:Repeater ID="Repeater1" runat="server"> </asp:Repeater>
```

Repeater 控件也通过模板来定义显示数据的格式，但它不像 DataList 控件那样提供“模板编辑器”可以用图形化的方式进行模板编辑。要对 Repeater 控件的模板进行编辑，必须在“源”选项卡中以编写代码的形式实现，如图 23.7 所示。

ObjectDataSource
QueryExtender
Repeater
SiteMapDataSource

图 23.6　工具箱中的 Repeater 控件

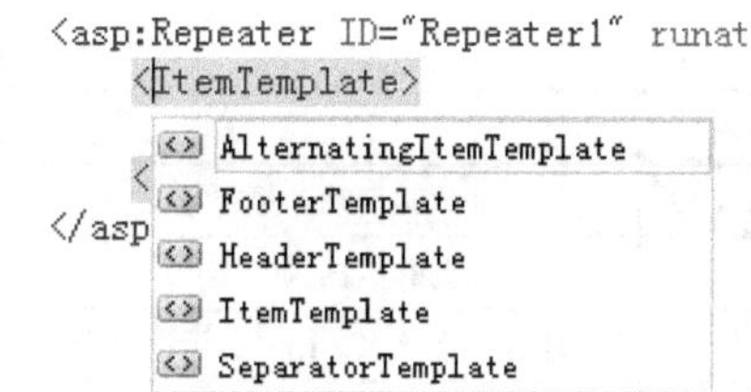

图 23.7　Repeater 控件编辑模板

Repeater 控件只提供了 AlternatingItemTemplate、FooterTemplate、HeaderTemplate、ItemTemplate 和 SeparatorTemplate 五种模板，这些模板的含义和使用方法与 DataList 控件几乎完全一样，进行数据绑定的方法、后台编程的方法也完全一样。

任务 23.3　对图书信息进行分页

无论是使用DataList控件还是使用Repeater控件构建图书展示页面，在运行页面时，都要等待一会儿才能看到图书信息，页面显示的时间比较长，这是因为列表中的图书很多（有上千本），页面加载的数据量很大。分页可以很好地解决这个问题，如果将图书列表分成许多页，每页只显示 10 本图书的信息，那么将大大加快页面显示的速度。下面就为图书展示页面添加分页功能。

23.3.1　分页实现思路

GridView 控件自身提供了分页的功能，只要开启“分页”功能就能看到信息被分页。但 DataList 控件和 Repeater 控件不提供这样的功能（为了提高效率），必须编写相应的代码才能实现分页功能。

分页实现思路很简单：在通过 BookShopBLL.BookManager 类中的 GetAllBooks() 方法获取所有图书信息后，先根据页面当前的页码和每页的大小计算出当前页要显示的图书数据，然后在所有图书信息中将这些数据挑选出来，将其他数据丢弃，最后在页面中将当前页的图书数据显示出来就可以了。

23.3.2　使用 PageDataSource 类进行分页

ASP.NET 中的 PageDataSource 类就是按照上节提到的分页实现思路进行分页的。它类封装了分页所需要的相关属性，只要提供当前页码、页大小等信息，PageDataSource 类就能自动获取当前页的数据。PageDataSource 类常用属性如表 23.1 所示。

表 23.1　PageDataSource 类常用属性

属 性 名 称	功　能
PageSize	页大小
CurrentPageIndex	当前页码
PageCount	总页数，自动计算得到

（续表）

属性名称	功　能
Count	总记录数，自动计算得到
DataSource	进行分页的数据源
AllowPaging	是否进行分页，true 表示进行分页
IsFirstPage	判断当前页是否是第一页，true 表示是第一页
IsLastPage	判断当前页是否是最后一页，true 表示是最后一页

项目操作：实现图书列表的分页功能。

（1）在 BookList.aspx 页面中建立一个名为 BookDatabind()的方法，这个方法使用 PageDataSource 类实现分页。代码如下：

```
private void BookDatabind()
{
    //实例化 PageDataSource
    PagedDataSource pdsBooks = new PagedDataSource();
    //设置 PagedDataSource 对象的属性
    int typeid = Convert.ToInt32(Request["typeid"]);
    pdsBooks.DataSource = BookManager.GetBooksByCategory(typeid);
    pdsBooks.AllowPaging = true; //允许分页
    pdsBooks.PageSize = 10;     //页大小为 10
    pdsBooks.CurrentPageIndex = Pager;  //设置当前页码
    //把 PagedDataSource 对象绑定到 DataList 控件
    dlBooks.DataSource = pdsBooks;
    dlBooks.DataBind();
}
```

Pager 是一个自定义的属性，它表示当前页码。

（2）在 BookList.aspx 页面后台代码中定义 Pager 属性。代码如下：

```
private int Pager
{
    get
    {
        return (int)ViewState["Page"];
    }
    set
    {
        ViewState["Page"] = value;
    }
}
```

由于页码只在当前页面中有意义，所以使用了 ViewState 对象来存储页码数据（实际上使用 Session 也可以）。

（3）在 BookList.aspx 页面的 Load 事件中初始化页码，代码如下：

```
protected void Page_Load(object sender, EventArgs e)
{
    if (!IsPostBack)
    {
        //首次加载页面，赋页码初值
        ViewState["Page"] = 0;
        BookDatabind();  //调用 BookDatabind()方法
    }
}
```

（4）将 DataList 控件的数据源设置为“无”。

在 ASP.NET 中，控件进行数据源绑定有两种形式：一种是经常使用的在任务菜单中选择数据源的形式，这实际上设置了控件的 DataSourceID 属性；另一种是前面在 BookDatabind()方法中用到的设置控件的 DataSource 属性。这两种形式不能同时使用，否则程序会出现异常。所以，要在 DataList 控件的任务菜单中将选择的数据源设置为“无”。

此时运行页面，会看到 DataList 表格中不再显示全部图书了，而是只显示了前 10 本图书的信息。但是怎么翻页呢？需要在页面上添加用来翻页的按钮。

（5）添加翻页按钮和页码显示标签。

① 在页面中添加两个 Button 控件和一个 Label 控件，分别用来实现“上一页”、“下一页”的翻动和当前页码的显示功能，如图 23.8 所示。

图 23.8 添加翻页按钮

② 设置“上一页”按钮的 ID 为“btnPrev”，“下一页”按钮的 ID 为“btnNext”，“页码显示”Label 控件的 ID 为“lblCurrentPage”。

③ 在“下一页”按钮的 Click 事件中编写代码，实现当单击“下一页”按钮后，将 Pager 属性“+1”的操作。代码如下：

```
protected void btnNext_Click(object sender, EventArgs e)
{
    Pager++;
    BookDatabind();
}
```

当页码改变后，必须调用 BookDatabind()方法重新进行数据绑定才能看到页面内容发生变化。

④ 编写“上一页”按钮的 Click 事件，代码如下：

```
protected void btnPrev_Click(object sender, EventArgs e)
{
    Pager--;
    BookDatabind();
}
```

⑤ 修改 BookDatabind()方法，添加显示当前页码的语句，内容如下：

```
private void BookDatabind()
{
    PagedDataSource pdsBooks = new PagedDataSource();
    //对 PagedDataSource 对象的相关属性赋值
    pdsBooks.DataSource =
     BookManager.GetBooksByCategory(Convert.ToInt32(Request
     ["typeid"]));
    pdsBooks.AllowPaging = true;
    pdsBooks.PageSize =10;
    pdsBooks.CurrentPageIndex = Pager;
    string page = "第{0}页 共{1}页";      // 显示页码信息
    page=string.Format(page,pdsBooks.CurrentPageIndex + 1,
    pdsBooks.PageCount);
    lblCurrentPage.Text = page;
    //把 PagedDataSource 对象赋给 DataList 控件
    dlBooks.DataSource = pdsBooks;
    dlBooks.DataBind();
}
```


运行页面，就能够单击按钮进行翻页了，如图 23.9 所示。

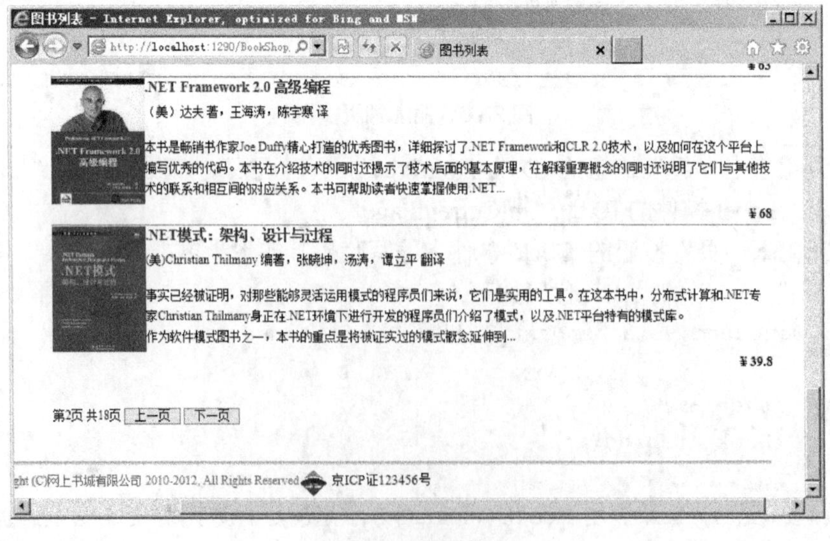

图 23.9　翻页效果

⑥ 对“翻页”按钮进行限制。

如果当前是第一页，继续单击“上一页”按钮进行翻页的话，页面会出现如图 23.10 所示的错误。这是因为 PagedDataSource 类不允许将 CurrentPageIndex 属性设置为小于 0 的值。在“下一页”翻页过程中也会出现类似的问题，可能会将当前页码“翻出”总页数的范围。

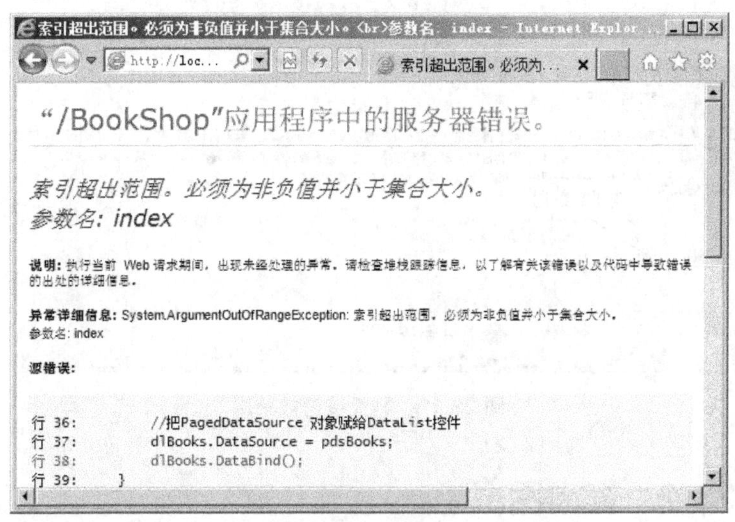

图 23.10　翻页错误

为了避免出现这样的错误，必须对“翻页”按钮进行限制：当前页是第一页时，“上一页”按钮禁用；当前页是最后一页时，“下一页”按钮禁用。

在 BookList.aspx 中编写 SetPageButton()方法，在第一页和最后一页时禁用相应的“翻页”按钮。代码如下：

```
private void SetPageButton(PagedDataSource pds)
{
    btnPrev.Enabled = true;
    btnNext.Enabled = true;
    if (pds.IsFirstPage) //判断是否是第 1 页
        btnPrev.Enabled = false;
    if (pds.IsLastPage) //判断是否是末尾页
        btnNext.Enabled = false;
}
```

然后在 BookDatabind()方法中添加调用 SetPageButton()方法的语句，代码如下：

```
    ......
page=string.Format(page,pdsBooks.CurrentPageIndex + 1,pdsBooks.
PageCount);
    lblCurrentPage.Text = page;
    SetPageButton(pdsBooks);
    //把 PagedDataSource 对象赋给 DataList 控件
```

调用 SetPageButton()方法

```
        dlBooks.DataSource = pdsBooks;
        dlBooks.DataBind();
```

此时，再运行页面，可以看到在第一页时，“上一页”按钮被禁用；在最后一页时，“下一页”按钮被禁用，效果如图 23.11 所示。

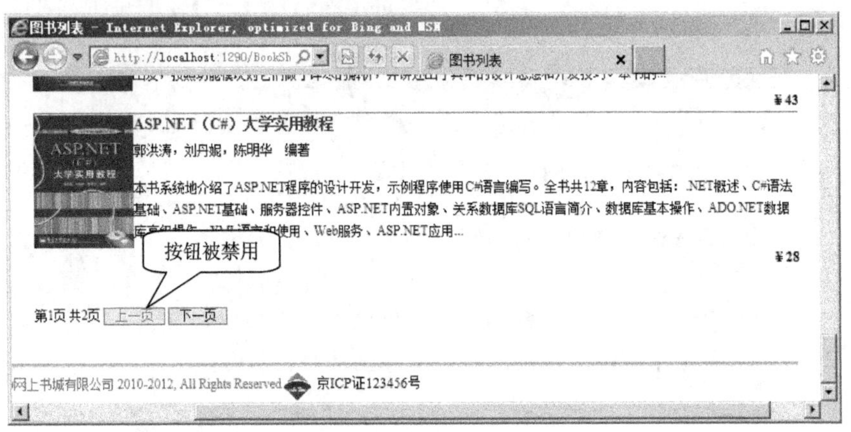

图 23.11　翻页按钮被禁用

任务 23.4　查询图书

只能通过图书类别来查询图书是不能满足用户要求的。很多时候，用户需要按书名来进行查询，并且要支持模糊查询，如图 23.12 所示。

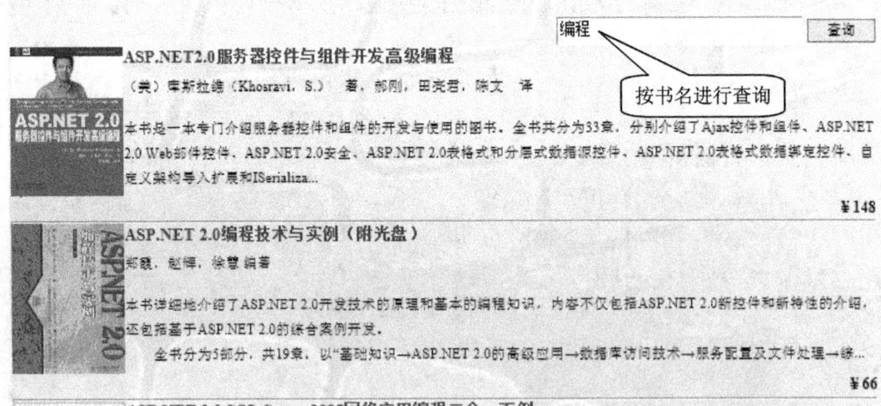

图 23.12　按书名查询图书

实现按书名查询图书的功能比较简单，只要修改 BLL 层和 DAL 层相应的图书查询方法就能实现。下面实现查询图书功能。

项目操作：实现按书名查询图书功能。

(1) 在 BookShopDAL 项目的 BookService 类中重载 GetBookByCategory()方法，代码如下：

```
public static List<Book> GetBookByCategory(int categoryID,string
title)
{                                                    添加了 title 参数
    List<Book> books = new List<Book>();
    string sql = string.Format("SELECT * FROM Books WHERE CategoryID=
    {0} AND title LIKE '%{1}%'", categoryID,title);
    DataTable dt = DB.GetDataTable(sql);
    foreach (DataRow row in dt.Rows)                 添加按书名
    {                                                查询的条件
        Book book = new Book();
        BindInfoToBook(row, ref book);
        books.Add(book); //添加到集合
    }
    return books;
}
```

（2）在 BookShopBLL 项目的 BookManager 类中重载 GetBooksByCategory()方法，代码如下：

```
public static List<Book> GetBooksByCategory(int categoryID,string title)
{                                                    添加了 title 参数
   List<Book> books = new List<Book>();
   books = BookService.GetBookByCategory(categoryID,title);
   return books;
}
```

（3）在 BookList.aspx 页面中添加一个 TextBox 控件和一个 Button 控件，如图 23.12 所示。将 TextBox 控件的 ID 属性设置为 txtSearch，Button 控件的 Text 属性设置为“查询”，ID 属性设置为“btnSearch”。

（4）编写查询按钮的 Click 事件，代码如下：

```
protected void btnSearch_Click(object sender, EventArgs e)
{
   Pager = 0; //将页码设置为 0
   BookDatabind(); //重新绑定
}
```

（5）修改 BookDatabind()方法，将 txtSearch 控件中的内容传入 GetBookByCategory()方法进行查询，代码如下：

```
private void BookDatabind()
{
  PagedDataSource pdsBooks = new PagedDataSource();
  //对 PagedDataSource 对象的相关属性赋值
  string title = txtSearch.Text; //获取书名
  //按图书类别和书名进行查询
  pdsBooks.DataSource =
```

```
BookManager.GetBooksByCategory(Convert.ToInt32(Request["typeid"]),
title);
  pdsBooks.AllowPaging = true;
  pdsBooks.PageSize =10;
//其他代码不变
  ……
}
```

传递 title 参数的值

这样，就可以按书名查询图书了。

任务 23.5　构建图书详细展示页面

在 DataList 控件构建的列表中单击图书封面或书名，会打开 BookDetails.aspx 页面，在这个页面中将显示图书的详细信息，如图 23.13 所示。

图 23.13　图书详细展示页面效果

与前面介绍的管理员操作的图书详细页面不同，面向普通用户的详细信息页面要求外观更加精致、美观。一般情况下，由美工人员制作好详细信息页面的效果，然后由程序员在这个效果基础上编程，实现数据库中图书信息的显示。

ASP.NET 提供的 FormView 控件能够以模板的形式展示图书详细信息。FormView 控件也在工具箱的“数据”选项卡中，其描述标签为：

```
<asp:FormView ID="FormView1" runat="server"> </asp:FormView>
```

FormView 控件的操作方法与 DataList 控件几乎完全一样，它也通过编辑模板来设计数据显示效果，提供的模板包括ItemTemplate、HeaderTemplate等。只要编辑模板设计显示效果，然后选择数据源并进行数据绑定就可看到数据在FormView控件中显示出来。

假设美工人员已经制作好详细信息页面，HTML代码如下：

```
<table>
   <tr>
     <td>
     <table width="100%">
     <tr>
       <td rowspan="7">
          <asp:Image runat="server" ID="imgBook"/>
       </td>
       <td colspan="2" style="font-size:medium"><font color="navy">
       <strong>
          <asp:Label runat="server" ID="lblBookName"></asp:Label>
</strong></font></td>
     </tr>
     <tr>
      <td align="left">作者:
<asp:Label runat="server" ID="lblAuthor"></asp:Label></td>
      <td align="left">丛书名: <asp:Label runat="server" ID=
      "lblBooksName">
                 </asp:Label></td>
     </tr>
     <tr>
       <td align="left">出版社:
<asp:Label runat="server" ID="lblPublisher">
                    </asp:Label></td>
       <td align="left">ISBN: <asp:Label runat="server" ID="lblISBN">
       </asp:Label></td>
     </tr>
     <tr>
       <td align="left">出版时间:
<asp:Label runat="server" ID="lblPublishDate"> </asp:Label></td>
      <td align="left">价格: <asp:Label runat="server" ID="lblPrice">
      </asp:Label></td>
    </tr>
    <tr>
      <td colspan="3" align="right"></td>
    </tr>
    <tr>
```

```
        <td colspan="3" align="right">
          <asp:ImageButton runat="server" ID="imgb_Buy" ImageUrl=
          "~/Images/sale.gif"
     OnClick="imgb_Buy_Click" />
      </td>
     </tr>
    </table>
    </td>
    </tr>
    <tr>
      <td align="left">
         <div style="font-size:medium;color:Red"><strong>内容提要:
         </strong></div>
            <asp:Label runat="server" ID="lblContent"></asp:Label>
       </td>
     </tr>
     <tr>
       <td align="left">
           <div style="font-size:medium;color:Red"><strong>目录:
           </strong></div>
                      <asp:Label runat="server" ID="lblCatagory">
                      </asp:Label>
        </td>
      </tr>
    </table>
```


项目操作：创建图书详细信息页面。

（1）通过 MasterPage.master 母版页建立 BookDetails.aspx 内容页。将美工人员制作好的 HTML 代码粘贴到 BookDetails.aspx 中。

（2）在 BookDetails.aspx 中添加 FormView 控件，将 FormView 控件的 ID 属性设置为“fvBook”。编辑 FormView 控件的 ItemTemplate 模板，将美工提供的页面代码复制到 ItemTemplate 中。

（3）使用 Eval()方法对 ItemTemplate 模板中美工提供的显示数据控件进行数据绑定，代码如下：

```
    <asp:FormView ID="fvBook" runat="server" DataSourceID="odsBooks">
    <ItemTemplate>
    <table>
    <tr> <td>
        <table width="100%">
        <tr>    <td rowspan="7">
           <asp:Image runat="server" ID="imgBook" ImageUrl='<%# "images/
           bookcovers/" + Eval("ISBN") +".jpg"%>'/>      </td>
```

绑定图书封面

```
        <td colspan="2" style="font-size:medium"><font color="navy">
        <strong>
         <asp:Label runat="server" ID="lblBookName" Text='<%# Eval
        ("Title") %>'> </asp:Label>
          </strong></font></td>
      </tr>
      <tr>    <td align="left">作者:
      <asp:Label runat="server" ID="lblAuthor" Text='<%# Eval
      ("author")%>' > </asp:Label></td>
         <td align="left">丛书名:
<asp:Label runat="server" ID="lblBooksName"  Text='<%# Eval
("Cate.CategoryName") %>'>
        </asp:Label></td>
       </tr>
   <tr>     <td align="left">出版社:
<asp:Label runat="server" ID="lblPublisher"
Text='<%# Eval("Publisher.PublisherName") %>'>
         </asp:Label></td>
         <td align="left">ISBN:
        <asp:Label runat="server" ID="lblISBN" Text='<%# Eval
        ("ISBN") %>'> </asp:Label></td>
        </tr>
        <tr>  <td align="left">出版时间:
         <asp:Label runat="server" ID="lblPublishDate" Text='<%#
               ((DateTime)Eval("PublisherDate")).ToShortDateString()
               %>'> </asp:Label></td>
           <td align="left">价格:
<asp:Label runat="server" ID="lblPrice" Text='<%# Eval("UnitPrice") +
"元 a" %>'></asp:Label></td>
    </tr>
    <tr>   <td colspan="3" align="right"></td>
     </tr>
     <tr>   <td colspan="3" align="right">
      <asp:ImageButton runat="server" ID="imgb_Buy" ImageUrl="~
      /Images/sale.gif" OnClick="imgb_Buy_Click" /> 
       </td>    </tr>
    </table>
     </td>  </tr>
<tr>  <td align="left">
        <div style="font-size:medium;color:Red"><strong>内容提要:
        </strong></div>
<asp:Label runat="server" ID="lblContent" Text='<%#Eval
```

绑定书名

绑定作者

绑定图书类别

绑定出版社

绑定 ISBN

绑定出版日期

绑定价格

绑定内容介绍

```
("Descript") %>' ></asp:Label>
  </td></tr>
<tr>   <td align="left">
       <div style="font-size:medium;color:Red"><strong>目录:
       </strong></div>
<asp:Label runat="server" ID="lblCatagory" Text='<%# Eval
("TOC") %>'></asp:Label>
    </td></tr>
</table>
</ItemTemplate>
</asp:FormView>
```

绑定目录

（4）对 FormView 控件进行“选择数据源”操作，选择业务对象为“BookShopBLL.BookManager”，定义数据方法为“GetBookById()”，定义参数 id 为“QueryString”类型的参数，名称为“bid”。

运行页面，可以看到图书详细信息被显示出来。

本章总结

在这一章中，使用 DataList 控件和 Repeater 控件实现了普通用户使用的图书展示列表和详细信息页面。

DataList 控件和 Repeater 控件能够以更加精确、美观的形式显示数据，通常将美工人员制作的模板直接套用到这些控件中。

DataList 控件提供了 ItemTemplate、HeaderTemplate 等多种模板，可以通过模板编辑器对各种模板进行设计。

Repeater 控件也提供了 ItemTemplate、HeaderTemplate 等 5 种模板，但它没有模板编辑器，必须通过编写代码方式设计模板。

为了加快页面打开速度，通常将数据进行分页显示。

PagedDataSource 类封装了分页操作，只要设置相应的属性就可以快速实现分页效果。

FormView 控件能够以模板的形式显示一条数据，其操作方法与 DataList 控件相同。

习题

1．分析 GridView、DataList 和 Repeater 三种控件的特点。
2．分页功能有哪些实现方法？
3．分析 DetailsView 和 FormView 控件的特点。

第24章 完善登录效果

在前几章，实现了管理员登录功能。在这一章中，要通过用户控件完成普通用户的登录功能，还要借助 ASP.NET 的身份验证和授权机制完善对管理员操作页面权限的控制。

任务 24.1 使用用户控件建立登录页面

在网站开发过程中经常会出现某一项功能在多个页面中重复出现。例如，网站中的多个页面中都要使用“图书搜索”功能，或多个页面都要有“用户登录”功能。如果在每个需要的页面中都实现一遍“图书搜索”或“用户登录”功能，就必然造成重复劳动，效率低下。能不能将某种功能的界面和代码都做好，然后在需要的页面中调用它们呢？ASP.NET 中的用户控件就可以实现。

用户控件也称自定义控件，它提供了一种界面和代码的重用机制，是可以一次编写就能在多处使用的功能块。

用户控件中不仅可以定义显示的界面，还能编写事件处理程序，就像编辑页面一样，当某个页面中需要使用用户控件提供的功能时，只要把用户控件拖曳到页面上就可以了，就像操作工具箱中的控件那样方便。

24.1.1 创建用户控件

下面就来制作一个用户控件，实现网上书城普通用户登录的功能。

项目操作：创建用户登录用户控件。

（1）为了管理方便，一般都将用户控件存放在网站的 Control 文件夹下。在解决方案资源管理器中右击网站项目，选择“新建文件夹”命令，建立一个名为 Control 的文件夹。

（2）选中“Control”文件夹，然后打开“网站”菜单，选择“添加新项”命令，在弹出的“添加新项”对话框中选择“Web 用户控件”，并将其命名为“LoginControl.ascx”。如图 24.1 所示。

ASP.NET 规定了用户控件文件的扩展名为.ascx。与普通页面一样，用户控件也有对应的后台代码文件，其扩展名.ascx.cs。

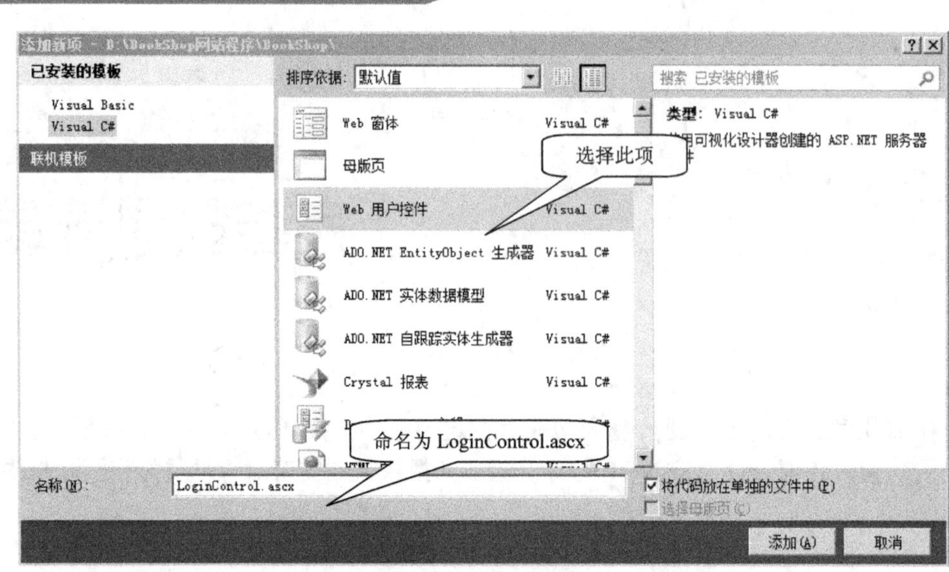

图 24.1　添加用户控件

（3）建立用户登录界面。

在创建好的 LoginControl.ascx 文件中可以看到下面的代码：

```
<%@ Control Language="C#" AutoEventWireup="true" CodeFile=
"LoginControl.ascx.cs" Inherits="Control_LoginControl" %>
```

其中的@Control 指令代表这是一个用户控件，其他属性含义与.aspx 页面文件的@Page 指令中的属性含义相同。

要特别注意：由于用户控件不能独立运行，必须要放置在其他.aspx 页面中才能使用，所以在用户控件中不允许包含<html>、<head>、<body>、<form>等标签。

在 LoginControl.ascx 文件中，添加 Label、TextBox、ImageButton、验证控件等控件并设置相应的属性，建立如图 24.2 所示的用户登录界面。

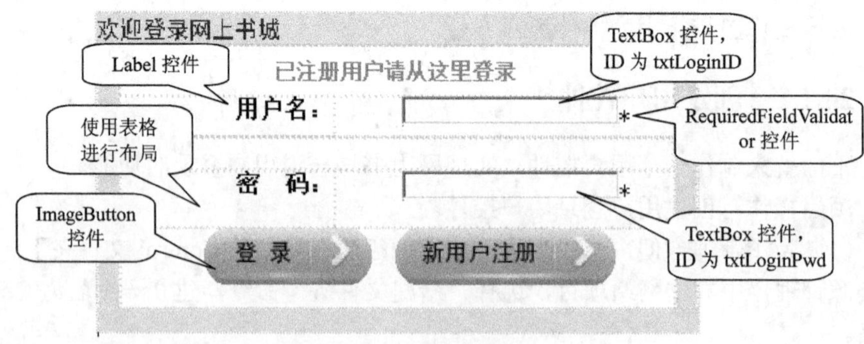

图 24.2　用户登录界面

（4）编写登录代码。

在“登录”按钮的 Click 事件中编写代码，调用 UserManager 类的 Login()方法验证登录信息，并用 out 方式将 user 变量赋值为当前登录的用户信息。代码如下：

```
protected void btnLogin_Click(object sender, EventArgs e)
{
    User user;  //当前登录用户
    string userName=txtLoginId.Text;
    string pwd=txtLoginPwd.Text;
    if (UserManager.Login(userName,pwd, out user))
    {
        Session["CurrentUser"] = user;
                                  //将当前登录用户信息存储在 Session 中
        Response.Redirect("~/default.aspx"); //跳转到首页
    }
    else
    {
         //使用 JavaScript 弹出错误提示对话框
        Response.Write("<script>alert('用户名或密码不正确！请重新填写')
        </script>");
    }
}
```


在 ASP.NET 中用户控件可以嵌套使用，即在一个用户控件中可以使用另一个用户控件，但是不能递归嵌套，如 A 用户控件中使用了 B 用户控件而 B 用户控件中又使用 A 用户控件，这是不允许的。

24.1.2 使用用户控件

使用用户控件非常简单，只要将.ascx 文件拖曳到要使用它的.aspx 页面上就可以了。

项目操作：建立普通用户登录页面。

（1）在网站根目录创建普通用户登录的页面——UserLogin.aspx。

（2）将刚创建的 LoginControl.ascx 用户控件拖曳到 UserLogin.aspx 页面相应的位置，如图 24.3 所示。

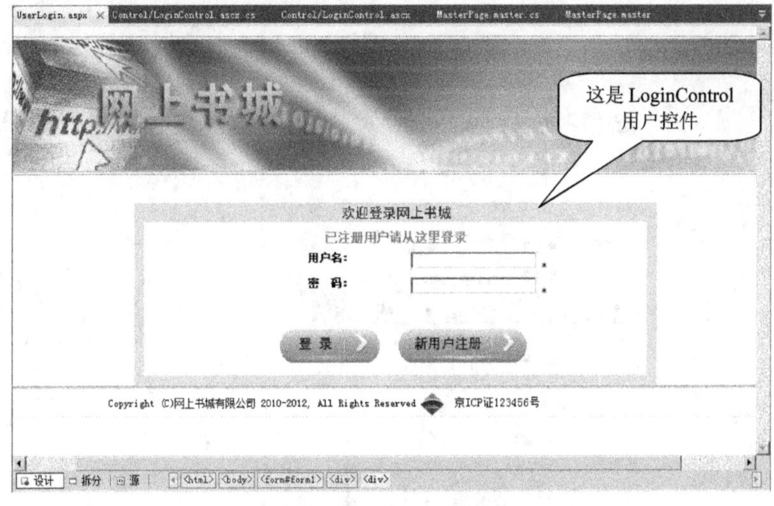

图 24.3 用户登录页面

运行 UserLogin.aspx 页面，就可以看到它能够实现用户登录的功能了。

24.1.3 用户控件和页面的比较

用户控件和页面有许多相似之处，既可以设计界面，又可以编写代码。但与页面还是有一定差异的。用户控件与页面的区别如表 24.1 所示。

表 24.1 用户控件与页面的区别

比较项目	用户控件	页面
扩展名	.ascx	.aspx
包含指令	@Control	@Page
描述标签	不能有<html>、<head>、<body>、<form>等标签	可以含有任何标签
运行方式	不能独立运行，必须放置在页面中运行	可以独立运行
包含内容	可以包含其他用户控件	可以包含用户控件，不能包含其他页面
名字空间	System.Web.UI.UserControl	System.Web.UI.Page

任务 24.2 在母版页中显示用户名

用户登录后，母版页中要显示出登录的用户信息，还要显示“退出”按钮，让用户能够退出登录状态。由于用户信息都存储在 Session 对象中，所以只要在母版页的 Load 事件中判断 Session 的状态就可以实现这些效果。

项目操作：在母版页中显示用户名并显示“退出”按钮。

（1）编写母版页的 Load 事件，代码如下：

```
protected void Page_Load(object sender, EventArgs e)
{
    if (!IsPostBack)
    {
        if (Session["CurrentUser"] != null)//已登录
        {
            //显示当前用户名
            User user = Session["CurrentUser"] as User;
            lblUser.Text = user.Name;
            //显示 退出 按钮,隐藏 登录按钮
            lbExit.Visible = true;
            lbLogin.Visible = false;
        }
        else //未登录
        {
            lbExit.Visible = false;
            lbLogin.Visible = true;
```

```
            }
        }
    }
```

（2）编写“退出”按钮的 Click 事件，清除登录的 Session 信息。代码如下：

```
    protected void lbExit_Click(object sender, EventArgs e)
    {
        Session.Abandon();//清空 Session 信息
        Response.Redirect("UserLogin.aspx"); //跳转到登录页
    }
```

任务 24.3　身份验证和授权

在网上书城网站中，管理员页面必须在登录之后才能操作，用户一定要先打开 AdminLogin.aspx 页面进行登录。登录成功后，才会看到 BooksList.aspx 等管理员操作的页面。

如果用户事先知道了管理员操作页面的 URL，如 BooksList.aspx，那么用户可以不通过 AdminLogin.aspx 页面登录，而是在浏览器的地址栏中输入 BooksList.aspx 页面的 URL，就可以直接访问管理员操作页面了。这样，“登录”功能就被“跳过了”，实际上，无论什么用户，只要他知道管理员操作页面的 URL 就可以访问它！这样太不安全了。如何才能实现管理员必须登录才能访问的效果呢？一般有两种办法。一种是在每个管理员操作页面中编写代码，判断是否登录成功，如果登录成功，就允许操作，否则就自动跳转到登录页面。这种方法显然很麻烦，因为每个页面都要编写判断代码。另一种是通过 ASP.NET 提供的身份验证和授权功能，为页面设置权限，只有拥有管理员权限的用户才能访问相应的管理员操作页面。这是一种非常好的方法，只写少量的代码就能实现功能，并且安全性也比较高。

24.3.1　身份验证

ASP.NET 提供了一个健壮的安全架构，可以实现灵活的身份验证。ASP.NET 的身份验证是基于 Web.config 配置文件的，只要在网站根目录下的 Web.config 文件中描述一些验证节点就可以实现身份验证功能。ASP.NET 主要包括以下 4 种身份验证。

1．Windows 身份验证

Windows 身份验证提供了一种能够利用 Windows 操作系统和 NTFS 文件系统安全性的方法，该方法安全性高，控制简单，但是，只能用于 Windows 平台，并且要求有域服务器的支持。在企业内部网络上运行的网站一般采用此种身份验证方式。

2．Passport 身份验证

Passport 身份验证是 Microsoft 公司提供的一种跨域、跨站点的登录验证方式，该

方式安全性较高，操作也简单，但是需要付费使用。

3. Forms 身份验证

Forms 身份验证是目前使用比较广泛的一种身份验证方式，它允许用户定义一个登录页面，所有访问指定页面的操作都必须在登录后才能进行。Forms 身份验证使用 Cookie 来维护页面之间的状态，只要在 Web.config 文件中设置 Forms 标签的属性就可以了。Forms 身份验证常用属性如表 24.2 所示。

表 24.2 Forms 身份验证常用属性

属 性 名 称	功 能
Name	用于身份验证的 Cookie 名称
LoginUrl	用户定义的登录页面的 URL
Timeout	Cookie 的有效期，以分钟为单位
Path	Cookie 的路径，默认是“/”，表示用于整个站点

4. None

None 表示无验证。

Web.config 配置文件中的<authentication>节点表示了身份验证方式。<authentication >节点必须写在 Web.config 文件的< System.Web>和</System.Web>之间。

例如，采用 Forms 身份验证的描述为：

```
<authentication mode="Forms"> </authentication>
```

而采用 Windows 身份验证的描述为：

```
<authentication mode="Windows"></authentication>
```

24.3.2 授权

只设置身份验证还不够，因为在 ASP.NET 中，网站默认是允许匿名访问的，还需要对访问权限进行设置。

1. <authorization>节点

ASP.NET 中，Web.config 文件可以出现在网站中不同的文件夹下，每个文件夹中只能有一个 Web.config。对一个文件夹的访问权限控制就是通过对这个文件夹下的 Web.config 文件进行设置实现的。

<authorization>节点描述了授权信息，它有两种子标签：deny（拒绝）和 allow（允许）。下面的配置信息表示对当前文件夹拒绝匿名用户访问，但允许 admin 用户访问。

```
<?xml version="1.0"?>
<configuration>
    <system.web>
      <authorization>
        <deny users="?"/>
        <allow users="admin"/>
```

```
        </authorization>
      </system.web>
    </configuration>
```

<deny>和<allow>子标签中的 users 属性表示用户，其中“?”表示匿名用户，“*”表示所有用户。

在配置<authorization>节点中的<deny>和<allow>子节点时要特别注意配置的顺序，系统总是按照从前向后的顺序逐条匹配的方式执行最先出现的节点授权。

例如，下面的配置将会拒绝所有用户的访问。

```
        <authorization>
          <deny users="*"/>
          <allow users="admin"/>
        </authorization>
```

先拒绝所有用户，后面的配置会失效

2. 创建身份验证票证

当配置了身份验证和授权后，要在登录页面中为用户创建一个身份验证票证（实际就是设置一个 Cookie)，表示用户登录成功。同时，登录页面会自动传递一个名为 ReturnUrl 的 Request 请求，它表示了用户请求的页面，还要处理这个 Request 请求，使用它跳转到用户请求的页面。

创建身份验证票证的方法为：

```
    System.Web.Security.FormsAuthentication.SetAuthCookies
    ("已验证用户名称",true);
```

3. 删除验证票证

用户退出后，要将验证票证删除，方法为：

```
    System.Web.Security.FormsAuthentication.SignOut();
```

24.3.3 为管理员页面设置身份验证和授权

项目操作：对 Admin 文件夹下的页面进行 Form 身份验证和授权。

（1）打开网站根目录下的 Web.config 配置文件，添加<authentication>节点，描述 Forms 身份验证。指定 Cookie 名称为“admin”,登录页面为“Admin/adminLogin.aspx”，有效时间为 90 分钟。代码如下：

```
    <?xml version="1.0"?>
    <configuration>
      <system.web>
         <compilation debug="true" targetFramework="4.0"/>
       <httpRuntime requestValidationMode="2.0" />
       <authentication  mode="Forms">
         <forms name="admin" loginUrl="Admin/AdminLogin.aspx" timeout=
         "90" ></forms>
       </authentication>
```

设置 Forms 身份验证属性

```
  </system.web>
</configuration>
```

（2）通过“网站”→“添加新项”命令在 Admin 文件夹下创建一个 Web.config 文件，在 Web.config 中描述拒绝匿名用户、允许管理员用户访问 Admin 文件夹。代码如下：

```
<?xml version="1.0"?>
<configuration>
   <system.web>
     <authorization>
       <deny users="?"/>
       <allow users="admin"/>
     </authorization>
   </system.web>
</configuration>
```

（3）在 AdminLogin.aspx 页面中修改“确定”按钮的 Click 事件，为登录成功的用户创建身份验证票证，并处理 Request 请求。代码如下：


```
protected void imgb_Sure_Click(object sender, ImageClickEventArgs e)
{
    User user;
   if (UserManager.AdminLogin(this.txtLoginId.Text, this.
   txtLoginPwd.Text, out user))
    {
        string strRedirect;
        //Forms 验证所指定的路径
        strRedirect = Request["ReturnUrl"];
        //创建票证
        System.Web.Security.FormsAuthentication.SetAuthCookie
        (user.Name, true);
        Session["adminUser"] = user; //将登录用户存储在 Session 对象中
        if (strRedirect == null)
            Response.Redirect("~/Admin/BooksList.aspx");
        Response.Redirect(strRedirect);
    }
    else
    {
        Response.Redirect("~/ErrorPage.Htm");
    }

}
```

（4）编写管理员母版页的“退出”按钮的 Click 事件，在用户退出时删除验证票证。代码如下：

```
protected void lbExit_Click(object sender, EventArgs e)
{
    Session.Abandon();//清空 Session 信息
    System.Web.Security.FormsAuthentication.SignOut();//删除票证
    Response.Redirect("UserLogin.aspx");//跳转到登录页
}
```

本章总结

在这一章中，介绍了创建、使用用户控件的方法，还简单介绍了 ASP.NET 的身份验证和授权，并利用这些技术完善了普通用户登录页面和管理员登录页面。

用户控件可以实现界面和代码的重用，程序员按照 Web 窗体的开发方式就能开发用户控件。

用户控件文件的扩展名是.ascx，文件中包含@Control 指令。

用户控件通过@Register 指令包含在 Web 窗体中，src 属性表示用户控件文件，TagePrefix 属性表示用户控件前缀，TagName 属性表示用户控件名称。

ASP.NET 提供了 4 种身份验证方式：Windows 验证、Passport 验证、Forms 验证和 None。

通过授权可以设置用户或角色的权限，通常有 deny 和 allow 两个子标签完成授权。

System.Web.Security.FormsAuthentication.SetAuthCookies()方法用来创建用户验证票证。

System.Web.Security.FormsAuthentication.SignOut()方法用来删除票证。

习题

1．什么是用户控件？如何创建用户控件？
2．用户控件与页面有什么区别？
3．ASP.NET 提供了哪几种身份验证方式？
4．如何实现授权？

第 25 章 网站部署

网上书城网站已经全部开发完成，需要把它发布出去。在这一章中，将介绍网站部署的方法和相关配置操作。

任务 25.1　配置连接字符串

网站在访问数据库时，需要使用连接字符串描述要访问的数据库服务器、用户名、密码等信息。这些信息一般都写在 DAL 层的公共数据库访问类 DB 中，代码如下：

```
private static SqlConnection GetConnection()
{
    SqlConnection cn = new SqlConnection(); //建立连接对象
    cn.ConnectionString = "Data Source=.;" +
                         " User ID=sa;Password=sa;" +
                         "Initial Catalog=BookShop"; //连接字符串
    cn.Open(); //打开连接
    return cn;  //返回打开的连接对象
}
```

这样编写很简单，也很直观。但是，由于连接字符串是写在类中的，一旦改变了连接字符串的内容，就必须将类重新编译。这项工作操作起来实在太麻烦了。

实际上，可以将访问数据库的连接字符串写在 Web.config 配置文件中，每次运行程序时，从 Web.config 中读出连接字符串去访问数据库。这样，当连接字符串发生变化时，只要修改 Web.config 文件即可，不再需要重新编译程序了。

25.1.1　连接字符串配置

在网站根目录下的 Web.config 文件中，所有配置信息都书写在<configuration>和</configuration>标记之间。只要在这里通过<connectionStrings>标记描述连接字符串就可以了，代码如下：

```
<connectionStrings>
  <add name="BookShop" connectionString="Data Source=.;User ID=sa;
```

```
                    Password=sa; Initial Catalog=BookShop"/>
    </connectionStrings>
```

<add>标记表示添加一个连接字符串。其中 name 属性表示连接字符串的名字，在后面读取连接字符串时会用到这个名字，connectionString 属性表示连接字符串的内容。

在<connectionStrings>中可以通过<add>添加多个连接字符串，只要这些连接字符串的 name 属性不同就可以。

25.1.2 使用连接字符串配置

在访问数据库时，连接字符串可以从 Web.config 文件的<connectionStrings>节点中读取。System.Configuration 类库可以完成这个功能。

System.Configuration 类库提供了一组控制配置信息的类，其中 ConfigurationManager 类的 ConnectionStrings 属性集合专门用来获取 Web.config 文件中的连接字符串信息。

项目操作：配置网站的连接字符串。

（1）在 BookShopDAL 项目中添加对 System.Configuration 类库的引用，步骤如下。

① 右击 BookShopDAL 项目，选择菜单中的“添加引用”命令，如图 25.1 所示。

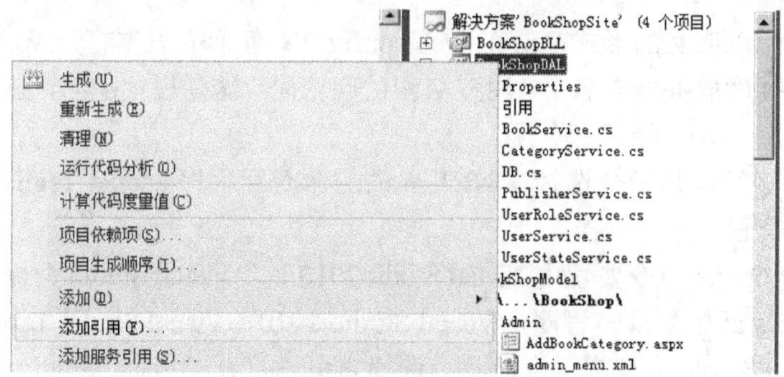

图 25.1 添加引用

② 在弹出的“添加引用”对话框中选择“.NET”选项卡中的“System.Configuration”组件，并单击“确定”按钮，如图 25.2 所示。

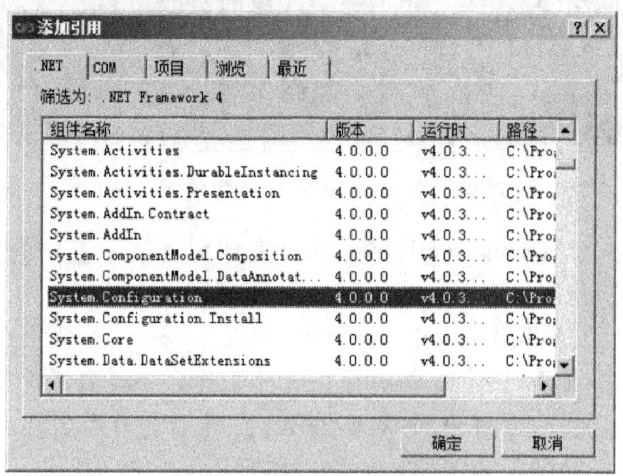

图 25.2 添加 System.Configuration 引用

（2）打开 BookShopDAL 项目中的 DB 类，导入名字空间，代码如下：

```
using System.Configuration;
```

（3）修改 DB 类中的 GetConnection()方法，加入获取连接字符串配置的代码。代码如下：

```
private static SqlConnection GetConnection()
{
    SqlConnection cn = new SqlConnection(); //建立连接对象
    //获取连接字符串配置
    string connectionString = ConfigurationManager.
                ConnectionStrings["BookShop"].ConnectionString;
    cn.ConnectionString = connectionString;
    cn.Open(); //打开连接
    return cn;  //返回打开的连接对象
}
```

25.1.3 加密连接字符串

连接字符串以明文的形式存储在 Web.config 中，任何人只要打开 Web.config 文件，就可以看到数据库服务器的名字、用户名和访问密码。这是很危险的，必须防止别人偷看这些信息！

加密连接字符串是一个选择。.NET 提供的命令行程序 aspnet_regiis.exe 可以实现连接字符串的加密。

aspnet_regiis.exe 命令要使用 Visual Studio2010 的“Visual Studio 命令提示”窗口打开。在 Windows 开始菜单→程序→Visual Studio 2010→Visual Studio Tools 程序组中可以找到“Visual Studio 命令提示”命令，选择它可以打开“Visual Studio 命令提示”窗口，如图 25.3 所示。

```
Visual Studio 命令提示(2010)
Setting environment for using Microsoft Visual Studio 2010 x86 tools.

C:\Program Files (x86)\Microsoft Visual Studio 10.0\VC>
C:\Program Files (x86)\Microsoft Visual Studio 10.0\VC>aspnet_regiis
```

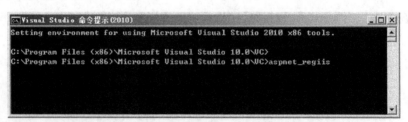

图 25.3 “Visual Studio 命令提示”窗口

在这个窗口中执行 aspnet_regiis.exe 命令完成对连接字符串的加密。aspnet_regiis.exe 命令的语法格式为：

```
aspnet_regiis 操作 "节点" "网站目录" -prov "加密提供程序"
```

- 操作指定 aspnet_regiis.exe 命令要完成的工作，-pef 表示加密，-pdf 表示解密。
- 节点指定了要加密或解密的 Web.config 文件中的节点名称。
- 网站目录指定网站（表示层）的物理路径。

● 加密提供程序指定加密程序，一般为-prov DataprotectionConfigurationProvider。

项目操作：对 Web.config 文件中的连接字符串进行加密。

（1）打开“Visual Studio 命令提示”窗口。

（2）在窗口输入如下代码：

```
aspnet_regiis -pef "connectionStrings" "d:\BookShopSite\BookShop"
        -prov" DataprotectionConfigurationProvider "
```

连接字符串加密完成，屏幕出现如图 25.4 所示的提示信息。

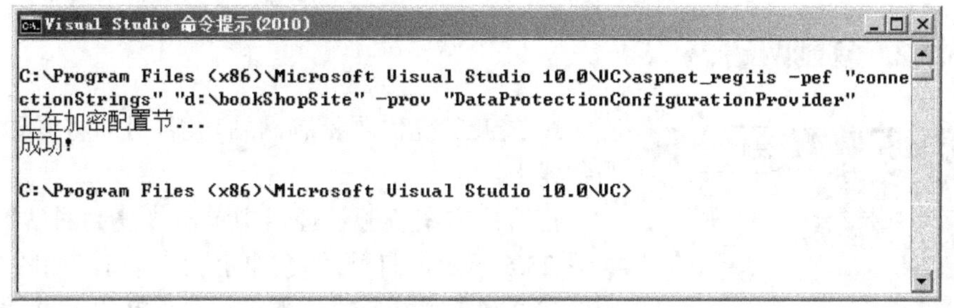

图 25.4 加密执行效果

连接字符串加密后，使用连接字符串的代码不需要做任何改动，ASP.NET 会自动对加密数据进行解密处理。

25.1.4 解密连接字符串

连接字符串加密后，安全性有了保障，但新的问题又出现了：如果要修改连接字符串的内容，该如何处理呢？这时，需要再使用 aspnet_regiis.exe 命令对连接字符串进行解密。解密命令格式为：

```
aspnet_regiis  -pdf  "connectionStrings"  "网站路径"
```

运行上述命令，加密的连接字符串会变回成原来的明文状态。

在进行加密和解密操作时要注意：由于在加密过程中使用基于本机的密钥，所以加密、解密操作必须在同一计算机上进行，否则不能解密；另外，在一台计算机上加密的信息，在其他计算机上也不能使用。

任务 25.2 部署网站

网站开发完成后，要将网站程序安装到用户的服务器上，这个过程称为部署网站。

25.2.1 关闭调试功能

在部署网站前，一般要关闭网站的调试功能，以提高程序的性能。关闭调试功能的方法是修改 Web.config 文件中<system.web>节点下的<compilation>节点，<compilation>节点的 debug 属性指定网站是否打开调试功能。代码如下：

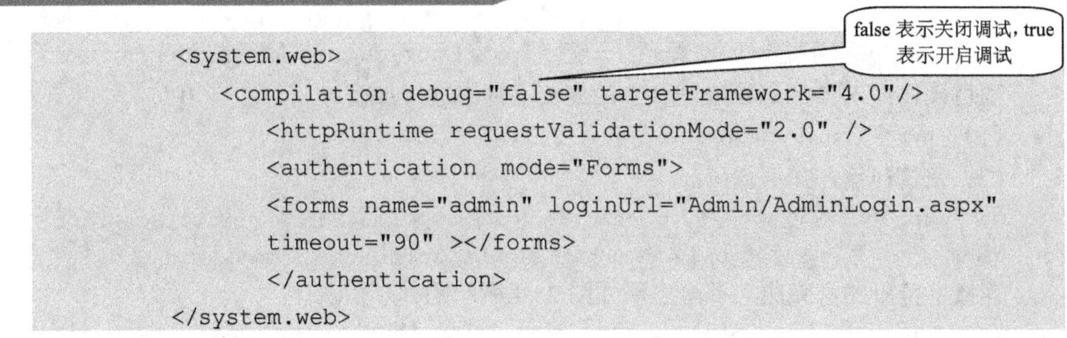

```
<system.web>
    <compilation debug="false" targetFramework="4.0"/>
        <httpRuntime requestValidationMode="2.0" />
        <authentication  mode="Forms">
        <forms name="admin" loginUrl="Admin/AdminLogin.aspx"
        timeout="90" ></forms>
        </authentication>
</system.web>
```


25.2.2　复制网站

图 25.5　复制网站按钮

ASP.NET 提供了复制网站功能，可以将网站复制到服务器上。

在解决方案资源管理器中单击“复制网站”按钮，如图 25.5 所示，打开“复制网站”窗口，如图 25.6 所示。在“复制网站”窗口中，首先连接服务器，然后通过“复制”、“同步”等按钮将网站中的全部或部分页面上传到服务器中。

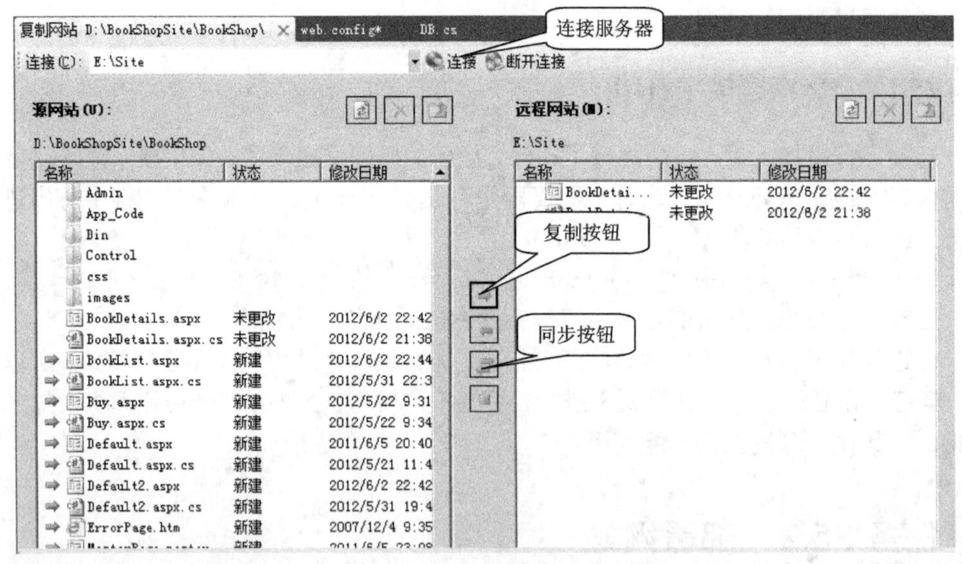

图 25.6　复制网站窗口

25.2.3　发布网站

复制网站需要将.aspx 文件和对应的.aspx.cs 代码文件都复制到服务器上。第一次运行页面时，ASP.NET 会自动将页面编译，然后再执行。这样运行的速度会慢一些，因为 ASP.NET 要花费一些时间进行编译。另外，由于后台代码文件也要复制到服务器，很容易就能看到所编写的代码。

发布网站可以轻松地解决这两个问题。发布网站也称部署预编译网站，它能够将网站页面先全部进行编译，然后再上传到服务器。这样运行页面时就不需要再编译了。由于预先进行了编译，所编写的程序已经被编译成为 DLL 文件，所以后台代码文件不需要上传到服务器，只要将.aspx 文件上传就可以了，这样就没办法看到源代码了。

选择“生成”→“发布网站”命令可以弹出“发布网站”对话框，如图 25.7 所示。在“发布网站”对话框中选择发布网站的目标位置，并单击“确定”按钮，ASP.NET 将对网站进行编译，编译成功后，将网站发布到指定的目标位置。发布完成后，在指定的目标位置只会有一些.aspx 文件，找不到对应的.aspx.cs 文件，也没有所编写的 BLL 层、DAL 层、Model 层的代码，这些代码都被编译成对应的 DLL 文件存放在 bin 文件夹下了。

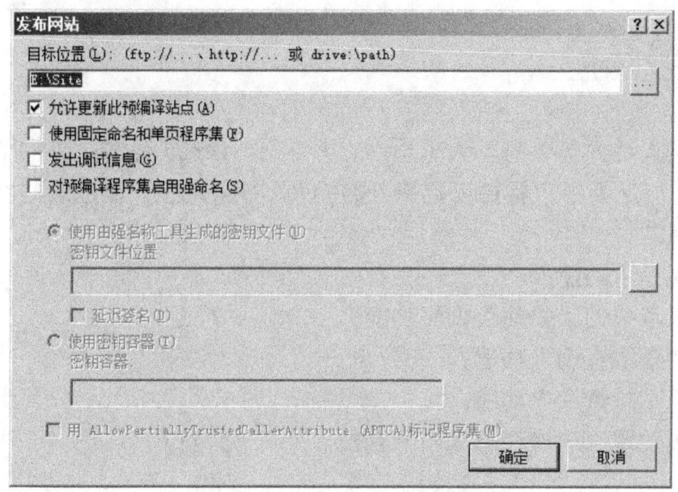

图 25.7 “发布网站”对话框

本章总结

在这一章中介绍了对访问数据库的连接字符串进行配置的方法，并发布了网上书城网站。

将访问数据库的连接字符串放入 Web.config 文件，可以避免由于修改连接字符串而重新编译程序。

使用 aspnet_regiis.exe 命令对 Web.config 文件中的连接字符串进行加密，可以有效提高安全性。

aspnet_regiis 加密和解密基于本机的密钥，加密和解密操作必须在同一台计算机上完成。

复制网站可以轻松将全部或部分页面上传到服务器。

发布网站能够将全部页面预先编译，页面执行速度更快，且不保留源代码文件，可以有效保护知识产权。

实训项目

火车票查询网站

项目功能需求

你在网上购买过火车票吗？火车票网、火车网、12306 等网站提供了在线订票、查询等功能，使人们足不出户就可以查询、购买火车票。现在，模拟这些网站，制作自己的火车票查询网站。

网站能实现以下功能：

（1）实现火车票的“站站查询”功能；

（2）实现“车次查询”功能；

（3）实现“车站查询”功能；

（4）管理员实现“车次信息编辑”功能。

项目功能分析

火车票查询网站分两部分：普通用户操作页面和管理员操作页面。网站结构和页面关系如图 1 所示。

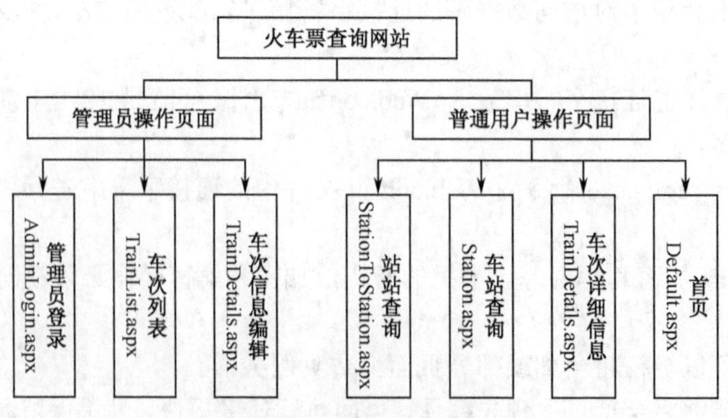

图 1　网站结构和页面关系

功能描述如下。

（1）普通用户打开网站首页，可以选择要查询的方式，包括：站站查询、车次查询、车站查询。网站首页参考效果如图 2 所示。

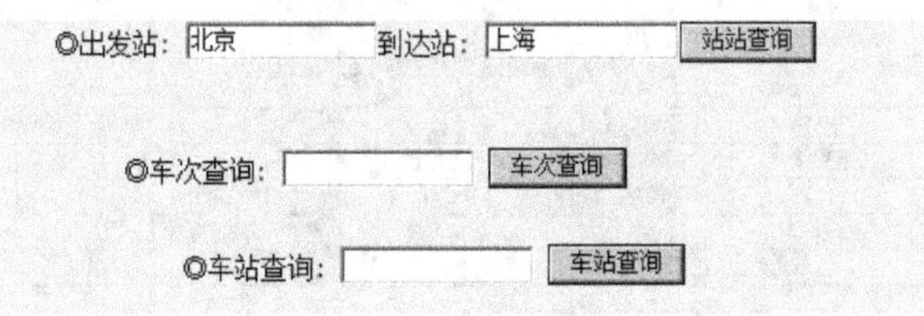

图 2　网站首页

（2）输入“出发站”和“到达站”信息，并单击“站站查询”按钮，打开 StationTo-Station.aspx 页面，显示所有经过“出发站”和“到达站”的列车信息，如图 3 所示。

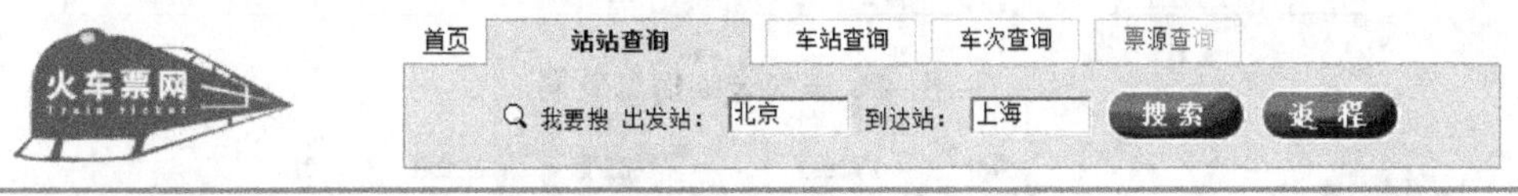

由 北京 到 上海 的车次如下：

车次	代购	出发站	开车时间	到达站	到达时间	用时	里程	硬座	软座	硬卧上中下	软卧上下
G109	买票	始北京南	08:38	上海虹桥	14:07	5小时29分	1318	555	935	0/0/0	0/0
G11	买票	始北京南	08:00	上海虹桥	12:55	4小时55分	1318	555	935	0/0/0	0/0
G115	买票	始北京南	09:17	上海虹桥	14:45	5小时28分	1318	555	935	0/0/0	0/0
G15	买票	始北京南	11:00	上海虹桥	15:55	4小时55分	1318	555	935	0/0/0	0/0
G19	买票	始北京南	16:00	上海虹桥	20:55	4小时55分	1318	555	935	0/0/0	0/0
D313	买票	始北京南	21:11	上海	08:52	11小时41分	1454	311	0	0/0/0	617/698
G101	买票	始北京南	07:00	上海虹桥	12:23	5小时23分	1318	555	935	0/0/0	0/0
G143	买票	始北京南	14:16	上海虹桥	19:39	5小时23分	1318	555	935	0/0/0	0/0
G161	买票	始北京南	17:39	上海虹桥	23:01	5小时22分	1318	555	935	0/0/0	0/0
G41	买票	始北京南	15:20	上海虹桥	20:50	5小时30分	1318	555	935	0/0/0	0/0
G43	买票	始北京南	16:26	上海虹桥	21:50	5小时24分	1318	555	935	0/0/0	0/0
1461	买票	始北京	11:59	上海	07:50	19小时51分	1463	158	0	285/296/306	0/0
G105	买票	始北京南	07:32	上海虹桥	13:07	5小时35分	1318	555	935	0/0/0	0/0
G125	买票	始北京南	11:15	上海虹桥	16:45	5小时30分	1318	555	935	0/0/0	0/0
G129	买票	始北京南	11:45	上海虹桥	17:09	5小时24分	1318	555	935	0/0/0	0/0
G141	买票	始北京南	13:30	上海虹桥	19:00	5小时30分	1318	555	935	0/0/0	0/0

图 3　站站查询效果

（3）单击“站站查询”结果列表中的“车次”列，打开 TrainDetails.aspx 页面，显示该车次的详细信息，如图 4 所示。

（4）在首页中输入车次信息，并单击“车次查询”按钮，打开 TrainDetails.aspx 页面，显示该车次详细信息，如图 4 所示。

（5）在首页中输入车站信息，并单击“车站查询”按钮，打开 Station.aspx 页面，显示所有经过该车站的列车信息，如图 5 所示。

网站首页→ 查询首页→ 车次查询→ 查询结果

车次 G109 北京南-上海虹桥的详细信息如下：

详细情况	车次	G109	运行时间	5小时29分	票价信息	北京南-上海虹桥(当天到)			
	始发站	北京南	到达站	上海虹桥		硬座	555	软座	935
	发车时间	08:38	到站时间	14:07		硬卧上/中/下	//		
	类型	高速动车	全程	1318公里		软卧上/下	/		
	最近更新 2012-6-1					全程票价参考			

车次	站次	站名	到达时间	开车时间	运行时间	里程	硬座	软座价	硬卧上/下	软卧上/下
G109	1	北京南	始发站	08:38	0分	0	0	0	0/0	0/0
G109	2	济南西	10:10	10:12	1小时32分	406	185	315	0/0	0/0
G109	3	枣庄	11:02	11:04	2小时24分	627	285	475	0/0	0/0
G109	4	滁州	12:19	12:26	3小时41分	964	420	710	0/0	0/0
G109	5	南京南	12:44	12:46	4小时6分	1023	445	750	0/0	0/0
G109	6	无锡东	13:30	13:32	4小时52分	1210	515	865	0/0	0/0
G109	7	昆山南	13:48	13:50	5小时10分	1268	535	900	0/0	0/0
G109	8	上海虹桥	14:07	终点站	5小时29分	1318	555	935	0/0	0/0

图 4　车次详细信息效果

356

网站首页→ 火车时刻查询首页→ 天津火车站时刻表

天津站的火车时刻表如下：

车次	出站 - 到站	类型	开车时间	到站时间	运行时间	里程
K58/K55	天津 上海	空调快速	00:20	17:16	17小时2分	1325
K1082/K1083	天津 上海	空调快速	00:35	17:41	17小时16分	1325
K19	天津 满洲里	快速	00:41	03:28	26小时53分	2206
K39	天津 齐齐哈尔	空调快速	00:41	18:42	18小时7分	1559
K518/K515	天津 上海	空调快速	01:03	17:32	16小时42分	1325
K369/K368	天津 汉口	空调快速	01:22	17:51	16小时39分	1315
1230/1227	天津 上海	空调普快	01:28	17:55	16小时37分	1325
K370/K367	天津 大连	空调快速	01:33	12:29	11小时6分	924
1526/1523	天津 石家庄	空调普快	01:54	07:25	5小时41分	387

图 5　车站查询效果

（6）单击车站查询结果列表中的车次信息，打开 TrainDetails.aspx 页面，显示该车次详细信息。

（7）管理员用户通过 adminLogin.aspx 页面登录后，打开 TrainList.aspx 页面，显示所有车次信息。

（8）选中某个车次，可以对该车次信息进行编辑。

数据库

网站共用到如下 4 个数据表：

（1）Trains 表，用于存储列车基本信息，表结构见表 1；

（2）TrainType 表，用于存储列车类型信息，表结构见表 2；

（3）TrainDetails 表，用于存储列车经过的各个车站的详细信息，列车每经过一个车站存储一条记录，表结构见表 3；

（4）Users 表，用于存储用户信息，表结构见表 4。

表 1　Trains 表结构

列　　名	类　　型	说　　明
TrainId	nvarchar(50)	列车车次，主键
TrainType	Int	列车类型，与 TrainType 表关联
StartStation	nvarchar(50)	始发站
EndStation	nvarchar(50)	到达站
StartTime	nvarchar(50)	始发时间
EndTime	nvarchar(50)	到达时间
RunTime	nvarchar(50)	运行时间
Mileage	Int	里程
HSPrice	Int	硬座票价
SSPrice	Int	软座票价
SBPriceUp	Int	上卧铺票价
SBPriceMid	Int	中卧铺票价
SBPriceBot	Int	下卧铺票价

表 2　TrainType 表结构

列　　名	类　　型	说　　明
Id	Int	编号，主键
TypeName	nvarchar(50)	列车类型

表 3　TrainDetails 表结构

列　　名	类　　型	说　　明
Id	Int	编号，主键
TrainId	nvarchar(50)	车次
StationOrder	Int	站次
StartStation	nvarchar(50)	始发站
EndStation	nvarchar(50)	到达站
StartTime	nvarchar(50)	始发时间
EndTime	nvarchar(200)	到达时间

（续表）

列　名	类　型	说　明
RunTime	nvarchar(100)	运行时间
Mileage	Int	里程
HSPrice	Int	硬座票价
SSPrice	Int	软座票价
SBPriceUp	Int	上卧铺票价
SBPriceMid	Int	中卧铺票价
SBPriceBot	Int	下卧铺票价

表 4　Users 表结构

列　名	类　型	说　明
LoginId	nvarchar(50)	用户名，主键
LoginPwd	nvarchar(50)	密码

参考实现步骤

（1）建立 TrainModel 项目（实体层），编写各个实体类。

（2）建立 TrainDAL 项目（数据访问层），编写操作各个数据表的 Service 类。

（3）建立 TrainBLL 项目（业务逻辑层），编写相关的 Manager 类。

（4）建立 Train 网站，制作母版页。

（5）通过母版页生成 Default.aspx 内容页，实现首页功能。

（6）生成 StationToStation.aspx 内容页，利用 GridView 控件（或 DataList 控件）实现站站查询功能。

（7）生成 TrainDetails.aspx 内容页，利用 FormView 控件和 GridView 控件实现车次详细信息显示功能。

（8）生成 Station.aspx 内容页，利用 DataList 控件（或 Repeater 控件）实现车站查询功能。

（9）建立 AdminLogin.aspx 页面。

（10）建立 TrainList.aspx 页面，利用 GridView 控件实现车次列表。

（11）建立管理员的 TrainDetails.aspx 内容页，利用 DetailsView 控件实现修改功能。

C#关键字

关键字是对编译器具有特殊意义的预定义保留标识符。它们不能在程序中用做标识符，除非它们有一个@前缀。例如，@if 是一个合法的标识符，而 if 不是合法的标识符，因为它是关键字。C#关键字如表 1 所示。

表 A　C#关键字

abstract	event	new	struct	as	explicit
null	switch	base	extern	object	this
bool	false	operator	throw	break	finally
out	true	byte	fixed	override	try
case	float	params	typeof	catch	for
private	uint	char	foreach	protected	ulong
checked	goto	public	unchecked	class	if
readonly	unsafe	const	implicit	ref	ushort
continue	in	return	using	decimal	int
sbyte	virtual	default	interface	sealed	volatile
delegate	internal	short	void	do	is
sizeof	while	double	lock	stackalloc	get
else	long	static	partial	enum	namespace
string	set	value	where	yield	

附录B 运算符

表B C#运算符

运算符类别	运　算　符
算术	+ - * / %
逻辑（布尔型和按位）	& | ^ ! ~ && || true false
字符串串联	+
递增、递减	++ −−
变换	<< >>
关系	== != < > <= >=
赋值	= += -= *= /= %= &= |= ^= <<= >>= ??
成员访问	.
索引	[]
转换	()
条件运算	?:
委托串联和移除	+ −
对象创建	new
类型信息	as is sizeof typeof
溢出异常控制	checked unchecked
间接寻址和地址	* -> [] &

附录 C 教学进程表

本书介绍了使用C#语言进行Windows应用程序开发和Web应用程序开发的方法，涉及内容较多。在教学时，建议分两个学期学习本书内容，第1学期学习第一篇和第二篇，总学时90学时。第2学期学习第三篇和第四篇，总学时96学时。学生应具备一定的程序设计基础知识（最好学习过C语言或VB），如果本书是学生的第1门程序设计课程，建议适当增加第一篇的学时。各章教学进程安排如表C所示，仅供参考。

表C 教学进程表（建议）

章　节	建议学时数	技能要求
第1章	2	了解.NET框架和C#语言、知道C#之父安德斯，掌握Visual Studio 2010开发环境的使用方法
第2章	4	了解Windows应用程序项目结构，能理解属性、方法等概念，具备使用Form对象、MessageBox类、DataTime类型的能力
第3章	12	掌握C#基础语法，理解随机数概念，能够使用Label、Button等控件构建程序界面，会使用Random类
第4章	8	掌握C#数组、集合等概念，深入理解List<T>，具备应用List<T>泛型集合、ListBox、PictureBox等控件的能力，能够在程序中熟练应用Math类和String类，掌握编写读写文件程序的方法
第5章	2	了解宿舍管理系统的项目需求、功能模块划分，熟知项目数据库结构
第6章	4	掌握菜单栏、工具栏的建立方法，具备构建MDI风格的Windows窗体的能力
第7章	4	能够完成多窗体的调用操作，具备使用Connection对象和Command对象访问数据库的能力
第8章	6	掌握ListView控件的使用方法，具备使用DataReader对象读取数据库中数据的能力
第9章	4	掌握输入数据校验方法，掌握快捷菜单的使用，具备使用Command对象向数据库进行插入、删除、修改数据的能力
第10章	4	能够编写数据库访问公共类
第11章	6	掌握TabControl控件的使用，了解DataSet对象的结构，具备使用DataSet和数据绑定技术操作数据库的能力
第12章	8	掌握DataGridView控件的使用方法，具备在程序中以表格的形式显示数据的能力、实现数据查询筛选的功能的能力

（续表）

章　节	建议学时数	技能要求
第 13 章	8	理解委托概念，掌握动态添加菜单的方法，具备使用断开连接技术更新数据库中的数据的能力
项目实训	18	—
第 14 章	4	理解封装、继承等概念，熟悉 C#中类的编写方法，掌握继承的实现方法
第 15 章	12	了解三层架构的意义，掌握 Model 层、DAL 层、BLL 层、UI 层的作用。具备编写三层架构应用程序的能力
第 16 章	2	了解 ASP.NET 的特点和程序结构，掌握使用 Visual Studio 2010 开发 ASP.NET 程序的步骤
第 17 章	2	了解网上书城网站的需求、功能模块划分，熟知项目数据库结构
第 18 章	6	掌握 Response、Request、Cookie、Session、Server 等对象的操作方法，具备在 Web 应用程序中灵活应用内置对象的能力
第 19 章	6	掌握 Web 应用程序中搭建三层框架的方法，能够在页面中调用 BLL 层方法
第 20 章	6	掌握常用 Web 控件的使用方法，理解母版页和内容页工作原理，具备在网站中使用导航控件建立导航页的能力
第 21 章	12	具备使用 GridView 控件、DetailsView 控件和数据源控件构建表格显示数据的能力
第 22 章	6	具备使用验证控件验证输入的能力，理解数据更新方式，具备使用 EditItemTemplate 模板更新数据的能力
第 23 章	6	理解 DataList 控件和 Repeater 控件的工作方式，掌握分页的方法，具备在网页中精确展示数据的能力
第 24 章	6	理解用户控件工作方式，能够建立用户控件，具备在网站中进行身份验证、授权等安全控制的能力
第 25 章	4	具备发布网站的能力
项目实训	24	—

在教学实施过程中，建议访问 http://www.tjbhzy.net.cn/bumen/xinxi/ASPNET.html 下载本书所有项目代码。